高等院校土建类专业"互联网+"创新规划教材

U0155708

基础工程

主　编　张丽娟　刘勇健
副主编　梁仕华　杨雪强
参　编　张建龙　李子生
　　　　冯德銮　龚　星

北京大学出版社
PEKING UNIVERSITY PRESS

内 容 简 介

本书主要讲解建筑基础工程的系统理论，内容涉及地基基础设计的基本原则，各种基础如浅基础、柱下条形基础、箱形基础、筏形基础、桩基础和沉井基础的构造，地基处理和基坑支护工程等。 本书深度与广度适宜，循序渐进，尽可能把基本概念、基本原理和理论讲解清楚，同时密切结合工程实践，完成综合训练，以不断提高学生的专业水平。 除了绪论和第1章之外，每章都含有大量例题及详细的解题步骤，可以培养学生解决实际问题的能力；同时每章后附有选择题、简答题和计算题，方便学生巩固知识。

本书内容丰富、图文并茂、实用性强和综合性强，注重理论联系实际，可作为高等院校土木工程（含建筑工程、道路与桥梁工程、城市地下空间工程等方向）、水利工程、测绘工程等专业的教材，也可作为相关工程技术人员的学习参考用书。

图书在版编目(CIP)数据

基础工程/张丽娟， 刘勇健主编. —北京： 北京大学出版社， 2023.6
高等院校土建类专业"互联网＋" 创新规划教材
ISBN 978－7－301－34115－5

Ⅰ.①基… Ⅱ.①张… ②刘… Ⅲ.①基础 （工程）—高等学校—教材 Ⅳ.①TU47

中国国家版本馆 CIP 数据核字(2023)第 107308 号

书　　　　名	基础工程
	JICHU GONGCHENG
著作责任者	张丽娟　刘勇健　主编
策 划 编 辑	吴　迪　卢　东
责 任 编 辑	吴　迪　卢　东
数 字 编 辑	蒙俞材
标 准 书 号	ISBN 978－7－301－34115－5
出 版 发 行	北京大学出版社
地　　　　址	北京市海淀区成府路 205 号　　100871
网　　　　址	http://www.pup.cn　新浪微博:＠北京大学出版社
电 子 邮 箱	编辑部 pup6＠pup.cn　总编室 zpup＠pup.cn
电　　　　话	邮购部 010－62752015　发行部 010－62750672　编辑部 010－62750667
印 刷 者	北京鑫海金澳胶印有限公司
经 销 者	新华书店
	787 毫米×1092 毫米　16 开本　22.75 印张　534 千字
	2023 年 6 月第 1 版　2023 年 6 月第 1 次印刷
定　　　　价	59.00 元

前言

　　本书是根据教育部颁布的专业目录和面向 21 世纪土木工程专业人才培养方案的要求，结合培养具有较坚实理论基础的创新型与应用型、复合型本科人才的特点和需求来编写的。

　　基础工程是土木工程专业的主干课，主要包括天然地基上的浅基础、深基础（如桩基础和沉井基础）、地基处理及基坑工程等内容，是一门理论性和实践性都很强的综合性学科。本书在编写时注意两者的紧密结合，通过对工程问题的具体分析，培养学生分析和解决实际工程问题的能力。

　　本书编者均为长期从事基础工程教学与科研工作的一线教师，具有丰富的本科教学经验，在内容编排上重在把道理表达清楚，而且在讲解基本概念、基本理论的同时，密切结合工程实践，完成两方面的综合训练，不断提高学生的专业知识水平。

　　本书由张丽娟（广东工业大学）和刘勇健（广州理工学院、广东工业大学）担任主编；由梁仕华（广东工业大学）和杨雪强（广东工业大学）担任副主编；由张建龙（广东工业大学）、李子生（广东工业大学）、冯德銮（广东工业大学）和龚星（广东工业大学）参与编写。本书具体编写分工如下：绪论由张丽娟编写，第 1 章由梁仕华和张丽娟编写，第 2 章由梁仕华和冯德銮编写，第 3 章由杨雪强和张丽娟编写，第 4 章由张丽娟和李子生编写，第 5 章由刘勇健编写，第 6 章由张建龙和龚星编写。在本书编写过程中编者相互交叉审阅修改，全书由张丽娟统稿。

　　在本书的出版过程中，得到了北京大学出版社的大力支持，在此表示衷心的感谢！由于编者水平所限，书中难免有缺漏，敬请广大读者与教育界同行不吝指正。

编　者

2023 年 1 月

资源索引

目　录

绪 论

0.1 基 本 概 念

"基础工程"是阐述建筑物在设计和施工中有关地基和基础问题的一门技术性学科，也是土木工程类专业的一门主要课程。

土层在建筑物荷载作用下，内部原有的应力状态会发生变化，产生附加应力和变形。工程上把受建筑物影响从而引起物理、力学性质发生变化的那部分土层称为地基，即承担建筑物传来荷载的土体。一般情况下，地基由多层土组成，直接承担建筑物荷载的土层称为持力层，其下的土层称为下卧层，持力层和下卧层都应满足一定的强度要求和变形限制。

基础是指建筑物向地基传递荷载的下部结构，位于上部结构和地基之间，起着承上启下的作用，其功能是把上部结构所承担的荷载分布开来并传递到地基中去。一般情况下，基础应有一定的埋深。

地基可分天然地基和人工地基。如果地基内是良好的土层或者其上部有较厚的良好的土层，一般就将基础直接做在天然土层上，这种未经人工处理就可以满足设计要求的地基称为天然地基；如果地基软弱，无法满足上部结构对承载力或变形控制的要求，则需要事先对地基进行加固处理，这种地基即称为人工地基。地基加固处理的方法很多，如换土垫层法、强夯法、排水固结法及化学加固法等，可综合考虑场地地质条件、工期和造价要求等因素后进行选用。

根据埋深、施工方法和设计原则不同，基础可分为浅基础和深基础两大类。通常把埋置深度不超过 5m 的一般基础（柱基和墙基），以及埋置深度虽然超过 5m 但小于基础宽度的大尺寸的基础，称为浅基础。由于浅基础的埋深通常不大，一般只需采用普通基坑开挖、敞坑排水的施工方法建造，施工条件和工艺比较简单。基础的埋置深度超过某一值，且需要借助特殊的施工方法才能将建筑物荷载传递到地表以下较深土层的基础，称为深基础，其包括桩基础、沉井基础及地下连续墙等。深基础和浅基础相比，不但埋深和施工方法不同，其设计原则也不同。由于浅基础的埋深不大，在设计时只考虑基础底面以下土的承载能力即可，不用考虑基础底面以上土的抗剪强度对地基承载力的作用，也不考虑基础侧面与土之间的摩擦阻力；但深基础由于埋深较大，不能忽略侧壁与土之间的摩擦阻力，故而其承载力的确定和设计方法与浅基础不同。天然地基上的浅基础施工方便、技术简单、造价经济，而深基础往往造价较高，施工也比较复杂，因此在保证建筑物安全和正常使用的前提下，宜尽量选用天然地基上的浅基础方案。

0.2 基础工程的重要性及工程意义

地基和基础在建筑物的设计和施工中占有重要的地位，对建筑物的使用安全和工程造价有很大的影响。地基基础工程部分的造价占工程总造价的比例较高，视其复杂程度、基础结构形式、地质条件和环境条件等，一般多层建筑中约为 20%～25%，对于高层建筑或需要地基处理时，该比例更大。地基和基础是建筑物的"根本"，又属于隐蔽工程，其勘察、设计和施工质量直接关系着建筑物的安危。工程实践表明，建筑物事故的发生，很多与地基基础有关，而地基基础一旦发生事故，补救和处理往往很困难，甚至是不可能的。因此，地基和基础工程在建筑工程中的重要性是显而易见的。

在建筑历史上，由于地基基础问题导致的工程质量问题或事故很多。如著名的意大利比萨斜塔、我国苏州虎丘塔所发生的塔身严重倾斜，都是由于地基非均匀沉降所致。加拿大特朗斯康谷仓则是由于地基强度破坏而发生滑动的典型例子。该建筑物修建于 1941 年，由 65 个圆柱形筒仓组成，高 31m，平面尺寸为 59.4m×23.5m，采用片筏基础，厚 2m，埋深 3.6m，如图 0-1 所示。由于事前不了解基础下埋藏有厚达 16m 的软黏土层，建成后初次使用，当装入谷物后，基础底面平均压力达到 320kPa，超过了地基的极限承载力 280kPa。结果谷仓西侧突然陷入土中 8.8m，东侧抬高 1.5m，仓身倾斜 27°；幸好谷仓整体刚度较高，地基破坏后，仓筒完好无损。事后在基础下面做了 70 多个支撑于基岩上的混凝土墩，使用 388 个 50t 千斤顶，才把仓体逐渐纠正过来，但其位置比原来降低了 4m。

图 0-1 加拿大特朗斯康谷仓的地基事故

基础工程直接关系到上部结构的稳定和安危。随着我国现代化建设步伐的加快，越来越多的新型基础形式不断出现。高层建筑等大型和重型建筑物，地下铁道、地下停车场、地下商场等地下空间的开发和利用，高速公路、铁路、海港码头等现代化设施的发展，都对基础工程提出了更高的要求，对地基基础工程的承重、沉降、变形控制等越来越严格。由于我国土地资源有限，修建建筑物时不得不利用各种不良地基，使工程面临的建筑物地基状况越来越复杂；另外，人们对环保的要求越来越严，对控制环境污染（泥浆、噪声、振动）的要求越来越高，而对施工工期却要求越来越短。所有这些，都使得地基基础工程在社会发展中占有越来越重要的地位，且地基基础工程的设计要求和施工技术难度会进一步提高。

基础工程属于百年大计，只有深入了解地基的情况，切实掌握勘察资料，严格遵循基本建设的原则，精心设计与施工，才能使地基与基础工程做到既经济合理又安全适用。

0.3 基础工程的学科发展和研究内容

基础工程是人类在长期的生产实践中不断发展起来的一门应用科学。在我国数千年的文明历程中，人们很早就懂得了利用土体进行工程建设，如两千多年前，就广泛采用泥浆钻探法开凿盐井，为保护孔壁提供了宝贵经验；一些传统的加固地基方法（如灰土垫层、石灰桩）与工具（如夯木）至今还在使用；在河姆渡文化遗址中，发现了7000多年前打入沼泽地带木构建筑下的木桩；历史上的很多建筑成就如举世闻名的长城、大运河、遍布各地的古塔等，都有精心设计建造的牢固地基基础。这些都体现了我国劳动人民的聪明智慧和高超的建造技艺。但由于当时生产力发展水平的限制，这些工程实践经验还未能提炼为系统的科学理论。

在18世纪产业革命以后，随着资本主义工业化的发展，国外城建、水利、道路等建筑规模的扩大，特别是在建设过程中出现的一些工程事故，引起了人们对基础工程的重视和研究，对有关问题开始寻求理论上的解答，并要求用经过实践检验的理论来指导以后的工程实践。如欧洲大规模的城堡建设，涉及城墙背后的土压力问题，推动工程技术人员发表了多种土压力计算公式，为库仑在1773年提出著名的土的抗剪强度和土压力理论公式打下了基础。铁路、桥梁和公路建设推动了桩基础和深基础的理论和施工方法的发展。铁路和公路的路堑和路堤、运河渠道边坡等工程推动了土坡稳定计算方法的发展。从18世纪中叶到19世纪末，人们对土的强度、变形性能及渗流三大问题做了个别理论的探讨。20世纪初期以来，随着生产建设深度和广度的不断增大，所遇到的工程地质条件也更复杂，促使人们对土的性质和工程实践做全面系统的研究。1925年，太沙基归纳发展了以往的研究成果，出版了《建立在土的物理学基础上的土力学》一书，至此土力学才开始成为一门独立的系统学科。为了交流和总结研究成果及实践经验，促进土力学及基础工程学科的发展，国际上从1936年开始每隔4年召开一次"国际土力学与基础工程学术会议"，我国从1962年开始召开"全国土力学与基础工程学术会议"，这些都成为本学科迅速发展的里程碑。目前，在土建、水利、桥隧、道路、港口、海洋等工程中，有关岩土体的利用、改造和整治等方面的内容，已融合为一个自成体系的新专业——岩土工程（geotechnical engineering）。基础工程学科即是岩土工程的一个重要组成部分。

基础工程既是一项古老的工程技术，也是一门年轻的应用学科，至今已取得了长足的进步，但在设计理论、施工技术及测试等工作中仍存在很多有待完善和解决的问题。今后地基基础设计理论和方法的研究将会侧重于以下几方面：发展地基基础变形计算的理论和方法，注重计算参数、计算模型的可行性和合理性，继续研究地基基础和上部结构的相互作用及其计算方法，发展变形控制设计理论与方法；研究桩-土-承台的相互作用，发展复合桩基设计理论和方法；研究各种土质中各类支护结构的土压力及支护体系的变形与破坏机理，改进支护设计方法；注重工程观测数据的系统积累、发展与分析，不断改进设计理论和方法；研究开发新的基础类型，以满足建筑物各种功能的要求。

基础工程的研究对象是地基与基础，研究内容是各类建筑物的地基基础和挡土结构物的设计和施工，以及为满足工程要求而进行的地基处理方法和基坑支护技术。为了保证建筑物的安全，地基基础工程应满足以下要求：地基应有足够的强度，即在荷载作用下，地基不会失稳而破坏；地基不能产生过大的变形而影响建筑物的安全和正常使用；基础结构本身应有足够的强度、刚度和耐久性。地基处理工程分为各类不良地基处理和特殊土地基处理，目的是改善地基的工程性质，以满足建筑物对地基稳定和变形的要求，包括改善地基土的变形特性和渗透性，提高其抗剪强度和抗液化能力，消除其他不利影响。地基处理的方法很多，如碾压夯实、换土垫层、排水固结、挤密、加筋及化学加固等，各种方法都有本身的特点和作用机理，在不同的土类中有不同的加固效果和局限性，对于每一项工程来说必须综合考虑和比较，选择技术可靠、经济合理、施工可行的方案。建筑物或构筑物在地下部分施工前需要开挖基坑，为保证基坑施工、主体地下结构的安全和周围环境不受损害，需要进行基坑的支护、降水和开挖，并进行相应的勘察、设计、施工和监测等，这些工作统称为基坑工程。基坑工程是一项综合性很强的岩土工程，既涉及土力学中典型的强度、稳定和变形问题，又涉及土与支护结构的共同作用，以及场地的工程、水文地质等问题，同时还与测试技术、施工技术密切相关，且通常具有很强的地域特性，因此其设计和施工必须因地制宜。

0.4　基础工程的课程特点和学习要求

基础工程是一门理论性和实践性均较强的课程，其内容广泛、综合性强，并与土力学、工程地质学、建筑工程材料、房屋建筑构造和建筑结构施工等课程有着密切联系。地基土形成的自然条件有很大不同，天然地层的性质和分布不但因地而异，且在较小范围内也可能有很大的变化，因此要注重对土的勘探测试，以取得有关土层分布及土体可靠的物理力学性质指标，这是完成一个好的地基基础设计方案的基础。应注重勘察测试、加强实践、积累工程经验，经验的系统化和对经典力学理论的有效应用构成了地基基础设计的理论工具。另外，随着建筑行业的迅速发展，该学科也不断面临新的挑战，如基础形式的不断创新、地下空间的开发、新的土工合成材料的应用等导致新技术、新理论不断涌现，且往往实践领先于理论，促使理论不断更新和完善。

从土木工程专业的要求来看，在学习本课程时，应该重视工程地质和土力学基础知识的学习，培养阅读使用工程地质勘查资料的能力，牢固掌握土的变形、强度等土力学基本原理；本门课程的实践性很强，许多施工工艺方法都是工程实践经验的总结和升华，其中一些具有普遍适用意义的规律性的知识，可用于指导工程实践并在实践中继续完善。因此，在学习本门课程时要注重理论联系实际，能应用基本概念和原理、结合有关建筑结构理论和施工知识来分析和解决具体的地基基础问题，这样才能逐步提高、丰富对理论的认知，不断增强处理地基基础问题的实际能力。

第1章
基础工程设计的基本原则和规定

 **教学目标**

本章主要讲述地基基础设计时应遵循的基本原则和规定，天然地基上浅基础及桩基础设计的步骤和内容，荷载的取值等。通过本章的学习，应达到以下目标。

（1）熟悉地基基础设计的基本原则和规定。

（2）熟悉天然地基上浅基础设计的内容和步骤。

（3）熟悉桩基础设计的内容和步骤。

（4）掌握荷载取值。

 **教学要求**

知识要点	能力要求	相关知识
地基基础设计的基本原则和规定	（1）熟悉地基基础设计的基本原则 （2）熟悉地基基础设计的基本规定	（1）强度控制 （2）变形控制 （3）材料耐久性
地基基础设计的内容和步骤	（1）了解地基基础设计所需要的资料 （2）熟悉天然地基上浅基础设计的内容和步骤 （3）熟悉桩基础设计的内容和步骤	（1）建筑场地地质勘查报告 （2）建筑场地与环境条件 （3）施工条件 （4）天然地基上浅基础 （5）桩基础
荷载取值	（1）掌握荷载效应组合的规定 （2）掌握荷载效应组合的计算	（1）基本组合 （2）标准组合 （3）荷载分项系数 （4）正常使用极限状态 （5）承载能力极限状态

 基本概念

荷载基本组合、荷载标准组合、正常使用极限状态、承载能力极限状态。

引例

某城市新区拟建一栋 20 层框架结构的办公楼，该场地位于临街地块居中部位，无其他邻近建筑物，地层层位稳定。拟采用桩基础形式，试对其设计柱下独立承台桩基础，其中场地地面标高为 28.00m，地下水位为 24.00m，要求桩顶设计标高为 25.00m。由地面向下的地质条件由地质勘查报告给出，可选用的预应力混凝土管桩桩径为 300mm、400mm、500mm、550mm 和 600mm。根据该柱在承台顶面处由上部结构传来的荷载设计值来具体设计该桩基础。

1.1 地基基础设计的基本原则和规定

1.1.1 地基基础设计的基本原则

做地基基础设计时，应根据建筑物的用途和安全等级，上部结构类型等上部结构条件，工程地质条件包括建筑场地、地基岩土、地下水等，结合工期、施工条件、造价和环境影响等方面的要求，因地制宜，精心设计，择优选择方案，以保证建筑物的安全和正常使用。为此，地基基础设计必须满足如下三个基本原则。

（1）强度要求：作用于地基上的荷载不可超过地基承载能力，以保证地基土体在建筑发生剪切破坏和整体丧失稳定性方面具有足够的安全储备。

（2）变形要求：控制地基的沉降和变形，使之不超过建筑物的地基变形允许值，以免引起基础和上部结构的损坏，或影响建筑物的正常使用和外观。

（3）其他要求：如基础的材料、形式、尺寸和构造等，应满足对基础结构的强度、刚度和耐久性的要求。

1.1.2 地基基础设计的基本规定

建筑物的安全和正常使用，取决于上部结构的安全储备及地基基础的性质。基础工程属于隐蔽工程，无论地基或基础哪一方面出现问题，轻则影响建筑物的正常使用，重则导致建筑物的破坏甚至酿成灾祸。地基基础设计根据其复杂程度、建筑物的规模和功能特征、由于地基问题可能造成的建筑物破坏或影响正常使用的程度，分为三个设计等级，设计时应根据《建筑地基基础设计规范》（GB 50007—2011）规定进行确定（表 1-1）。

表 1-1 地基基础设计等级

设计等级	建筑和地基类型
甲级	重要的工业与民用建筑物； 30 层以上的高层建筑； 体形复杂、层数相差超过 10 层的高低层连成一体的建筑物；

设计等级	建筑和地基类型
甲级	大面积的多层地下建筑物（如地下车库、商场、运动场等）； 对地基变形有特殊要求的建筑物； 复杂地质条件下的坡上建筑物（包括高边坡）； 对原有工程影响较大的新建建筑物； 场地和地基条件复杂的一般建筑物； 位于复杂地质条件及软土地区的 2 层及 2 层以上地下室的基坑工程； 开挖深度大于 15m 的基坑工程； 周边环境条件复杂、环境保护要求高的基坑工程
乙级	除甲级、丙级以外的工业与民用建筑物； 除甲级、丙级以外的基坑工程
丙级	场地和地基条件简单、荷载分布均匀的 7 层及 7 层以下民用建筑及一般工业建筑，次要的轻型建筑物； 非软土地区且场地地质条件简单、基坑周边环境条件简单、环境保护要求不高且开挖深度小于 5.0m 的基坑工程

　　根据建筑物地基基础设计等级及长期荷载作用下地基变形对上部结构的影响程度，地基基础设计应符合下列规定。

　　（1）所有建筑物的地基计算均应满足承载力计算的有关规定。

　　（2）设计等级为甲级、乙级的建筑物，均应按地基变形设计。

　　（3）设计等级为丙级的建筑物，可不做变形设计而只做承载力计算（表 1 - 2），但有以下情况之一时，应做变形设计。

　　① 地基承载力特征值小于 130kPa，且体形复杂的建筑物。

　　② 在基础上及其附近有地面堆载，或相邻基础荷载差异较大，可能引起地基产生过大的不均匀沉降时。

　　③ 软弱地基上的建筑物存在偏心荷载时。

　　④ 相邻建筑距离近，可能发生倾斜时。

　　⑤ 地基内有厚度较大或厚薄不均的填土，其自重固结未完成时。

表 1 - 2　可不做地基变形验算的设计等级为丙级的建筑物范围

地基主要受力层情况	地基承载力特征值 f_{ak} 范围/kPa	$80{\leqslant}f_{ak}$ <100	$100{\leqslant}f_{ak}$ <130	$130{\leqslant}f_{ak}$ <160	$160{\leqslant}f_{ak}$ <200	$200{\leqslant}f_{ak}$ <300
	各土层坡度/（%）	${\leqslant}5$	${\leqslant}10$	${\leqslant}10$	${\leqslant}10$	${\leqslant}10$
建筑类型	砌体承重结构、框架结构层数	${\leqslant}5$	${\leqslant}5$	${\leqslant}6$	${\leqslant}6$	${\leqslant}7$

续表

建筑类型				10～15	15～20	20～30	30～50	50～100
建筑类型	单层排架结构（6m柱距）	单跨	吊车额定起重量/t	10～15	15～20	20～30	30～50	50～100
			厂房跨度	≤18	≤24	≤30	≤30	≤30
		多跨	吊车额定起重量/t	5～10	10～15	15～20	20～30	30～75
			厂房跨度/m	≤18	≤24	≤30	≤30	≤30
	烟囱		高度/m	≤40	≤50	≤75		≤100
	水塔		高度/m	≤20	≤30	≤30		≤30
			容积/m³	50～100	100～200	200～300	300～500	500～1000

注：① 地基主要受力层系指条形基础底面下深度为 3b（b 为基础底面宽度）、独立基础下为 1.5b，且厚度均不小于 5m 的范围（二层以下一般的民用建筑除外）。

② 地基主要受力层中如有承载力标准值小于 130kPa 的土层时，表中砌体承重结构的设计，应符合《建筑地基基础设计规范》的有关要求。

③ 表中砌体承重结构和框架结构均指民用建筑，对于工业建筑可按厂房高度、荷载情况折合成与其相当的民用建筑层数。

④ 表中吊车额定起重量、烟囱高度和水塔容积的数值系指其最大值。

（4）对经常受水平荷载作用的高层建筑、高耸结构和挡土墙等，以及建造在斜坡上或边坡附近的建筑物和构筑物，还应验算其稳定性。

（5）基坑工程应进行稳定性验算。

（6）建筑地下室或地下构筑物存在上浮问题时，还应进行抗浮验算。

1.2　地基基础设计的内容和步骤

地基基础设计时，要综合考虑建筑物情况和场地工程地质条件，结合施工条件以及工期、造价等各方面的要求，合理选择方案，以求安全适用、技术先进、经济合理。如前所述，天然地基上的浅基础通常施工方便、技术简单、造价较低，而深基础往往造价高，施工也比较复杂，因此在保证建筑物安全和正常使用的前提下，应首先考虑采用天然地基浅基础方案；如果该方案不能满足工程要求，则需要采用桩基础或其他深基础方案。本节以天然地基上的浅基础和最常见的深基础形式为例，来阐述这两种基础的设计所遵循的大体步骤。

1.2.1　地基基础设计所需要的资料

遵循工程建设基本原则，基础工程应按照勘察、设计、施工的先后顺序进行。设计时需要综合考虑建筑物情况、场地工程地质条件、施工条件及工期造价等因素来确定方案，并需要具备以下资料。

（1）建筑场地地质勘查报告，用以了解建筑物范围内地层结构及各层岩土的物理力学性质、地下水的埋藏情况、有无影响建筑场地稳定性的不良地质条件等。

（2）建筑场地与环境条件有关的资料，包括建筑场地的平面图、相邻建筑物的情况、场地水电情况、周围防震防噪声的要求等。

（3）建筑物有关资料，包括建筑物的结构类型、安全设计等级等。

（4）施工条件有关资料，包括施工机械及其配套设备的技术资料、施工机械设备进出场及现场运行条件等。

（5）经济、工期等方面的指标要求。

1.2.2 天然地基上浅基础的设计步骤

天然地基上浅基础的设计通常按如下步骤进行。

（1）分析建筑物场地的地质勘查资料和建筑物的设计资料，进行相应的现场勘察和调查，以掌握地基土层分布、不良地质现象等。

（2）选择基础的结构类型和建筑材料，根据地质勘查资料，结合上部结构的类型、荷载的情况、建筑布置和使用要求等，选择基础类型、平面布置方案及建筑材料。

（3）根据选择的持力层，确定基础的埋置深度。

（4）根据地基承载力和作用在基础上的荷载组合，初步确定基础底面尺寸。

（5）进行必要的地基计算，以初步确定基础底面积能否满足要求，还要通过地基持力层和软弱下卧层的承载力验算、变形验算及地基稳定性验算等来检验，如果不满足要求，应进行基础底面尺寸的调整。

（6）依据规范要求进行基础的结构和构造设计，以保证基础具有足够的强度、刚度和稳定性。

（7）绘制基础的设计和施工图，编制工程预算书和工程设计说明书。

上述各个方面密切相关，互相制约，因此地基基础设计工作往往要反复进行多次才能取得较满意的方案。对于规模较大的基础工程，还应对若干可行方案进行技术、经济比较，择优选用。

1.2.3 桩基础的设计步骤

（1）收集设计资料，明确设计任务。进行桩基础设计时，要收集和掌握基础及建筑物的资料（如建筑物的结构、荷载、安全等级等），场地地质资料，以及周边环境、施工条件、原材料供应等资料。

（2）选择持力层、桩型、桩截面尺寸和桩长，初步确定承台底面标高。一般应选择压缩性低而承载力高的较硬土层作为桩端持力层，由持力层深度和荷载大小来确定桩长、桩截面尺寸及承台底面标高。

（3）确定单桩竖向（水平）极限承载力标准值和基桩竖向（水平）承载力特征值。

（4）初步确定桩数和桩的平面布置。根据基础的竖向（水平）荷载和基桩竖向（水平）承载力特征值来确定桩数，再根据规范中关于桩距的规定，由桩数确定桩的平面布置。

（5）桩基础的验算。在完成布桩之后，要进行桩基础的验算，包括基桩竖向（水平）承载力的验算、软弱下卧层承载力的验算、桩基础的沉降验算等。

（6）桩身结构设计。包括桩身构造要求和配筋计算等内容。

（7）承台设计。包括确定承台尺寸和形状、构造要求，进行承台的抗冲切、抗弯、抗剪切、抗裂等的验算。

（8）绘制桩基础施工图。

1.3　地基基础的设计方法和荷载取值

1.3.1　地基基础的设计方法

随着建筑科学的不断发展，地基基础的设计方法也在不断改进，由早期的允许承载力设计方法、极限状态设计方法发展到现在的以概率理论为基础的极限状态设计方法（即可靠度设计方法）。本章将对此做简要介绍。

1. 允许承载力设计方法

以建筑物的地基设计为例，基础底面的单位面积压力为基础底面压力。基础底面压力不宜过大，不能大于土体的极限承载力，否则会出现失稳，同时基础底面压力引起的土体变形不能超过规范的允许范围，这促成了地基"允许承载力"概念的产生。地基单位面积上所能承受的最大压力称为地基的允许承载力，它既满足承载力要求也满足变形要求。于是基础底面积 A 可用允许承载力按下式确定。

$$A=\frac{S}{[f]} \tag{1-1}$$

式中　S——作用于基础上的总荷载，包括基础自重；

　　　[f]——地基的允许承载力。

早期的地基允许承载力是工程师通过当地经验来总结确定的。经过长期的发展，现今可通过向规范查表的方式确定，也可根据土质的各种物理性质指标（如孔隙比 e、含水率 w）或原位测试方法（如标准贯入试验、静力触探试验和平板载荷试验等）确定，这些方法至今仍在广泛使用，但其依赖经验取值，安全度不能保持在一定的准确范围内。

2. 极限状态设计法

随着建筑业的发展，新型结构和复杂体型对沉降和不均匀沉降更为敏感，从以往简单一些的建筑总结得出的地基允许承载力对新型建筑物未必仍能保证安全使用。这样，允许承载力就失去了它原来的意义。实际上，地基稳定和变形允许是对地基的两种不同要求，要充分发挥地基承载作用，并不能简单地用一个允许承载力概括。更好的方法是分别验算，了解控制的因素，对薄弱环节采取必要的工程措施，以保证在安全可靠的前提下达到最为经济的目的，这也就是极限状态设计方法的本质。按极限状态设计方法，地基必须满足以下两种极限状态的要求。

（1）承载能力极限状态。

对应于地基达到极限承载能力或不适于继续承载的变形，表达式为：

$$\frac{S}{A} = p \leqslant \frac{p_u}{F_s} \qquad (1-2)$$

式中　　p——基底压力；

　　　　p_u——地基的极限承载力，它等于极限荷载，可通过试验或计算确定；

　　　　F_s——安全系数。

（2）正常使用极限状态或变形极限状态。

对应于地基受荷后的变形应该小于建筑物地基变形允许值，表达式为：

$$s \leqslant [s] \qquad (1-3)$$

式中　　s——建筑物地基的变形值；

　　　　$[s]$——建筑物地基的变形允许值。

用这种设计方法，地基的安全程度都是用单一的安全系数表示，为了与后面第三种方法相区别，可称为单一安全系数的极限状态设计方法。

3. 可靠度设计方法

可靠度设计方法也称为概率理论为基础的极限状态设计方法，所以实际上它也属于承载能力极限状态设计方法。

结构的工作状态可以用作用（或荷载）或者作用效应（或荷载效应）S 与抗力 R 的关系来描述。根据《工程结构可靠性设计统一标准》（GB 50153—2008）规定，所谓作用是指施加在结构上的集中力或分布力（直接作用，也称荷载）和引起结构外加变形或约束变形的原因（间接作用）。所谓作用效应是指由作用引起的结构或结构构件的反应，作用效应与抗力的关系如式（1-4）所示：

$$Z = R - S \qquad (1-4)$$

Z 称为功能函数。

当 $Z>0$ 时，抗力大于作用效应，结构处于安全状态。

当 $Z=0$ 时，抗力等于作用效应，结构处于极限状态。

当 $Z<0$ 时，抗力小于作用效应，结构处于破坏或失效状态。

由于 R 与 S 的影响因素较多，在实际情况中均为随机变量，但其概率分布满足正态分布，根据概率理论，功能函数 Z 也应该是正态分布的随机变量，其概率密度函数为：

$$f(Z) = \frac{1}{\sqrt{2\pi}\sigma_Z} \exp\left(-\frac{1}{2}\left(\frac{Z-Z_m}{\sigma_Z}\right)^2\right) \qquad (1-5)$$

根据概率理论有：

$$Z_m = R_m - S_m \qquad (1-6)$$

$$\sigma_Z = \sqrt{\sigma_S^2 + \sigma_R^2} \qquad (1-7)$$

式中　　Z_m——函数 Z 的平均值；

　　　　S_m——荷载或荷载效应平均值；

　　　　R_m——抗力平均值；

　　　　σ_z——函数 Z 的标准差；

σ_S——荷载或荷载效应的标准差；

σ_R——荷载或荷载效应的标准差。

这样，如果作用效应和抗力的均值 S_m 和 R_m 以及标准差 σ_S 和 σ_R 均已求得，则由式（1-5）即可绘出功能函数 Z 的概率密度分布曲线如图1-1（a）所示。图中阴影面积表示 $Z<0$ 的概率，也就是结构处于失效状态的概率，称为失效概率 p_f。p_f 可由概率密度函数积分求得，即

$$p_f = \int_{-\infty}^{0} f(Z)\mathrm{d}Z = \int_{-\infty}^{0} \frac{1}{\sqrt{2\pi}\sigma_Z} \exp\left[-\frac{1}{2}\left(\frac{Z-Z_m}{\sigma_Z}\right)^2\right]\mathrm{d}Z \qquad (1-8)$$

但直接求 p_f 比较麻烦，通常可以把一般正态分布转换为标准正态分布，并利用表1-3以简化计算。按照标准正态分布的定义有 $Z_m=0$ 时，$\sigma_z=1$，因此可以把纵坐标轴移至均值 Z_m 处，再把横坐标的单位除以 σ_R，于是横坐标变成 $Z'=\dfrac{Z-Z_m}{\sigma_Z}$。这样变换后就可得到标准正态分布曲线，如图1-1（b）所示。

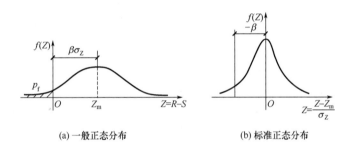

图 1-1 功能函数的概率密度

（**a**）一般正态分布 （**b**）标准正态分布

由于变换坐标后 $Z'=\dfrac{Z-Z_m}{\sigma_Z}$，故 $\mathrm{d}Z'=\dfrac{\mathrm{d}Z}{\sigma_Z}$，且当 $Z=0$ 时，$Z'=-\dfrac{Z_m}{\sigma_Z}$，代入式（1-8）得）

$$p_f = \int_{-\infty}^{-\frac{Z_m}{\sigma_Z}} \frac{1}{\sqrt{2\pi}} \exp\left(-\frac{1}{2}Z'^2\right)\mathrm{d}Z' \qquad (1-9)$$

式（1-9）为标准正态概率分布函数，令 $\dfrac{Z_m}{\sigma_Z}=\beta$，可知，失效概率由 β 唯一确定，也就是说规定了失效概率 p_f，也就确定了 β 值，反之亦然。例如，令 $\beta=3$，则有

$$p_f = \int_{-\infty}^{-3} \frac{1}{\sqrt{2\pi}} \exp\left(-\frac{1}{2}Z'^2\right)\mathrm{d}Z' = \Phi(-3) = 1-\Phi(3) \qquad (1-10)$$

式中 $\Phi(x)$ 为标准正态概率分布函数。

查表1-3，当 $X_1=3$ 时，$\Phi(3)=0.9987$，则 $p_f=1-0.9987=0.0013$。

表 1-3 标准正态分布数值表

X_1	0.0	0.50	1.0	1.50	2.00	2.50	3.00	3.50	4.00	4.50	∞
概率值	0.50	0.6915	0.8413	0.9332	0.9773	0.9938	0.9987	0.9998	0.9999	0.999	1.00

因为 β 也是一个表示失效概率的指标，且应用起来比 p_f 方便，所以在结构可靠度设

计中，它常被用来表示结构可靠性的指标，称为可靠指标。我国建筑结构设计统一标准 β 的规定值见表 1-4。

表 1-4　结构承载能力极限状态的可靠指标

破坏类型	安全等级		
	一级	二级	三级
延性破坏	3.7	3.2	2.7
脆性破坏	4.2	3.7	3.2

注：当承受偶然作用时，结构构件的可靠度指标应符合专门规范的规定。

可见，可靠指标 β 类似于前述的安全系数 F_s，但它与 F_s 值的概念有明显的不同，图 1-2 表示两组作用效应和抗力的概率密度分布曲线分别为 S_1、R_1 和 S_2、R_2。令 S_{1m}、R_{1m} 与 S_{2m}、R_{2m} 分别为第一组及第二组的作用效应和抗力均值，则安全系数 F_s 表示为

$$F_s = \frac{\text{平均抗力}}{\text{平均作用效应}} = \frac{R_m}{S_m} \tag{1-11}$$

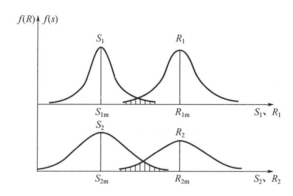

图 1-2　两组作用效应 S 和抗力 R 的概率密度函数曲线

而可靠度指标 β 则表示为

$$\beta = \frac{Z_m}{\sigma_Z} = \frac{R_m - S_m}{\sqrt{\sigma_R{}^2 + \sigma_S{}^2}} = \frac{\dfrac{R_m}{S_m} - 1}{\sqrt{\delta_S^2 + \dfrac{R_m^2}{S_m^2}\delta_R^2 + }} = \frac{F_S - 1}{\sqrt{\delta_S^2 + F_S^2\delta_R^2}} \tag{1-12}$$

式中　σ_S、σ_R——作用效应和抗力的标准差；

　　　δ_S、δ_R——变异系数。

比较式（1-11）和式（1-12）可知，安全系数 F_s 只取决于作用效应 S 和抗力 R 的均值，可靠指标 β 则不断取决于 S 和 R 均值，而且还与它们的概率分布情况即离散度有关。

进一步对这两组曲线进行分析表明，若 $S_{1m} = S_{2m}$，且 $R_{1m} = R_{2m}$，则二者的安全系数 $F_{s1} = F_{s2}$。但从概率密度函数曲线分析，第二组的离散程度明显比第一组大，按可靠指标的概念，标准差 σ 越大，则可靠指标 β 越小，故第一组的可靠指标大于第二组，即 $\beta_1 > \beta_2$。同理，失效概率 p_f 与图中阴影面积的大小有关，显然第二组的失效概率大于第一组，即 $p_{1f} < p_{2f}$。

1.3.2　地基基础的荷载规定

根据《建筑结构荷载规范》（GB 50009—2012）规定，建筑结构设计应根据使用过程中在结构上可能同时出现的荷载，按承载能力极限状态和正常使用极限状态分别进行荷载组合，并应取各自的最不利组合进行设计。

荷载组合的几个基本概念介绍如下。

（1）荷载标准值：是荷载的基本代表值，为根据统计规律分析得出的均值或某一分位值，可由《建筑结构荷载规范》查得。

（2）荷载的分项系数：是一个规定的工程经验值。对于永久荷载和可变荷载，分项系数均有不同的数值。

（3）荷载的准永久值：每一种可变荷载在设计基准期实际占据的时间不一样，所以在长期工况的情况下，需要对可变荷载乘以相应的准永久系数，最后得到荷载的准永久值。

（4）荷载的组合系数：由于多个可变荷载同时出现的概率较小，当结构受到两个或两个以上的可变荷载时，需要对某荷载乘以相应的组合值系数进行折减，该系数小于1。

对于承载能力极限状态，应按荷载的基本组合或偶然组合计算荷载组合的效应设计值，并应采用下式进行设计。

$$\gamma_0 S_d \leqslant R_d \qquad (1-13)$$

式中　γ_0——结构的重要性系数；

　　　S_d——荷载组合的效应值；

　　　R_d——结构构件的设计值。

对于正常使用极限状态，应根据不同的设计要求，采用荷载的标准组合、频遇组合或准永久组合，按下式进行设计。

$$S_d \leqslant C \qquad (1-14)$$

式中　S_d——荷载组合的效应值；

　　　C——结构或结构构件达到正常使用要求的规定限值，如变形、裂缝振幅、加速度等的限值，应按相关规范采用。

根据《建筑地基基础设计规范》（GB 50007—2011），地基基础设计时，作用组合的效应设计值应符合以下规定。

（1）正常使用极限状态下，标准组合的效应设计值 S_k（标准组合值）应按下式确定。

$$S_k \leqslant S_{Gk} + S_{Q1k} + \psi_{c2} S_{Q2k} + \cdots + \psi_{cn} S_{Qnk} \qquad (1-15)$$

式中　S_{Gk}——永久作用标准值 G_k 的效应；

　　　S_{Qik}——第 i 个可变作用标准值 Q_{ik} 的效应；

　　　ψ_{ci}——第 i 个可变作用 Q_i 的组合值系数，按现行《建筑结构荷载规范》的规定取值。

（2）准永久组合的效应设计值 S_q（准永久组合值）应按下式确定。

$$S_q \leqslant S_{Gk} + \psi_{q1} S_{Q1k} + \psi_{q2} S_{Q2k} + \cdots + \psi_{qn} S_{Qnk} \qquad (1-16)$$

式中　ψ_{qi}——第 i 个可变作用的准永久值系数，按现行《建筑结构荷载规范》的规定取值。

（3）承载能力极限状态下，由可变作用控制的基本组合的效应设计值S_d（基本组合值）应按下式确定。

$$S_d \leqslant \gamma_G S_{Gk} + \gamma_{Q1} S_{Q1k} + \gamma_{Q2} \psi_{c2} S_{Q2k} + \cdots + \gamma_{Qn} \psi_{cn} S_{Qnk} \tag{1-17}$$

式中　γ_G——永久作用的分项系数，按现行《建筑结构荷载规范》的规定取值；

γ_{Qi}——第 i 个可变作用的分项系数，按现行《建筑结构荷载规范》的规定取值。

（4）对由永久作用控制的基本组合，也可采用简化规则，基本组合的效应设计值S_d可按下式确定。

$$S_d = 1.35 S_k \tag{1-18}$$

式中　S_k——标准组合的作用效应设计值。

地基设计时，所采用的作用效应与相应的抗力限值应符合下列规定。

（1）按地基承载力确定基础底面积及埋深，或按单桩承载力确定桩数时，传至基础或承台底面上的作用效应应按正常使用极限状态下作用的标准组合；相应的抗力应采用地基承载力特征值或单桩承载力特征值。

（2）计算地基变形时，传至基础底面上的作用效应应按正常使用极限状态下作用的准永久组合，不应计入风荷载和地震作用；相应的限值应为地基变形允许值。

（3）计算挡土墙、地基或滑坡稳定以及基础抗浮稳定时，作用效应应按承载能力极限状态下作用的基本组合，但其分项系数均为1.0。

（4）在确定基础或桩基承台高度、支挡结构截面、计算基础或支挡结构内力、确定配筋和验算材料强度时，上部结构传来的作用效应和相应的基础底面反力、挡土墙土压力以及滑坡推力，应按承载能力极限状态下作用的基本组合，采用相应的分项系数；当需要验算基础裂缝宽度时，应按正常使用极限状态下作用的标准组合。

（5）基础设计安全等级、结构设计使用年限、结构重要性系数应按有关规范的规定采用，但结构重要性系数γ_0不应小于1.0。

本 章 小 结

　　本章主要讲述地基基础设计时所应遵循的基本原则和规定，给出了天然地基上浅基础及桩基础设计的步骤和内容、荷载的取值等。

　　本章的重点是荷载的取值及地基基础设计的基本原则。

习　　题

一、选择题

1. 位于复杂地质条件及软土地区的2层及2层以上地下室的基坑工程，其地基基础设计等级为（　　）。

A. 甲级　　　　　　B. 乙级　　　　　　C. 丙级

2. 设计等级为丙级的建筑物可不做变形验算，但有下列（　　）情况时，仍应做变形验算。

A. 地基承载力特征值小于 130kPa

B. 软弱地基上的建筑物存在偏心荷载

C. 相邻建筑物距离过近，可能发生倾斜

3. 地基基础设计时，需要综合考虑以下（　　）等因素来确定设计方案。

A. 建筑物情况　　　　　　　　　　B. 场地工程地质条件

C. 施工条件及工期造价

二、简答题

1. 地基基础设计应遵循哪些基本原则？

2. 地基基础设计可分为哪几个等级？

3. 地基基础工程设计所需要的资料有哪些？

4. 简述天然地基上浅基础的设计步骤和内容。

5. 简述桩基础的设计步骤和内容。

6. 对由永久荷载效应控制的基本组合，怎样采用简化方法求荷载效应基本组合的设计值？

第2章

浅基础

 **教学目标**

本章主要讲述浅基础的概念与类型，重点论述天然地基上的浅基础设计，包括影响浅基础埋深的主要因素、浅基础地基承载力的确定方法、浅基础基础底面尺寸的确定、浅基础地基变形和稳定性验算、无筋扩展基础与扩展基础的设计计算方法及构造要求。通过本章的学习，应达到以下目标。

(1) 熟悉浅基础的类型及适用范围。

(2) 掌握影响浅基础埋深的主要因素。

(3) 掌握浅基础地基承载力的确定方法。

(4) 掌握浅基础基础底面尺寸的确定方法。

(5) 掌握浅基础的地基变形和稳定性验算。

(6) 熟悉无筋扩展基础和扩展基础的设计计算方法及构造要求。

 **教学要求**

知识要点	能力要求	相关知识
浅基础的类型 及适用条件	(1) 掌握浅基础的概念。 (2) 熟悉浅基础的类型及各自的适用条件	(1) 地基分类 (2) 浅基础设计考虑因素 (3) 浅基础分类
基础埋置 深度的选择	(1) 掌握影响埋深的与建筑物有关的条件 (2) 掌握影响埋深的工程地质条件 (3) 掌握影响埋深的水文地质条件 (4) 了解影响埋深的地基冻融条件	(1) 基础埋置深度 (2) 建筑物功能 (3) 工程地质条件 (4) 水文地质条件 (5) 冻胀
地基承载力 的确定	(1) 能通过地基载荷试验确定地基承载力 (2) 能按规范法确定地基承载力 (3) 熟悉按工程经验确定地基承载力	(1) 地基承载力 (2) 地基承载力特征值 (3) 载荷试验 (4) 承载力修正

续表

知识要点	能力要求	相关知识
基础底面尺寸的确定	(1) 掌握地基持力层承载力验算 (2) 掌握地基软弱下卧层承载力验算	(1) 轴心荷载作用 (2) 偏心荷载作用
地基变形验算	(1) 掌握地基变形验算的要求 (2) 熟悉地基变形验算的计算规定	(1) 沉降量及沉降差、倾斜 (2) 局部倾斜
地基稳定性验算	(1) 掌握地基失稳的形式 (2) 掌握抗滑稳定性的计算 (3) 掌握抗浮稳定性的计算	(1) 抗滑稳定性 (2) 抗浮稳定性
扩展基础的设计计算	(1) 熟悉无筋扩展基础的构造要求 (2) 熟悉钢筋混凝土扩展基础的构造要求	(1) 台阶宽高比 (2) 墙下条形基础的构造 (3) 柱下独立基础的构造 (4) 基础高度确定及配筋

 基本概念

　　浅基础、基础埋深、地基承载力、地基承载力特征值、无筋扩展基础、扩展基础、刚性角、冲切破坏、剪切破坏、不均匀沉降。

 引例

　　地基承载力是建筑地基基础设计中的一个关键指标。各类地基承受基础传来荷载的能力都有一定的限度，超过这一限度，会导致建筑物发生较大的不均匀沉降，引起房屋开裂；如果超越这一限度过多，则可能因地基土发生剪切破坏而出现整体滑动或急剧下沉，造成房屋的倾倒或严重受损。在绪论中谈到的加拿大特朗斯康谷仓倾倒事故就是一个典型例子，如图 2-1 所示。

地基基础工程事故特点及原因分析

图 2-1　加拿大特朗斯康谷仓倾倒

　　常见的地基基础设计方案，有天然地基或人工地基上的浅基础、深基础和深浅结合基础。一般而言，天然地基上的浅基础便于施工，且工期短、造价低，如能满足地基的强度和变形要求，宜优先选用。

在设计步骤上，如对墙下条形基础的设计，首先应确定地基持力层和基础埋置深度，这是地基基础设计工作的一个重要环节。影响基础埋置深度的因素众多，如建筑物类型、工程地质条件、水文地质条件等，应进行综合考虑。其次要确定地基承载力，最可靠的方法是通过载荷试验，但受时间、资金等条件所限，常采用查规范承载力表格或按土的抗剪强度指标来确定。根据上部结构传来的荷载计算基础所需的底面尺寸时，一般根据地基持力层承载力计算基础底面尺寸，有软弱下卧层时要进行软弱下卧层承载力验算，必要时还要进行地基变形与稳定性验算。接着进行基础结构设计，如确定基础高度、对基础进行内力分析和截面计算、完成基础配筋等。最后根据上述分析和计算结果绘制基础施工图，提出施工说明。

上述基础设计的各项步骤及内容是互相关联的，如发现前面的选择不妥，应不断修改设计，直至各项计算和设计内容均符合要求。

2.1 概　　述

2.1.1　浅基础的概念

基础是连接上部结构（如房屋的墙和柱，桥梁的墩和台等）与地基之间的过渡结构，起承上启下的作用。地基可分为天然地基和人工地基，基础可分为浅基础和深基础。

地层中可直接修筑基础的地基称为天然地基，那些不能满足要求而需要在基础修筑前进行人工处理的地基称为人工地基。修筑在天然地基上且埋置深度小于 5m 的基础（柱下基础或墙下基础），以及埋置深度虽超过 5m 但基础深度远小于基础宽度的基础（筏形基础、箱形基础），统称为天然地基上的浅基础。

当地基范围内都属于软弱土层（通常指承载力特征值小于 100kPa 的土层），或地基上部有较厚的软弱土层而不适宜直接修筑基础时，可采用以下三种解决方案。

（1）采用人工地基。加固软弱土层，提高地基承载力，再把基础修筑在这种经过人为加固的所谓人工地基上。

（2）采用桩基础。在地基中打桩，把建筑物支承在桩顶承台上，建筑物的荷载由桩传递到地基深处承载力较高的土层中，这类基础称为桩基础。

（3）采用深基础。把基础直接做在地基深处承载力较高的土层上，埋置深度大于 5m 或大于基础宽度，这类基础称为深基础。此时在计算基础承载力时，应该考虑基础侧壁摩擦力的影响。

如前所述，在一般情况下应尽可能采用天然地基上的浅基础。本章着重讨论浅基础的设计问题。做浅基础设计时，应考虑的主要因素如下。

（1）建筑基础所用的材料及基础的结构形式。

（2）基础的埋置深度。

（3）地基土的承载力。

（4）基础的形状和布置，以及与相邻基础、地下构筑物和地下管道的关系。

（5）上部结构类型、使用要求及对不均匀沉降的敏感性。

（6）施工期限、施工方法及所需的施工设备等。

2.1.2 浅基础的设计方法

在工程设计中，通常把上部结构、基础和地基三者分离开来，分别对三者进行设计计算。以图 2-2（a）中柱下条形基础上的框架结构设计为例，先视框架柱底端为固定支座，将框架分离出来，然后按照图 2-2（b）所示的计算简图计算荷载作用下的框架内力；再把求得的柱脚支座反力作为基础荷载反向作用于条形基础 [图 2-2（c）]，并按直线分布假设计算基础底面反力，从而求得基础的截面内力。进行地基计算时，则将基础底面反力反向施加于地基上 [图 2-2（d）]，并将其视为柔性荷载（不考虑基础刚度）来验算地基承载力和地基沉降。

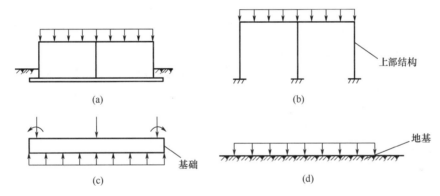

图 2-2 常规设计法计算简图

上述设计方法称为浅基础的常规设计法。这种方法满足了静力平衡条件，忽略了地基、基础和上部结构三者之间的变形协调条件。但原则上，地基、基础和上部结构必须同时满足静力平衡条件和变形协调条件，只有这样才能揭示三者在外荷载作用下相互制约、彼此影响的内在联系，从而达到安全、经济的设计目的。

鉴于从整体上进行相互作用分析难度较大，对于一般的基础仍可采用常规设计。对于复杂或大型的基础，则宜在常规设计的基础上依据情况采用目前可行的方法考虑地基-基础-上部结构的相互作用（详见第 3 章）。

常规设计法在满足下列条件时被认为是可行的。

（1）地基沉降较小或较均匀。若地基沉降较大或不均匀，就会在上部结构中引起很大的附加应力，导致结构设计不安全。

（2）基础刚度较大。基础底面反力一般并非呈直线分布，它与土的类别和性质、基础尺寸和刚度、荷载大小等因素有关。一般而言，当基础刚度较大时，可认为基础底面反力近似呈直线分布。对连续基础（柱下条形基础、柱下交叉条形基础、筏形基础和箱形基础），通常要求地基土层、荷载分布及柱距较均匀。

2.2 浅基础的类型及适用范围

2.2.1 浅基础的类型

基础的作用是将上部结构的荷载传递到地基中，保证地基不会发生失稳（涉及承载力）及变形过大（涉及正常使用极限）等问题。应根据上部结构荷载、土质情况、施工情况等因素，选择不同的基础类型。这些浅基础类型分类如下。

（1）按基础材料性能，浅基础可分为刚性基础和柔性基础。

刚性基础的材料一般为砖、毛石、混凝土、三合土等，其抗压强度高，但抗拉、抗弯、抗剪强度较差。在设计刚性基础时，为避免拉、弯、剪的影响，应将刚性基础的宽高比控制在一定范围内，以保证基础不发生挠曲变形和开裂。由于不需要进行繁杂的内力分析及截面验算，因此这类基础结构设计较为简便。

柔性基础的材料一般为钢筋混凝土。由于钢筋的存在，其抗压、抗拉、抗弯、抗剪的强度均较大，可不受宽高比的限制，在现今建筑市场中已广泛使用。

（2）按构造的方式，浅基础可分为扩展基础、联合基础、柱下条形基础、柱下交叉条形基础、筏板基础、箱形基础和壳体基础等，其中扩展基础可分为无筋扩展基础和钢筋混凝土扩展基础。

2.2.2 无筋扩展基础

无筋扩展基础是由砖、石料、混凝土和毛石混凝土、灰土和三合土等材料组成的基础，又称刚性基础。其可以是独立的基础，也可以是条形的基础。

1. 砖基础

砖基础是工程中常见的一种无筋扩展基础，其各部分的尺寸应符合砖的尺寸模数。基础墙的下部一般做成阶梯形，但台阶宽高比应按照规范取值，其具体砌法有两皮一收和二一间隔收两种，如图 2-3 所示。未标注尺寸单位时，本书均以 mm 为单位。

砖的尺寸为 240mm×115mm×53mm，考虑抹灰后为 240mm×120mm×60mm。两皮一收是指在砌筑时基础的翼缘每两块砖高度（2×60mm＝120mm）向外面伸出砖长度的1/4（60mm）；二一间隔收与两皮一收类似，指每级翼缘的高度为 120mm 及 60mm 相互交叉，每级翼缘伸出长度为砖长度的1/4（60mm）。

2. 石料基础

石料基础可就地取材，经济适用，抗冻性较好，在寒冷潮湿地区可用作 6 层以下建筑物的基础。如图 2-4 所示。

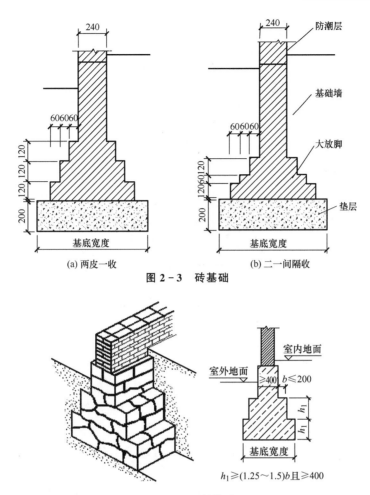

(a) 两皮一收　　　　　　　(b) 二一间隔收

图 2 - 3　砖基础

图 2 - 4　石料基础

$h_1 \geqslant (1.25 \sim 1.5)b$ 且 $\geqslant 400$

3. 混凝土基础和毛石混凝土基础

混凝土的耐久性、抗冻性和强度性能优异，且机械化作业及预制程度较高，使用混凝土可建造比砖基础、毛石基础强度更大的刚性基础。

在混凝土中掺入 20％～30％ 的毛石的基础称为毛石混凝土基础，是为节省水泥掺量而设计的，如图 2-5 所示。

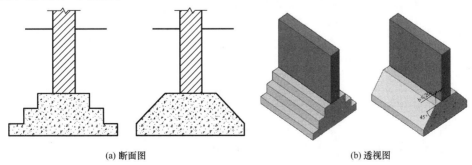

(a) 断面图　　　　　　　　(b) 透视图

图 2 - 5　毛石混凝土基础

4. 灰土基础和三合土基础

灰土基础是用一定比例的石灰与黏土，在最佳含水率情况下充分拌和，分层铺设夯实或压实而成的基础。对于承载能力要求不高的建筑，可考虑采用灰土基础，其构造形式如图 2-6 所示。

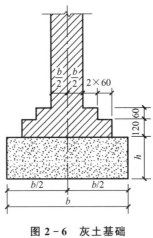

图 2-6 灰土基础

灰土的配合比除设计有特殊规定外，石灰与黏土的比例一般为 2∶8 或 3∶7（体积比），分别称为二八灰土和三七灰土。在分层压实时，每层虚铺厚度约 220mm，夯实后厚度为 150mm，称为"一步灰土"；一般可铺两至三步，即厚度为 300mm 或 450mm。

灰土基础有一定的强度、水稳性和抗渗性，且施工工艺简单、取材容易、费用较低，在我国华北和西北地区，广泛用于 4 层及 4 层以下的民用建筑。

三合土基础是由石灰、砂和骨料（矿渣、碎砖或碎石）按体积比 1∶2∶4 或 1∶3∶6 加水搅拌后铺设夯实而成的，在我国南方地区常用。

2.2.3 钢筋混凝土扩展基础

钢筋混凝土扩展基础简称扩展基础，包含柱下独立基础和墙下条形基础。

由于钢筋的加入，基础的抗压、拉、弯、剪的性能加强，突破了原有刚性基础的高宽比限制，也就不受刚性角的限制，故也被称为柔性基础。

1. 柱下独立基础

独立基础一般设在柱下，材料通常采用钢筋混凝土，其常用断面形式有台阶形、锥台形、杯口形（图 2-7）。当柱为现浇时，独立基础与柱子是整浇在一起的，如图 2-7（a）（b）所示。当柱子为预制时，通常将基础做成杯口形，然后将柱子插入，并用细石混凝土嵌固，这种称为杯口基础，如图 2-7（c）所示。预制柱下独立基础有杯口基础、双杯口基础和高杯口基础几种形式，接头处均采用细石混凝土灌浆，主要用作工业厂房装配式钢筋混凝土柱的基础。

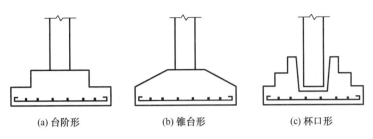

(a) 台阶形　　　　(b) 锥台形　　　　(c) 杯口形

图 2-7　柱下独立基础的断面形式

2. 墙下条形基础

　　墙下条形基础的横截面根据受力条件可分为不带肋和带肋两种形式。墙下条形基础可看作是独立基础的特例，如图 2-8 所示。它的计算属于平面应变问题，只考虑基础横向受力发生的破坏。

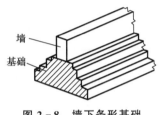

图 2-8　墙下条形基础

2.2.4　壳体基础

　　为了充分发挥混凝土抗压性能好的优点，可将基础的形式做成壳体，其常见的形式有正圆锥壳、M 形组合壳和内球外锥组合壳（图 2-9），可用作一般工业与民用建筑的柱基和筒形构筑物（如烟囱、水塔、料仓、中小型高炉等）的基础。这种基础使径向内力转变为以压应力为主，可比一般梁、板式钢筋混凝土基础减少混凝土用量 50% 左右，节约钢筋30% 以上，具有良好的经济效果。但其施工工期长、工作量大，易受气候因素的影响，布置钢筋、浇捣混凝土方面的施工困难，较难实行机械化作业。

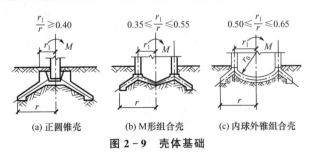

(a) 正圆锥壳　　　(b) M形组合壳　　　(c) 内球外锥组合壳

图 2-9　壳体基础

2.2.5 筏形基础

当建筑物荷载较大、地基承载力较弱时，采用简单的条形基础或井格基础已不能适应地基的变形要求，因此将墙或柱下基础连成一片，使整个建筑物的荷载作用在一块整板上，这种基础称为筏形基础或片筏基础。筏形基础可分为平板式筏形基础和梁板式筏形基础，如图 2-10 所示。平板式筏形基础支持局部加厚筏板类型，梁板式筏形基础支持肋梁上平和肋梁下平两种形式。一般在地基承载力不均匀或地基软弱时采用筏形基础。

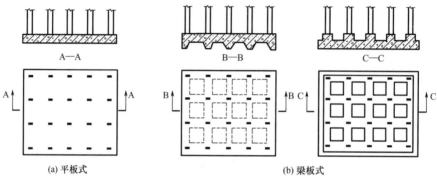

(a) 平板式   (b) 梁板式

图 2-10　筏形基础

2.2.6 箱形基础

箱形基础是由底板、顶板、钢筋混凝土纵横隔墙构成的整体现浇钢筋混凝土结构，如图 2-11 所示。其具有较大的基础底面、较深的埋置深度和中空的结构形式，上部结构的部分荷载可用开挖卸去的土体自重补偿。与一般的实体基础比较，其刚度和整体性强，具有良好的抗震性和补偿性，能显著提高地基的稳定性，降低基础的沉降量。当筏形基础太厚而不适宜时，一般采用箱形基础，多用于无水或少水的高层建筑。

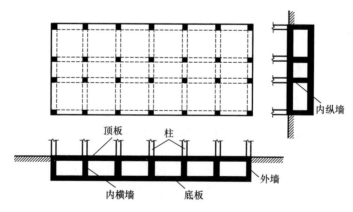

图 2-11　箱形基础

地基基础设计时需要因地制宜、综合考虑，合理选择方案，一般可遵循无筋扩展基础→扩展基础→柱下条形基础→柱下交叉条形基础→筏形基础→箱形基础的顺序来选择基础形式。总之，究竟采用何种形式的浅基础，应根据建筑物的上部结构条件、工程地质条件、技术经济和施工条件等因素加以综合确定。

2.2.7 浅基础选型参考

浅基础设计时可参考表 2-1 来进行初选。

表 2-1 浅基础类型选择

结构类型	岩土性质及荷载条件	浅基础类型
多层砖混结构	土质均匀，承载力高，无软弱下卧层，地下水位以上，荷载不大（5 层以下）	无筋扩展基础
	土质均匀性较差，承载力较低，有软弱下卧层，基础需浅埋	墙下条形基础或墙下交叉条形基础
	土质均匀性差，承载力低，荷载较大，采用条形基础的面积超过建筑物投影面积的 50%	墙下筏形基础
框架结构（无地下室）	土质均匀，承载力较高，荷载相对较小，柱网分布均匀	柱下独立基础
	土质均匀性较差，承载力较低，荷载较大，采用独立基础不能满足要求	柱下条形基础或柱下交叉条形基础
	土质不均匀，承载力低，荷载大，柱网分布不均，采用条形基础的面积超过建筑物投影面积 50% 时	柱下筏形基础
全剪力墙 10 层以上住宅结构	地基土层较好，荷载分布均匀	墙下条形基础
	当上述条件不能满足时	墙下筏形基础或箱形基础
高层框架、剪力墙结构（有地下室）	可采用天然地基	筏形基础或箱形基础

2.3 基础埋置深度的选择

基础埋置深度是指基础底面至天然地面（一般指设计地面）的距离，简称基础埋深。选择合适的基础埋深关系到地基的稳定性、施工的难易程度、工期的长短及造价的高低，是地基设计中的重要环节。影响基础埋深的因素可归纳为以下五个方面，设计时应综合考虑。

2.3.1 与建筑物有关的条件

基础埋置深度确定

与建筑物有关的条件包括建筑物的用途、类型、规模与性质等。某些建筑物需要具备一定的使用功能而适宜采用某种基础形式，这些要求常成为基础埋深选择的先决条件，例如必须设置地下室或设备层及人防时。通常基础埋深首先要考虑满足建筑物使用功能上提出的埋深要求。

位于土质地基上的高层建筑的基础埋深，应满足地基承载力、变形和稳定性要求。为了满足稳定性要求，其基础埋深应随建筑高度适当加大。在抗震设防区，除岩石地基外，天然地基上的箱形基础和筏形基础的埋深不宜小于建筑物高度的 1/15，桩箱或桩筏基础的埋深（不计桩长）不宜小于建筑物高度的 1/18；位于岩石地基上的高层建筑，其基础埋深应满足抗滑稳定性要求；受上拔力影响的基础，如输电塔基础，也要求有较大的埋深以满足抗拔要求；烟囱、水塔、电视塔等高耸建筑，均应满足抗倾覆稳定性的要求。

确定冷藏库或高温炉窑这类建筑物的基础埋深时，应考虑热传导引起地基土因低温而冻胀或高温而干缩的效应。

2.3.2 工程地质条件

在确定浅基础的埋深时，应充分分析场地的地质勘探资料，尽量将基础埋置在好的土层之上。当然土层的好坏是相对的，同样的土层，对于轻型建筑物可能满足要求，适合作为天然地基，但对于重型建筑物可能就满足不了要求。因此考虑地基土层的工程地质条件时，应与上部建筑物的性质结合起来。下面就工程中常遇到的五种土层分布情况，说明基础埋深的确定原则。

（1）地基内部都是好土：在满足其他要求下尽量浅埋。

（2）地基内都是软土：除一些轻型建筑物以外，不宜采用天然地基上的浅基础，而需采用其他满足要求的基础形式或进行地基处理后再利用。

（3）上部是软土，下部是好土：此时持力层的选择取决于上部软弱土层的厚度。一般来说，软弱土层厚度小于 2m 时，应该选取下部良好土层作为持力层；若软弱土层较厚，可按情况（2）处理。

（4）上部是好土，下部是软土：此时应尽可能将基础浅埋，以减少软弱土层所受的压力。如果软弱土层很薄，则可按情况（1）处理。

（5）若干层软土和好土交替组成：应依据各土层的厚度及承载力的大小，参照上述原则选择基础埋深，综合考虑建筑结构条件、场地环境条件和荷载的性质与大小。

2.3.3 水文地质条件

基础应尽量埋置在地下水位以上，以避免地下水对基坑开挖、基础施工和使用期间的影响。当基坑下埋藏有承压水时（图 2-12），为避免基坑开挖时坑底因挖土减压而隆起开裂，坑底隔水层须有一定厚度，以确保坑底隔水层的重力大于其下承压水的压力，如式（2-1）、式（2-2）所示。

$$h \geqslant \frac{\gamma_w}{\gamma_0} \cdot \frac{h_w}{k} \tag{2-1}$$

$$\gamma_0 = \frac{\gamma_1 z_1 + \gamma_2 z_2}{z_1 + z_2} \tag{2-2}$$

式中 h_w——承压水位高度（从隔水层底面算起）；

γ_0——槽底安全厚度范围内土的加权平均重度，对地下水位以下的土取饱和重度；

γ_w——水的重度；

k——系数，一般取1.0，对宽基坑取0.7。

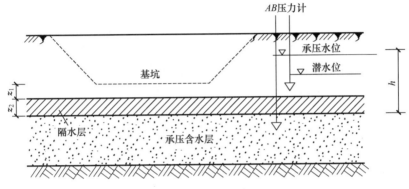

图 2-12 基坑下埋藏有承压水的情况

2.3.4 场地环境条件

气候变化、树木生长及生物活动都会给基础带来不利影响，因此基础应埋置于地表以下，其埋深不宜小于0.5m（岩石地基除外）；基础顶面一般至少低于设计地面0.1m。

如果与邻近建筑物的距离很近，为保证相邻建筑物的安全和正常使用，基础埋深宜浅于或等于相邻建筑物的基础埋深。当基础深于相邻建筑物基础时，要保证新旧基础之间有足够的距离，其净距L一般为相邻两基础底面高差ΔH的1～2倍（土质好时可取低值），以免开挖基坑时坑壁塌落，影响相邻建筑物地基的稳定，如图2-13所示。当不能满足这一要求时，应采取相应措施，如分段施工、设临时加固支撑或板状支撑等。

如果在基础影响范围内有地下管道，一般要求基础埋深低于地下管道的深度，且避免管道在基础下通过而影响管道的使用和维修。在河流、湖泊等水体旁建造建筑物基础时，如可能受到流水或波浪冲刷的影响，其埋深应位于冲刷线之下。

2.3.5 地基冻融条件

地表下一定深度范围内，土的温度随外界温度的变化而变化。在寒冷地区，冬季时，上层土中的水因温度降低而冻结，产生体积膨胀，这种体积膨胀是有限度的更严重的是处于冻结中的土会产生吸力，吸引附近水分渗向冻结区一起冻结。因此，土冻结后，水分转移使其含水率增加，致使冻结土体产生显著的体积膨胀，这种现象称为土的冻胀现象。如

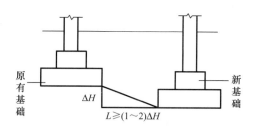

图 2 - 13 不同埋深相邻基础布置要求

果冻土层离地下水位较近，冻结产生的吸力和毛细力会吸引地下水源源不断地进入冻结区，形成冰晶体，严重时可形成冰夹层，基础底面将因土的冻胀而隆起，如图 2 - 14 所示。等到春季气温回升解冻，冻土层体积不断减小而含水率显著增加，会导致其强度大幅下降而产生融陷现象。冻胀和融陷一般是不均匀的，这就容易导致建筑物开裂损坏。

土冻结后是否会产生冻胀现象，主要取决于土的性质和周围环境向冻土区补充水分的条件。土颗粒越粗、透水性越大，冻结过程中未冻水被排出冰冻区的可能性就越大，土的冻胀性便越弱。纯粗粒土，如碎石土、砾砂、粗砂、中砂乃至细砂，均可视为非冻胀土。高塑性黏土，如塑性指数 $I_P > 22$ 的黏土，其中的水主要为结合水且透水性很小，冻结时土体得不到四周土中水和地下水的补充，冻胀性也较弱。土的天然含水率越高，特别是自由水的含量越高，则其冻胀性越强。

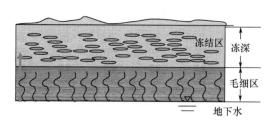

图 2 - 14 冻胀机理示意图

《建筑地基基础设计规范》根据冻胀对建筑物的危害程度，将地基土划分为不冻胀、弱冻胀、冻胀、强冻胀和特强冻胀五类，见表 2 - 2。

表 2 - 2 地基土的冻胀性分类

土的名称	冻前天然含水率 w/（%）	冻结期间地下水位距冻结面的最小距离 h_w/m	平均冻胀率 η/（%）	冻胀等级	冻胀类别
碎（卵）石、砾砂、粗砂、中砂（粒径小于0.075mm、颗粒含量大于15%）、细砂（粒径小于0.075mm、颗粒含量大于10%）	$w \leqslant 12$	>1.0	$\eta \leqslant 1$	I	不冻胀
		≤1.0	$1 < \eta \leqslant 3.5$	II	弱冻胀
	$13 < w \leqslant 18$	>1.0			
		≤1.0	$3.5 < \eta \leqslant 6$	III	冻胀
	$w > 18$	>0.5			
		≤0.5	$6 < \eta \leqslant 12$	IV	强冻胀

续表

土的名称	冻前天然含水率 w/（%）	冻结期间地下水位距冻结面的最小距离 h_w/m	平均冻胀率 η/（%）	冻胀等级	冻胀类别
粉砂	$w \leqslant 14$	>1.0	$\eta \leqslant 1$	I	不冻胀
		$\leqslant 1.0$	$1 < \eta \leqslant 3.5$	II	弱冻胀
	$14 < w \leqslant 19$	>1.0			
		$\leqslant 1.0$	$3.5 < \eta \leqslant 6$	III	冻胀
	$19 < w \leqslant 23$	>1.0			
		$\leqslant 1.0$	$6 < \eta \leqslant 12$	IV	强冻胀
	$w > 23$	不考虑	$\eta > 12$	V	特强冻胀
粉土	$w \leqslant 19$	>1.5	$\eta \leqslant 1$	I	不冻胀
		$\leqslant 1.5$	$1 < \eta \leqslant 3.5$	II	弱冻胀
	$19 < w \leqslant 22$	>1.5			
		$\leqslant 1.5$	$3.5 < \eta \leqslant 6$	III	冻胀
	$22 < w \leqslant 26$	>1.5			
		$\leqslant 1.5$	$6 < \eta \leqslant 12$	IV	强冻胀
	$26 < w \leqslant 30$	>1.5			
		$\leqslant 1.5$	$\eta > 12$	V	特强冻胀
	$w > 30$	不考虑			
黏性土	$w \leqslant w_P + 2$	>2.0	$\eta \leqslant 1$	I	不冻胀
		$\leqslant 2.0$	$1 < \eta \leqslant 3.5$	II	弱冻胀
	$w_P + 2 < w \leqslant w_P + 5$	>2.0			
		$\leqslant 2.0$	$3.5 < \eta \leqslant 6$	III	冻胀
	$w_P + 5 < w \leqslant w_P + 9$	>2.0			
		$\leqslant 2.0$	$6 < \eta \leqslant 12$	IV	强冻胀
	$w_P + 9 < w \leqslant w_P + 15$	>2.0			
		$\leqslant 2.0$	$\eta > 12$	V	特强冻胀
	$w > w_P + 15$	不考虑			

注：① w_P 为塑性含水率（%），w 为在冻土层内冻前天然含水率的平均值。

② 盐渍化冻土不在此列。

③ 塑性指数大于 22 时，冻胀性降低一级。

④ 粒径小于 0.005mm、颗粒含量大于 60% 时，为不冻胀土。

⑤ 碎石类土当填充物大于全部质量的 40% 时，其冻胀性按充填物土的性质判断。

⑥ 碎石土、砾砂、粗砂、中砂（粒径小于 0.075mm、颗粒含量不大于 15%）、细砂（粒径小于 0.075mm、颗粒含量不大于 10%）均按不冻胀考虑。

季节性冻土的设计冻深 z_d 应按下式计算。

$$z_d = z_0 \psi_{zs} \psi_{zw} \psi_{ze} \qquad (2-3)$$

式中 z_d——设计冻深；

    z_0——标准冻深，系采用在底面平坦、裸露、城市之外的空旷场地中不少于 10 年实测最大冻深的平均值。无实测资料时，按《建筑地基基础设计规范》附录 F "中国季节性冻土标准图" 采用；

    ψ_{zs}——土的类别对冻深的影响系数，按表 2-3 采用；

    ψ_{zw}——土的冻胀性对冻深的影响系数，按表 2-4 采用；

    ψ_{ze}——环境对冻深的影响系数，按表 2-5 采用。

表 2-3　土的类别对冻深的影响系数

土的类别	影响系数 ψ_{zs}	土的类别	影响系数 ψ_{zs}
黏性土	1.00	中、粗、砾砂	1.30
细砂、粉砂、粉土	1.20	碎石土	1.40

表 2-4　土的冻胀性对冻深的影响系数

冻胀性	影响系数 ψ_{zw}	冻胀性	影响系数 ψ_{zw}
不冻胀	1.00	强冻胀	0.85
弱冻胀	0.95	特强冻胀	0.80
冻胀	0.90		

表 2-5　环境对冻深的影响系数

周围环境	影响系数 ψ_{ze}	周围环境	影响系数 ψ_{ze}
村、镇、旷野	1.00	城市市区	0.9
城市近郊	0.95		

注：环境影响系数一项，当城市市区人口为 20 万～50 万时，按照城市近郊取值；当城市人口大于 50 万、小于或等于 100 万时，按城市市区取值；当城市市区人口大于 100 万时，按城市市区取值，5km 以内的郊区则按城市近郊取值。

当建筑基础底面允许有一定的冻土层厚度时，可用下式计算基础的最小埋深，如图 2-15 所示。

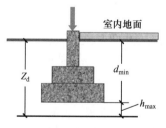

图 2-15　基础最小埋深示意图

$$d_{min} = z_d - h_{max} \qquad (2-4)$$

式中　h_{max}——基础底面下允许残留冻土层的最大厚度，按表 2-6 确定；当有充分依据
时，基础底面下允许残留冻土层厚度也可根据当地经验确定；

z_d——设计冻深。

表 2-6　建筑基础底面下允许残留冻土层厚度 h_{max}　　　单位：m

冻胀性	基础形式	采暖情况	基础底面平均压力/kPa					
			110	130	150	170	190	210
弱冻胀土	方形基础	采暖	0.90	0.95	1.00	1.10	1.15	1.20
		不采暖	0.70	0.80	0.95	1.00	1.05	1.10
	条形基础	采暖	>2.50	>2.50	>2.50	>2.50	>2.50	>2.50
		不采暖	2.20	2.50	>2.50	>2.50	>2.50	>2.50
冻胀土	方形基础	采暖	0.65	0.70	0.75	0.80	0.85	—
		不采暖	0.55	0.60	0.65	0.70	0.75	—
	条形基础	采暖	1.55	1.80	2.00	2.20	2.50	—
		不采暖	1.15	1.35	1.55	1.75	1.95	—

注：① 本表只计算法向冻胀力，如果基侧存在切向冻胀力，应采取防切向力措施。

② 本表不适用于宽度小于 0.60m 的基础，矩形基础可取短边尺寸按方形基础计算。

③ 表中数据不适用于淤泥、淤泥质土和欠固结土。

④ 表中基础底面平均压力数值为永久荷载标准值乘以 0.9，可以内插。

2.4　地基承载力

2.4.1　地基承载力的概念

地基承载力是指地基土单位面积上所能承受的荷载，通常把这种最大荷载称为极限荷载或极限承载力。

《建筑地基基础设计规范》对于地基承载力的评估采用特征值形式，特征值实质上就是地基的容许承载力，包含了地基强度及地基变形。地基承载力特征值可通过载荷试验或其他原位测试方法、公式计算并结合工程实践经验等来综合确定。

2.4.2　地基承载力的确定方法

1. 现场载荷试验或其他原位测试方法

原位测试试验包括平板载荷试验、静力触探试验、动力触探试验、标准贯入试验等，这些试验能够直观地得出荷载的承载极限及变形特征，结果较为可靠。地基的平板载荷试

验是在现场试坑中设计基础底面标高处的天然土层上设置载荷板，可分为浅层平板载荷试验及深层平板载荷试验。

浅层平板载荷试验的承压板面积不应小于 $0.25m^2$，对于软土不应小于 $0.5m^2$；试验基坑宽度不应小于承压板宽度或直径 b 的 3 倍，并应保持试验土层的原状结构和天然湿度。根据平板载荷试验中荷载 p 和变形 s 的关系所得到的 p-s 曲线，可分 3 种情况确定地基承载力，如图 2-16 所示。

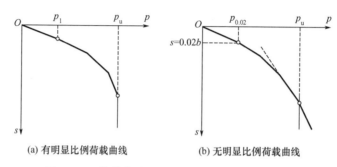

(a) 有明显比例荷载曲线　　　(b) 无明显比例荷载曲线

图 2-16　按载荷试验结果确定地基承载力特征值

（1）当 p-s 曲线上有比例界限时，取该比例界限 p_1 荷载值作为地基承载力特征值。

（2）当极限荷载值 p_u 小于对应比例界限 p_1 荷载值的 2 倍时，取极限荷载值的一半作为地基承载力特征值。

（3）若不能符合上述两款要求，当压板面积为 $0.25\sim0.50m^2$ 时，可取 $s/b=$（$0.01\sim0.015$）所对应的荷载作为地基承载力特征值，但其值不应大于最大加载量的一半。

同一土层参加统计的试验点不应少于 3 点，最差不得超过平均值的 30%，取其平均值作为该土层的地基承载力特征值 f_{ak}。但由于浅层平板载荷试验是按规范规定的承压板试验得出的结果，与实际基础的平面面积大小及受荷载的深度不一致，故需要对试验得到的地基承载力特征值进行宽度修正及深度修正，得到修正后的地基承载力特征值 f_a。

深层载荷试验与浅层载荷试验类似，但承压板为直径 0.8m 的刚性板，同时紧靠承压板周围外侧的土层高度不少于 80cm。对深层荷载试验得到的地基承载力特征值，只做宽度修正而不做深度修正。

由现场载荷试验或其他原位测试、经验值等方法确定的地基承载力特征值，当基础宽度大于 3m 或埋置深度大于 0.5m 时，应按下式进行深度和宽度修正。

$$f_a = f_{ak} + \eta_b \gamma (b-3) + \eta_d \gamma_m (d-0.5) \tag{2-5}$$

式中　f_a——修正后的地基承载力特征值（kPa）；

　　　f_{ak}——按现场载荷试验或其他原位测试方法、经验值等确定的地基承载力特征值（kPa）；

　　　γ——基础底面以下土的重度（kN/m^3），地下水位以下取有效重度；

　η_b、η_d——基础宽度与深度的承载力修正系数，根据基础底面下土的类别查表 2-7；

　　　b——基础底面宽度（短边，m）；当基础宽度小于 3m 时按 3m 计算，大于 6m 时按 6m 取值；

　　　γ_m——基础底面以上土的加权平均重度（kN/m^3），地下水位以下取有效重度；

　　　d——基础的埋深（m），宜自室外地面标高算起，在填方整平地区，可自填土地面标高算起，但填土在上部结构施工后完成时，应从天然地面标高算起；对于地下室，当采用箱形基础或筏形基础时，基础埋深自室外地面算起；当采用独立基础或条形基础时，应从室内地面标高算起。

表 2-7　承载力修正系数

土的类别		η_b	η_d
淤泥和淤泥质土		0	1.0
人工填土 e 或 I_L 大于或等于 0.85 的黏性土		0	1.0
红黏土	含水比 $a_w > 0.8$	0	1.2
	含水比 $a_w \leqslant 0.8$	0.15	1.4
大面积的压实填土	压实系数大于 0.95、黏粒含量 $\rho_c \geqslant 10\%$ 的粉土	0	1.5
	最大干密度大于 $2.1t/m^3$ 的级配砂石	0	2.0
粉土	黏粒含量 $\rho_c \geqslant 10\%$ 的粉土	0.3	1.5
	黏粒含量 $\rho_c < 10\%$ 的粉土	0.5	2.0
e 及 I_L 均小于 0.85 的黏粒土		0.3	1.6
粉砂、细砂（不包括很湿与饱和时的稍密状态）		2.0	3.0
中砂、粗砂、砾砂和碎石土		3.0	4.4

注：① 强风化和全风化的岩石，可参照所风化成的相应土类取值，其状态下的岩石不修正。
② 地基承载力特征值按《建筑地基基础设计规范》规定的深层平板载荷试验确定时，η_d 取 0。
③ 含水比是指天然含水率与液限的比值。
④ 大面积压实填土是指填土范围大于两倍基础宽度的填土。

2. 规范建议的地基承载力计算公式

《建筑地基基础设计规范》中的临界荷载公式对轴心荷载作用下或荷载作用偏心距 $e < 0.033b$（基础宽度）的基础，根据土的抗剪强度指标确定的地基承载力如下。

$$f_a = M_b \gamma b + M_d \gamma_m d + M_c c_k \qquad (2-6)$$

式中　　f_a——由土的抗剪强度指标确定的地基承载力特征值（容许承载力值，kPa）；

M_b、M_d、M_c——承载力系数，根据持力层土的内摩擦角 φ 值按表 2-8 确定；

γ——基础底面以下土的重度（kN/m^3），地下水位以下取有效重度；

γ_m——基础底面以上土的加权平均重度（kN/m^3），地下水位以下取有效重度；

b——基础底面宽度（m），当基础宽度大于 6m 时按 6m 考虑，对于砂土，小于 3m 时按 3m 计算；

d——基础埋置的深度（m）；

c_k——基础底面下一倍基宽深度范围内土的黏聚力标准值（kPa）。

表 2-8　内摩擦角 φ 值对应的承载力系数

土的内摩擦角标准值 φ_k/（°）	M_b	M_d	M_c
0	0	1	3.14
2	0.03	1.12	3.32

土的内摩擦角标准值 φ_k / (°)	M_b	M_d	M_c
4	0.06	1.25	3.51
6	0.1	1.39	3.71
8	0.14	1.55	3.93
10	0.18	1.73	4.17
12	0.23	1.94	4.42
14	0.29	2.17	4.69
16	0.36	2.43	5
18	0.43	2.72	5.31
20	0.51	3.06	5.66
22	0.61	3.44	6.04
24	0.8	3.87	6.45
26	1.1	4.37	6.9
28	1.4	4.93	7.4
30	1.9	5.59	7.95
32	2.6	6.35	8.55
34	3.4	7.21	9.22
36	4.2	8.25	9.97
38	5	9.44	10.8
40	5.8	10.84	11.73

关于式（2-6）做几点说明。

（1）本公式计算出的地基承载力已考虑了基础的深度与宽度效应，在用于地基承载力验算时无须再做深、宽度修正。

（2）在位于地下水位以下的土层，γ 应取浮重度，γ_m 应取有效重度。

（3）按该公式确定地基承载力时，只保证地基强度有足够的安全度，不保证满足变形要求，故还应进行地基变形验算。

3. 由工程实践经验确定地基承载力

由于土的工程性质具有很强的地区性，不同地区的土，虽然某些物理性质相同或类似，但承载力可能有较大的差异，所以在评估土的承载力时，仍需要工程实践经验的参考。

对于岩石地基的承载力，除通过现场载荷试验确定外，还可根据室内饱和单轴抗压强度按下式计算。

$$f_a = \psi_a f_{rk} \tag{2-7}$$

式中 f_a——岩石地基承载力特征值（kPa）；

   f_{rk}——岩石饱和单轴抗压强度标准值（kPa），可按规范相关规定确定；

   ψ_a——折减系数，根据岩体完整程度以及结构面的间距、宽度、产状和组合，由地方经验确定。无经验时，对完整岩体可取 0.5，对较完整岩体可取 0.2～0.5，对较破碎岩体可取 0.1～0.2。

2.5 基础底面尺寸的确定

在初步选取基础类型和埋置深度后，就可以根据持力层承载力特征值计算基础底面的尺寸。确定基础底面尺寸时，应满足地基承载力的要求，做持力层的承载力计算和软弱下卧层的承载力验算，必要时还应对地基变形或稳定性进行验算。

2.5.1 按持力层承载力确定平面尺寸

浅基础设计时，先确定埋深和初步选定基础底面尺寸，求得持力层的承载力特征值 f_a，再按下式验算并调整尺寸，直到满足设计要求为止。

$$p_k \leqslant f_a \tag{2-8}$$

式中 p_k——相应于荷载效应标准组合时，基础底面处的平均压力值；

   f_a——修正后的地基承载力特征值。

其中 p_k，按下式确定。

$$p_k = \frac{F_k + G_k}{A} \tag{2-9}$$

式中 F_k——相应于荷载效应标准组合时，上部结构传至基础顶面的竖向力值；

   G_k——基础及基础上土的自重重标准值，近似取 $\gamma_G d$（γ_G 为基础及回填土的平均重度，取 20kN/m³，地下水位部分应扣除浮力；d 为基础的平均埋深）；

   A——基础底面积。

由于式（2-8）中 p_k 和 f_a 都和基础底面尺寸有关，所以只有预选尺寸进行反复试算，并修改尺寸，才能取得满意的结果。按照荷载对基础底面形心的偏心情况，上部结构作用在基础顶面处的荷载可分为轴心荷载和偏心荷载两种情况。

1. 轴心荷载

将式（2-8）代入式（2-7）中，可得

$$A \geqslant \frac{F_k}{f_a - \gamma_G d} \tag{2-10}$$

（1）对于单独基础，按上式计算 A，然后选择 b 或 l，再计算另一边长。一般取 $l/b = 1.2 \sim 2.0$。

（2）对于条形基础，沿基础长度方向取单位长度 1m 进行计算，式（2-10）可改为

$$b \geqslant \frac{F_k}{f_a - \gamma_G d} \tag{2-11}$$

在上述计算中，先对地基承载力特征值 f_{ak} 进行深度修正，得到 f_a，然后计算得到基础宽度 b；接下来看是否需要对基础进行宽度修正，若需要，修正后重新计算基础底面宽度；如此反复计算 $1 \sim 2$ 次即可。确定的基础底面尺寸 b 和 l 均应为 $100mm$ 的倍数。

2. 偏心荷载

对于偏心荷载作用下的基础，除应符合式（2-8）的要求外，还应满足下式要求。

$$p_{kmax} \leqslant 1.2 f_a \tag{2-12}$$

式中　p_{kmax}——相应于荷载效应标准组合时，基础底面边缘的最大压力值（kPa）。

在偏心荷载作用下，基础底面边缘的压力值可按照以下公式计算。

$$p_{kmax} = \frac{F_k + G_k}{A} + \frac{M_k}{W} \tag{2-13}$$

$$p_{kmin} = \frac{F_k + G_k}{A} - \frac{M_k}{W} \tag{2-14}$$

$$M_k = (F_k + G_k)e \tag{2-15}$$

式中　p_{kmin}——相应于荷载效应标准组合时，基础底面边缘的最小压力值（kPa）；

　　　M_k——相应于荷载效应标准组合时，作用于基础顶面的力矩值（kN·m）；

　　　W——基础底面的抵抗矩（m³）；

　　　e——偏心距（m）。

当偏心距 $e > b/6$ 时，$p_{kmin} < 0$，基础的一侧底面与地基土脱开，在未达到这种程度下基础底面的压力分布如图 2-17 所示，此时 P_{kmax} 可表示为

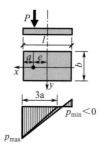

图 2-17　偏心荷载（$e > b/6$）作用下基础底面压力计算图

$$P_{kmax} = \frac{2(F_k + G_k)}{3la} \tag{2-16}$$

式中　l——沿偏心方向的基础底面边长（m）；

　　　a——合力作用点至基础底面最大压力边缘的距离（m）。

为了保证基础不过分倾斜，通常要求偏心距满足下式要求。

$$e \leqslant l/6(看偏心方向) \quad 或 \quad p_{kmin} \geqslant 0 \tag{2-17}$$

根据上述按承载力计算的要求，在计算偏心荷载作用下的基础底面尺寸时，通常可按照下述步骤进行。

（1）先按中心荷载作用下的公式（2-10），计算基础的底面积 A_0。

（2）再考虑偏心荷载的影响，将轴心荷载作用下的面积增大 $10\% \sim 40\%$，即取

$$A=(1.1\sim1.4)A_0=(1.1\sim1.4)\frac{F_k}{f_a-\gamma_G d} \qquad (2-18)$$

（3）初步选择基础底面长度 l 和宽度 b，一般取 $l/b=1.2\sim2.0$。

（4）计算偏心荷载作用下的 p_{kmax} 和 p_{kmin}，验算是否满足式（2-12）及式（2-17）的要求，如果不合适（太小或太大），可调整基础底面的长度 l 和宽度 b，再进行验算；如此反复 1～2 次，便可确定出合适的尺寸。

【例 2-1】 某黏性土重度 $\gamma=18.0 kN/m^3$，孔隙比 $e=0.75$，液性指数 $I_L=0.7$，地基承载力特征值 $f_{ak}=200kPa$。现修建一外柱基础，作用在基础顶面的轴心荷载 $F_k=900kN$，基础埋深（自室外地面起算）为 1.2m，室内地面高出室外地面 0.4m。如图 2-18 所示。试确定方形单独基础底面宽度。

【解】 （1）先做地基承载力特征值的深度修正。自室外地面算起 $d=1.2m$，由孔隙比 $e=0.75$，液性指数 $I_L=0.7$ 的黏性土其 $\eta_d=1.6$，根据式（2-5）进行修正得

$$f_a=f_{ak}+\eta_d\gamma_m(d-0.5)=200+1.6\times18\times(1.2-0.5)=220.16(kPa)$$

（2）确定基础底面尺寸。计算 G_k 时的基础埋深 $d=(1.2+1.6)/2=1.4$（m），由于埋深范围内没有地下水，故 $\gamma_G=20kN/m^3$。由式 2-11 可得基础底面宽度为

$$b\geqslant\sqrt{\frac{F_k}{f_a-\gamma_G d}}=\sqrt{\frac{900}{220.16-20\times1.4}}\approx2.16(m)$$

取 $b=2.2m$。因为 $b<3m$，故不必进行宽度修正。

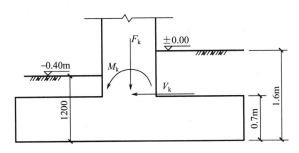

图 2-18　例 2-1 和例 2-2 图

【例 2-2】 条件同例 2-1，但作用在基础顶面处的荷载还有 $M_k=150kN\cdot m$，$V_k=30kN$。如图 2-18 所示。试据此确定基础底面尺寸。

【解】 （1）初步确定基础底面尺寸。

由于荷载偏心，将基础底面面积初步增大 20%，根据下式

$$A=(1.1\sim1.4)A_0=(1.1\sim1.4)\frac{F_k}{f_a-\gamma_G d}$$

可得

$$A\geqslant1.2\frac{F_k}{f_a-\gamma_G d}=1.2\times\frac{900}{220.16-20\times1.4}\approx5.62(m^2)$$

取基础底面长短边之比 $n=l/b=2$，可得

$$b=\sqrt{A/n}=\sqrt{5.62/2}\approx1.7(m)$$

$$l=nb=2\times1.7=3.4(m)$$

因为 $b=1.7m<3m$，所以对 f_a 不必进行宽度修正。

（2）验算荷载偏心距 e 以及基础底面最大压力 p_{kmax}。

基础底面处总竖向力为

$$\sum N_k = F_k + G_k = 900 + 20 \times 1.7 \times 3.4 \times 1.4 = 1061.84 \text{ (kN)}$$

基础底面处的总力矩为

$$\sum M_k = 150 + 30 \times 0.7 = 171 \text{ (kN · m)}$$

偏心距为

$$e = M_k/(F_k + G_k) = (171/1061.84)\text{m} \approx 0.16\text{m} < l/6 = (3.4/6)\text{m} = 0.57\text{(m)}$$

基础底面最大及最小压力为

$$P_{\substack{kmax \\ kmin}} = \frac{\sum N_k}{A}\left(1 \pm \frac{6e}{l}\right) = \frac{1061.8}{1.7 \times 3.4}\left(1 \pm \frac{6 \times 0.16}{3.4}\right)$$ 此结果满足条件可取基础底面尺寸 1.7m × 3.4m

$$P_{\substack{kmax \\ kmin}} = \begin{cases} 235.6\text{kPa} < 1.27f_a = 264.2\text{kPa} \\ 131.8\text{(kPa)} > 0 \end{cases}$$

$$p_{kmax} = \frac{\sum N_k}{A}\left(1 + \frac{6e}{l}\right) = \frac{1081.4}{1.8 \times 3.6}\left(1 + \frac{6 \times 0.15}{3.6}\right)\text{kPa} \approx 208.6\text{(kPa)}$$

$$< 1.2f_a \approx 264.2\text{(kPa)}$$

所以可确定基础底面尺寸为 1.8m × 3.6m。

2.5.2　按软弱下卧层承载力确定平面尺寸

持力层地基承受的荷载是随着土体深度的加深而慢慢减小的，到一定深度后土体承受的荷载就可以忽略不计了，这时我们就把由此往下的土体称为下卧层。下卧层承受的荷载虽然可以忽略，但如果下卧层是软弱土质的话，就要进行处理。比如下卧层为淤泥质土，这时就需要考虑计算下卧层的承载能力。

当地基受力层范围内有软弱下卧层时，在持力层计算的基础上，需要补充软弱下卧层的地基承载力验算（图 2-19），相关要求为

$$p_z + p_{cz} \leqslant f_{az} \tag{2-19}$$

式中　p_z——相应于作用的标准组合时，软弱下卧层顶面处的附加压力值（kPa）；

　　　p_{cz}——软弱下卧层顶面处土的自重压力值（kPa）；

　　　f_{az}——软弱下卧层顶面处经深度修正后的地基承载力特征值（kPa）。

对条形基础和矩形基础，式中的 p_z 值可按下列公式进行简化计算，其中条形基础为

$$p_z = \frac{b(p_k - p_c)}{b + 2z\tan\theta} \tag{2-20}$$

矩形基础为

$$p_z = \frac{lb(p_k - p_c)}{(b + 2z\tan\theta)(l + 2z\tan\theta)} \tag{2-21}$$

式中　b——矩形基础或条形基础底边的宽度（m）；

　　　l——矩形基础底边的长度（m）；

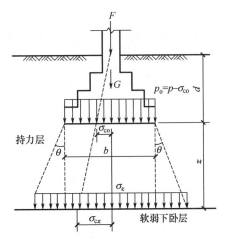

图 2-19 软弱下卧层承载力验算示意图

p_c——基础底面处土的自重压力值（kPa）；

z——基础底面至软弱下卧层顶面的距离（m）；

θ——地基压力扩散线与垂直线的夹角（°），可按表 2-9 采用。

表 2-9 地基压力扩散角 θ

E_{s1}/E_{s2}	z/b	
	0.25	0.50
3	6°	23°
5	10°	25°
10	20°	30°

注：① E_{s1} 为上层土压缩模量，E_{s2} 为下层土压缩模量。

② $z/b<0.25$ 时取 $\theta=0°$，必要时宜由试验确定；$z/b>0.50$ 时 θ 值不变。

③ z/b 在 0.25 与 0.50 之间时可插值使用。

当软弱下卧层为压缩性高而且较厚的软黏土，或当上部结构对基础沉降有一定要求时，除承载力应满足上述要求外，还应验算包括软弱下卧层的基础沉降量。

【例 2-3】 已知图 2-20 所示的某矩形基础，试根据图中各项资料验算持力层和软弱下卧层是否满足要求（荷载均为标准值）。截面尺寸为 $b\times l=2.0\text{m}\times3.0\text{m}$。

【解】 （1）持力层承载力的验算。

对持力层承载力特征值 f_{ak} 进行深度修正。查表得 $\eta_d=1.0$。

由式（2-5）进行深度修正得

$$f_a=220+0+1.0\times18.4\times(1.7-0.5)\approx242.1(\text{kPa})$$

基础底面处总竖向力为

$$\sum N_k=F_k+G_k=500+50+20\times2\times3\times1.7=754(\text{kN})$$

基础底面处的总力矩为

$$\sum M_k=60+15\times1+50\times0.3=90(\text{kN}\cdot\text{m})$$

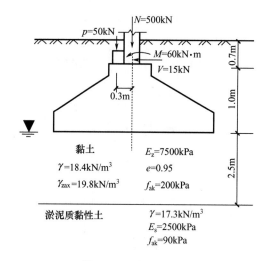

黏土
$\gamma = 18.4 \text{kN/m}^3$
$\gamma_{zax} = 19.8 \text{kN/m}^3$
$E_z = 7500 \text{kPa}$
$e = 0.95$
$f_{ak} = 200 \text{kPa}$

淤泥质黏性土
$\gamma = 17.3 \text{kN/m}^3$
$E_s = 2500 \text{kPa}$
$f_{ak} = 90 \text{kPa}$

图 2 - 20 例 2 - 3 图

偏心距为

$$e = M_k / (F_k + G_k) = (90/754)\text{m} = 0.13\text{m} < l/6 = (3/6)\text{m} = 0.12(\text{m})$$

基础底面平均压力为

$$p_k = \sum N_k / A = 754\text{kPa}/(2 \times 3) = 125.7\text{kPa} > 0(\text{kPa})$$

基础底面最大压力为

$$p_{kmax} = \frac{\sum N_k}{A}\left(1 + \frac{6e}{l}\right) = \frac{754}{2 \times 3}\left(1 + \frac{6 \times 0.13}{3}\right)\text{kPa} = 155.8\text{kPa} < 1.2f_a = 290.5(\text{kPa})$$

可知满足要求。

（2）软弱下卧层的验算。

由 $E_{s1}/E_{s2} = 7500/2500 = 3$，$z/b = 2.5/3 > 0.5$，查表 2 - 9 得 $\theta = 23°$，$\tan\theta = 0.424$。
则下卧层顶面处的附加应力为

$$\begin{aligned}\sigma_z &= \frac{lb(p_k - \sigma_c)}{(b + 2z\tan\theta)(l + 2z\tan\theta)}\\&= \frac{3 \times 2(125.7 - 18.4 \times 1.7)}{(2 + 2 \times 2.5 \times \tan 23°)(3 + 2 \times 2.5 \times \tan 23°)}\\&= 26.9(\text{kPa})\end{aligned}$$

下卧层顶面处的自重应力为

$$\sigma_{cz} = 18.4 \times 1.7 + 9.8 \times 2.5 = 55.75(\text{kPa})$$

软弱下卧层顶面处的地基承载力特征值为

$$\gamma_m = \frac{\sigma_{cz}}{d + z} = \frac{18.4 \times 1.7 + 9.8 \times 2.5}{1.7 + 2.5} = 13.27(\text{kN/m}^3)$$

$$f_{az} = 90 + 0 + 1.0 \times 13.28 \times (4.2 - 0.5) = 139.14(\text{kPa})$$

验算得

$$\sigma_z + \sigma_{cz} = (26.9 + 55.75)\text{kPa} = 82.65\text{kPa} < f_{az} = 139.14(\text{kPa})$$

可知基础底面尺寸及埋深均满足要求。

2.6　地基变形验算

2.6.1　地基变形的验算范围及要求

按前述方法确定的地基承载力特征值虽然已可防止地基剪切破坏及变形过大，但对于规范规定的建筑结构，仍需要进行地基变形的验算。如果地基变形超出了允许范围，就必须采取相应措施，以保证建筑物的正常使用和安全可靠。

在常规设计中，一般的步骤是先确定持力层的承载力特征值，然后按要求选定基础底面尺寸，最后（必要时）验算地基变形。建筑物的地基变形值应不大于地基变形允许值 $[s]$，即要求满足下列验算条件。

$$s \leqslant [s] \tag{2-22}$$

基础的沉降验算，包括沉降量、相邻基础沉降差、基础由于地基不均匀沉降而发生的倾斜等。

基础的沉降是由于地基变形造成的，按不同的变形特征有以下 4 种指标，见表 2-10。

（1）沉降量：指基础中心点的沉降值。

（2）沉降差：指相邻单独基础沉降量的差值。

（3）倾斜：指基础倾斜方向两端点的沉降差与其距离的比值。

（4）局部倾斜：指砌体承重结构沿纵墙 6~10m 内基础某两点的沉降差与其距离的比值。

表 2-10　不同沉降类型的指标

地基变形指标	图　例	计算方法	结构特点
沉降量		s_1 为基础中心沉降值	单层排架结构柱基高层建筑
沉降差		两相邻独立基础沉降量之差 $\Delta s = s_1 - s_2$	框架结构
倾斜		$\tan\theta = \dfrac{s_1 - s_2}{b}$	高耸结构及长高比很小高层建筑
局部倾斜		$\tan\theta^2 = \dfrac{s_1 - s_2}{l}$	砌体承重结构

当建筑物地基不均匀或上部荷载差异过大及结构体形复杂时，对于砌体承重结构，应由局部倾斜控制；对于框架结构和单层排架结构，应由沉降差控制；对于多层或高层建筑和高耸结构，应由倾斜控制。《建筑地基基础设计规范》综合分析了国内外各类建筑物的有关资料，提出了地基变形允许值，见表 2-11。

表 2-11　建筑物的地基变形允许值

变形特征		地基土类别	
		中、低压缩性土	高压缩性土
砌体承重结构基础的局部倾斜		0.002	0.003
工业与民用建筑相邻柱基的沉降差	（1）框架结构	$0.002l$	$0.003l$
	（2）砌体墙填充的边排柱	$0.0007l$	$0.001l$
	（3）当基础不均匀沉降时不产生附加应力的结构	$0.005l$	$0.005l$
单层排架结构（柱距为 6m）柱基的沉降量/mm		（120）	200
桥式吊车轨面的倾斜（按不调整轨道考虑）	纵向	0.004	
	横向	0.003	
多层和高层建筑的整体倾斜	$H_g \leqslant 24$	0.004	
	$24 < H_g \leqslant 60$	0.003	
	$60 < H_g \leqslant 100$	0.0025	
	$H_g > 100$	0.002	
体形简单的高层建筑基础的平均沉降量/mm		200	
高耸结构基础的倾斜	$H_g \leqslant 20$	0.008	
	$20 < H_g \leqslant 50$	0.006	
	$50 < H_g \leqslant 100$	0.005	
	$100 < H_g \leqslant 150$	0.004	
	$150 < H_g \leqslant 200$	0.003	
	$200 < H_g \leqslant 250$	0.002	
高耸结构基础的沉降量/mm	$H_g \leqslant 100$	400	
	$100 < H_g \leqslant 200$	300	
	$200 < H_g \leqslant 250$	200	

注：① 本表数值为建筑物地基实际最终变形允许值。

② 有括号者仅适用于中压缩性土。

③ l 为相邻柱基的中心距离（mm），H_g 为自室外地面起算的建筑物高度（m）。

④ 倾斜和局部倾斜概念见上文论述。

2.6.2 地基变形的计算

1. 规范推荐公式

地基的变形计算是一个影响因素多的比较复杂的问题。《建筑地基基础设计规范》总结大量的工程经验，按各向同性均质性变形体理论给出的变形量表达式为

$$s = \varphi_s s' = \varphi_s \sum_{i=1}^{n} \frac{p_0}{E_{si}} (z_i \overline{a_i} - z_{i-1} \overline{a_{i-1}}) \tag{2-23}$$

式中　s——地基最终变形量（mm）；

s'——按分层总和法计算出的地基变形量（mm）；

φ_s——沉降计算经验系数，根据地区沉降观测资料及经验确定，无地区经验时可根据变形计算深度范围内压缩模量的当量值（E_s）、基础底面附加压力按表 2-12 采用；

n——地基变形计算深度范围内所划分的土层数，如图 2-21 所示；

p_0——相应于作用的准永久组合时，基础底面处的附加压力（kPa）；

E_{si}——基础底面下第 i 层土的压缩模量（MPa），应取土的自重压力至土的自重压力与附加压力之和的压力段计算；

z_i、z_{i-1}——基础底面至第 i 层土、第 $i-1$ 层土底面的距离（m）；

$\overline{a_i}$、$\overline{a_{i-1}}$——基础底面计算点至第 i 层土、第 $i-1$ 层土底面范围内平均附加应力系数，对均布荷载可按规范附录采用（表 2-13）。

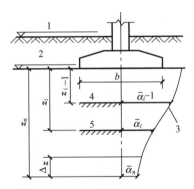

1—天然地面标高；2—基础底面标高；3—平均附加应力系数 $\overline{a}$ 曲线；4—$i-1$ 层；5—i 层

图 2-21　基础沉降计算的分层

表 2-12　沉降计算经验系数 φ_s

基础底面 附加压力	E_s/MPa				
	2.5	4.0	7.0	15.0	20.0
$p_0 \geqslant f_{ak}$	1.4	1.3	1.0	0.4	0.2
$p_0 \leqslant 0.75 f_{ak}$	1.1	1.0	0.7	0.4	0.2

表 2 – 13　矩形面积上均布荷载作用下角点的平均附加应力系数$\bar{\alpha}_i$

z/b	l/b												
	1.0	1.2	1.4	1.6	1.8	2.0	2.4	2.8	3.2	3.6	4.0	5.0	10.0
0.0	0.2500	0.2500	0.2500	0.2500	0.2500	0.2500	0.2500	0.2500	0.2500	0.2500	0.2500	0.2500	0.2500
0.2	0.2496	0.2497	0.2497	0.2498	0.2498	0.2498	0.2498	0.2498	0.2498	0.2498	0.2498	0.2498	0.2498
0.4	0.2474	0.2479	0.2481	0.2483	0.2483	0.2484	0.2485	0.2485	0.2485	0.2485	0.2485	0.2485	0.2485
0.6	0.2423	0.2437	0.2444	0.2448	0.2451	0.2452	0.2454	0.2455	0.2455	0.2455	0.2455	0.2455	0.2456
0.8	0.2346	0.2372	0.2387	0.2395	0.2400	0.2403	0.2407	0.2408	0.2409	0.2409	0.2410	0.2410	0.2410
1.0	0.2252	0.2291	0.2313	0.2326	0.2335	0.2340	0.2346	0.2349	0.2351	0.2352	0.2352	0.2353	0.2353
1.2	0.2149	0.2199	0.2229	0.2248	0.2260	0.2268	0.2278	0.2282	0.2285	0.2286	0.2287	0.2288	0.2289
1.4	0.2043	0.2102	0.2140	0.2164	0.2180	0.2191	0.2204	0.2211	0.2215	0.2217	0.2218	0.2220	0.2221
1.6	0.1939	0.2006	0.2049	0.2079	0.2099	0.2113	0.2130	0.2138	0.2143	0.2146	0.2148	0.2150	0.2152
1.8	0.1840	0.1912	0.1960	0.1994	0.2018	0.2034	0.2055	0.2066	0.2073	0.2077	0.2079	0.2082	0.2084
2.0	0.1746	0.1822	0.1875	0.1912	0.1938	0.1958	0.1982	0.1996	0.2004	0.2009	0.2012	0.2015	0.2018
2.2	0.1659	0.1737	0.1793	0.1833	0.1862	0.1883	0.1911	0.1927	0.1937	0.1943	0.1947	0.1952	0.1955
2.4	0.1578	0.1657	0.1715	0.1757	0.1789	0.1812	0.1843	0.1862	0.1873	0.1880	0.1885	0.1890	0.1895
2.6	0.1503	0.1583	0.1642	0.1686	0.1719	0.1745	0.1779	0.1799	0.1812	0.1820	0.1825	0.1832	0.1838
2.8	0.1433	0.1514	0.1574	0.1619	0.1654	0.1680	0.1717	0.1739	0.1753	0.1763	0.1769	0.1777	0.1784
3.0	0.1369	0.1449	0.1510	0.1556	0.1592	0.1619	0.1658	0.1682	0.1698	0.1708	0.1715	0.1725	0.1733
3.2	0.1310	0.1390	0.1450	0.1497	0.1533	0.1562	0.1602	0.1628	0.1645	0.1657	0.1664	0.1675	0.1685
3.4	0.1256	0.1334	0.1394	0.1441	0.1478	0.1508	0.1550	0.1577	0.1595	0.1607	0.1616	0.1628	0.1639
3.6	0.1205	0.1282	0.1342	0.1389	0.1427	0.1456	0.1500	0.1528	0.1548	0.1561	0.1570	0.1583	0.1595
3.8	0.1158	0.1234	0.1293	0.1340	0.1378	0.1408	0.1452	0.1482	0.1502	0.1516	0.1526	0.1541	0.1554
4.0	0.1114	0.1189	0.1248	0.1294	0.1332	0.1362	0.1408	0.1438	0.1459	0.1474	0.1485	0.1500	0.1516
4.2	0.1073	0.1147	0.1205	0.1251	0.1289	0.1319	0.1365	0.1396	0.1418	0.1434	0.1445	0.1462	0.1479
4.4	0.1053	0.1107	0.1164	0.1210	0.1248	0.1279	0.1325	0.1357	0.1379	0.1396	0.1407	0.1425	0.1444
4.6	0.1000	0.1070	0.1127	0.1172	0.1209	0.1240	0.1287	0.1319	0.1342	0.1359	0.1371	0.1390	0.1410
4.8	0.0967	0.1036	0.1091	0.1136	0.1173	0.1204	0.1250	0.1283	0.1307	0.1324	0.1337	0.1357	0.1379
5.0	0.0935	0.1003	0.1057	0.1102	0.1139	0.1169	0.1216	0.1249	0.1273	0.1291	0.1304	0.1325	0.1348

　　压缩模量的取值，考虑到地基变形的非线性性质，一律采用固定压力段下的E_s值必然会引起沉降计算的误差，因此应采用实际压力下的E_s值，即

$$E_s = \frac{(1+e_0)}{a} \tag{2-24}$$

式中　e_0——土自重压力下的孔隙比；

　　　a——从土自重压力至土的自重压力与附加压力之和的压力段的压缩系数。

地基压缩层范围内压缩模量E_s的平均值，可按分层变形的加权平均方法计算如下。

$$\frac{\sum A_i}{\overline{E_s}} = \frac{A_1}{E_{s1}} + \frac{A_2}{E_{s2}} + \frac{A_3}{E_{s3}} + \cdots + \frac{A_n}{E_{sn}} \qquad (2-25)$$

则

$$\overline{E_s} = \frac{\sum A_i}{\sum \dfrac{A_i}{E_{si}}} \qquad (2-26)$$

显然，应用上式进行计算，能够充分体现各分层土的E_s值在整个沉降计算中的作用，使得沉降计算中$\overline{E_s}$完全等效于分层的E_s的综合效应。

在计算地基变形时，应符合下列规定。

（1）由于建筑地基不均匀、荷载差异很大、体形复杂等因素引起的地基变形，对于砌体承重结构，应由局部倾斜值控制；对于框架结构和单层排架结构，应由相邻柱基础的沉降差控制；对于多层或高层建筑物和高耸结构，应由倾斜值控制。必要时还应控制平均沉降量。

（2）在必要情况下，需要分别预估建筑物在施工期间和使用期间的地基变形值，以便预留建筑物有关部分之间的净空、选择连接方法和施工顺序。一般多层建筑物在施工期间完成的沉降量，对于砂土可认为其最终沉降量已完成80%以上，对于其他低压缩性土可认为已完成最终沉降量的50%~80%，对于中压缩性土可认为已完成20%~50%，对于高压缩性土可认为已完成5%~20%。

在确定计算深度时，根据规范规定，地基变形计算深度z_n应符合式（2-27）的要求，当计算深度下部仍有较软土层时，应继续计算。

$$\Delta s_n' \leqslant 0.025 \sum_{i=1}^{n} \Delta s_i' \qquad (2-27)$$

式中　$\Delta s_i'$——在计算深度范围内，第i层土的计算变形值（mm）；

　　　$\Delta s_n'$——在由计算深度Z_n向上取厚度为Δz的土层计算变形值（mm），Δz按表2-14确定。

表2-14　Δz的取值　　　　　　　　　单位：m

b	$b \leqslant 2$	$2 < b \leqslant 4$	$4 < b \leqslant 8$	$b > 8$
Δz	0.3	0.6	0.8	1.0

当无相邻荷载影响，基础宽度在1~30m范围内时，基础中点的地基变形计算深度也可按简化公式（2-28）进行计算。在计算深度范围内存在基岩时，z_n可取至基岩表面；当存在较厚的坚硬黏性土层，其孔隙比小于0.5、压缩模量大于50MPa，或存在较厚的密实砂卵石层，其压缩模量大于80MPa时，z_n可取至该层土表面。此时，地基土附加压力分布应考虑相对硬层存在的影响，按本规范的相关公式计算地基最终变形量。

$$z_n = b(2.5 - 0.4\ln b) \qquad (2-28)$$

当存在相邻荷载时，应计算相邻荷载引起的地基变形，其值可按应力叠加原理，采用角点法计算。

2. 考虑回弹变形的沉降计算

高层建筑由于基础埋置较深，地基回弹再压缩变形往往在总沉降中占有重要地位，甚至当某些高层建筑设置 3～4 层（甚至更多层）地下室时，总荷载有可能等于或小于该深度土的自重压力。这时高层建筑地基沉降变形将由地基回弹变形决定。

当建筑物地下室基础埋置较深时，地基土的回弹变形量可按下式计算。

$$s_c = \varphi_c s' = \varphi_c \sum_{i=1}^{n} \frac{p_c}{E_{ci}} (z_i \overline{a_i} - z_{i-1} \overline{a_{i-1}}) \qquad (2-29)$$

式中　s_c——地基的回弹变形量（mm）；

　　　φ_c——回弹量计算的经验系数，无地区经验时可取 1.0；

　　　p_c——基坑底面以上土的自重压力（kPa），地下水位以下应扣除浮力；

　　　E_{ci}——土的回弹模量（kPa），按《土工试验方法标准》（GB/T 50123—1999）中土的固结试验回弹曲线的不同应力段计算。

回弹再压缩变形量，可采用再加荷的压力小于卸荷土的自重压力段内再压缩变形线性分布的假定按以下公式进行计算，其中当 $p < R_0' p_c$ 时为

$$s_c' = r_0' s_c \frac{p}{p_c R_0'} \qquad (2-30)$$

当 $R_0' p_c \leqslant p \leqslant p_c$ 时为

$$s_c' = s_c \left[r_0' + \frac{r'_{R'=1.0} - r_0'}{1 - R_0'} \left(\frac{p}{p_c} - R_0' \right) \right] \qquad (2-31)$$

式中　s_c'——地基土回弹再压缩变形量（mm）；

　　　s_c——地基的回弹变形量（mm）；

　　　r_0'——临界再压缩比率，相应于再压缩比率与再加荷比关系曲线上两段线性交点对应的再压缩比率，由土的固结回弹再压缩试验确定；

　　　R_0'——临界再加荷比，相应于在再压缩比率与再加荷比关系曲线上两段线性交点对应的再加荷比，由土的固结回弹再压缩试验确定；

$R' = 1.0$——对应于再加荷比 $R' = 1.0$ 时的再压缩比率，由土的固结回弹再压缩试验确定，其值等于回弹再压缩变形增大系数；

　　　p——再加荷的基础底面压力（kPa）。

【例 2-4】　某厂房柱下单独方形基础，已知基础底面尺寸为 4m×4m，埋深 $d =$ 1.0m，地基为粉质黏土，地下水位距天然地面 3.4m。上部荷重传至基础顶面 $F =$ 1440kN，土的天然重度 $\gamma = 16.0$kN/m，饱和重度 $\gamma_{sat} = 17.2$kN/m³，有关计算资料如图 2-22 所示。试分别用分层总和法和规范法计算基础最终沉降量（已知 $f_k = 94$kPa）。

【解】　（1）按分层总和法计算。

① 计算分层厚度。

每层厚度 $h_i < 0.4b = 1.6$m；地下水位以上分两层，各 1.2m；地下水位以下按 1.6m 分层。

② 计算地基土的自重应力。

自重应力从天然地面起算，z 的取值从基础底面起算，结果见表 2-15 和图 2-23。

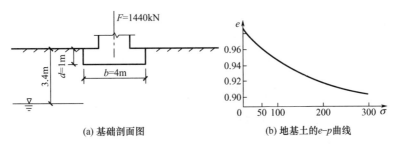

(a) 基础剖面图　　　　(b) 地基土的$e-p$曲线

图 2-22　例 2-4 图

表 2-15　土的自得应力 σ_c

z/m	0	1.2	2.4	4.0	5.6	7.2
σ_c/kPa	16	35.2	54.4	65.9	77.4	89.0

③ 计算基础底面压力。

$$G=\gamma_G Ad=320(\text{kN})$$

$$p=\frac{F+G}{A}=110(\text{kPa})$$

④ 计算基础底面附加压力。

$$p_0=p-\gamma d=94(\text{kPa})$$

⑤ 计算最终沉降量。

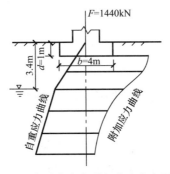

图 2-23　自重应力和附加应力分布示意图

按分层总和法求得基础最终沉降量为 $s=\Sigma s_i=54.7\text{mm}$，见表 2-16。

表 2-16　沉降量计算表

z/m	σ_c/kPa	σ_z/kPa	h/mm	$\overline{\sigma_c}/\text{kPa}$	$\overline{\sigma_z}/\text{kPa}$	$\dfrac{\overline{\sigma_z}+\overline{\sigma_c}}{/\text{kPa}}$	e_1	e_2	$\dfrac{e_{1i}-e_{2i}}{1+e_{1i}}$	s_i/mm
0	16	94.0	1200	25.6	88.9	114.5	0.970	0.937	0.0618	20.2
1.2	35.2	83.8	1600	44.8	70.4	115.2	0.960	0.936	0.0122	14.6
2.4	54.4	57.0	1600	60.2	44.3	104.5	0.954	0.940	0.0072	11.5
4.0	65.9	31.6	1600	71.7	25.3	97.0	0.948	0.942	0.0031	5.0
5.6	77.4	18.9	1600	83.2	15.6	98.8	0.944	0.940	0.0021	3.4
7.2	89.0	12.3								

（2）按规范法计算。

① σ_c、σ_z 分布及 p_0 计算值见分层总和法计算过程。

② 确定沉降计算深度：$z_n = b(2.5 - 0.4\ln b) = 7.8$（m）。

③ 确定各层 E_{si}：$E_{si} = \dfrac{1+e_{1i}}{e_{1i}-e_{2i}}(p_{2i}-p_{1i})$。

④ 根据计算尺寸，查表得到平均附加应力系数。

⑤ 列表计算各层沉降量 $\Delta S'_i$，见表 2-17。

表 2-17　计算表

z（m）	l/b	z/b	$\bar{\alpha}$	$\overline{\alpha z}$（m）	$\bar{\alpha}_i z_i - \bar{\alpha}_{i-1} z_{i-1}$（m）	E_{si}（kPa）	e_2	$\Delta s'$（mm）	s'（mm）
0		0	1	0					
1.2		0.6	0.967	1.1604	1.1604	5292	0.937	20.7	
2.4		1.2	0.858	2.0592	0.8988	5771	0.936	14.7	
4.0	1	2	0.698	2.792	0.7328	6153	0.940	11.2	
5.6		2.8	0.573	3.2088	0.4168	8161	0.942	4.8	
7.2		3.6	0.482	3.4704	0.2616	7429	0.940	3.3	54.7
7.8		3.9	0.455	3.549	0.0786	7448		0.9	55.6

根据计算表所示，$\Delta z = 0.6$m，$\Delta s'_n = 0.9$mm $< 0.025\Sigma\ \Delta s'_i = 55.6$mm，符合要求。

⑥ 确定沉降修正系数 ψ_s：根据 $E_s = 6.0$MPa，$f_k = p_0$，查表得到 $\psi_s = 1.1$。

⑦ 计算基础最终沉降量：$s = \psi_s s' = 61.2$mm。

2.7　地基稳定性验算

对于平整地基上的建筑物，在竖向荷载下导致地基基础失稳的情况很少见，但在以下情况下有可能发生地基稳定性破坏：经常承受水平荷载的建筑物，如水工建筑物、挡土结构物、高层建筑和高耸结构等；建在斜坡上的建筑物；地基中存在软弱土（或夹）层，土层下面有倾斜的岩层面、破碎或断裂带，有地下水渗流影响等。

地基的稳定性可采用圆弧滑动法进行验算，最危险滑裂面上诸力对滑动中心产生的抗滑力矩与滑动力矩应满足下式要求。

$$M_R/M_S \geqslant 1.2 \qquad\qquad (2-32)$$

式中　M_S——滑动力矩（kN·m）；

　　　M_R——抗滑力矩（kN·m）。

位于稳定土坡坡顶上的建筑，当垂直于坡顶边缘线的基础底边边长 $b \leqslant 3$m 时，其基础底面外边缘到坡顶的水平距离 a 应满足以下公式要求，但不得小于 2.5m，其中条形基础为

$$a \geqslant 3.5b - \dfrac{d}{\tan\beta} \qquad\qquad (2-33)$$

矩形基础为

$$a \geqslant 2.5b - \frac{d}{\tan\beta} \qquad (2-34)$$

式中　a——基础底面外边缘到坡顶的水平距离；

　　　b——垂直于坡顶边缘线的基础底边边长；

　　　d——基础埋深；

　　　β——边坡坡角。

当坡角大于 $45°$，坡高大于 8m 时，应进行土坡稳定性验算。

当基础底面外边缘到坡顶的水平距离不能满足式（2-33）、式（2-34）的要求时，可根据基础底面平均压力按式（2-32）确定基础距坡顶边缘的距离和基础埋深，如图 2-24 所示。

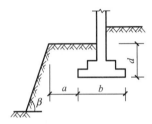

图 2-24　基础底面外边缘到坡顶的水平距离示意图

当建筑物基础存在浮力作用时，应进行抗浮稳定性验算。对于简单浮力作用情况，基础的抗浮稳定性应满足下式要求。

$$\frac{G_k}{N_{w,k}} \geqslant k_w \qquad (2-35)$$

式中　G_k——建筑物自重及压重之和（kN）；

　　　$N_{w,k}$——浮力作用值（kN）；

　　　k_w——抗浮稳定安全系数，一般情况下可取 1.05。

当抗浮稳定性不满足要求时，可采用增加压重或设置抗浮构件等措施。在整体能满足抗浮稳定性要求而局部不满足时，可采用增加结构刚度的措施。

2.8　扩展基础设计

2.8.1　无筋扩展基础设计

1. 无筋扩展基础构造

在无筋扩展基础中，砖基础俗称大放脚，其高度应符合砖的模数，在布置基础剖面时，多采取等高式和间隔式两种形式，如图 2-25 所示。等高式俗称"两皮一收"，是指每砌筑两皮砖（120mm）两边各收进 1/4 砖长（60mm）；间隔式俗称"二一间隔收"，其翼像高度两种间隔排列，但两边也各收进 1/4 砖长。

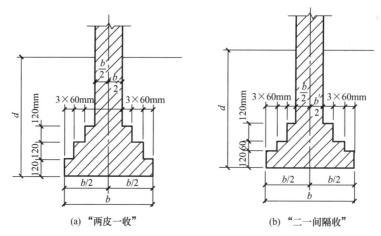

(a) "两皮一收"　　　　　(b) "二一间隔收"

图 2 - 25　砖基础砌筑形式

毛石基础每阶伸出宽度不宜大于 200mm，每阶高度通常取 400～600mm，并由两层毛石错峰砌成。

灰土基础由熟化后的石灰和黏性土按照比例拌和并夯实而成，其体积配比为石灰：土＝2：8 或 3：7。施工时，每层虚铺 220～250mm，夯实至 150mm，称为"一步灰土"。根据需要可设计为二步灰土或三步灰土，即厚度为 300mm 或 450mm。

三合土基础由石灰、砂和骨料（矿渣、碎砖或碎石）加适量水，按照 1：2：3 或 1：3：6（体积比）拌和后分层夯实，每层虚铺 220～250mm，夯实至 150mm。三合土基础高度不应小于 300mm，宽度不应小于 700mm。

混凝土基础的每阶高度不小于 250mmm，一般为 300mm；毛石混凝土基础（混凝土基础内埋入体积占比为 25%～30% 的未风化毛石）的每阶高度不小于 300mm。

无筋扩展基础可由两种材料叠合组成，如上层用砖砌体，下层用混凝土。

2. 无筋扩展基础计算

无筋扩展基础的抗拉强度和抗剪强度均较低，因此应避免基础内出现较大的拉应力和剪应力。基础设计时通过限制台阶宽高比、控制建筑物层高和一定的地基承载力来确定基础的截面尺寸，无须进行复杂的内力分析和截面强度计算。

如图 2 - 26 所示为无筋扩展基础构造，基础每个台阶的宽高比应满足下式要求。

$$H_0 \geqslant \frac{b - b_0}{2\tan\alpha} \qquad (2-36)$$

式中　b——基础底面宽度（m）；

　　　b_0——基础顶面的墙体宽度或柱脚宽度（m）；

　　　H_0——基础高度（m）；

　　　$\tan\alpha$——基础台阶宽高比 b_2/H_0，其允许值可按表 2 - 18 选用；

　　　b_2——基础台阶宽度（m）。

表 2-18　无筋扩展基础台阶宽高比的允许值

基础材料	质量要求	平均压力值/kPa		
		$p_k \leqslant 100$	$100 < p_k \leqslant 200$	$200 < p_k \leqslant 300$
混凝土基础	C15 混凝土	1 : 1.00	1 : 1.00	1 : 1.25
毛石混凝土基础	C15 混凝土	1 : 1.00	1 : 1.25	1 : 1.50
砖基础	砖不低于 MU10、砂浆不低于 M5	1 : 1.50	1 : 1.50	1 : 1.50
毛石基础	砂浆不低于 M5	1 : 1.25	1 : 1.50	—
灰土基础	体积比为 3 : 7 或 2 : 8 的灰土，其最小干密度，粉土为 1.55t/m³，粉质黏土为 1.50t/m³，黏土为 1.45t/m³	1 : 1.25	1 : 1.50	—
三合土基础	体积比 1 : 2 : 4～1 : 3 : 6（石灰：砂：骨料），每层约虚铺 220mm，夯实至 150mm	1 : 1.50	1 : 2.00	—

注：① P_k 为荷载效应标准组合时基础底面处的平均压力值。

② 阶梯形毛石基础的每阶伸出宽度不宜大于 200mm。

③ 当基础由不同材料叠合而成时，应对接触部分做抗压验算。

④ 基础底面处的平均压力值超过 300kPa 的混凝土基础，还应进行抗剪强度验算。

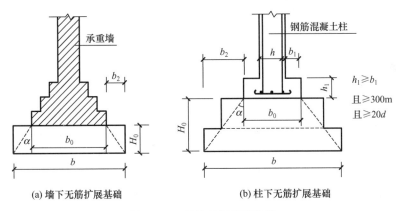

(a) 墙下无筋扩展基础　　　　(b) 柱下无筋扩展基础

图 2-26　无筋扩展基础构造

采用无筋扩展基础的钢筋混凝土柱，其柱脚高度 h_1 不得小于 b_1，并不应小于 300mm 且不小于 $20d$（d 为柱中的纵向受力钢筋的最大直径）。当柱纵向钢筋在柱脚内的竖向锚固长度不满足锚固要求时，可沿水平方向弯折，弯折后的水平锚固长度不应小于 $10d$，也不应大于 $20d$。

【例 2-5】 某厂房柱子断面为 $600\text{mm} \times 400\text{mm}$；作用标准组合的效应为：竖向荷载 $F_k = 800\text{kN}$，力矩 $M = 220\text{kN} \cdot \text{m}$，水平荷载 $H_k = 50\text{kN}$；地基土层剖面如图 2-27 所示，基础埋置深度为 2.0m。试设计柱下刚性基础。

【解】（1）地基承载力修正。

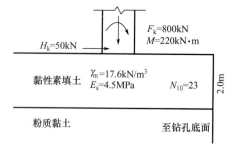

图 2-27 例 2-5 图

粉质黏土孔隙比为

$$e = \frac{G_s(1+\omega)\gamma_w}{\gamma} - 1 = \frac{2.76 \times (1+0.26) \times 10}{19.2} - 1$$
$$= 0.811$$

粉质黏土液性指数为

$$I_L = \frac{w - w_P}{w_L - w_P} = \frac{26 - 21}{32 - 21} = 0.455$$

查表 2-7 得深度修正系数 $\eta_d = 1.6$；预计基础宽度小于 3.0m，故可暂不做宽度修正。按式（2-5）可得修正后地基承载力特征值为

$$f_a = f_{ak} + \eta_d \gamma_m (d - 0.5) = 170 + 1.6 \times 17.6 \times 1.5 \approx 212.2 (\text{kPa})$$

（2）按中心荷载初估基础底面面积。计算得

$$A_1 = \frac{F_k}{f_a - \gamma_G} = \frac{800}{212.2 - 20 \times 2} \approx 4.65 (\text{m}^2)$$

考虑偏心荷载作用，宜将基础底面面积扩大 1.3 倍，即 $A = 1.3A_1 = 6.04\text{m}^2$。据此可采用基础底面尺寸 $a \times b = 3\text{m} \times 2\text{m}$ 的基础。

（3）验算基础底面压力。

基础及回填土重 $G_k = \gamma_G dA = 20 \times 2 \times 2 \times 3 = 240$（kN）

基础的总竖直荷载 $F_k + G_k = 800 + 240 = 1040$（kN）

基础底面的总力矩 $M_{总k} = 220 + 50 \times 2 = 320$（kN·m）

总荷载的偏心距 $e = \dfrac{320\text{m}}{1040} = 0.31\text{m} < \dfrac{a}{6} = 0.5$（m）

按式（2-13）计算基础底面边缘最大应力为

$$p_{kmax} = \frac{F_k + G_k}{A} + \frac{M_{总k}}{W} = \frac{1040}{3 \times 2} + \frac{6 \times 320}{3^2 \times 2}$$
$$= (173.3 + 106.7)\text{kN/m}^2 = 280\text{kN/m}^2 > 1.2 f_a = 254.6\text{kPa}$$

边缘最大应力超过地基承载力特征值的 1.2 倍，不满足要求。

（4）修正基础尺寸，重新进行承载力验算。

基础底面尺寸采用 3m×2.4m

基础及回填土重 $G_k = 20 \times 2 \times 2.4 \times 3.0 = 288$（kN）

基础底面的总竖向荷载 $F_k + G_k = 800 + 288 = 1088$（kN）

荷载偏心距 $E = \dfrac{M_{总k}}{F_k + G_k} = \dfrac{320}{1088}$ mm $= 0.294$ m $< \dfrac{a}{6} = 0.5$ （m）

基础底面边缘最大应力为

$$p_{kmax} = \frac{F_k + G_k}{A} + \frac{M_k}{W} = \frac{1040}{3 \times 2.4} + \frac{6 \times 320}{3^2 \times 2.4}$$

$$= 144.4 + 88.9 = 233.3 \text{kN/m}^2 < 1.2 f_a = 1.2 \times 212.2 = 254.6 (\text{kPa})$$

故：最大边缘应力 $p_{kmax} = 233.3$ kPa $< 1.2 f_a = 254.6$ （kPa）

基础底面平均应力 $p_k = \dfrac{F_k + G_k}{A} = 151.1$ kPa $< f_a = 212.2$ （kPa）

满足地基承载力要求。

（5）确定基础构造尺寸。

基础材料采用 C15 混凝土，基础底面平均压力 $p_k \leqslant 200$ kPa，根据表 2-18，台阶宽高比允许值为 1∶1.25。按长边及刚性角最终确定的基础尺寸如图 2-28 所示。

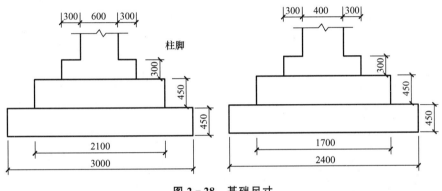

图 2-28 基础尺寸

2.8.2 钢筋混凝土扩展基础设计

1. 钢筋混凝土扩展基础的构造

钢筋混凝土扩展基础常简称扩展基础（以下如无特殊说明，扩展基础均指钢筋混凝土扩展基础），系指柱下独立基础和墙下条形基础。在进行扩展基础结构计算，确定基础配筋和验算材料强度时，上部结构传来的荷载效应应采用承载能力极限状态下荷载效应的基本组合，相应的基础底面反力为净反力（仅由基础顶面的荷载所产生的地基反力，不考虑基础及其上面土的重力，因为由这些重力所产生的那部分地基反力将与重力相抵消）。扩展基础的构造应符合下列要求。

（1）墙下条形基础（图 2-29）。

① 锥形基础的边缘高度不宜小于 200mm；两个方向的坡度不宜大于 1∶3；当基础高度小于 250mm 时，可做成等厚板。阶梯形基础的每阶高度宜为 300～500mm。

② 垫层的厚度不宜小于 70mm，一般为 100mm，每边伸出基础 50～

扩展基础
设计

100mm；垫层混凝土强度等级不宜低于C10。

③ 扩展基础配筋率不应小于0.15%；底板受力钢筋的最小直径不应小于10mm，间距不应大于200mm，也不应小于100mm；墙下条形基础纵向分布钢筋的直径不应小于8mm，间距不应大于300mm；每延米分布钢筋的面积应不小于受力钢筋面积的15%。当有垫层时，钢筋保护层厚度不应小于40mm；当无垫层时，钢筋保护层厚度不应小于70mm。

④ 混凝土强度等级不应低于C20。

⑤ 当墙下条形基础的宽度大于或等于2.5m时，底板受力钢筋的长度可取边长或宽度的0.9倍，并宜交错布置。

⑥ 墙下条形基础底板在T形及十字形交接处，其横向受力钢筋仅沿一个主要受力方向通长布置，另一方向的横向受力钢筋可布置到主要受力方向底板宽度1/4处；在拐角处，底板横向受力钢筋应沿两个方向布置。

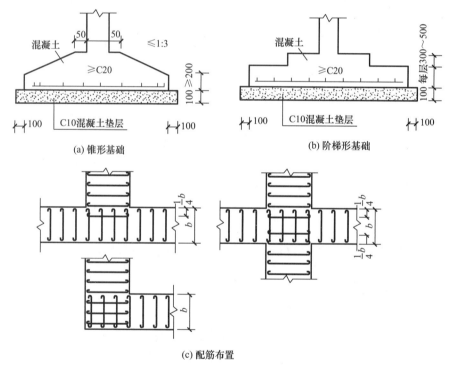

图 2-29 墙下条形基础

（2）柱下独立基础（图2-30）。柱下独立基础除满足墙下条形基础的要求外，还应满足下列要求。

① 锥形基础边缘高度不宜小于200mm，也不宜大于500mm；顶部每边应沿柱边放出50mm。

② 阶梯形基础每阶高度一般为300~500mm。当基础高度大于或等于600mm而小于900mm时，阶梯形基础分为两级；当基础高度大于900mm时，阶梯形基础则分为三级。

③ 柱下独立基础的受力筋应双向配置。现浇柱的纵向钢筋可通过插筋锚入基础中，插筋的数量和规格应与柱的纵向受力筋相同。插入基础的钢筋，上下至少应有两道箍筋固

定；插筋的锚固和连接应满足《混凝土结构设计规范》的要求，插筋端部宜做成直钩放在钢筋底板钢筋网上。当符合下列条件之一时，可仅将四角的插筋伸至底板的钢筋网上，其余插筋伸入基础的长度按锚固长度确定。

  a. 柱为轴心受压或者小偏心受压，基础高度大于或等于 1200mm。

  b. 柱为大偏心受压，基础高度大于或等于 1400mm。

有关杯口基础的构造，详见《建筑地基基础设计规范》。

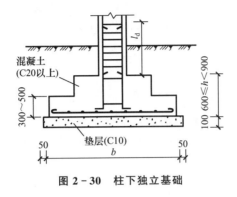

图 2-30　柱下独立基础

2. 墙下条形基础设计

（1）轴心荷载作用下。

① 确定基础高度。

当基础底面短边尺寸小于或等于柱宽加两倍基础有效高度时，应按下列公式验算柱与基础交接处截面的受剪承载力。

$$V_s = 0.7\beta_{hs} f_t A_0 \qquad (2-37)$$

$$\beta_{hs} = \left(\frac{800}{h_0}\right)^{\frac{1}{4}} \qquad (2-38)$$

式中 V_s——相应于作用的基本组合时，柱与基础交接处的剪力设计值（kN），为图 2-31
    中的阴影面积乘以基础底面平均净反力；

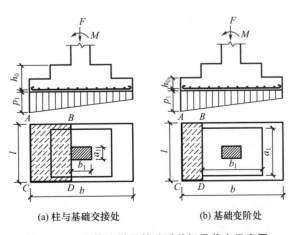

      (a) 柱与基础交接处   (b) 基础变阶处

图 2-31　验算阶梯形基础受剪切承载力示意图

β_{hs}——受剪切承载力截面高度影响系数，计算时当 $h_0 < 800$mm 时，取 $h_0 = 800$mm；当 $h_0 > 2000$mm 时，取 $h_0 = 2000$mm；

f_t——混凝土轴心抗拉强度设计值；

A_0——验算截面处基础的有效截面积（m^2），当验算截面为阶梯形或锥形时，可将其截面折算成矩形截面，截面的折算宽度和截面的有效高度按《建筑地基基础设计规范》相关附录计算。

对墙下条形基础，通常沿长度方向取单位长度计算，即取 $a_1 = 1$m，则式（2-37）成为

$$p_j b_1 \leqslant 0.7 \beta_{hs} f_t h_0 \qquad (2-39)$$

$$h_0 \geqslant \frac{p_j b_1}{0.7 \beta_{hs} f_t} \qquad (2-40)$$

$$p_j = \frac{F}{b} \qquad (2-41)$$

式中　p_j——相应于作用的基本组合时的地基净反力设计值；

F——相应于作用的基本组合时，上部结构的轴向力设计值；

b——基础宽度；

b_1——基础悬臂部分计算截面的挑出长度（图 2-32），当墙体材料为混凝土时，b_1 为基础边缘至墙脚的距离；当为砖墙且放脚不大于 1/4 砖长时，b_1 为基础边缘至墙脚距离加上 1/4 砖长。

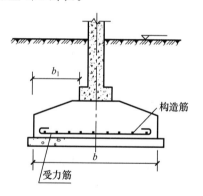

图 2-32　墙下条形基础

② 基础底板配筋。

悬臂根部的最大弯矩设计值为

$$M = \frac{1}{2} p_j b_1^2 \qquad (2-42)$$

各符号意义同前。

基础每延米长度的受力钢筋截面积为

$$A_s = \frac{M}{0.9 f_y h_0} \qquad (2-43)$$

式中　A_s——钢筋面积；

f_y——钢筋抗拉强度设计值；

h_0——基础的有效高度，$0.9h_0$ 为截面内力臂的近似值。

将各个数值代入上式计算时，单位宜统一换为 N 和 mm。

（2）偏心荷载作用下。

在偏心荷载作用下，基础边缘处的最大和最小净反力设计值为

$$P_{jmax,jmin}\} = \frac{F}{b} \pm \frac{6M}{b^2} \tag{2-44}$$

或

$$P_{jmax,jmin}\} = \frac{F}{b}\left(l \pm \frac{6e_0}{b^2}\right) \tag{2-45}$$

$$e_0 = M/F \tag{2-46}$$

式中 M——相应于作用的基本组合时，作用于基础底面的力矩设计值；

e_0——荷载的净偏心距。

基础的高度和配筋仍按式（2-40）和式（2-43）计算，但式中的剪力和弯矩设计值应改按下式计算。

$$V_s = \frac{1}{2}(p_{jmax} + p_{jI})b_1 \tag{2-47}$$

$$p_{jI} = p_{jmin} + \frac{b-b_1}{b}(p_{jmax} - p_{jmin}) \tag{2-48}$$

式中 P_{jI}——计算截面处的净反力设计值。

【例 2-6】 某办公楼为砖混承重结构，拟采用墙下条形基础。外墙厚度为 370mm；上部结构传至 ±0.000 处的荷载标准值 $F_k = 220$kN/m，$M_k = 45$kN·m/m，荷载设计值为 $F = 250$kN/m；$M = 63$kN·m/m；基础埋深为 1.92m（从室内地面算起，室内外高差为 0.45m），地基持力层承载力特征值 $f_a = 158$kPa；混凝土强度等级为 C20（$f_c = 9.6$N/mm²），钢筋采用 HPB300（$f_y = 210$N/mm²）。试设计该外墙基础。

【解】（1）求基础底面宽度。

基础平均埋深 $d = (1.92 \times 2 - 0.45)/2 \approx 1.7$（m）

基础底面宽度 $b = \dfrac{F_k}{f_a - \gamma_G d} = \dfrac{220}{158 - 20 \times 1.7} \approx 1.77$（m）

初选 $b = 1.3 \times 1.77 \approx 2.3$（m）

地基承载力验算如下

$$p_{kmax} = \frac{F_k + G_k}{b} + \frac{6M_k}{b^2} = \left(\frac{220 + 20 \times 1.7 \times 2.3}{2.3} + \frac{6 \times 45}{2.3^2}\right)(kPa)$$

$$= 180.7kPa < 1.2f_a = 189.6kPa$$

满足要求。

（2）求地基净反力。计算得

$$p_{jmax} = \frac{F}{b} + \frac{6M}{b^2} = \frac{250}{2.3} + \frac{6 \times 63}{2.3^2} \approx 180.2(kPa)$$

$$p_{jmin} = \frac{F}{b} - \frac{6M}{b^2} = \frac{250}{2.3} - \frac{6 \times 63}{2.3^2} \approx 37.2(kPa)$$

基础边缘至砖墙计算截面的距离 $b_1 = \dfrac{1}{2} \times (2.3 - 0.37) \approx 0.97$（m），据此验算截面的剪力设计值为

$$V_1 = \frac{b_1}{2b}[(2b - b_1)p_{jmax} + b_1 p_{jmin}]$$

$$= \frac{0.97}{2 \times 1.77} [(2 \times 1.77 - 0.97) \times 180.2 + 0.97 \times 37.2]$$

$$\approx 136.8 (\text{kN/m})$$

基础的计算有效高度为

$$h_0 \geqslant \frac{V_1}{0.07 \beta_{hs} f_c} = \frac{136.8 \times 10^3}{0.07 \times 1 \times 9.6 \times 10^3} \approx 204 (\text{mm})$$

取基础高度 $h = 300$mm，则 $h_0 = (300 - 40 - 5)$ mm $= 255$mm > 204mm，满足要求。

（3）底板配筋计算。

截面的弯矩设计值为

$$M_1 = \frac{1}{2} V_1 b_1 = \frac{1}{2} \times 136.8 \times 0.97 \approx 66.3 (\text{kN/m})$$

基础每延米的受力钢筋截面积为

$$A_s = \frac{M_1}{0.9 f_y h_0} = \frac{66.3 \times 10^6}{0.9 \times 210 \times 204} \approx 1720 (\text{mm})^2$$

据此选配受力钢筋 Φ16@110，则 $A_s = 1828$mm²，沿垂直于砖墙长度的方向配制；在砖墙长度方向配制 Φ8@250 的分布钢筋。基础配筋如图 2-33 所示。

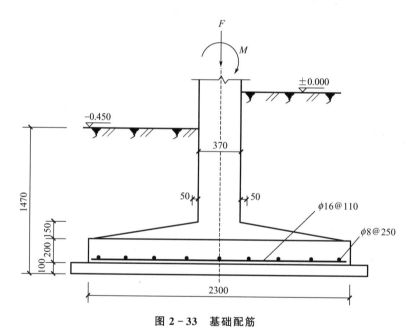

图 2-33 基础配筋

3. 柱下独立基础设计

（1）轴心荷载作用下。

① 基础高度确定。相关原则和方法如下。

a. 当基础宽度小于或等于柱宽加两倍基础有效高度（即 $b \leqslant b_c + 2h_0$）时，基础高度由混凝土的受剪承载力确定，应按式（2-37）验算柱与基础交接处及基础变阶处基础截面的受剪承载力。

b. 当冲切破坏锥体落在基础底面以内（即 $b > b_c + 2h_0$）时，基础高度由混凝土受冲切承载力确定。在柱荷载作用下，如果基础高度（或阶梯高度）不足，则将沿柱周边（或阶梯高度变化处）产生冲切破坏，形成45°斜裂面的角锥体，如图2-34所示。因此，由冲切破坏锥体以外的地基净反力所产生的冲切力应小于冲切面处混凝土的抗冲切能力。矩形基础一般沿柱短边一侧先产生冲切破坏，所以只需根据短边一侧的冲切破坏条件来确定基础高度，即要求

$$F_t \leqslant 0.7\beta_{hp}f_tb_mh_0 \tag{2-49}$$

上式右边部分为混凝土抗冲切能力，左边部分为冲切力，其计算公式为

$$F_t = p_jA_l \tag{2-50}$$

式中　p_j——相应于作用的基本组合时的地基净反力设计值；

　　　A_l——冲切力的作用面积，对应于图2-35中的斜线面积，具体计算方法详后；

　　　β_{hp}——冲切承载力截面高度影响系数。当基础高度h不大于800mm时，β_{hp}取1.0；当h大于或等于2000mm时，β_{hp}取0.9；其间按线性内插法取用；

　　　f_t——混凝土轴心抗拉强度设计值；

　　　b_m——冲切破坏锥体斜裂面上、下（顶、底）边长b_t、b_b的平均值，如图2-35所示；

　　　h_0——基础有效高度，取两个方向配筋的有效高度平均值。

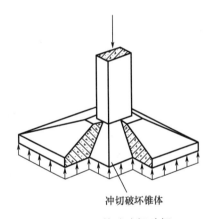

图2-34　基础冲切破坏

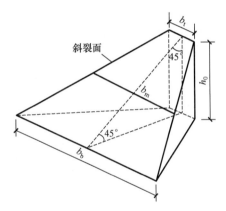

图2-35　冲切斜裂面参数

设计时一般先按经验假定基础高度，得出h_0，再代入式（2-49）进行验算，直至抗冲切力（该式右边）稍大于冲切力（该式左边）为止。

如柱截面长边、短边分别用a_c、b_c表示，则沿柱边产生冲切时，有以下关系。

$$b_t = b_c$$

$$b_b = b_c + 2h_0$$

$$b_m = \frac{b_t + b_b}{2} = b_c + h_0$$

$$b_mh_0 = (b_c + h_0)h_0$$

$$A_l = \left(\frac{l}{2} - \frac{a_c}{2} - h_0\right)b - \left(\frac{b}{2} - \frac{b_c}{2} - h_0\right)^2$$

而式（2-49）成为

$$p_j \left[\left(\frac{l}{2} - \frac{a_c}{2} - h_0 \right) b - \left(\frac{b}{2} - \frac{b_c}{2} - h_0 \right)^2 \right] \leqslant 0.7 \beta_{hp} f_t (b_c + h_0) h_0 \qquad (2-51)$$

对于阶梯形基础，例如分成两级的阶梯形，除了对柱边进行冲切验算外，还应对上一阶底边变阶处进行下阶的冲切验算。验算方法与上面柱边冲切验算相同，只是在使用式（2-51）时，a_c、b_c 分别换为上阶的长边 l_1 和短边 b_1（图 2-37），h_0 换为下阶的有效高度 h_{01}（图 2-36）便可。

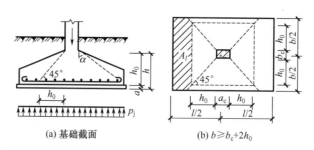

图 2-36　基础冲切计算图

(a) 基础截面　　　　　(b) $b \geqslant b_c + 2h_0$

当基础底面全部落在 45° 冲切破坏锥体底边以内时，则其成为刚性基础，无须进行冲切验算。

② 基础底板配筋。

在地基净反力作用下，基础沿柱的周边向上弯曲。一般矩形基础的长宽比小于 2，故为双向受弯。当弯曲应力超过了基础的抗弯强度时，就会发生弯曲破坏，其破坏特征是裂缝沿柱角至基础角将基础底面分裂成四块梯形面积。故配筋计算时，可将基础板看成四块固定在柱边的梯形悬臂板（图 2-37）。

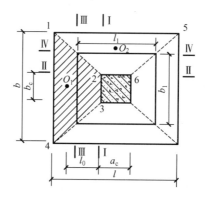

图 2-37　产生弯矩的地基净反力作用面积

当基础台阶宽高比 $\tan \alpha \leqslant 2.5$ 时（图 2-36），可认为基础底面反力呈线性分布，底板弯矩设计值可按下述方法计算。

地基净反力 p_j 对柱边 I—I 截面产生的弯矩为

$$M_I = p_j A_{1234} l_0$$

式中　A_{1234}——梯形 1234 的面积；

　　　l_0——梯形 1234 的形心 O_1 至柱边的距离，计算方法为

$$l_0 = \frac{(l-a_c)(b_c+2b)}{6(b_c+b)} \tag{2-52}$$

于是可得

$$M_{\mathrm{I}} = \frac{1}{24}p_{\mathrm{j}}(l-a_c)^2(b_c+2b) \tag{2-53}$$

平行于长边方向（垂直于 I—I 截面）的受力筋面积可按下式计算。

$$A_{s\mathrm{I}} = \frac{M_{\mathrm{I}}}{0.9f_yh_0} \tag{2-54}$$

同理，由面积 1265 上的净反力可得柱边 II—II 截面的弯矩为

$$M_{\mathrm{II}} = \frac{1}{24}p_{\mathrm{j}}(b-b_c)^2(a_c+2l) \tag{2-55}$$

钢筋面积为

$$A_{s\mathrm{II}} = \frac{M_{\mathrm{II}}}{0.9f_yh_0} \tag{2-56}$$

阶梯形基础在变阶处也是抗弯的危险截面，按式（2-53）~式（2-56）可以分别计算上阶底边 III—III 和 IV—IV 截面的弯矩 M_{III}、钢筋面积 $A_{s\mathrm{III}}$ 和 M_{IV}、$A_{s\mathrm{IV}}$，只要把各式中的 a_c、b_c 换成上阶的长边 l_1 和短边 b_1，把 h_0 换为下阶的有效高度 h_{01} 便可，然后按 $A_{s\mathrm{I}}$ 和 $A_{s\mathrm{III}}$ 中的大值配置平行于长边方向的钢筋，并放置在下层；按 $A_{s\mathrm{III}}$ 和 $A_{s\mathrm{IV}}$ 中的大值配置平行于短边方向的钢筋，并放置在上排。

当基础底面和柱截面均为正方形时，$M_{\mathrm{I}}=M_{\mathrm{II}}$，$M_{\mathrm{III}}=M_{\mathrm{IV}}$，这时只需计算一个方向即可。

对于基础底面长短边之比 $2 \leqslant n \leqslant 3$ 的独立柱基，基础底板短向钢筋应按下述方法布置：将短向全部钢筋面积乘以 $(1-n/6)$ 后求得的钢筋，均匀分布在与柱中心线重合的宽度等于基础短边的中间带宽范围内，其余的短向钢筋则均匀分布在中间带宽的两侧。长向钢筋应均匀分布在基础全宽范围内。

当基础的混凝土强度等级小于柱的混凝土强度等级时，还应验算柱下基础顶面的局部受压承载力。

（2）偏心荷载作用下。

偏心荷载作用下的独立基础如图 2-38 所示。

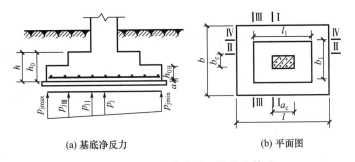

(a) 基底净反力　　　　　(b) 平面图

图 2-38　偏心荷载作用下的独立基础

如果只在矩形基础长边方向产生偏心，则当荷载偏心距 $e \leqslant l/6$ 时，基础底面净反力设计值的最大值和最小值分别为

$$P_{\text{jmax,jmin}} = \frac{F}{lb}\left(1\pm\frac{6e_0}{l}\right) \tag{2-57}$$

或

$$P_{\text{jmax,jmin}} = \frac{F}{lb}\pm\frac{6M}{bl^2} \tag{2-58}$$

① 基础高度计算。

可按照式（2-40）和式（2-51）计算，但是应该用 p_{jmax} 代替 p_{j}。

② 底板配筋。

仍可按照式（2-54）和式（2-56）计算钢筋面积，但是式（2-54）中的 M_{I} 应用下式计算。

$$M_{\text{I}} = \frac{1}{48}\left[(p_{\text{jmax}}+p_{\text{jI}})(2b+b_c)+(p_{\text{jmax}}-p_{\text{jI}})b\right](l-a_c)^2 \tag{2-59}$$

式中　p_{jI}——Ⅰ—Ⅰ截面的净反力设计值，按下式计算：

$$p_{\text{jI}} = _{\text{jmin}}+\frac{l+a_c}{2l}(p_{\text{jmax}}-p_{\text{jmin}})$$

符合构造要求的杯口基础，在与预制柱结合形成整体后，其性能与现浇柱基础相同，故其高度和底板配筋仍按柱边和高度变化处的截面进行计算。

【例 2-7】　某多层框架结构柱尺寸为 $400\text{mm}\times600\text{mm}$，配有 8Φ22 纵向受力筋；相应于荷载效应标准组合时，柱传至地面处的荷载值 $F_k=480\text{kN}$，$M_k=50\text{kN·m}$，$Q_k=40\text{kN}$；基础埋深为 1.8m，采用 C20 混凝土和 HPB335 级钢筋。试设计该基础。

【解】　（1）确定基础底面积。由公式得

$$A = (1.1\sim1.4)\frac{F_k}{f_a-\gamma_G d} = (1.1\sim1.4)\frac{480}{150-20\times1.8}\approx4.6\sim5.9(\text{m}^2)$$

取 $b=2.0\text{m}$，$l=2.8\text{m}$。据此验算承载力为

$$p_{\text{kmax}} = \frac{F_k+G_k}{bl}+\frac{M_k}{W} = \left(\frac{480+20\times2\times2.8\times1.8}{2\times2.8}+\frac{50+40\times1.8}{2\times2.8^2/6}\right)(\text{kPa})$$

$$\approx(121.7+46.7)\text{kPa}=168.4\text{kPa}<1.2f_a=180(\text{kPa})$$

$$p_{\text{kmin}} = \frac{F_k+G_k}{bl}-\frac{M_k}{W} = \frac{480+20\times2\times2.8\times1.8}{2\times2.8}-\frac{50+40\times1.8}{2\times2.8^2/6}$$

$$\approx121.7-46.7=75(\text{kPa})$$

则 $\bar{p}=121.7\text{kPa}<f_a$。据以上结果，可知满足要求。

（2）确定基础高度。

考虑柱钢筋锚固直线段长度为 $30d+40\text{mm}\approx700\text{mm}$，拟取基础高度 $h=700\text{mm}$，初步拟定采用二级台阶形基础，如图 2-39 所示。

基础底面最大和最小净反力设计值为

$$p_{\text{jmax}} = \frac{F_k}{bl}+\frac{M_k}{W} = \frac{480\times1.35}{2\times2.8}+\frac{(50+40\times1.8)}{2\times2.8^2/6}\approx115.7+63.0=178.7(\text{kPa})$$

$$p_{\text{jmin}} = \frac{F_k}{bl}-\frac{M_k}{W} = \frac{480\times1.35}{2\times2.8}-\frac{(50+40\times1.8)}{2\times2.8^2/6}\approx115.7-46.7=69(\text{kPa})$$

式中，1.35 为标准值变为设计值参数，则相关截面的净反力设计值为

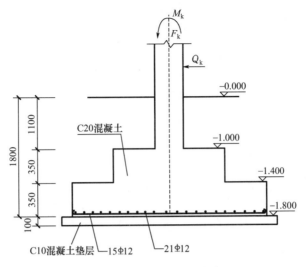

图 2 – 39　基础受力及构造

$$p_{jI} = p_{jmin} + \frac{l+a_c}{2l}(p_{jmax} - p_{jmin})$$

$$= 69 \times \frac{2.8+0.4}{2 \times 2.8} \times (162.4 - 69)$$

$$\approx 122.4(\text{kPa})$$

$$p_{jⅢ} = p_{jmin} + \frac{l+l_1}{2l}(p_{jmax} - p_{jmin})$$

$$= 69 + \frac{2.8+1.6}{2 \times 2.8} \times (162.4 - 69)$$

$$\approx 142.4(\text{kPa})$$

① 柱边截面：$h_0 = (700-40-10)$ mm $=650$ mm（取两个方向的有效高度平均值），则可得

$$b_c + 2h_0 = (0.4+2 \times 0.65) \text{ mm} = 1.7\text{m} < b = 2.0 \text{ (m)}$$

验算受冲切承载力，因偏心受压，计算式中 p_j 取 p_{jmax}。式（2-51）左边为

$$p_{jmax}\left[\left(\frac{l}{2} - \frac{a_c}{2} - h_0\right)b - \left(\frac{b}{2} - \frac{b_c}{2} - h_0\right)^2\right]$$

$$= 178.7 \times \left[\left(\frac{2.8}{2} - \frac{0.4}{2} - 0.65\right) \times 2.0 - \left(\frac{2.0}{2} - \frac{0.4}{2} - 0.65\right)^2\right] = 192.5(\text{kN})$$

式（2-51）右边为

$$0.7\beta_{hp}f_t(b_c + h_0) = [0.7 \times 1.0 \times 1100 \times (0.4 + 0.65) \times 0.65]\text{kN}$$

$$= 525.5\text{kN} > 192.5(\text{kN})$$

符合抗冲切要求。

基础分两级，下阶 $h_1 = 350$ mm，$h_{01} = 305$ mm，取 $l_1 = 1.6$ m，$b_1 = 1.2$ m。

② 变阶处界面：

$$b_1 + 2h_{01} = (1.2 + 2 \times 0.3)\text{m} = 1.8\text{m} < b = 2.0\text{m}$$

$$p_{jmax}\left[\left(\frac{l}{2} - \frac{l_1}{2} - h_{01}\right)b - \left(\frac{b}{2} - \frac{b_1}{2} - h_{01}\right)^2\right]$$

$$= 178.7 \times \left[\left(\frac{2.8}{2} - \frac{1.6}{2} - 0.305 \right) \times 2.0 - \left(\frac{2.0}{2} - \frac{1.2}{2} - 0.35 \right)^2 \right] \approx 105.4 (\text{kN})$$

抗冲切力为

$$0.7 \beta_{\text{hp}} f_t (b_1 + h_{01}) h_{01} = 0.7 \times 1.0 \times 1100 \times (1.2 + 0.305) \times 0.305 (\text{kN})$$
$$\approx 353.4 \text{kN} > 121.1 (\text{kN})$$

故而符合要求。

（3）配筋计算。

计算基础长边方向的弯矩设计值，取 Ⅰ—Ⅰ 截面得

$$M_{\text{I}} = \frac{1}{48} \left[(p_{\text{jmax}} + p_{\text{jI}}) (2b + b_c) + (p_{\text{jmax}} - p_{\text{jI}}) b \right] (l - a_c)^2$$
$$= \frac{1}{48} \left[(178.7 + 124.7)(2 \times 2.0 + 0.4) + (178.7 - 124.7) \times 2.0 \right] (2.8 - 0.4)^2$$
$$= 173.2 (\text{kN} \cdot \text{m})$$

$$h_0 = 700 - 40 - 5 = 655 (\text{mm})$$

$$A_{\text{sI}} = \frac{M_{\text{I}}}{0.9 f_y h_0} = \frac{173.2 \times 10^6}{0.9 \times 300 \times 655} = 979 \ (\text{mm})^2$$

取 Ⅲ—Ⅲ 截面得

$$M_{\text{III}} = \frac{1}{48} \left[(p_{\text{jmax}} + p_{\text{jIII}}) (2b + b_1) + (p_{\text{jmax}} - p_{\text{jIII}}) b \right] (l - l_1)^2$$
$$= \frac{1}{48} \left[(178.7 + 151.7)(2 \times 2.0 + 1.2) + (178.7 - 151.7) \times 2.0 \right] (2.8 - 1.6)^2$$
$$= 53.2 (\text{kN} \cdot \text{m})$$

$$A_{\text{sIII}} = \frac{M_{\text{III}}}{0.9 f_y h_{01}} = \frac{53.2 \times 10^6}{0.9 \times 300 \times 305} = 646 \ (\text{mm})^2$$

经比较，应按最小配筋率要求在 2.0m 宽度范围内配 15Φ12，相应有

$$A_s = 1696.5 \text{mm}^2 > (2000 \times 350 + 1200 \times 350) \ \text{mm}^2 \times 0.155 = 1680 \text{mm}^2$$

满足要求。

计算基础短边方向的弯矩，取 Ⅱ—Ⅱ 截面。前已算得 $p_j = 142.4 \text{kPa}$，则有

$$M_{\text{II}} = \frac{1}{24} p_j (b - b_c)^2 (2l + a_c)$$
$$= \frac{1}{24} \times 142.4 \times (2.0 - 0.4)^2 \times (2 \times 2.8 + 0.4)$$
$$= 91.1 (\text{kN} \cdot \text{m})$$

$$A_{\text{sII}} = \frac{M_{\text{II}}}{0.9 f_y h_0} = \frac{74.0 \times 10^6}{0.9 \times 300 \times (655 - 12)} = 426 \ (\text{mm})^2$$

取 Ⅳ—Ⅳ 截面得

$$M_{\text{IV}} = \frac{1}{24} p_j (b - b_1)^2 (2l + l_1)$$
$$= \frac{1}{24} \times 115.7 \times (2.0 - 1.2)^2 \times (2 \times 2.8 + 1.6) = 22.2 (\text{kN} \cdot \text{m})$$

$$A_{\text{sIV}} = \frac{M_{\text{IV}}}{0.9 f_y h_{01}} = \frac{22.2 \times 10^6}{0.9 \times 300 \times (305 - 12)} = 281 \ (\text{mm})^2$$

按最小配筋率要求配21φ12，相应有

$$A_s = 2375mm^2 > (2800 \times 350 + 1600 \times 350)mm^2 \times 0.15\% = 2310mm^2$$

基础配筋如图2-39、图2-40所示。

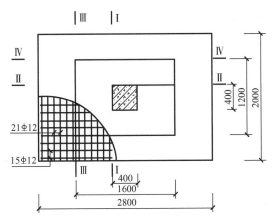

图2-40 基础平面图及配筋构造

2.9 减轻建筑物不均匀沉降损害的措施

一般来说，当建筑物投入工作使用时，其地基不可避免地会发生沉降。沉降分为两大类型：一种为均匀沉降，另一种为不均匀沉降。地基的不均匀分布、荷载的不均匀分布，都会使建筑物产生不均匀沉降，当不均匀沉降超出了允许范围，建筑物就会产生开裂、损坏甚至倾倒等事故，如图2-41所示。

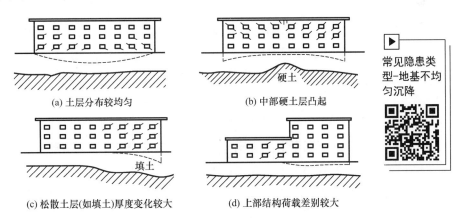

(a) 土层分布较均匀

(b) 中部硬土层凸起

(c) 松散土层(如填土)厚度变化较大

(d) 上部结构荷载差别较大

常见隐患类型-地基不均匀沉降

图2-41 不均匀沉降引起砖墙开裂

因此如何防止或减轻不均匀沉降，是建筑设计必须考虑的问题。只有采取必要的综合措施（如建筑方案设计、结构措施及施工措施），才能取得良好的效果。

2.9.1 建筑设计措施

1. 建筑物体形避免复杂设计

建筑物体形包括建筑平面及立面轮廓。平面形状复杂（如 L 形、T 形、Z 形平面建筑物）或立面轮廓复杂，会导致建筑物内部的荷载分布不均，建筑物部分交接位置应力高度集中，地基中附加应力叠加，将造成较大的沉降差，使得建筑物产生不均匀沉降，如图 2－42 所示；立面的高差过大，也会由于荷载的不均匀布置导致不均匀沉降过大，使建筑物产生裂缝。因此在一般场合下，宜尽量采用平面规则、立面高度规则的一字形建筑，建筑物体形避免复杂设计。

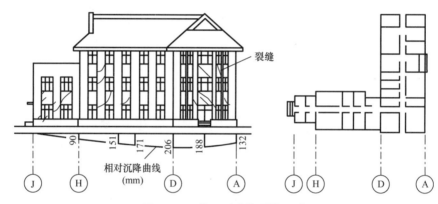

图 2－42　某 L 形建筑翼墙开裂

2. 控制建筑物的长高比

建筑物的长高比是指建筑物长度与建筑物高度的比值，是决定建筑物结构刚度的影响因素之一。过长的建筑会使得纵向（长边方向）的沉降差异较大，如两边沉降较小，中间沉降较大，使建筑物两边的纵墙发生剪切破坏，如图 2－43 所示。因而要控制建筑物的长高比。

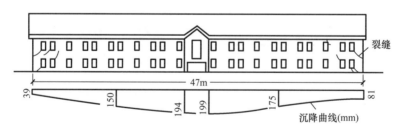

图 2－43　建筑物因长高比过大而开裂

3. 合理安排建筑物之间的距离

由于邻近建筑物或地面堆载作用，会使得建筑物地基的附加应力增加而产生沉降。在软土地基上，这种不均匀沉降更为明显，会使邻近建筑物发生倾斜或墙体破坏，如图 2 - 44 所示。为了减少这种影响，应使相邻建筑物保持一定的间距。

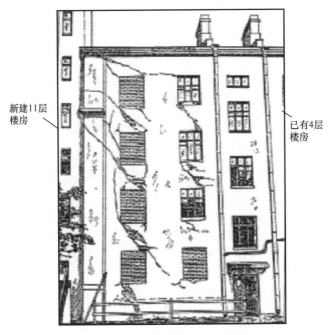

新建11层楼房

已有4层楼房

图 2 - 44　修建新建筑物后引起原建筑物开裂

4. 设置沉降缝

用沉降缝将建筑物分成若干个独立个体，这些独立个体体形较为规则、长高比小、荷载均匀分布，能有效避免不均匀沉降带来的危害。沉降缝宜设置在下列部位。

（1）建筑物平面转角处。

（2）建筑物高度或荷载差异处。

（3）过长的砖石承重结构或过长的混凝土结构的适当位置。

（4）基础类型或土质差异过大处。

（5）地基基础处理方法不同处。

（6）不同时期建造房屋交接处。

（7）拟设置伸缩缝处。

一般来说，建筑物对结构缝的设置，建议"三缝合一"，即伸缩缝、沉降缝及抗震缝放在一个位置。

2.9.2　结构措施

1. 减轻建筑物的自重

一般建筑物的自重占总荷载的 $50\%\sim70\%$，因此在软土地基上建造建筑物时，应尽量减少建筑物自重，可选取如下措施。

（1）采用轻质材料，如将非承重隔墙的材质改为轻质砖、夹心隔墙等。

（2）使用轻型结构的形式，利用轻质高强材料的特性，将结构的整体自重降低。

（3）采用自重轻、覆土少的基础形式，如空心基础、壳体基础等。

2. 设置圈梁

圈梁能提高砌体结构抵抗弯曲的能力，即增强建筑物的抗弯刚度，是防止砖墙出现裂缝和阻止裂缝开展的一项有效措施。当建筑物产生蝶形沉降时，墙体将产生正向挠曲，下层的圈梁将起作用；反之，当墙体产生反向挠曲时，上层的圈梁将起作用。

设置圈梁应遵循下列要求。

（1）圈梁必须与砌体结合成整体。圈梁上必须有压重，以增加其与砌体间的摩阻力，增强建筑物的整体性。

（2）每道圈梁要贯穿全部外墙、内纵墙和主要内横墙，并在平面上形成封闭系统。楼梯间应封闭设置，如遇门窗洞口无法连接，则需利用加强圈梁进行搭接，如图 2-45 所示。如果墙体因开洞过大而受到严重削弱，且地基又很软弱，则可考虑在削弱部位适当配筋，或利用钢筋混凝土边框加强。

（3）单层砌体结构一般在基础顶面设置圈梁，多层房屋在基础顶面和顶层门窗顶处各设一道，其他各层可隔层设置，必要时，也可层层设置在门窗顶或楼板下。对于工业厂房、仓库，可结合基础梁、连续梁、过梁等酌情设置，如在墙体转角及适当部位设置现浇钢筋混凝土构造柱，用锚筋和墙体拉结，可更有效地提高房屋的整体刚度，详见《建筑抗震设计规范》。

（4）圈梁截面一般按照构造考虑。钢筋混凝土圈梁的宽度宜与墙厚相同，当墙厚 $h \geqslant$ 240mm 时，其宽度不宜小于 $2h/3$；圈梁高度不应小于 120mm，一般的高度为 250mm。纵向钢筋不宜少于 $4\phi10$，一般为 $4\phi12$；绑扎接头的搭接长度按受拉钢筋考虑；箍筋间距不宜大于 300mm。现浇混凝土强度等级不应低于 C20。如图 2-46（a）所示。钢筋砖圈梁即在水平灰缝内夹筋形成钢筋砖带，高度为 4~6 匹砖，用 M5 砂浆砌筑，水平向通常钢筋不宜少于 $6\phi6$，水平间距不宜大于 120mm，分上、下两层设置。如图 2-46（b）所示。

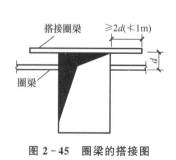

图 2-45　圈梁的搭接图

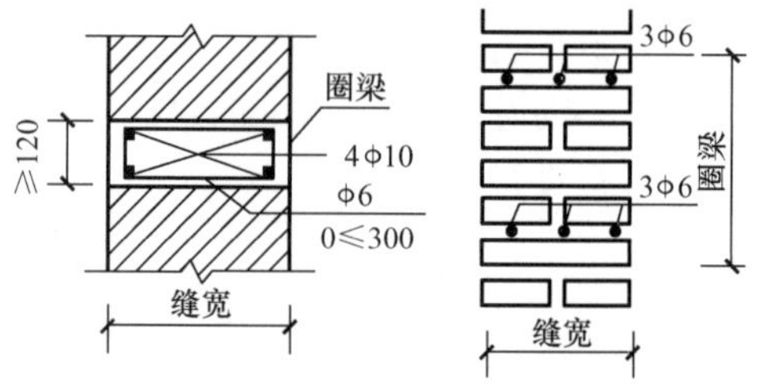

图 2-46　圈梁截面示意图

3. 设置地梁

钢筋混凝土框架结构对不均匀沉降很敏感，很小的沉降差异就足以引起可观的附加应力。对于采用单独柱基的框架结构，在基础间设置基础梁是加大结构刚度、减小不均匀沉降的有效措施之一。基础梁的底面一般置于基础表面（或略高些），截面高度可取柱距的 $1/14 \sim 1/8$，上下通长均匀配筋，每侧配筋率为 $0.4\% \sim 1\%$。

4. 减少基础底面的附加应力

（1）设置地下室或半地下室。利用挖除的土重来补偿建筑物的部分自重，土体挖得越深，其补偿的自重也越大，附加应力相应减少越多，从而达到控制和减少沉降的目的。

（2）调整基础底面尺寸。加大基础底面积可以减小沉降量，因此为减少差异沉降，可按荷载大小的不同选择和调整基础底面尺寸，针对具体工程具体考虑，尽量做到经济合理。

5. 增强上部结构的整体性或采用非敏感性结构

根据地基、基础与上部结构共同作用的理论，当上部结构的整体刚度很大时，能调整和改善地基的不均匀沉降；反过来，地基的不均匀沉降能引起上部结构（敏感性结构）产生附加应力，但只要在设计中合理地增加上部结构的刚度和强度，地基的不均匀沉降所产生的附加应力是完全可以承受的。

与刚性较好的敏感性结构相反，排架、三铰拱（架）等铰接结构，支座发生的相对位移不会引起结构中产生很大的附加应力，故可以避免不均匀沉降对上部结构的损害。但是这类非敏感性结构通常只适用于单层工业厂房、仓库和某些公共结构，且采用了该类型的非敏感结构，仍需考虑屋盖系统、维护系统等，因为位移过大会对这些附属结构产生较大的危害，应采取相应的防范措施。

2.9.3 施工措施

在软弱地基上进行工程建设时，采用合理的施工顺序和施工方法至关重要，这是减小和调整不均匀沉降的有效措施之一。

1. 合理安排施工程序

当拟建的相邻建筑物之间轻重、高低悬殊时，一般应按照先重后轻、先高后低的顺序施工。必要时还应在高重建筑物竣工后间歇一段时间，再建造轻的邻近建筑物。如果重的主体建筑物与轻的附属部分相连时，也应按照上述原则处理。

2. 注意施工方法

在已建的建筑物周围，不宜填放大量的建筑材料或土方等重物，以免因地面堆载引起建筑物的附加沉降。

拟建的密集建筑群内如有采用桩基础的建筑物，桩的施工应首先进行，并注意采取合理的沉桩顺序。

降低地下水位及开挖基坑时，应密切注意对邻近建筑物可能产生的不利影响，必要时可以采取设置止水帷幕、控制基坑变形量等措施；在淤泥及淤泥质地基上开挖基坑时，要注意尽可能不扰动坑底土原状结构。此外在雨季施工时，应避免坑底土体受雨水浸泡，通常的做法是：在坑底保留大约 200mm 厚的原状土层，待施工混凝土垫层时采用人工挖除；若发现坑底软土被扰动，可挖去扰动部分，用砂、碎石（砖渣）等回填处理。

本章小结

本章主要讲述浅基础的类型和适用条件，地基承载力的确定方法及如何依据地基承载力确定浅基础的底面尺寸，地基变形和稳定性的验算，柱下独立基础和墙下条形基础的设计，减轻不均匀沉降损害的措施等。

本章的重点是地基承载力的确定方法、基础底面尺寸的确定、基础的结构设计等。

习　题

一、选择题

1. 浅基础设计时，（　　）验算不属于承载能力极限状态验算。

A. 持力层承载力　　B. 地基变形　　C. 软弱下卧层承载力　　D. 地基稳定性

2. 下列材料中，（　　）通常不单独作为刚性基础材料。

A. 混凝土　　　　B. 砖　　　　　C. 灰土　　　　　D. 石灰

3. 无筋扩展基础控制刚性角的主要目的是防止基础的（　　）破坏。

A. 压缩　　　　　B. 剪切　　　　C. 弯曲　　　　　D. 冲切

4. 埋深、基础底面尺寸等条件相同时，与筏形基础相比，箱形基础的突出优点是（　　）。

A. 地基承载力显著提高　　　　　　B. 调整不均匀沉降的能力增强

C. 地基的沉降量显著减小　　　　　D. 施工较为方便

5. 两相邻独立基础中心点之间的沉降量之差称为（　　）。

A. 沉降差　　　　B. 沉降量　　　C. 局部倾斜　　　　D. 倾斜

6. 柱下独立基础的高度通常由（　　）确定。

A. 抗冲切验算　　　　　　　　　　B. 刚性角

C. 抗剪验算　　　　　　　　　　　D. 刚性角及抗冲切验算

7. 底面尺寸为 3.5m×2.5m 的独立基础埋深 2m。基础底面以上为黏性土，相应的指标为 $e=0.6$，$I_L=0.4$，$\gamma=17kN/m^3$；基础底面以下为中砂，相应的指标为 $\gamma=18kN/m^3$，$f_{ak}=250kPa$。则该地基的 f_a 为（　　）kPa。

A. 290.8　　　　B. 335.2　　　　C. 362.2　　　　D. 389.2

8. 独立基础埋深 1.5m，持力层 $f_a=300kPa$，所受竖向中心荷载（地面处）为 900kN；若基础的长度定为 2m，则为满足地基承载力要求，其最小宽度为（　　）m。

A. 1.50　　　　B. 1.67　　　　C. 2.00　　　　D. 3.33

9. 设墙厚 240mm，已知墙下条形基础的宽度为 800mm，若台阶宽高比为 1：1.25，则刚性基础的高度至少应大于（　　）mm。

A. 224　　　　　　B. 350　　　　　　C. 448　　　　　　D. 700

10. 扩展基础的底面尺寸为 2.8m×2.8m，柱的截面尺寸为 0.5m×0.5m，如果作用于地面处的中心荷载为 1000kN，基础的有效高度为 0.565m，混凝土的抗拉强度为 1100kPa，抗冲切破坏的验算公式为 $F_l \leqslant 0.7\beta_{hp} f_t a_m h_0$（取 $\beta_{hp} = 1.0$），则该不等式右边的值为（　　）kN。

A. 452.2　　　　　B. 455.1　　　　　C. 460.1　　　　　D. 463.3

二、简答题

1. 天然浅基础包括哪些类型？各有什么特点？各适用于什么条件？

2. 何谓基础埋置深度？影响基础埋置深度的因素有哪些？

3. 按照基础的受力特点，如何理解允许基础宽高比（刚性角）的作用？

4. 按照极限状态设计方法，地基应满足哪几种极限状态的要求？

5. 什么是地基承载力特征值？确定地基承载力的方法有哪些？

6. 基础底面尺寸如何确定？在确定尺寸为什么使用荷载标准值？为什么要验算软弱下卧层的强度？

7. 为什么要进行地基变形验算？地基变形的特征有哪些？

8. 如何进行地基的稳定性验算？

9. 无筋扩展基础与扩展基础有什么区别？如何进行无筋扩展基础设计？

10. 减少建筑物不均匀沉降的措施有哪些？

三、计算题

1. 某综合住宅楼底层柱截面尺寸为 300mm×400mm；已知柱传至室内设计标高处的荷载 $F_k = 780$kN，$M_k = 110$kN；地基土为粉质黏土，其重度 $\gamma = 18$kN/m³，$f_{ak} = 165$kPa，承载力修正系数 $\eta_b = 0.3$，$\eta_d = 1.6$；基础埋深 $d = 1.3$m。试确定基础底面尺寸。

2. 某承重墙厚 240mm，作用于地面标高处的荷载 $F_k = 180$kN/m。拟采用砖基础，埋深为 1.5m；地基土为粉质黏土，$\gamma = 18$kN/m³，$e_0 = 0.9$，$f_{ak} = 170$kPa。试确定砖基础的底面宽度，并按"两皮一收"砌法画出基础剖面示意图。

3. 某柱基承受的轴心荷载 $F_k = 1.10$kN，基础埋深为 1m；地基土为中砂，$\gamma = 18$kN/m³，$f_{ak} = 250$kPa。试确定该基础的底面边长。

4. 某柱下矩形单独基础，按荷载效应标准组合传至基础顶面的内力值 $F_k = 920$kN，$V_k = 15$kN，$M_k = 235$kN·m；地基为粉质黏土，$\gamma = 18.5$kN/m³，地基承载力特征值 $f_{ak} = 180$kPa（$\eta_b = 0.3$，$\eta_d = 1.6$）；基础埋深 $d = 1.2$m。试确定基础底面尺寸。

5. 某墙下条形基础在荷载效应标准值组合时，作用在基础顶面上的轴向力 $F_k = 280$kN/m；基础埋深 $d = 1.5$m，室内外高差为 0.6m；地基为黏土（$\eta_b = 0.3$，$\eta_d = 1.6$）；$\gamma = 18$kN/m³，地基承载力特征值 $f_{ak} = 150$kPa。试求该条形基础宽度。

6. 一轴心受压基础，上部结构传来轴向力 $F_k = 850$kN，相关地质条件如图 2-47 所示。试根据图示资料，验算软弱下卧层承载力是否满足要求。

7. 某承重砖墙厚 240mm，传至条形基础顶面处的轴心荷载 $F_k = 150$kN/m。该处土层自地表起依次分布如下：第一层为粉质黏土，厚度 2.2m，$\gamma = 17$kN/m³，$e = 0.91$，$f_{ak} =$

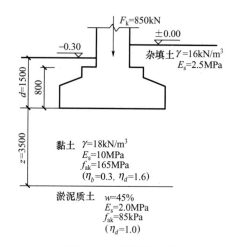

图 2-47　计算题 6 图

130kPa，$E_{s1}=8.1$MPa；第二层为淤泥质土，厚度 1.6m，$f_{ak}=70$kPa，$E_{s2}=2.6$MPa；第三层为中密中砂。地下水位在淤泥质土顶面处。建筑物对基础埋深没有特殊要求，且不必考虑土的冻胀问题。

（1）试确定基础的底面宽度（须进行软弱下卧层验算）。

（2）设计基础截面并配筋（可近似取荷载效应基本组合的设计值为标准组合值的 1.35 倍）。

8. 某钢筋混凝土内柱截面尺寸为 350mm×350mm，作用在基础顶面的轴心荷载 $F_k=400$kN。自地表起的土层情况为：素填土，松散，厚度 1.0m，$\gamma=17$kN/m³；细砂，厚度 2.6m，$\gamma=18$kN/m³，$g_{sat}=20$kN/m³，标准贯入试验锤击数 $N=10$；黏土，硬塑，厚度较大。地下水位在地表下 1.6m 处。试确定扩展基础的底面尺寸并设计基础截面及配筋。

第3章

柱下条形基础、柱下交叉基础、筏形基础和箱形基础

教学目标

本章主要讲述地基、基础和上部结构相互作用的概念，地基模型的类型，柱下条形基础、柱下交叉基础、筏形基础、箱形基础的特点和适用条件，以及如何进行设计计算。通过本章学习，应达到以下目标。

(1) 熟悉地基、基础和上部结构相互作用的概念。

(2) 掌握地基计算模型及基床系数的确定方法。

(3) 掌握文克尔地基上梁的计算方法。

(4) 熟悉柱下条形基础的内力简化分析，了解柱下条形基础的构造。

(5) 熟悉柱下交叉基础的计算。

(6) 熟悉筏形基础的内力计算，了解其设计原则和构造要求。

(7) 了解箱形基础的特点和构造要求及基础底面反力计算。

(8) 熟悉减轻建筑物不均匀沉降损害的措施。

教学要求

知识要点	能力要求	相关知识
地基、基础和上部结构的相互作用	熟悉地基、基础和上部结构相互作用的概念	(1) 地基与基础的相互作用 (2) 上部结构与基础的相互作用 (3) 地基、基础和上部结构的相互作用
地基计算模型和文克尔地基上梁的计算	(1) 掌握三种不同类型的地基模型 (2) 熟悉基床系数的确定方法 (3) 熟悉文克尔地基上长梁的计算	(1) 文克尔地基模型 (2) 弹性半空间模型 (3) 有限压缩层模型 (4) 基床系数 k

续表

知识要点	能力要求	相关知识
柱下条形基础	(1) 了解柱下条形基础的构造要求 (2) 熟悉其内力简化计算方法	(1) 柱下条形基础底面尺寸的计算 (2) 柱下条形基础翼板的计算 (3) 柱下条形基础内力计算的静定分析法、倒置梁法和有限差分法
柱下交叉条形基础	(1) 熟悉柱下交叉基础节点荷载分配原则 (2) 了解柱下交叉基础节点类型及荷载分配公式	(1) 节点力的平衡 (2) 节点变形的协调条件 (3) 内柱、边柱和角柱节点的荷载分配计算 (4) 节点分配荷载的调整
筏形基础	(1) 了解筏形基础设计原则和构造要求 (2) 掌握筏形基础内力计算	(1) 筏形基础底面尺寸的计算 (2) 筏形基础的抗冲切和剪切计算
箱形基础	(1) 熟悉箱形基础的特点和构造要求 (2) 了解箱形基础基础底面反力的计算	(1) 箱形基础基础底面反力 (2) 箱形基础的内力
减轻建筑物不均匀沉降损害的措施	掌握减轻建筑物不均匀沉降损害的措施	(1) 建筑措施 (2) 结构措施 (3) 施工措施

基本概念

地基、基础和上部结构的相互作用、基床系数、文克尔地基、柱下条形基础、柱下交叉条形基础、筏形基础、冲切破坏、剪切破坏、箱形基础。

引例

上海金茂大厦建于软弱的淤泥质黏土与粉质黏土地基上，塔楼高420.5m，裙楼高32.08m，如图3-1所示。塔楼和裙楼的地下室都是3层，地下室占满整个基础底面，除部分为设备用房外，其余均作为车库。塔楼为钢—混核心筒与外围柱的组合结构，总重力$2.6×10^6$kN；塔楼基础为4m厚筏板，宽52.7m，埋深18m，筏板下为桩基础，该基础采用ϕ914mm的打入式钢管桩共429根，桩长57～64m，单桩承载力特征值为7500kN；筏板兼做桩基础的承台，筏板底总压力为2060kPa，桩筏基础最终平均沉降量不超过100mm。该工程是运用桩筏基础的一个典型工程。

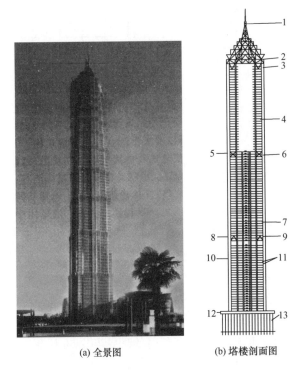

(a) 全景图　　　　　　　(b) 塔楼剖面图

1—钢结构顶盖；2—88层；3—钢结构外伸桁架；4—中空八角形混凝土核心筒；5—53层
6—钢结构外伸桁架；7—八角形混凝土核心筒；8—26层；9—钢结构外伸桁架；
10—钢-混凝土复合巨型柱；11—钢-混凝土组合梁板；12—筏板基础；13—钢管桩基础

图 3-1　上海金茂大厦

3.1　地基、基础和上部结构相互作用的概念

建筑结构设计通常把地基、基础和上部结构三者作为彼此的独立结构单元进行力学分析。现以图 3-2 (a) 所示柱下条形基础上的平面框架的常规设计为例进行说明，分析时先把框架分离出来后将底层柱脚固定 [图 3-2 (b)]，从而计算在荷载作用下的框架内力；再把与求得的柱脚反力相等但方向相反的力系作为基础荷载 [图 3-2 (c)]，从而按直线分布假定计算基础底面反力，这样就不难求出基础截面内力了。进行地基计算时，则将基础底面反力反向施加于地基上 [图 3-2 (d)]，并作为柔性荷载（不考虑基础刚度）来验算地基承载力和地基沉降。

上述计算过程中，在地基、基础和上部结构分离处虽然满足力的平衡条件，但却忽略了分离处的变形连续条件。其实，地基、基础和上部结构三者是相互联系成整体来承担荷载而发生变形的，这时三部分都将按各自的刚度对变形产生相互的制约作用，从而使整个体系的内力（包括柱脚和基础底面反力）和变形（包括基础沉降）发生变化。显然，当地基软弱、结构物对不均匀沉降敏感时，仅考虑接触处受力平衡的分析结果与实际情况的差别较大。

可见，合理的分析方法，原则上应以地基、基础和上部结构之间必须满足静力平衡与

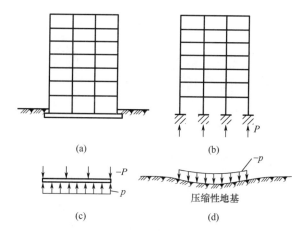

图 3-2　地基、基础和上部结构相互作用的常规分析简图

变形协调两个条件为前提，只有这样才能揭示这三者在外荷载作用下相互制约、彼此影响的内在联系，从而达到安全、经济的设计目的。为此需要以下两方面的工作。

（1）建立较好的反映地基土变形特性的地基模型及确定模型参数的方法。目的是表达地基的刚度，以便在共同作用分析中可以定量计算。

（2）建立地基、基础和上部结构共同作用的理论与分析计算方法。其原理是根据地基、基础和上部结构各自的刚度进行变形协调计算。上部结构与基础间的结构连接，可采用结构力学的方法求解，而地基与基础间的连接是性质软弱的天然地基与刚劲结构物的紧密连接与相互作用，需要专门的地基模型理论与结构计算方法来解答。因此，地基、基础和上部分结构各自的刚度对三者相互作用的影响，是共同作用理论的核心；而基础与地基接触面的反力计算，则是共同作用理论的关键问题。

3.1.1　地基与基础的相互作用

建筑物基础的沉降、内力及基础底面反力的分布，除了与地基有关外，还受基础及上部结构的制约。此处只考虑基础本身刚度的作用，而忽略上部结构的影响。为了建立基本概念，以下讨论柔性基础与刚性基础两种极端的情况。

1. 柔性基础

柔性基础的抗弯刚度很小，像放在地基上的柔性薄膜，可以随着地基的变形而任意弯曲。基础上任意点的荷载传递到基础底面时不可能向两边扩散分布，就像直接作用在地基上一样，所以柔性基础的基础底面反力分布与作用于基础上的荷载分布完全一致，如图 3-3 所示。

如果假定地基是均质的弹性半空间，则可利用角点法求出柔性基础底面任意一点的沉降。所得的计算结果与工程实践经验均表明，均布荷载下柔性基础的基础底面沉降是中部大、边缘小，如图 3-3（a）所示。由此可见，缺乏刚度的基础，由于无力调整基础底面的不均匀沉降，因此不可能使传至基础底面的荷载改变其原来的分布情况。如果要使柔性

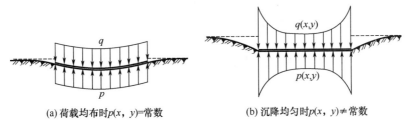

(a) 荷载均布时$p(x, y)$=常数　　　　(b) 沉降均匀时$p(x, y)\neq$常数

图 3 - 3　柔性基础

基础底面的沉降趋于均匀，显然就得增大基础边缘的荷载，并使中部的荷载相应减小，这样荷载与反力就变成如图 3 - 3 (b) 所示的非均布形态了。

2. 刚性基础

刚性基础具有非常大的抗弯刚度，受荷后基础不挠曲，因此原来是平面的基础底面，沉降后仍可保持平面。如基础的荷载合力通过基础底面形心，则沿基础底面的沉降处处相同。这样，参照以上柔性基础均匀沉降时基础底面反力分布不均匀的论述，可以推断，中心荷载下刚性基础基础底面反力的分布也应该是边缘大、中部小，如图 3 - 4 (a) 所示；而当荷载偏心时，沉降后基础底面为一倾斜平面，其反力为图 3 - 4 (b) 所示的不对称形态。由此可见，具有刚度的基础，在调整基础底面沉降使之趋于均匀的同时，也使基础底面压力发生由中部向边缘转移的过程，这称为架越作用。

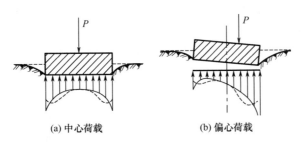

(a) 中心荷载　　　　　　　　(b) 偏心荷载

图 3 - 4　刚性基础

对均质弹性半空间地基上的刚性基础，按地基与基础接触面的变形协调方程与基础的静力平衡条件，可联立解出基础底面沉降与反力分布，结果往往是在基础的边缘处反力值趋于无限大，如图 3 - 4 中的实线分布。然而，事实上由于地基局部剪切破坏，边缘处的接触压力不可能超过一定的数值，因而势必引起反力的重新分布，结果基础底面反力将形成图 3 - 4 中的虚线分布所示的马鞍形。

由此可见，在基础的架越作用及由于土中塑性区的开展而发生反力重分布这两方面的综合作用下，基础底面反力的分布规律变得更加复杂化了。

如图 3 - 5 所示为分别置于砂土和硬黏土上的圆形刚性基础模型底面的实测压力分布图。当基础四周没有超载时，基础底面边缘砂粒很容易朝侧向挤出，塑性区随荷载的增加迅速开展，基础底面压力呈抛物线分布，如图 3 - 5 (a) 所示；而硬黏土具有较大的黏聚力，基础底面边缘可以承担一定的压力使反力分布呈马鞍形，如图 3 - 5 (b) 所示。当四周有超载时，边缘砂粒较难挤出，塑性区较小，边缘压力增加，使它与基础底面中心的压力大小差别缓和,如图 3-5(c)所示;而对硬黏土,当四周有超载时,可使基础底面边缘的承载能力提高,导致基础底面反力的架越作用增强,如图 3-5(d)所示。

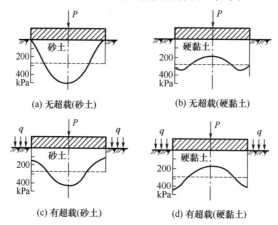

(a) 无超载(砂土)   (b) 无超载(硬黏土)

(c) 有超载(砂土)   (d) 有超载(硬黏土)

图 3-5 圆形刚性基础模型底面的实测压力分布图

3. 基础相对刚度的影响

归纳以上柔性基础和刚性基础的讨论,可以得出这样的结论:基础架越作用的强弱,取决于基础与地基间的相对刚度、土的压缩性及基础底面下塑性区的大小。

如图 3-6(a)表示黏性土地基上相对刚度很大的基础,当土中不存在塑性区或其范围相对较小时,则基础的架越作用很强;随着塑性区的扩大,基础底面反力逐渐趋于均匀,如图 3-6(b)所示;在接近液态的软土中,则近乎直线分布了。刚性基础基础底面反力的分布只与基础荷载合力的大小和作用点的位置有关,而与荷载的分布情况无关。当荷载合力偏心较大时,相反一侧的基础底面可能与地基脱离接触。

图 3-6(c)则表示位于岩石或压缩性很低的地基上抗弯刚度相对很小的基础,其架越作用甚微,导致基础上的集中荷载直接传递到靠近荷载作用点的窄小面积内。此时,基础上荷载与基础底面反力两者的分布有着明显的一致性,因而基础的内力很小。相对柔性基础在远离集中荷载作用点的基础底面容易出现与地基脱开的现象,如图 3-7 所示。

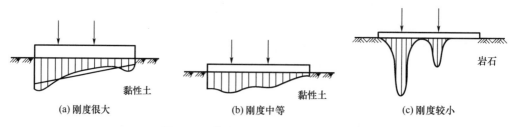

(a) 刚度很大   (b) 刚度中等   (c) 刚度较小

图 3-6 基础相对刚度及其架越作用

至于一般黏性土地基上相对刚度中等的基础,其情况较接近于图 3-6(b)所示的状况。总之,当基础刚度越大时,随着基础挠度的减小,基础底面反力的分布与荷载的分布越不一致,基础不利截面的弯矩和剪力也相应增大。

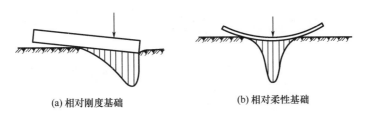

(a) 相对刚度基础   (b) 相对柔性基础

图 3-7　基础与地基脱开的现象

4. 地基非均质性的影响

以上讨论仅限于均质地基的情况。实际上，地基土层分布的变化和非均质性对基础挠曲和内力的影响可能很大，而应给予足够的重视。如图 3-8 表示地基压缩性不均匀的两种相反情况，两基础的柱荷载相同，但其挠曲情况和弯矩图则截然不同。此时如增大基础的刚度以调整不均匀沉降，则两者弯矩图的差别会更加突出。

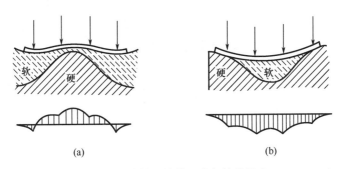

(a)   (b)

图 3-8　地基压缩性不均匀性的影响

图 3-9 则表示不均匀地基上基础柱荷载分布状况不同所造成影响的鲜明对比，其中图 3-9（a）（b）的情况最有利，而图 3-9（c）（d）的情况最不利。

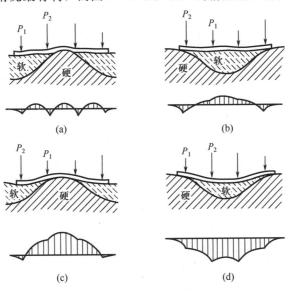

(a)   (b)

(c)   (d)

图 3-9　不均匀地基上基础柱荷载分布的影响

上部结构与基础的相互作用

上部结构的刚度是指整个上部结构对基础不均匀沉降或挠曲的抵抗能力。按建筑物相对刚度大小，可将上部结构分为如下三类。

1. 柔性结构

以屋架-柱-基础为承重体系的木结构和排架结构是典型的柔性结构。如图 3-10 所示的两跨对称排架结构，设 3 个柱基的条件相同，由于屋架铰接于柱顶，整个承重体系对基础的不均匀沉降有很大的顺从性，故在柱顶荷载作用下发生的柱基沉降差不会引起主体结构的附加应力，传给基础的柱荷载也不会因此而有所变化。由此可见，一般静定结构与地基变形之间并不存在彼此制约、相互作用的关系，都可以划为柔性结构一类。这是最适合采用常规方法设计基础的结构类型。

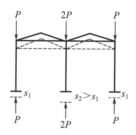

图 3-10 排架结构

2. 敏感性结构

最常见的砖石砌体承重结构和钢筋混凝土框架结构，对基础不均匀沉降的反应都很灵敏，故称为敏感性结构。

一般房屋墙砌体的长高比（L/H）比普通梁构件要小很多，都具有相当的抗弯刚度。如将整个墙体看作基础，并假想它在顶面上的均布荷载作用下发生纵向挠曲，此时由于架越作用，墙下基础底面反力将呈与荷载分布不一致的马鞍形，而使墙身产生前述柔性基础所没有的次应力；由于一般砌体的抗拉、抗剪强度都很低，因此墙身往往出现裂缝。随着长高比的降低，继续增强的架越作用虽然还会使砌体总应力有所提高，但次应力却随墙身的相对增高而降低了。这就是软土地基上体形简单的五、六层房屋损害率较低的原因。

综上所述，结构对不均匀沉降的敏感性是受与其体形和变形性质有关的刚度及建筑材料的强度这两方面因素制约的。由于问题的复杂性，对于房屋承重墙体，目前还只能用常规方法设计，为了防止不均匀沉降对建筑物的损害，必要时可从相互作用有关的概念出发，在建筑、结构、施工等诸方面采取适当的经验措施加以解决。

框架结构构件之间的刚性联结，在调整地基不均匀沉降的同时，也会引起结构中的次应力。如图 3-11 (a) 所示，如按支座固定且不考虑梁柱轴向变形的假设进行常规分析，其结果与前述的排架无异。然而，事实上框架在按其整体刚度的强弱对基础不均匀沉降进行调整的同时，也会使中柱一部分荷载向边柱转移，令基础转动、梁柱挠曲而出现次应力，严重时可导致结构的损坏，只不过框架的配筋使其结构刚度与强度之间的矛盾不像无筋砌体那样突出。这就是软土地基上框架结构房屋的损害率比砌体结构房屋低的原因。框架的柱下扩展基础一般按常规设计，柱基的沉降差如超过一定的允许值，在某种程度上可先通过基础尺寸的调整加以解决。

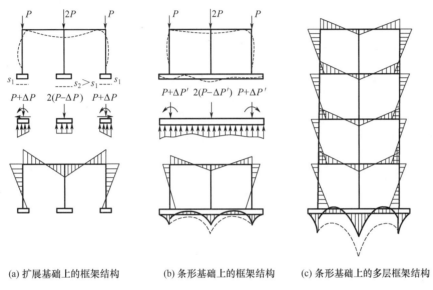

(a) 扩展基础上的框架结构　(b) 条形基础上的框架结构　(c) 条形基础上的多层框架结构

图 3-11　框架结构-基础-地基的相互作用

如果将图 3-11（a）所示的扩展基础改为图 3-11（b）所示的条形基础，则可借助条形基础的抗弯刚度来加强框架结构调整各柱的不均匀沉降的能力，减少框架各柱间的沉降差和次应力。这样条形基础的挠曲、基础底面反力及弯矩分布图就不但与地基的变形特性有关，而且受到框架刚度的制约。图 3-10（b）表明，由于地基、基础、框架三者相互作用，导致中柱基础上的荷载向边柱有所转移，边柱柱脚出现减少基础正向挠曲的力矩增量，使柱间基础的弯矩图上移，从而减少了基础的正弯矩。图 3-10（b）中的虚线为不考虑框架刚度影响时的基础弯矩图。

图 3-10（c）表示压缩性地基上的多层框架结构状况，框架整体刚度和传至基础的柱荷载都随层数的增加而增加。在地基沉降与基础挠曲都相应增加的同时，框架与条形基础双方都将发挥同预期刚度相适应的调节作用，共同参与调整地基的不均匀沉降。此时，基础分担内力的比例将随框架层数的增多而降低，也就是说出现了基础内力向上部结构转移的现象。这种转移的份额取决于框架结构、条形基础和地基的相对刚度。增加基础的抗弯刚度，则上部结构的次应力有所减少。

由此可见，对于高压缩地基上的框架结构，按不考虑相互作用的常规方法设计，结果常使上部结构偏于不安全，而使柱下条形基础的设计偏于不经济。如何适当选择连续基础的刚度，最好通过相互作用的分析确定。

3. 刚性结构

烟囱、水塔、高炉、筒仓这类高耸结构物之下整体配置的独立基础与上部结构连成一体，使整个体系具有很大的刚度，当地基不均匀或在地面大面积堆载的影响下，基础会转动倾斜，但几乎不发生相对挠曲。

此外，体形简单，长高比很小，通常采用框架、剪力墙或筒体结构的高层建筑，其下常配置相对挠曲很小的箱形基础、桩基及其他形式的深基础，也可作为刚性结构考虑。对天然地基上的刚性结构的基础，应验算其整体倾斜与沉降量。

显然，随着地基抵抗变形能力的增强，考虑地基-基础-上部结构三者间的相互作用的意义也在减弱。可以说，在相互作用中占主导作用的是地基，其次是基础，而上部结构则在压缩性地基上基础整体刚度有限时起重要的作用。

3.1.3 地基、基础与上部结构的相互作用

1. 上部结构的类型

对于一般的高层建筑，通常采用框架结构、框架-剪力墙结构和剪力墙结构体系。随着建筑高度的增加，超高层建筑越来越多，从结构角度分析，适用于30～40层的高层建筑结构体系，其刚度、抗剪、抗扭、抗风和抗震能力已不能适应超高层建筑的要求，因此，框筒结构（图3-12）、筒中筒结构（图3-13）和成束筒结构（图3-14）已成为当代超高层建筑的主要结构体系。

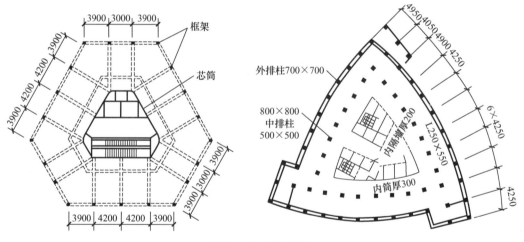

图 3-12　框筒结构

高层和超高层建筑的结构体系，主要有框架结构、剪力墙结构、框架-剪力墙结构、筒体结构等。

（1）框架结构。

在框架结构中，竖柱的面积较小，构件本身所占面积不多，因此能形成较大的空间，建筑布置灵活，使用面积可以加大，适用于层数不高的高层建筑。

（2）剪力墙结构体系。

剪力墙结构实际上是把框架结构的承重柱和柱子间的填充墙合二为一，成为一个宽而薄的矩形断面墙。剪力墙承受楼板传来的垂直荷载和弯矩，还承受风力或地震作用产生的

水平力。剪力墙在抗震结构中也称抗震墙，其强度与刚度都比较高，具有一定的延性，结构传力直接均匀、整体性好，抗震能力也较强，是一个多功能高强度的结构体系，因此适用于 15 层以上的高层建筑住宅和旅馆。

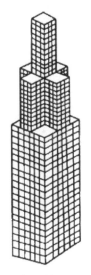

图 3-13　筒中筒结构

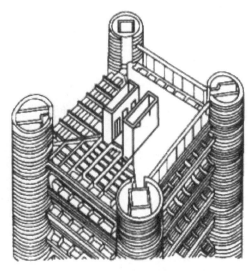

图 3-14　成束筒结构

（3）框架-剪力墙结构。

框架-剪力墙结构就是在框架结构中设置一些剪力墙。剪力墙可以单片分散布置，也可以集中布置，主要用以抵抗水平荷载，并承受大部分水平荷载，其布置是否合理直接影响结构的安全和经济性。

框架结构、剪力墙结构与框架-剪力墙结构一般不适用于 30 层以上的高层建筑。

（4）筒体结构。

筒体结构就是把高层建筑的墙体围成一个竖向井筒式的封闭结构，其结构刚度很大，具有较大的抗剪和抗扭能力，抗震性能也较好。但是由于核心筒的平面尺寸受到限制，侧向刚度有限，高度一般不能超过 40 层。从 20 世纪 60 年代开始，筒体结构发展出框筒结构，其平面尺寸较大，可用于 40 层以上的结构。随着高层建筑的发展，层数越来越多，尤其是电梯间的设置，自然形成一种内核心筒，于是又发展出筒中筒结构。筒体结构可具体分为框筒结构、筒中筒结构和多筒结构等。

① 框筒结构：在高层建筑中，利用电梯间等形成的内筒体与外围框架结构一起形成的结构体系。

② 筒中筒结构：一般来说，对于 50 层以上的高层建筑，框筒结构难以满足要求，此时需要采用刚度很大的筒中筒结构，即内外筒的双筒体结构，如图 3-15 所示。

内筒与外筒通常采用密肋楼板联结，使每层楼板在平面内的刚度非常大。当采用钢筋混凝土楼板时，其跨度可达 8～12m；当采用钢结构时，其跨度可达 15m。加大内、外筒的间距，不仅对建筑平面布置有利，而且也可加大内、外筒的受力。因此，筒中筒结构的侧向刚度很大，在水平荷载作用下，侧向变形小，抵抗水平荷载产生的倾覆弯矩和扭转力矩的能力也很强。

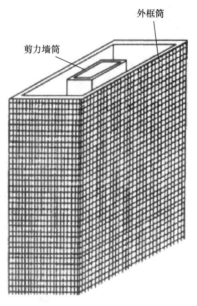

剪力墙筒

外框筒

图 3-15　筒中筒结构

③ 多筒结构：超高层建筑一般均采用多筒结构体系，如三重筒结构、群筒结构、成束筒结构和组合筒结构等，这种结构体系的刚度特别大，抗震能力也特别强。

筒中筒的平面形状一般采用正方形，也可以采用长宽比 $L/B<1.5$ 的矩形，这种平面的受力性能好；还可采用正三角形与正多边形。而目前世界最高大楼——迪拜 828m 的哈利法塔，则采用了 Y 形平面形状。

上述高层结构体系不仅加强了结构在水平方向的抗弯、抗扭刚度，也加强了结构在竖直方向的抗弯、抗扭刚度。

2. 上部结构、地基与基础的共同作用

如图 3-16（a）所示，若上部结构为绝对刚性体，基础为刚度较小的条形基础或筏形基础，当地基变形时，由于上部结构不发生竖向弯曲，各柱只能均匀下沉，迫使基础不能发生整体弯曲。这种情况下，基础犹如支承在柱端视为不动铰支座上的倒置连续梁，以支座反力为荷载，只在支座间发生局部弯曲；此时提升基础的刚度，对基础底面反力的分布形状没有影响，但能减小基础局部弯曲的程度。地基越软弱，基础底面反力的马鞍形分布越不显著，并趋于均匀分布；增大地基的强度，则将导致基础底面反力呈现更为显著的马鞍形分布。

如图 3-15（b）所示，若上部结构为柔性结构，基础也为刚度较小的条形基础或筏形基础，则上部结构对基础的变形没有约束，这时基础不仅因跨间受地基反力而出现局部弯曲，同时还要随结构变形而产生整体弯曲，两者叠加在一起将令基础产生较大的变形与内力。在此情况下，提升基础的刚度，将使基础的差异沉降减小，并导致基础底面反力的马鞍形分布趋于明显。增大地基的强度，也可使基础的差异沉降减小。

若上部结构的刚度介于上述两种极端情况之间，在地基、基础和荷载条件不变的情况下，随着上部结构刚度的增加，基础挠曲与内力将减小；与此同时，柱间的差异沉降将引起上部结构的次应力。若增强基础的刚度，则基础的挠曲与内力将进一步减小；由于柱间

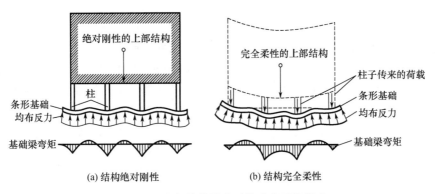

(a) 结构绝对刚性　　　　　　　(b) 结构完全柔性

图 3 - 16　上部结构刚度对基础变形的影响

的差异沉降减小，因此上部结构的次应力也相应减小。

3. 施工阶段的影响

对平面布置较规则，立面沿高度大体一致的建筑物，基础压缩层范围内沿竖向和水平向土层较为均匀时，基础的沉降将随着楼层的增加而增加，但其整体挠曲曲线的曲率并不随着荷载的增大而增大。最大曲率出现在施工期间的某一临界层，该临界层与上部结构的形式及影响其刚度形成的施工条件有关。当上部结构最初几层施工时，由于其混凝土还处于软塑状态，刚度还未形成，上部结构只能以荷载形式施加在基础的顶部，因而基础的整体挠曲曲线的曲率随着楼层的升高而逐渐增大，其工作犹如荷载作用在弹性地基上的梁和筏板；当楼层上升至一定高度后，最早施工的下面几层结构随着时间的推移，刚度陆续形成，一般情况下，剪力墙结构的刚度形成时间约滞后两层，框架结构的刚度形成时间约滞后三层，在刚度形成后，基础的整体挠曲曲线的曲率便逐渐减小。上部结构刚度形成后，上部结构要满足变形协调作用，符合呈盆状的基础沉降曲线，中间柱子或墙段将产生部分卸载，而边缘柱子或墙段将产生部分加载。上部结构内力重分布是导致基础整体挠曲曲线的曲率降低的主要原因。

3.2　地基计算模型

基础设计最大的难点是如何描述地基对基础作用的反应，即确定地基反力与地基变形之间的关系，这就需要建立较好的地基计算模型。目前这类地基计算模型较多，依其对地基土变形特性的描述可分为三大类，即线性弹性地基模型、非线性弹性地基模型和弹塑性地基模型。本文简要介绍几种简单常用的线性弹性地基模型。

3.2.1　文克尔地基模型

文克尔地基模型由文克尔（E. Winkler）于 1867 年提出，该模型假定地基土表面任一点处的变形 s_i 与该点所承受的压力 p_i 成正比，而与其他点的压力无关，即

$$p_i = ks_i \qquad\qquad (3-1)$$

式中　k——地基抗力系数，又称基床系数（kN/m³）。

地基计算模型和文克尔地基上梁的计算

文克尔地基模型是把地基视为在刚性基座上由一系列侧面无摩擦的土柱组成，并可以用一系列独立的弹簧来模拟 [图 3-17（a）]；其特征是地基仅在荷载作用区域下发生与压力成比例的变形，在区域外的变形为零；基础底面反力图形与地基表面的竖向位移图形相似 [图 3-17（b）（c）]。显然当基础的刚度很大，受力后不发生挠曲时，则按文克尔地基的假定，基础底面反力呈直线分布 [图 3-17（c）]；受中心荷载作用时，则为均匀分布。

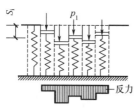　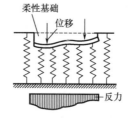　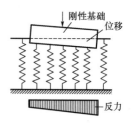

(a) 侧面无摩擦的土柱弹簧体系　　(b) 柔性基础下的弹簧地基模型　　(c) 刚性基础下的弹簧地基模型

图 3-17　文克尔地基模型

按照文克尔地基模型，地基的沉降只发生在基础底面范围以内，但这与实际情况不符，原因在于其忽略了地基中的剪应力，如图 3-18 所示。正是由于剪应力的存在，地基中的附加应力才能向旁边扩散分布，使基础底面以外的地表发生沉降。

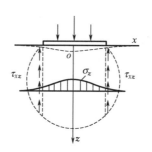

图 3-18　地基中应力的扩散

尽管如此，文克尔地基模型仍有其独特的适应性。例如湖面冻结而成的浮冰是以冰下的水为"地基"的；因水中不存在剪应力，浮冰底面任一点的水压力应与该点浮冰的下沉量成正比，这就正好符合文克尔地基模型的假设。由此得出结论，凡力学性质与水相近的地基，例如抗剪强度很低的半液态土（如淤泥、软黏土等）地基或基础底面下塑性区相对较大时，采用文克尔地基模型就较合适。此外，厚度不超过梁或板的短边宽度之半的薄压缩层地基也适合采用这种地基模型。这是因为在面积相对较大的基础底面压力作用下，薄层竖直面上的剪应力很小。对于其他情况，应用文克尔地基模型会产生较大的误差，但是可以在选用地基抗力系数 k 时，按经验方法做适当的修正来减小误差，可扩大文克尔地基模型的使用范围。

3.2.2　弹性半空间地基模型

此模型假设地基是一个均质、连续、各向同性的半空间弹性体，按布辛奈斯克课题进行解答。如图 3-19 所示，设弹性半空间表面上作用一竖向集中力 P，则半空间表面上离作用点半径为 r 处的地表变形值 s 为

$$s = \frac{1-\mu^2}{\pi E} \cdot \frac{P}{r} \qquad (3-2)$$

式中　μ——土的泊松比；

　　　　E——土的变形模量。

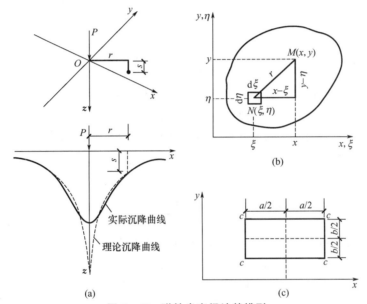

图 3-19　弹性半空间地基模型

在 $x-y$ 平面内，作用于地基表面 $mnOp$ 范围内的分布荷载如图 3-20 所示。把荷载面积划分为 n 个 $a_j \times b_j$ 的微元，分布于微元之上的荷载用作用于微元中心点上的集中荷载 P_j 来表示，设 P_j 对地基表面任一结点 i 上所引起的变形为 s_{ij}，若 $P_j = 1\text{kN}$，则有

$$s_{ij} = \delta_{ij} = \begin{cases} \dfrac{1-\mu^2}{\pi E} \cdot \dfrac{1}{\sqrt{(x_j - x_i)^2 + (y_j - y_i)^2}} & (i \neq j) \\[4mm] \dfrac{1-\mu^2}{\pi E} \cdot \dfrac{1}{a_j b_j} \displaystyle\int_{-\frac{a_j}{2}}^{\frac{a_j}{2}} \int_{-\frac{b_j}{2}}^{\frac{b_j}{2}} \dfrac{\mathrm{d}\zeta \mathrm{d}\eta}{\sqrt{(\zeta - x_i)^2 + (\eta - y_i)^2}} & (i = j) \end{cases} \qquad (3-3)$$

式中　δ_{ij}——j 节点上单位集中力在结点 i 上所引起的变形。

结点 i 上总的变形为

$$s_i = \{\delta_{i1} \quad \delta_{i2} \quad \cdots \quad \delta_{in}\} \begin{Bmatrix} P_1 \\ P_2 \\ \vdots \\ P_n \end{Bmatrix} \qquad (3-4)$$

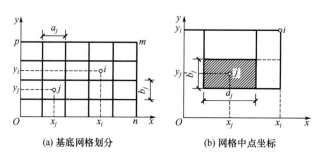

(a) 基底网格划分　　　　　(b) 网格中点坐标

图 3 - 20　弹性半空间地基模型地表变形计算

于是地基表面各点的变形可表达为

$$\begin{Bmatrix} s_1 \\ s_2 \\ \vdots \\ s_n \end{Bmatrix} = \begin{bmatrix} \delta_{11} & \delta_{12} & \cdots & \delta_{1n} \\ \delta_{21} & \delta_{22} & \cdots & \delta_{2n} \\ \vdots & \vdots & \ddots & \vdots \\ \delta_{n1} & \delta_{n2} & \cdots & \delta_{nn} \end{bmatrix} \begin{Bmatrix} P_1 \\ P_2 \\ \vdots \\ P_n \end{Bmatrix} \tag{3-5}$$

弹性半空间地基模型虽然具有扩散应力与变形的优点，但是它的扩散能力往往超过地基的实际情况，所以计算所得的沉降量和地表的沉降范围，常较实测结果为大。一般认为造成这些差异的主要原因是实际地基可压缩土层厚度都是有限的，而且即使是同种土层组成的地基，其变形模量也随深度而变化，实际上是非均质的。

3.2.3　有限压缩层地基模型

为了解决上述两种模型存在的问题，可以把计算沉降的分层总和法应用于地基上梁和板的分析。有限压缩层地基模型把地基当作侧限条件下有限深度的压缩土层，以分层总和法为基础，采用压缩模量建立地基压缩变形与地基作用荷载之间的关系。这种模型能较好地反映地基土扩散应力与变形的能力，容易考虑到土层沿深度和水平方向的变化，但由于它只能计及土的压缩变形，所以仍未考虑基础底面反力的塑性重分布。不过一些计算表明，其计算结果比较符合实际。

为了应用有限压缩层地基模型建立地基反力与地基变形之间的关系，可将基础平面划分为 n 个网格，并将其下面的地基也相应划分为截面与网格相同的 n 个土柱，如图 3 - 21 所示。土柱的下端终止于压缩层的下限。将第 i 个土柱按沉降计算方法的分层要求划分成 m 个计算分层，分层单元编号为 $t=1,2,3,\cdots,m$。假定在面积 A_j 的第 j 个网格中心上，作用一个单位集中力 $\overline{P}_j = 1\text{kN}$，则网格上的均布压力 $\overline{p}_j = 1/A_j$；该荷载在第 i 个网格下第 t 土层中点 z_{it} 处产生的竖向应力为 σ_{zijt}，可由角点法求出。则 j 网格上的单位集中荷载在 i 网格中心点产生的变形量为

$$\delta_{ij} = \sum_{t=1}^{m} \frac{\sigma_{zijt} h_{it}}{E_{sit}} \tag{3-6}$$

式中　E_{sit}——第 i 个土柱中第 t 土层的压缩模量；

　　　h_{it}——该土层的厚度。

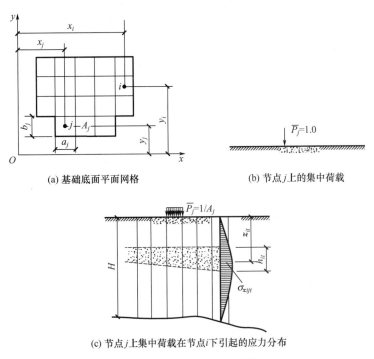

(a) 基础底面平面网格 　　　　　(b) 节点 j 上的集中荷载

(c) 节点 j 上集中荷载在节点 i 下引起的应力分布

图 3-21　有限压缩层地基模型

在整个基础底面范围内，作用实际的荷载，那么在整个基础底面所引起的变形可以用矩阵表示为

$$\begin{Bmatrix} s_1 \\ s_2 \\ \vdots \\ s_n \end{Bmatrix} = \begin{Bmatrix} \delta_{11} & \delta_{12} & \cdots & \delta_{1n} \\ \delta_{21} & \delta_{22} & \cdots & \delta_{2n} \\ \vdots & \vdots & \ddots & \vdots \\ \delta_{n1} & \delta_{n2} & \cdots & \delta_{nn} \end{Bmatrix} \begin{Bmatrix} P_1 \\ P_2 \\ \vdots \\ P_n \end{Bmatrix} \tag{3-7}$$

式中的 δ_{ij} 由式（3-6）算出。

3.2.4　地基基床系数的确定

根据文克尔假定，基床系数 k 为单位面积地基表面上引起单位下沉所施加的力，其大小除了与土的类型有关外，还与基础底面面积的大小与形状、基础埋深、基础的刚度及荷载作用的时间等因素有关。试验表明，在相同的压力作用下，基床系数随基础宽度的增加而减少；在基础底面压力和基础底面面积相同的情况下，矩形基础的基床系数比正方形的小，而圆形基础的基床系数比正方形的大；对同一种基础，土的基床系数随基础埋深的增大而增大。试验还表明，黏性土的基床系数随荷载作用时间的增长而变小。因此基床系数 k 并不是一个常数，它的确定是一个复杂的问题，一般可采用以下几种方法。

1. 按静载荷试验结果确定

静载荷试验是现场的一种原位试验，常用于确定土的变形模量、地基承载力等。试验时用千斤顶或其他重物对载荷板分级施加荷载，测出在各级荷载 p 作用下载荷板的稳定沉降量 s，然后绘制 p-s 荷载沉降曲线，如图 3-22 所示。

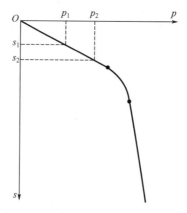

图 3-22　载荷板试验的 p-s 曲线

在 p-s 曲线的近似直线段，取 p_1、p_2，可得相应的沉降值 s_1、s_2，然后按下式计算基床系数。

$$k = \frac{p_2 - p_1}{s_2 - s_1} \tag{3-8}$$

载荷板底面积一般较小，通常采用 0.25m^2 或 0.5m^2，而实际工程中基础底面积要比载荷板底面积大得多，因此，基床系数 k 应考虑载荷板底面积的因素予以折减。

太沙基对基床系数做了深入研究后指出，k 随基础宽度 b 的增加而减少，可以按以下公式修正，其中对砂性土为

$$k = k_1 \left(\frac{b + 0.305}{2b} \right)^2 \tag{3-9}$$

对黏性土为

$$k = k_1 \frac{0.305}{b} \tag{3-10}$$

式中　k_1——宽度为 0.305m 的方板的基床系数；

　　　b——基础的宽度（m）。

太沙基指出，只有当基础底面压力小于土的极限承载力的一半时，式（3-10）才是有效的。

对于长度为 l、宽度为 b 的矩形基础，则基床系数为

$$k = k_1 \frac{\left(1 + 0.5 \dfrac{b}{l} \right)}{1.5} \tag{3-11}$$

通常土的模量随深度而增加，因而 k 值也随深度 d 的增加而增加，也须做深度修正，可乘以（$1 + 2d/b$）的深度修正系数。

2. 由土的变形模量与泊松比确定

按弹性半空间地基模型，地基沉降可用下式计算：

$$s = \frac{pb\,(1-\mu)^2}{E} I_c \tag{3-12}$$

则基床系数为

$$k = \frac{p}{s} = \frac{E}{b\,(1-\mu)^2 I_c} \tag{3-13}$$

式中　b——基础的宽度；

　　　E——地基的变形模量；

　　　μ——地基的泊松比；

　　　I_c——反映基础形状和刚度的系数，可查表 3-1。

表 3-1　基础角点影响系数 I_c

l/b	1.0	1.5	2.0	3.0	5.0	10.0	20.0	50.0	100.0	圆形
刚性	0.88	1.07	1.21	1.42	1.70	2.10	2.46	3.00	3-43	0.79
柔性	0.56	0.68	0.77	0.89	1.05	1.27	1.49	1.80	2.00	0.64

　　式（3-13）实质上是根据弹性半空间体上某一定尺寸基础导出的，因而有以下特点：①该式反映了土体侧向变形的影响；②具有该模型所内含的缺点，即把有限压缩土层当成无限深土层，且不考虑变形模量随深度的变化，因而计算的变形量比实际的大，也即求得的基床系数比实际的小一些；③它是一定基础形状和尺寸下的基床系数，用于其他形状和尺寸的基础时要经过修正。

　　魏锡克（Vesic）考虑到基础的刚度，提出按下式计算基床系数。

$$k = \frac{0.65E}{b\,(1-\mu)^2} \cdot \left(\frac{Eb^4}{E_b I_b}\right)^{\frac{1}{12}} \tag{3-14}$$

式中　E_b、I_b——分别为基础的弹性模量与惯性矩，其余符号含义同前。

　　式（3-14）中的 $0.65\left(\dfrac{Eb^4}{E_b I_b}\right)^{\frac{1}{12}} = 0.9 \sim 1.5$，平均值采用 1.2，于是该式可简化为

$$k = \frac{1.2E}{b\,(1-\mu)^2} \tag{3-15}$$

　　鲍尔斯（Bowles）认为只要土的参数 E、μ 选用恰当，应用该公式可以得到较满意的结果。

　　3. 按土的无侧限压缩试验确定

　　当地基压缩土层较薄或地基土较软弱时，可以认为地基土层基本无侧向变形，按分层总和法计算地基的变形量为

$$s = p \sum_{i=1}^{n} \frac{h_i}{E_{si}} \tag{3-16}$$

于是地基的基床系数表达为

$$k = \frac{p}{s} = \frac{1}{\displaystyle\sum_{i=1}^{n} \frac{h_i}{E_{si}}} \tag{3-17}$$

式中　p——基础底面底面压力；

h_i——压缩土层范围内第 i 层土的厚度；

E_{si}——第 i 层土的压缩模量；

n——压缩土层范围内的土层数。

当只有一层均匀土层，厚度为 h 时，可得

$$k=\frac{E_s}{h} \tag{3-18}$$

式（3-17）、式（3-18）就是当地基土层基本无侧向变形情况时的基床系数的计算公式。

4. 按经验确定

对于基床系数的确定，国内外学者和工程技术人员根据试验资料和工程实践积累了不少经验，见表 3-2。

表 3-2　基床系数的经验值

土的类别		$k \times 10^4/$（kN/m^3）
淤泥质或有机土		0.5～1.0
黏性土	软弱状态	1.0～2.0
	可塑状态	1.5～4.0
	硬塑状态	4.0～10.0
砂土	松散状态	1.0～1.5
	中密状态	1.5～2.5
	密实状态	2.5～4.0
中密的砾石土		2.5～4.0
黄土及黄土状粉质黏土		4.0～5.0

注：本表适用于建筑面积大于 $10m^2$。

3.3　文克尔地基上梁的计算

3.3.1　弹性地基梁的挠曲微分方程

如图 3-23（a）表示一弹性地基梁受荷载作用时，梁底线荷载为 $\bar{p}(x)=p(x)b$（单位 kN/m），梁和地基的竖向位移为 $y(x)$；在分布荷载段取 dx，作用在单元上的力 [图 3-23（b）]，考虑 dx 段单元的受力平衡有

$$V-(V+dV)+\bar{p}(x)dx-q(x)dx=0$$

$$\frac{dV}{dx}=\bar{p}(x)-q(x)$$

由于 $V=\frac{dM}{dx}$，上式可以改写为

$$\frac{\mathrm{d}^2 M}{\mathrm{d}x^2} = \bar{p}(x) - q(x) \tag{3-19}$$

利用材料力学公式 $E_b I_b \dfrac{\mathrm{d}^2 y}{\mathrm{d}x^2} = -M$，上式可进一步写为

$$E_b I_b \frac{\mathrm{d}^4 y}{\mathrm{d}x^4} = -\bar{p}(x) + q(x) \tag{3-20}$$

根据文克尔假定，$\bar{p}(x) = kby$，则上式进一步转化为

$$E_b I_b \frac{\mathrm{d}^4 y}{\mathrm{d}x^4} = -kby + q(x) \tag{3-21}$$

式中　E_b、I_b——分别为梁的弹性模量与惯性矩；

　　　b——梁宽度；

　　　k——地基的基床系数。

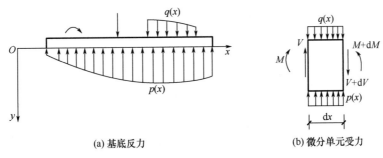

图 3-23　弹性地基梁

式（3-21）即为文克尔地基上梁的挠曲微分方程，基本未知数为梁的挠度 $y(x)$，是一个四阶常系数线性非齐次微分方程。为了求解式（3-21），先考虑梁上无荷载部分，即令 $q(x)=0$，则式（3-21）简化为

$$E_b I_b \frac{\mathrm{d}^4 y}{\mathrm{d}x^4} = -kby \tag{3-22}$$

上式为一常系数线性齐次方程，令 $y(x) = \mathrm{e}^{mx}$，代入上式得出

$$E_b I_b m^4 = -kb$$

再令 $\lambda = \sqrt[4]{\dfrac{kb}{4 E_b I_b}}$，得特征方程为

$$m^4 + 4\lambda^4 = 0 \tag{3-23}$$

其中，λ 称为弹性地基梁的弹性特征，上式的 4 个根为

$$m_1 = -m_3 = \lambda(1+\mathrm{i}), \quad m_2 = -m_4 = \lambda(-1+\mathrm{i})$$

于是式（3-23）的通解为

$$y(x) = A_1 \mathrm{e}^{m_1 x} + A_2 \mathrm{e}^{m_2 x} + A_3 \mathrm{e}^{m_3 x} + A_4 \mathrm{e}^{m_4 x} \tag{3-24}$$

其中，A_1，A_2，A_3，A_4 为积分常数。为了将通解表达为函数形式，引用如下欧拉公式。

$$\mathrm{e}^{\mathrm{i}\lambda x} = \cos\lambda x + \mathrm{i}\sin\lambda x, \quad \mathrm{e}^{-\mathrm{i}\lambda x} = \cos\lambda x - \mathrm{i}\sin\lambda x$$

再引用新的常数，令

$$A_1 + A_4 = C_1, \quad \mathrm{i}(A_1 - A_4) = C_2$$
$$A_2 + A_3 = C_3, \quad \mathrm{i}(A_2 - A_3) = C_4$$

于是式（3-24）可写成如下形式。

$$y(x) = \mathrm{e}^{\lambda x}(C_1 \cos\lambda x + C_2 \sin\lambda x) + \mathrm{e}^{-\lambda x}(C_3 \cos\lambda x + C_4 \sin\lambda x) \qquad (3-25)$$

式中 C_1，C_2，C_3，C_4——积分常数，由荷载情况及边界条件确定；

λx——无量纲数，当 $x=l$（基础梁长）时，λl 反映梁对地基的相对刚度，λl 越大，表示梁的柔性越大，所以称 λl 为柔度指数。

由材料力学知，$\dfrac{\mathrm{d}y}{\mathrm{d}x}=\theta$，$-E_\mathrm{b}I_\mathrm{b}\dfrac{\mathrm{d}^2 y}{\mathrm{d}x^2}=M$，$-E_\mathrm{b}I_\mathrm{b}\dfrac{\mathrm{d}^3 y}{\mathrm{d}x^3}=V$，于是由式（3-25）可得出梁的角变位 θ、弯矩 M 和剪力 V。

3.3.2　几种情况的特解

1. 无限长梁受集中荷载

图 3-24（a）表示受集中力 P_0 作用的无限长梁。取力的作用点为坐标原点 O，则该梁是对称的，边界条件如下。

（1）当 $x \to \infty$ 时，$y=0$。

（2）当 $x=0$ 时，$\dfrac{\mathrm{d}y}{\mathrm{d}x}=0$。

（3）当 $x=0$ 时，$V=-\dfrac{P_0}{2}$。

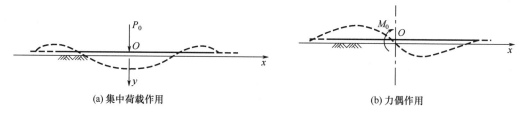

(a) 集中荷载作用　　　　　　　　　　(b) 力偶作用

图 3-24　无限长梁

将边界条件（1）代入式（3-25），则有 $C_1=C_2=0$，式（3-25）简化为

$$y(x) = \mathrm{e}^{-\lambda x}(C_3 \cos\lambda x + C_4 \sin\lambda x) \qquad (3-26)$$

依据式（3-26）并结合边界条件（2）得出 $C_3=C_4=C$，于是式（3-26）可写为

$$y(x) = \mathrm{e}^{-\lambda x}C(\cos\lambda x + \sin\lambda x) \qquad (3-27)$$

依据边界条件（3）有

$$-E_\mathrm{b}I_\mathrm{b}\dfrac{\mathrm{d}^3 y}{\mathrm{d}x^3}\bigg|_{x=0} = -\dfrac{P_0}{2}$$

将式（3-27）代入上式可求出

$$C = \dfrac{P_0 \lambda}{2kb}$$

于是无限长梁受集中力作用时，梁的挠度 y、角变位 θ、弯矩 M 和剪力 V 的表达式分别为

$$y = \dfrac{P_0 \lambda}{2kb}\mathrm{e}^{-\lambda x}(\cos\lambda x + \sin\lambda x) = \dfrac{P_0 \lambda}{2kb}F_1(\lambda x) \qquad (3-28a)$$

$$\theta = -\frac{P_0\lambda^2}{kb}e^{-\lambda x}\sin(\lambda x) = -\frac{P_0\lambda^2}{kb}F_2(\lambda x) \tag{3-28b}$$

$$M = \frac{P_0}{4\lambda}e^{-\lambda x}(\cos\lambda x - \sin\lambda x) = \frac{P_0}{4\lambda}F_3(\lambda x) \tag{3-28c}$$

$$V = -\frac{P_0}{2}e^{-\lambda x}\cos(\lambda x) = -\frac{P_0}{2}F_4(\lambda x) \tag{3-28d}$$

式中

$$\left.\begin{array}{l} F_1(\lambda x) = e^{-\lambda x}(\cos\lambda x + \sin\lambda x) \\ F_2(\lambda x) = e^{-\lambda x}\sin(\lambda x) \\ F_3(\lambda x) = e^{-\lambda x}(\cos\lambda x - \sin\lambda x) \\ F_4(\lambda x) = e^{-\lambda x}\cos(\lambda x) \end{array}\right\} \tag{3-29}$$

$F_1(\lambda x) \sim F_4(\lambda x)$ 的值可查表 3-3。

表 3-3　$F_1(\lambda x)$、$F_2(\lambda x)$、$F_3(\lambda x)$、$F_4(\lambda x)$ 的值

λx	$F_1(\lambda x)$	$F_2(\lambda x)$	$F_3(\lambda x)$	$F_4(\lambda x)$
0.0	1	0	1	1
0.2	0.9651	0.1627	0.6398	0.8024
0.4	0.8784	0.2610	0.3564	0.6174
0.6	0.7628	0.3099	0.1431	0.4530
0.8	0.6354	0.3223	−0.0093	0.3131
1.0	0.5083	0.3096	−0.1108	0.1988
1.2	0.3899	0.2807	−0.1716	0.1091
1.4	0.2849	0.2430	−0.2011	0.0419
1.6	0.1959	0.2018	−0.2077	−0.0059
1.8	0.1234	0.1610	−0.1985	−0.0376
2.0	0.0667	0.1231	−0.1794	−0.0563
2.2	0.0244	0.0896	−0.1548	−0.0652
2.4	−0.0056	0.0613	−0.1282	−0.0669
2.6	−0.0254	0.0383	−0.1019	−0.0636
2.8	−0.0369	0.0204	−0.0777	−0.0573
3.0	−0.0423	0.0070	−0.0563	−0.0493
3.2	−0.0431	−0.0024	−0.0383	−0.0407
3.4	−0.0408	−0.0085	−0.0237	−0.0323
3.6	−0.0366	−0.0121	−0.0124	−0.0245
3.8	−0.0314	−0.0137	−0.0040	−0.0177
4.0	−0.0258	−0.0139	0.0019	−0.0120

续表

λx	$F_1(\lambda x)$	$F_2(\lambda x)$	$F_3(\lambda x)$	$F_4(\lambda x)$
5.0	-0.0046	-0.0065	0.0084	0.0019
6.0	0.0017	-0.0007	0.0031	0.0024
7.0	0.0013	0.0006	0.0001	0.0007
8.0	0.0028	0.0003	-0.0004	-0.0001

式（3-28）可以看出：当 $x=0$ 时，$y=\dfrac{P_0\lambda}{2kb}$；当 $x=\dfrac{2\pi}{\lambda}$ 时，$y=0.00187\dfrac{P_0\lambda}{2kb}$。可见梁的挠度随 x 的增加迅速衰减，在 $x=\dfrac{2\pi}{\lambda}$ 处的挠度仅为 $x=0$ 处挠度的 0.187%，在 $x=\dfrac{\pi}{\lambda}$ 处的挠度仅为 $x=0$ 处挠度的 4.3%；故当集中荷载的作用点离梁两端的距离 $x\geqslant\dfrac{\pi}{\lambda}$ 时，就可近似按无限长梁计算。实用上，将地基梁分为以下三种类型。

（1）无限长梁：集中荷载的作用点离梁两端的距离大于 π/λ。

（2）半限长梁：集中荷载离梁一端的距离小于 π/λ，与另一端的距离大于 π/λ。

（3）有限长梁：集中荷载离梁两端的距离均小于 π/λ，梁的长度大于 $\pi/(4\lambda)$。

2. 无限长梁受集中力偶作用

如图 3-24（b）表示受集中力偶 M_0 作用的无限长梁，取力偶的作用点为坐标原点 O，则该梁的边界条件如下。

（1）当 $x\to\infty$ 时，$y=0$。

（2）当 $x=0$ 时，$y=0$。

（3）当 $x=0$ 时，$M=-E_b I_b\dfrac{\mathrm{d}^2 y}{\mathrm{d}x^2}=\dfrac{M_0}{2}$。

结合式（3-25），由以上边界条件可求出

$$C_1=C_2=0,\quad C_3=0,\quad C_4=\frac{M_0\lambda^2}{kb}$$

于是无限长梁受集中力偶作用时，梁的挠度 y、角变位 θ、弯矩 M 和剪力 V 的表达式分别为

$$y=\pm\frac{M_0\lambda^2}{kb}\mathrm{e}^{-\lambda x}\sin(\lambda x)=\pm\frac{M_0\lambda^2}{kb}F_2(\lambda x) \tag{3-30a}$$

$$\theta=\frac{M_0\lambda^3}{kb}\mathrm{e}^{-\lambda x}(\cos\lambda x-\sin\lambda x)=\frac{M_0\lambda^3}{kb}F_3(\lambda x) \tag{3-30b}$$

$$M=\pm\frac{M_0}{2}\mathrm{e}^{-\lambda x}\cos(\lambda x)=\pm\frac{M_0}{2}F_4(\lambda x) \tag{3-30c}$$

$$V=-\frac{M_0\lambda}{2}\mathrm{e}^{-\lambda x}(\cos\lambda x+\sin\lambda x)=-\frac{M_0\lambda}{2}F_1(\lambda x) \tag{3-30d}$$

3. 无限长梁受均布荷载作用

如图 3-25 所示为无限长梁受均布荷载 q 作用的情况，可以按梁在集中荷载作用下的

解积分求出，只要将 $q\mathrm{d}\varepsilon$ 作为集中荷载，就不难由式（3-28）求得答案。

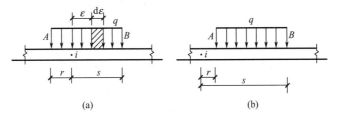

图 3-25　无限长梁受均布荷载作用

如图 3-25（a）所示，当计算点 i 位于均布荷载范围内时，点 i 的挠度为

$$y = \frac{q\lambda}{2kb}\int_0^r \mathrm{e}^{-\lambda\varepsilon}(\cos\lambda\varepsilon + \sin\lambda\varepsilon)\mathrm{d}\varepsilon + \frac{q\lambda}{2kb}\int_0^s \mathrm{e}^{-\lambda\varepsilon}(\cos\lambda\varepsilon + \sin\lambda\varepsilon)\mathrm{d}\varepsilon$$

$$= \frac{q\lambda}{2kb}[2 - F_4(\lambda r) - F_4(\lambda s)] \tag{3-31a}$$

用同样的积分方法可求出

$$\theta = \frac{q}{2kb}[F_1(\lambda r) - F_1(\lambda s)] \tag{3-31b}$$

$$M = \frac{q}{4\lambda^2}[F_2(\lambda r) + F_2(\lambda s)] \tag{3-31c}$$

$$V = \frac{q}{4\lambda}[F_3(\lambda r) - F_3(\lambda s)] \tag{3-31d}$$

如图 3-25（b）所示，当计算点 i 位于均布荷载范围以外时，点 i 的挠度为

$$y = \frac{q\lambda}{2kb}\int_0^s \mathrm{e}^{-\lambda\varepsilon}(\cos\lambda\varepsilon + \sin\lambda\varepsilon)\mathrm{d}\varepsilon - \frac{q\lambda}{2kb}\int_0^r \mathrm{e}^{-\lambda\varepsilon}(\cos\lambda\varepsilon + \sin\lambda\varepsilon)\mathrm{d}\varepsilon$$

$$= \frac{q\lambda}{2kb}[F_4(\lambda r) - F_4(\lambda s)] \tag{3-32a}$$

用同样的积分方法可求出

$$\theta = \frac{q\lambda}{2kb}[F_1(\lambda r) - F_1(\lambda s)] \tag{3-32b}$$

$$M = \frac{q}{4\lambda^2}[F_2(\lambda r) - F_2(\lambda s)] \tag{3-32c}$$

$$V = \frac{q}{4\lambda}[F_3(\lambda r) - F_3(\lambda s)] \tag{3-32d}$$

4. 半无限长梁受集中力作用

如图 3-26（a）所示为一半无限长梁一端受集中荷载 P_0 作用，另一端延至无穷远处。取坐标原点在 P_0 处，边界条件如下。

（1）当 $x \to \infty$ 时，$y = 0$。

（2）当 $x = 0$ 时，$M = -E_b I_b \dfrac{\mathrm{d}^2 y}{\mathrm{d}x^2} = 0$。

（3）当 $x = 0$ 时，$V = -E_b I_b \dfrac{\mathrm{d}^3 y}{\mathrm{d}x^3} = -P_0$。

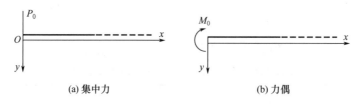

(a) 集中力　　　　　　　　　　　　(b) 力偶

图 3 - 26　半无限长梁

结合式（3-25），由以上边界条件可求出，

$$C_1 = C_2 = 0, \quad C_4 = 0, \quad C_3 = \frac{2P_0\lambda}{kb}$$

于是半无限长梁受集中力作用时，梁的挠度 y、角变位 θ、弯矩 M 和剪力 V 的表达式分别为

$$y = \frac{2P_0\lambda}{kb}F_4(\lambda x) \tag{3-33a}$$

$$\theta = \frac{-2P_0\lambda^2}{kb}F_1(\lambda x) \tag{3-33b}$$

$$M = -\frac{P_0}{\lambda}F_2(\lambda x) \tag{3-33c}$$

$$V = -P_0 F_3(\lambda x) \tag{3-33d}$$

5. 半无限长梁受力偶作用

如图 3-26（b）所示，一半无限长梁一端受集中力偶 M_0 作用，另一端延至无穷远处，取坐标原点在 M_0 处，边界条件如下。

（1）当 $x \to \infty$ 时，$y = 0$。

（2）当 $x = 0$ 时，$M = -E_b I_b \dfrac{\mathrm{d}^2 y}{\mathrm{d}x^2} = M_0$。

（3）当 $x = 0$ 时，$V = -E_b I_b \dfrac{\mathrm{d}^3 y}{\mathrm{d}x^3} = 0$。

结合式（3-25），由以上边界条件可求出

$$C_1 = C_2 = 0, \quad C_3 = C_4 = -\frac{2M_0\lambda^2}{kb}$$

于是半无限长梁受集中力偶作用时，梁的挠度 y、角变位 θ、弯矩 M 和剪力 V 的表达式分别为

$$y = -\frac{2M_0\lambda^2}{kb}F_3(\lambda x) \tag{3-34a}$$

$$\theta = \frac{4M_0\lambda^3}{kb}F_4(\lambda x) \tag{3-34b}$$

$$M = M_0 F_1(\lambda x) \tag{3-34c}$$

$$V = -2M_0\lambda F_2(\lambda x) \tag{3-34d}$$

6. 有限长梁

对于有限长梁，由于荷载的影响在梁端还未消失，故式（3-25）中的积分常数仍然

是未知数。有限长梁求解内力、位移的方法，可以借助无限长梁与半无限长梁的解答，运用叠加原理求解。

图 3-27（a）表示一长为 l 的弹性地基梁上作用集中荷载 P 和均布荷载 q，端点 A 和 B 均为自由端。设想将 A、B 两端向外无限延长形成无限长梁 [图 3-27（b）]，并设外荷载于无限长梁上在 A 和 B 截面产生的弯矩与剪力分别为 M_A、V_A 及 M_B、V_B。由于有限长梁两端点的弯矩与剪力均为零，故在无限长梁的 A 和 B 截面处引入端部条件弯矩 M_{OA}、M_{OB} 和端部条件剪力 V_{OA}、V_{OB}，如图 3-27（c）所示，以满足有限长梁两端点 A、B 处的弯矩与剪力均为零的要求；如果能求出 M_{OA}、M_{OB}、V_{OA}、V_{OB}，则有限长梁各截面的内力可按无限长梁承受外荷载和端部条件力的作用在相应截面上产生的内力叠加而得。

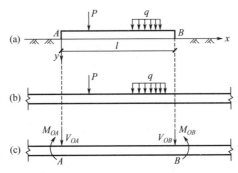

图 3-27 有限长梁的叠加法

为了求出 M_{OA}、M_{OB}、V_{OA}、V_{OB}，可以按以下方法进行。由式（3-28c）可知，V_{OA}、V_{OB} 在截面 A 处引起的弯矩分别为 $\dfrac{V_{OA}}{4\lambda}F_3(\lambda_0)$ 和 $\dfrac{V_{OB}}{4\lambda}F_3(\lambda_l)$；同样，由式（3-30c）可知，$M_{OA}$、$M_{OB}$ 在截面 A 处引起的弯矩分别为 $\dfrac{M_{OA}}{2}F_4(\lambda_0)$ 和 $\dfrac{M_{OB}}{2}F_4(\lambda_l)$。因此，为了满足有限长梁 A 端弯矩为零的条件，则有

$$\frac{V_{OA}}{4\lambda}F_3(\lambda_0)+\frac{V_{OB}}{4\lambda}F_3(\lambda_l)+\frac{M_{OA}}{2}F_4(\lambda_0)+\frac{M_{OB}}{2}F_4(\lambda_l)=-M_A$$

同理可列出其他 3 个方程，并将 4 个方程写成如下形式。

$$\begin{bmatrix} \dfrac{F_3(\lambda_0)}{4\lambda} & \dfrac{F_3(\lambda_l)}{4\lambda} & \dfrac{F_4(\lambda_0)}{2} & \dfrac{F_4(\lambda_l)}{2} \\[2mm] \dfrac{F_3(\lambda_l)}{4\lambda} & \dfrac{F_3(\lambda_0)}{4\lambda} & \dfrac{F_4(\lambda_l)}{2} & \dfrac{F_4(\lambda_0)}{2} \\[2mm] \dfrac{-F_4(\lambda_0)}{2} & \dfrac{F_4(\lambda_l)}{2} & \dfrac{-\lambda F_1(\lambda_0)}{2} & \dfrac{\lambda F_1(\lambda_l)}{2} \\[2mm] \dfrac{-F_4(\lambda_l)}{2} & \dfrac{F_4(\lambda_0)}{2} & \dfrac{-\lambda F_1(\lambda_l)}{2} & \dfrac{\lambda F_1(\lambda_0)}{2} \end{bmatrix} \begin{Bmatrix} V_{OA} \\ V_{OB} \\ M_{OA} \\ M_{OB} \end{Bmatrix} + \begin{Bmatrix} M_A \\ M_B \\ V_A \\ V_B \end{Bmatrix} = 0 \qquad (3-35)$$

求出端部条件力 V_{OA}、V_{OB}、M_{OA}、M_{OB} 后，图 3-27（a）所示有限长梁的内力就可由图 3-27（b）和图 3-27（c）这两个无限长梁的解叠加而得到。

3.4 柱下条形基础

3.4.1 设计与构造要求

柱下条形
基础设计

柱下条形基础是框架或排架结构常用的基础形式（图 3-28），适用于软弱地基、压缩性不均匀地基、上部荷载不均匀或上部结构对基础沉降比较敏感的情况。与扩展基础相比，其具有刚度大、可在一定程度上调整不均匀沉降的特点，但相应的造价会增加。

1. 外形尺寸

在基础平面布置允许的情况下，条形基础梁的两端宜伸出边柱之外 $0.25l_1$（l_1 为边跨的柱距）；基础的底面宽度应由计算确定 [图 3-28 （a）]。

肋梁高度 h 应由计算确定，宜为柱距的 $\frac{1}{8} \sim \frac{1}{4}$。翼板厚度 h_f 也应由计算确定，一般不小于 200mm；当 $h_f > 250$mm 时，宜用变厚度翼板，板顶坡面 $i \leqslant 1:3$，如图 3-28 （d）所示。

一般柱下条形基础沿梁纵向取等截面。当柱截面边长大于或等于肋宽时，可仅在柱位处将肋梁部加宽，现浇柱与条形基础梁交接处平面尺寸不应小于图 3-28 （e）的要求。

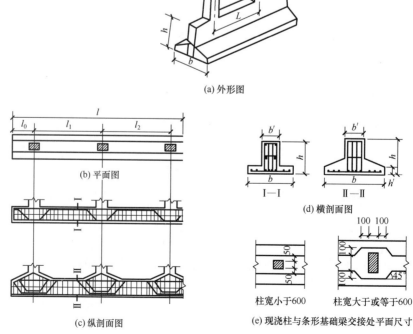

(a) 外形图

(b) 平面图

(c) 纵剖面图

(d) 横剖面图

(e) 现浇柱与条形基础梁交接处平面尺寸

柱宽小于600　　柱宽大于或等于600

图 3-28　柱下条形基础的构造

2. 钢筋和混凝土

（1）梁内纵向受力钢筋：宜优先选择 HRB400 钢筋，肋梁顶部钢筋按计算配筋全部贯通，如图 3-28（c）（d）所示；底部纵向钢筋应有 2～4 根通长配筋，且其面积不得小于纵向受力钢筋总面积的 1/3。梁的底部纵向钢筋的搭接宜在跨中，而梁的顶部纵向钢筋的搭接宜在支座处，且都满足搭接长度要求。

（2）箍筋：肋梁内的箍筋应做成封闭式，直径不小于 8mm；当梁宽 $b \leqslant 350$mm 时用双肢箍，当 350mm$\leqslant b \leqslant 800$mm 时用四肢箍，当 $b > 800$mm 时用六肢箍。

（3）底板钢筋：直径不宜小于 10mm，间距 100～200mm。

（4）混凝土：不应低于 C20。

（5）基础垫层和钢筋保护层厚度：可参照扩展基础构造的对应部分。

3.4.2 内力简化分析方法

1. 基础底面尺寸的确定

如图 3-29（a）所示，将条形基础看成是长度为 L、宽度为 b 的矩形基础，按地基承载力设计值确定基础底面尺寸。计算时先计算荷载合力的位置，然后调整基础两端的悬臂长度，使荷载合力的重心尽可能与基础的形心重合，地基反力为均匀分布，并要求满足以下条件。

$$p = \frac{\sum P + G}{bL} \leqslant f \tag{3-36}$$

式中　p——均布地基反力（kN/m²）；

$\sum P$——上部结构传至基础顶面的竖向力设计值总和（kN）；

G——基础自重（kN）；

f——基础持力层的地基承载力特征值（kN/m²）。

如图 3-29（b）所示，如果荷载合力不可能调到与基础底面形心重合，则基础底面反力呈梯形分布，按下式计算。

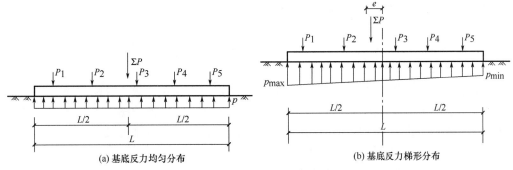

(a) 基底反力均匀分布　　　　(b) 基底反力梯形分布

图 3-29　简化计算法的基底反力分布

$$p_{\substack{\max \\ \min}} = \frac{\sum P + G}{bL}\left(1 + \frac{6e}{L}\right) \tag{3-37}$$

同时还要满足以下要求。

$$p_{\max} \leqslant 1.2f \tag{3-38}$$

式中　$p_{\max}$、$p_{\min}$——分别为基础底面反力的最大值与最小值（kN/m^2）；

　　　　e——荷载合力在长度方向的偏心距（m）。

2. 翼板的计算

对图 3-30 所示的基础，按下式计算基础底面沿宽度 b 方向的净反力。

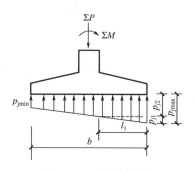

图 3-30　翼板的计算

$$p_{j\max}_{j\min} = \frac{\sum P}{bL}\left(1 + \frac{6e_b}{L}\right) \tag{3-39}$$

式中　$p_{j\max}$、$p_{j\min}$——分别为基础宽度方向的最大与最小净反力（kN/m^2）；

　　　　e_b——基础宽度 b 方向的偏心距（m）。

然后按斜截面抗剪能力确定其翼板的厚度，并将翼板作为悬臂，按下式计算剪力与弯矩。

$$V = \left(\frac{p_{j1}}{2} + p_{j2}\right)l_1 \tag{3-40}$$

$$M = \left(\frac{p_{j2}}{2} + \frac{p_{j1}}{3}\right)l_1^2 \tag{3-41}$$

式中　M、V——分别为柱边或墙边的弯矩与剪力；

　p_{j1}、p_{j2}、l_1——各符号的含义如图 3-30 所示。

3. 基础的内力分析

1）静定分析法

静定分析法不考虑基础与上部结构的相互作用，因而仅在荷载和直线分布的基础底面净反力作用下产生整体弯曲。与其他方法相比较，这样计算所得的基础不利截面上的弯矩绝对值一般较大。此法只适宜于上部结构为柔性结构、基础自身刚度较大的条形基础及联合基础。静定分析法的计算模型如图 3-31 所示。

【例 3-1】　某条形基础的荷载和柱距如图 3-32 所示，基础埋深 $d=1.5m$，持力层土的地基承载力特征值 $f=150kN/m^2$。试确定基础底面尺寸并用静定分析法计算基础的内力。

【解】　（1）确定基础的底面尺寸。

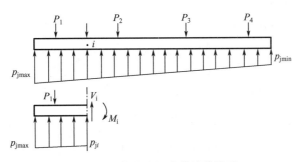

图3-31　静定分析法的计算模型

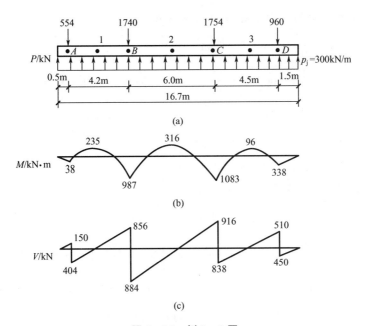

图3-32　例3-1图

各柱的轴向力的合力离图中 A 点的距离为

$$x = \frac{\sum P_i x_i}{\sum P_i} = \frac{960 \times 14.7 + 1754 \times 10.2 + 1740 \times 4.2}{960 + 1754 + 1740 + 554} \approx 7.85 \, (\text{m})$$

为了使荷载的合力与基础底面的形心重合，条形基础左端伸出的悬臂长度为 0.5m，则右端伸出的悬臂长度为

$$l_0 = (7.85 + 0.5) \times 2 - (14.7 + 0.5) = 1.5 \, (\text{m})$$

于是基础的总长为

$$L = 14.7 + 0.5 + 1.5 = 16.7 \, (\text{m})$$

按地基承载力设计值计算基础的底面积为

$$A = \frac{\sum P_i / 1.35}{f - \gamma_0 d} = \frac{5008 / 1.35}{150 - 20 \times 1.5} \approx 30.91 \, (\text{m}^2)$$

所以基础的宽度为

$$b = \frac{30.91}{16.7} \approx 1.85 \, (\text{m}) \, (\text{取基础宽度为 2.0m})$$

（2）基础梁内力分析。

沿基础每米长度的净反力为

$$p_j = \frac{\sum P_i}{L} = \frac{5008}{16.7} \approx 300 \ (\mathrm{kN/m})$$

按静力平衡条件计算各截面的内力为

$$M_A = \frac{1}{2} \times 300 \times 0.5^2 \approx 38 (\mathrm{kN \cdot m})$$

$$V_A^{左} = 300 \times 0.5 = 150 (\mathrm{kN})$$

$$V_A^{右} = 150 - 554 = -404 (\mathrm{kN})$$

AB 跨内最大负弯矩的截面 1 离 A 点的距离为

由此可得 $\quad x_1 = \frac{554}{300} - 0.5 = 1.35 (\mathrm{m})$

$$M_1 = \frac{1}{2} \times 300 \times 1.85^2 - 554 \times 1.35 \approx -235 (\mathrm{kN \cdot m})$$

$$M_B = \frac{1}{2} \times 300 \times 4.7^2 - 554 \times 4.2 \approx 987 (\mathrm{kN \cdot m})$$

$$V_B^{左} = 300 \times 4.7 - 554 = 856 (\mathrm{kN})$$

$$V_B^{右} = 856 - 1740 = -884 (\mathrm{kN})$$

BC 跨内最大负弯矩的截面 2 离 B 点的距离为

由此可得 $\quad x_2 = \frac{554 + 1740}{300} - 4.7 \approx 2.95 (\mathrm{m})$

$$M_2 = \frac{1}{2} \times 300 \times 7.65^2 - 554 \times 7.15 - 1740 \times 2.95 \approx -316 (\mathrm{kN \cdot m})$$

$$M_C = \frac{1}{2} \times 300 \times 10.7^2 - 554 \times 10.2 - 1740 \times 6 \approx 1083 (\mathrm{kN \cdot m})$$

$$V_C^{左} = 300 \times 10.7 - 554 - 1740 = 916 (\mathrm{kN})$$

$$V_C^{右} = 916 - 1754 = -838 (\mathrm{kN})$$

CD 跨内最大负弯矩的截面 3 离 D 点的距离为

$$x_3 = \frac{960}{300} - 1.5 = 1.7 (\mathrm{m})$$

$$M_3 = \frac{1}{2} \times 300 \times 3.2^2 - 960 \times 1.7 = -96 (\mathrm{kN \cdot m})$$

由此可得 $\quad M_D = \frac{1}{2} \times 300 \times 1.5^2 \approx 338 (\mathrm{kN \cdot m})$

$$V_D^{右} = -300 \times 1.5 = -450 (\mathrm{kN})$$

$$V_D^{左} = -450 + 960 = 510 (\mathrm{kN})$$

综合计算结果，该基础的弯矩与剪力图如图 3-32 所示。

2）倒梁法

倒梁法认为上部结构是刚性的，各柱之间没有差异沉降，因而可把柱脚视为条形基础的铰支座，模拟支座间不存在相对的竖向位移。此法以直线分布的基础底面净反力及除去柱的竖向集中力所余下的各种作用为已知荷载，包括基础底面净反力 p_j、柱脚处的弯矩

M_i及基础顶面的分布荷载q等，如图3-33所示，按倒置的普通连续梁（采用弯矩分配法或弯矩系数法）进行计算。这种计算模型，只考虑出现柱间的局部弯曲，而略去沿基础全长的整体弯曲，因而所得出的柱位处的正弯矩与柱间最大负弯矩的绝对值相比较，比其他方法均衡，所以基础不利截面的弯矩最小。

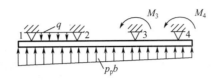

图3-33 倒梁法的计算模型

倒梁法的计算步骤如下。

（1）根据地基计算所确定的基础尺寸，改用承载能力极限状态下的荷载效应基本组合进行基础的内力计算。

（2）计算基础底面的净反力分布，如图3-34所示。因基础自重荷载不会在基础梁中引起内力，基础底面净反力的计算公式为

$$p_{\substack{j\max \\ j\min}} = \frac{\sum F}{bL} \pm \frac{\sum M}{W} \tag{3-42}$$

式中　$\sum F$——各竖向荷载设计值总和（kN）；

$\quad\quad \sum M$——外荷载对基础底面形心的弯矩设计值总和（kN·m）；

$\quad\quad W$——基础底面面积的抵抗矩（m^3）。

（3）确定计算简图。以柱端作为不动铰支座，以基础底面净反力为荷载，绘制多跨连续梁计算简图，如图3-34（a）所示。由于考虑上部结构与基础的综合刚度作用，将引起端部地基反力适当增加、而基础中间的地基反力适当减少，故在基础两端边跨宜增加15%～20%的地基反力，相应的跨中的地基反力则适当减小，增大与减小的地基反力的合力应该保持相等，如图3-34（b）所示。

（4）用弯矩分配法计算连续梁的弯矩分布[图3-34（c）]、剪力分布[图3-34（d）]和支座反力R_i。

（5）调整与消除支座的不平衡力。显然第一次求出的支座反力R_i与柱荷载F_i通常不相等，不能满足支座处的静力平衡条件。对于不平衡力需通过逐步调整予以消除。调整方法如下。

首先求出各支座的不平衡力$\Delta P_i = F_i - R_i$；然后将不平衡力ΔP_i折算成分布荷载Δq_i，均匀分布在支座相邻两跨的各1/3跨度范围内。

对边跨支座有

$$\Delta q_i = \frac{\Delta P_i}{l_0 + l_i/3} \tag{3-43}$$

对中跨支座有

$$\Delta q_i = \frac{\Delta P_i}{l_{i-1}/3 + l_i/3} \tag{3-44}$$

式中　l_0——边柱下基础梁的外伸长度（m）；

$\quad l_{i-1}$、l_i——支座i左右跨的长度（m）。

将折算后的分布荷载作用于连续梁上，如图 3-34（e）所示，并求出在 Δq_i 作用下的弯矩 ΔM、剪力 ΔV 和支座反力 ΔR_i。将 ΔR_i 叠加后求出新的支座反力 $R_i' = R_i + \Delta R_i$，若 R_i' 接近于柱荷载 F_i，其差距小于 20％，则调整计算可以结束；反之应重复调整计算，直到满足精度要求为止。

（6）叠加逐次计算结果，求出连续梁的最终内力计算结果，如图 3-34（f）（g）所示。

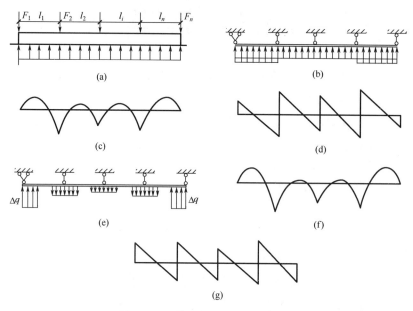

图 3-34　基础倒梁法的计算过程

倒梁法根据基础底面反力线性分布假定，按静力平衡条件求基础底面反力，并将柱端视为不动的铰支座，忽略了梁的整体弯曲所产生的内力及柱脚不均匀沉降引起的上部结构次应力，计算结果与实际情况有明显的差异，且对基础与上部结构均偏于不安全。因此只有在比较均匀的地基上，上部结构的刚度较好，荷载分布较均匀，且基础梁有较大的刚度（梁的高度大于柱距的 1/6）时，才可以应用该法。

【例 3-2】　基础梁长 24m，柱距 6m，受柱荷载的作用，$F_1 = F_2 = F_3 = F_4 = F_5 = 800$kN；基础梁为 T 形截面尺寸如图 3-35 所示。试用倒梁法计算地基反力和截面弯矩。

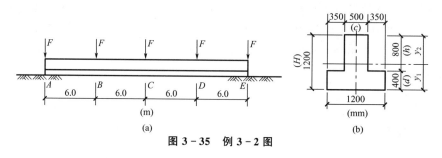

图 3-35　例 3-2 图

【解】　（1）计算梁的截面特征。

① 轴线至梁底的距离为

$$y_1 = \frac{cH^2 + d^2(b-c)}{2(bd+hc)} = \frac{0.5 \times 1.2^2 + 0.4^2 \times (1.2-0.5)}{2 \times (1.2 \times 0.4 + 0.8 \times 0.5)} = 0.437 \text{(m)}$$

$$y_2 = H - y_1 = 1.2 - 0.473 = 0.727 \text{(m)}$$

② 梁的截面惯性矩为

$$I = \frac{1}{3}\left[cy_2^3 + by_1^3 - (b-c)(y_1-d)^3 \right]$$

$$= \frac{1}{3}\left[0.5 \times 0.727^3 + 1.2 \times 0.437^3 - (1.2-0.5) \times (0.473-0.4)^3 \right] = 0.106 \text{(m}^4)$$

③ 梁的截面刚度计算。混凝土的弹性模量 $E_c = 2.55 \times 10^7 \text{kN/m}^2$，故可得梁的截面刚度为

$$E_c I = 2.55 \times 10^7 \times 0.106 = 2.7 \times 10^6 \text{(kN} \cdot \text{m}^2)$$

（2）计算地基的净反力。

假定基础底面反力均匀分布 [图 3 - 36 （a）]，每米长度基础底面净反力为

$$p = \frac{\sum F_i}{L} = \frac{5 \times 800}{4 \times 6} = 166.7 \text{(kN/m)}$$

（3）按静定分析法计算梁的截面弯矩。

根据柱荷载与基础底面均匀净反力，按静定分析法计算得到的梁的截面弯矩如图 3 - 36 （b）所示，它相当于基础梁不受柱端及上部结构约束可以自由挠曲的情况。

（4）倒梁法地基的净反力和基础梁的截面弯矩计算。

① 倒梁法把基础梁当成柱端为不动铰支座的四跨连续梁，当底面作用着均匀净反力 $p = 166.7 \text{kN/m}$ 时，各支座反力分别为

$$R_A = R_E = 0.393pl = 0.393 \times 166.7 \times 6 = 393 \text{(kN)}$$

$$R_B = R_D = 1.143pl = 1.143 \times 166.7 \times 6 = 1143 \text{(kN)}$$

$$R_C = 0.928pl = 0.928 \times 166.7 \times 6 = 928 \text{(kN)}$$

② 由于支座反力与柱荷载不相等，在支座处存在不平衡力，各支座的不平衡力分别为

$$\Delta R_A = \Delta R_E = 800 - 393 = 407 \text{(kN)}$$

$$\Delta R_B = \Delta R_D = 800 - 1143 = -343 \text{(kN)}$$

$$\Delta R_C = 800 - 928 = -128 \text{(kN)}$$

把支座处不平衡力均匀分布在支座两侧各 1/3 跨度范围，因而有

$$\Delta q_A = \Delta q_E = \frac{\Delta R_A}{l/3} = \frac{407}{6/3} = 203.5 \text{(kN)}$$

$$\Delta q_B = \Delta q_D = \frac{\Delta R_B}{(l/3 + l/3)} = \frac{-343}{6/3 + 6/3} \approx -85.8 \text{(kN)}$$

$$\Delta q_C = \frac{\Delta R_C}{(l/3 + l/3)} = \frac{-128}{6/3 + 6/3} = -32 \text{(kN)}$$

③ 把不平衡力 Δq 作用在连续梁上，如图 3 - 36 （c）所示，求出支座反力 $\Delta R'_A$、$\Delta R'_B$、$\Delta R'_C$、$\Delta R'_D$、$\Delta R'_E$。

④ 将均布反力 p 与不平衡力 Δq 所引起的支座反力进行叠加，得到第一次调整的支座反力分别为

$$R'_A = R_A + \Delta R'_A$$

$$R'_B = R_B + \Delta R'_B$$

$$R'_C = R_C + \Delta R'_C$$
$$R'_D = R_D + \Delta R'_D$$
$$R'_E = R_E + \Delta R'_E$$

⑤ 比较调整后的支座反力与柱荷载，若差值在容许范围之内，可停止计算，用叠加后的地基反力与柱荷载作为梁上的荷载，求出梁截面上的弯矩分布图。若调整后的支座反力与柱荷载间的差值在容许范围之外，则重复②～④的计算步骤，直至满足要求为止。

本例题经过倒梁法两轮计算，满足要求的地基反力［图 3-36（d）］，相应的梁截面弯矩分布如图 3-36（e）所示。图 3-36（e）表示基础梁受柱端与上部结构的约束，不产生整体挠度时的梁截面弯矩分布。

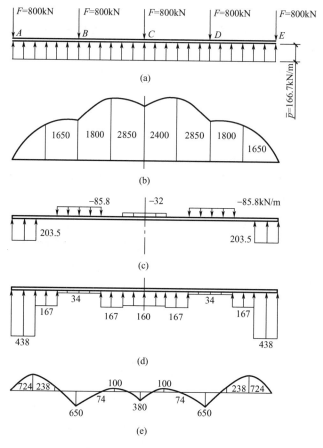

图 3-36　倒梁法的计算过程

3.4.3　有限差分法

1. 有限差分方程

设连续函数 $y = f(x)$，在 x 轴上等距离的三点 $i+1$、i、$i-1$ 的 y 值为 y_{i+1}、y_i、y_{i-1}，如图 3-37 所示。

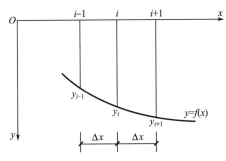

图 3 - 37　差分法图示

有限差分法是一种数学上的近似，如点 i 的导数可近似表示为

$$\frac{\mathrm{d}y}{\mathrm{d}x} \approx \frac{\Delta y}{\Delta x} = \frac{y_{i+1} - y_i}{\Delta x}$$

称为一阶向前差分，或表达为

$$\frac{\mathrm{d}y}{\mathrm{d}x} \approx \frac{\Delta y}{\Delta x} = \frac{y_i - y_{i-1}}{\Delta x}$$

称为一阶向后差分。将以上两式相加得

$$\frac{\Delta y}{\Delta x}\bigg|_i = \frac{y_{i+1} - y_{i-1}}{2\Delta x}$$

称为一阶中心差分。

i 点的两次导数可近似表达为

$$\frac{\Delta^2 y}{\Delta x^2}\bigg|_i = \frac{\Delta(\Delta y/\Delta x)}{\Delta x} = \frac{y_{i+1} - 2y_i + y_{i-1}}{(\Delta x)^2} \tag{3-45}$$

同理，点 i 的三次导数可近似表达为

$$\frac{\Delta^3 y}{\Delta x^3}\bigg|_i = \frac{y_{i+2} - 2y_{i+1} + 2y_{i-1} - y_{i-2}}{2(\Delta x)^3} \tag{3-46}$$

将式（3-45）引入梁的弯曲关系式 $E_b I_b \dfrac{\mathrm{d}^2 y}{\mathrm{d}x^2} = -M$ 后可得出

$$-\frac{M_i}{E_b I_b} = \frac{y_{i+1} - 2y_i + y_{i-1}}{(\Delta x)^2} \tag{3-47}$$

式中　M_i——点 i 的弯矩；

$E_b I_b$——梁的抗弯刚度。

式（3-47）为有限差分法的基本方程。如此一来，梁的微分方程可近似用差分方程代替，使计算得到简化。

2. 文克尔地基上梁的有限差分法

图 3-38（a）表示一长为 L、宽为 b 的弹性地基梁，在外荷载作用下地基反力为曲线分布。为简化，将梁分成 n 等分，每段长度为 c，假设每分段的反力 p_i 为均匀分布，如图 3-38（b）所示；每分段反力的合力 R_i 作用在该分段的中心，如图 3-38（c）所示，相当于文克尔地基弹簧支撑的反力；未知数为各分段中心的挠度 y_i，由 y_i 可求得各段反力 p_i，进而计算各截面的内力。

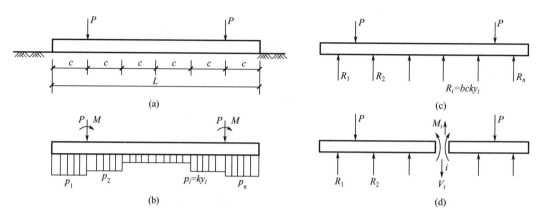

图 3-38　文克尔地基上梁的有限差分法计算图

对于点 i，梁的差分方程为

$$-\frac{M_i}{E_b I_b}=\frac{y_{i+1}-2y_i+y_{i-1}}{c^2} \qquad (3-48)$$

据变形协调条件知，点 i 的挠度等于地基的竖向变位，由文克尔假设可将 R_i 表达为

$$R_i=bcp_i=bcky_i \qquad (3-49)$$

为了将式（3-48）中的 M_i 也表达为各点挠度的函数，例如对于点 i，可将梁在点 i 处切开，如图 3-38（d）所示，据左边脱离体的静力平衡条件得

$$M_i=R_1(i-1)c+R_2(i-2)c+\cdots+R_{i-1}c-M_{Pi} \qquad (3-50)$$

式中　M_{Pi}——点 i 左边脱离体所有的外荷载对点 i 力矩之和。

将式（3-49）代入式（3-50）得

$$M_i=bc^2k\big[y_1(i-1)+y_2(i-2)+\cdots+y_{i-1}\big]-M_{Pi} \qquad (3-51)$$

将式（3-51）代入式（3-48），于是梁的差分方程可表达为梁的若干点挠度为未知数的方程，对于 $i=2,3,\cdots,(n-1)$，可以得到 $(n-2)$ 个方程。再由全梁各力对点 n 取矩之和等于零及竖向力之和等于零的静力平衡方程可得

$$\sum_{i=1}^{n}R_i(n-i)c-\sum M_{Pn}=0 \qquad (3-52)$$

$$\sum_{i=1}^{n}R_i-\sum P=0 \qquad (3-53)$$

式中　$\sum M_{Pn}$——所有外荷载对点 n 力矩之和；

$\sum P$——所有竖向荷载之和。

于是总共可建立 n 个方程，n 个未知量可由 n 个代数方程求解而得，从而由挠度可以求出各分段的反力，进而用静力学的方法就可求出梁任意截面的弯矩与剪力。

【例 3-3】　一弹性地基梁长 15m，宽 2m，高 0.6m；其上作用 3 个集中荷载，分别为 900kN、1800kN、900kN，如图 3-39（a）所示；梁的弹性模量 $E_b=2.55\times10^7\,\mathrm{kN/m^2}$，地基土的基床系数为 $2\times10^4\,\mathrm{kN/m^3}$。试用有限差分法计算地基反力。

【解】　将梁分成 10 等分，每分段长度 $c=15/10=1.5$（m）；由于荷载及作用位置对称，故反力也对称，每分段的集中力作用在该分段长度的中心，分别为 R_1，R_2，R_3，

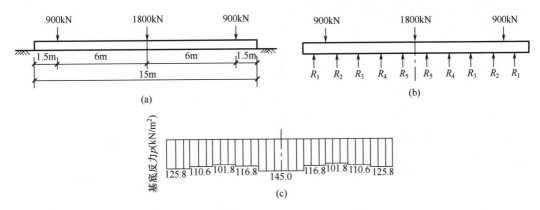

图 3-39 例 3-3 图

R_4，R_5，如图 3-39（b）所示。据题设数据计算得

$$E_b I_b = 2.55 \times 10^7 \times \frac{1}{12} \times 2 \times 0.6^3 = 918000(\text{kN} \cdot \text{m}^2)$$

$$\frac{E_b I_b}{c^2} = \frac{918000}{1.5^2} = 408000(\text{kN})$$

$$bc^2 k = 2 \times 1.5^2 \times 2 \times 10^4 = 90000(\text{kN})$$

$$R_i = bcky_i = 2 \times 1.5 \times 2 \times 10^4 y_i = 60000 y_i$$

对于分段后第 2 点，取左边为脱离体得

$$M_2 = R_1 c - P_1 \cdot \frac{c}{2} = 60000 y_1 \times 1.5 - 900 \times \frac{1.5}{2} = 90000 y_1 - 675$$

则 2 点的差分方程为

$$\frac{E_b I_b}{c^2}(y_1 - 2y_2 + y_3) + M_2 = 0$$

代入整理得

$$408000(y_1 - 2y_2 + y_3) + 90000 y_1 - 675 = 0$$

$$498000 y_1 - 816000 y_2 + 408000 y_3 - 675 = 0$$

同理，对于第 3、4、5 分段中点可得如下的差分方程。

$$180000 y_1 + 498000 y_2 - 816000 y_3 + 408000 y_4 - 2025 = 0$$

$$270000 y_1 + 180000 y_2 + 498000 y_3 - 816000 y_4 + 408000 y_5 - 3375 = 0$$

$$360000 y_1 + 270000 y_2 + 180000 y_3 + 498000 y_4 - 408000 y_5 - 4725 = 0$$

由竖向力的平衡条件得出

即

$$2(R_1 + R_2 + R_3 + R_4 + R_5) = 3600$$

$$120000(y_1 + y_2 + y_3 + y_4 + y_5) = 3600$$

由以上 5 个方程解出 5 个未知数，写成矩阵的形式为

$$\begin{bmatrix} 498000 & -816000 & 408000 & 0 & 0 \\ 180000 & 498000 & -816000 & 408000 & 0 \\ 270000 & 180000 & 498000 & -816000 & 408000 \\ 360000 & 270000 & 180000 & 498000 & -408000 \\ 120000 & 120000 & 120000 & 120000 & 120000 \end{bmatrix} \begin{Bmatrix} y_1 \\ y_2 \\ y_3 \\ y_4 \\ y_5 \end{Bmatrix} = \begin{Bmatrix} 675 \\ 2025 \\ 3375 \\ 4725 \\ 3600 \end{Bmatrix}$$

由高斯消去法解得各点的挠度 y_i（$i=1$，…，5），进而求出反力 R_i 及各段分布反力 p_i，计算结果见表 3-4。

表 3-4　例 3-4 计算结果

点号	y/m	R/kN	$p/（kN/m^2）$
1	0.00621	372.5	125.8
2	0.00558	334.8	110.6
3	0.00524	314.2	101.8
4	0.00589	353.3	116.8
5	0.00701	425.2	145.0

基础底面反力分布如图 3-39（c）所示。

3. 弹性半空间地基上梁的有限差分法

弹性半空间地基上梁的有限差分法与前述的文克尔地基上梁的有限差分法基本相同，只是采用的地基模型不同，因而地基竖向变位的计算方法也有所不同。

分析时同样将长为 L、宽为 b 的弹性地基梁分成 n 等份，每段长度为 c，假设每分段的反力 p_1、p_2、…、p_n 为均匀分布，各分段的竖向变位分别为 y_1、y_2、…、y_n，如图 3-40 所示。

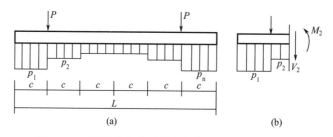

图 3-40　弹性半空间地基上梁的有限差分法计算图

差分基本方为

$$-\frac{M_i}{E_b I_b}=\frac{y_{i+1}-2y_i+y_{i-1}}{c^2} \tag{3-48}$$

式中　M_i 和 y_{i+1}、y_i、y_{i-1} 都是地基反力 p_1、p_2、…、p_n 的函数，因而以 n 个地基反力为未知数，依据差分基本方程对于 $i=2$，3，…，（$n-1$）可以建立（$n-2$）个方程。此外，由全梁各力对点 n 取矩之和等于零及竖向力之和等于零的静力平衡方程，可以再列出两个方程，于是由 n 个方程可以求解出 n 个未知数 p_1、p_2、…、p_n，从而最终求得梁各截面的弯矩与剪力。

对于弹性半空间地基模型，某分段中心点 i 的地基竖向变形 y_i 等于各分段地基反力对点 i 产生的地基竖向变形之和，即

$$y_i = y_{i1} + y_{i2} + \cdots + y_{in} = \sum_{j=1}^{n} y_{ij} \tag{3-54}$$

式中，y_{ij}——为由分段地基反力 p_j 对点 i 产生的地基竖向变形，按下式计算。

$$y_{ij} = \begin{cases} \dfrac{1-\mu^2}{\pi E} \cdot \dfrac{p_j bc}{\sqrt{(x_j - x_i)^2 + (y_j - y_i)^2}} & (i \neq j) \\[4mm] \dfrac{1-\mu^2}{\pi E} \displaystyle\int_{-\frac{c}{2}}^{\frac{c}{2}} \int_{-\frac{b}{2}}^{\frac{b}{2}} \dfrac{p_j\,\mathrm{d}\zeta\mathrm{d}\eta}{\sqrt{(\zeta - x_i)^2 + (\eta - y_i)^2}} & (i = j) \end{cases} \tag{3-55}$$

【例 3-4】　一空间问题的弹性地基梁，梁长 $L = 4.5\mathrm{m}$，宽 $b = 1\mathrm{m}$，梁的抗弯刚度 $E_b I_b = 5 \times 10^5\,\mathrm{kN \cdot m^2}$，地基的弹性模量 $E = 3 \times 10^4\,\mathrm{kN/m^2}$，泊松比 $\mu = 0.3$；在离梁中点 $1.0\mathrm{m}$ 处作用对称的集中荷载 $500\mathrm{kN}$，如图 3-41 所示。试用有限差分法计算地基反力。

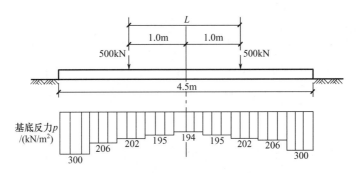

图 3-41　例 3-5 图

【解】　将梁分成 9 等份，每分段长度 $c = 0.5\mathrm{m}$，$b/c = 2$；由于荷载对称，$p_1 = p_9$、$p_2 = p_8$、$p_3 = p_7$、$p_4 = p_6$，因此 p_1、p_2、p_3、p_4、p_5 为未知数，可以列出如下差分方程。

$$-\frac{M_2}{E_b I_b} = \frac{(1-\mu^2)b}{\pi E c^2}(1.043 p_1 - 2.944 p_2 + 1.055 p_3 + 0.310 p_4 + 0.079 p_5)$$

$$-\frac{M_3}{E_b I_b} = \frac{(1-\mu^2)b}{\pi E c^2}(0.289 p_1 + 1.055 p_2 - 2.923 p_3 + 1.117 p_4 + 0.279 p_5)$$

$$-\frac{M_4}{E_b I_b} = \frac{(1-\mu^2)b}{\pi E c^2}(0.096 p_1 + 0.310 p_2 + 1.117 p_3 - 2.675 p_4 + 1.038 p_5)$$

$$-\frac{M_5}{E_b I_b} = \frac{(1-\mu^2)b}{\pi E c^2}(0.062 p_1 + 0.158 p_2 + 0.558 p_3 + 2.076 p_4 - 2.954 p_5)$$

其中

$$\frac{\pi E c^2}{E_b I_b (1-\mu^2) b} = \frac{3.14 \times 3 \times 10^4 \times 0.5^2}{5 \times 10^5 \times (1 - 0.3^2) \times 1} = 0.0515\,(\mathrm{m}^{-3})$$

由每分段中心点切口的静力平衡条件得

$$M_2 = p_1 \times 0.5^2 + p_2 \times \frac{0.5^2}{8} = 0.25 p_1 + 0.031 p_2$$

$$M_3 = 0.5 p_1 + 0.25 p_2 + 0.031 p_3$$

$$M_4 = 0.75 p_1 + 0.5 p_2 + 0.25 p_3 + 0.031 p_4 - 500 \times 0.5$$

$$M_5 = p_1 \times 1 + 0.75 p_2 + 0.5 p_3 + 0.25 p_4 + 0.031 p_5 - 500 \times 1$$

将以上各式代入差分方程，加上所有竖向力之和等于零的条件补充一个平衡方程，共得 5 个联立的方程如下。

$$\begin{cases} 1.056p_1 - 2.942p_2 + 1.055p_3 + 0.283p_4 + 0.079p_5 = 0 \\ 0.315p_1 + 1.068p_2 - 2.921p_3 + 1.117p_4 + 0.279p_5 = 0 \\ 0.315p_1 + 0.336p_2 + 1.13p_3 - 2.673p_4 + 1.038p_5 = 12.9 \\ 0.114p_1 + 0.197p_2 + 0.584p_3 + 2.089p_4 - 2.952p_5 = 25.8 \\ 0.500(p_1 + p_2 + p_3 + p_4 + p_5/2) = 500 \end{cases}$$

表示成矩阵形式为

$$\begin{bmatrix} 1.056 & -2.942 & 1.055 & 0.283 & 0.079 \\ 0.315 & 1.068 & -2.921 & 1.117 & 0.279 \\ 0.315 & 0.336 & 1.130 & -2.673 & 1.038 \\ 0.114 & 0.197 & 0.584 & 2.089 & -2.952 \\ 0.500 & 0.500 & 0.500 & 0.500 & 0.250 \end{bmatrix} \begin{Bmatrix} p_1 \\ p_2 \\ p_3 \\ p_4 \\ p_5 \end{Bmatrix} = \begin{Bmatrix} 0 \\ 0 \\ 12.9 \\ 25.8 \\ 500 \end{Bmatrix}$$

解得 $p_1 = 300\text{kN/m}^2$、$p_2 = 206\text{kN/m}^2$、$p_3 = 202\text{kN/m}^2$、$p_4 = 195\text{kN/m}^2$、$p_5 = 194\text{kN/m}^2$，如图 3-41 所示。

3.4.4　评述

静定分析法假定上部结构的抗弯刚度等于零且基础底面压力为直线分布的情况，即不考虑上部结构与基础共同参与调整基础不均匀沉降的能力。在此状态下往往能求出地基梁最大的整体正挠曲［图 3-32 (b)］或最大的整体负挠曲［图 3-36 (b)］，相应的地基梁中有最大的正弯矩或最大的负弯矩。

倒梁法假定上部结构和基础的抗弯刚度为无穷大，在外荷载作用下，地基梁无整体挠曲的产生，只发生柱间的局部挠曲。在此状态下算出地基梁中最大的弯矩值要比静定分析法算出的小很多，且倒梁法算出的柱下最大正弯矩往往与绝对值的最大柱间负弯矩相当，如图 3-36 (e) 所示。

静定分析法与倒梁法是两个极端的算法，真实的情况是地基梁与上部结构的整体抗弯刚度对地基梁的调整作用介于静定分析法与倒梁法之间，即地基梁的整体挠曲和弯矩小于静定分析法的计算结果，但大于倒梁法的计算结果。

文克尔地基上梁的理论解与有限差分解均没有考虑上部结构刚度的贡献，仅考虑了地基与基础之间的相互作用，当采用的地基模型一致时，两者算出的地基梁的内力是一样的。无论是文克尔地基梁的理论解还是其数值解，据此计算出的地基梁的整体挠曲和最大弯矩均比考虑上部结构、基础与地基三者相互作用时计算出的数据要大一些。

综上所述，不同的算法导致地基梁的挠曲与弯矩具有如下的关系。

整体挠曲：$y_{静定} > y_{地基+地基梁} > y_{地基+地基梁+结构} > y_{倒梁}$。

整体弯矩：$M_{静定} > M_{地基+地基梁} > M_{地基+地基梁+结构} > M_{倒梁}$。

3.5 柱下交叉条形基础

当上部荷载较大且地基土较软弱、只靠单向设置柱下条形基础已不能满足地基承载力和地基变形要求时，可采用双向设置的柱下交叉条形基础。柱下交叉条形基础将荷载扩散到更大的基础底面面积上，从而减小了基础底面的附加应力，并且提高了基础的整体刚度，减小了基础的沉降差。因此这种基础常作为多层建筑或地基较好的高层建筑的基础，而对于软弱的地基，还可与桩基联用。

柱下交叉条形基础

为调整结构荷载重心与基础底面平面形心相重合，改善角柱与边柱下地基的受力条件，常在转角和边柱处，将基础梁做构造性延伸。梁的截面大多数取 T 形，梁的结构构造的设计要求与条形基础类同。在交叉处翼板双向主筋需重叠布置，如果基础梁有扭矩作用时，纵向钢筋应按承受弯矩和扭矩进行配筋。

3.5.1 节点荷载分配原则

柱下交叉条形基础如图 3-42 所示，每个交叉点处都作用有从上部结构传来的竖向荷载 P 和 x、y 方向的力矩 M_x、M_y，假设略去扭矩对变形的影响，即一个方向的条形基础有转角时，不会引起另一方向条形基础的内力，即 M_x 全部由 x 向基础承担，M_y 全部由 y 向基础承担。

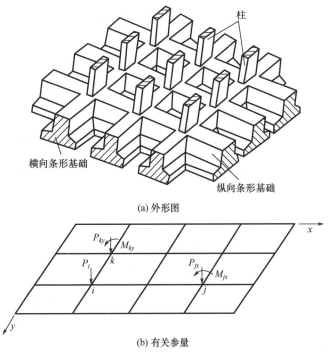

(a) 外形图

(b) 有关参量

图 3-42 柱下交叉条形基础的荷载分配

对于任一点 i，荷载分配必须满足以下两个条件。

（1）节点力的平衡条件：分配在 x、y 方向的竖向荷载之和应等于节点处的荷载，即

$$p_i = p_{ix} + p_{iy} \tag{3-56}$$

（2）节点变形的协调条件：在 x 和 y 方向基础在交叉点处的沉降相等，即

$$w_{ix} = \sum \delta_{ij} p_{jx} + \sum \overline{\delta}_{ij} M_{jx} = \sum \delta_{ik} p_{ky} + \sum \overline{\delta}_{ik} M_{ky} = w_{iy} \tag{3-57}$$

式中　w_{ix} —— x 方向梁在 i 节点处的竖向位移；

　　　　w_{iy} —— y 方向梁在 i 节点处的竖向位移；

p_{jx}、p_{ky} —— 分别为在 x 方向条形基础上点 j 和 y 方向条形基础上点 k 的竖向荷载；

M_{jx}、M_{ky} —— 分别为在 x 方向条形基础上点 j 和 y 方向条形基础上点 k 上的力矩；

　δ_{ij}、$\overline{\delta}_{ij}$ —— 分别为在点 j 作用单位力 $p_{jx} = 1\text{kN}$ 和单位力矩 $M_{jx} = 1\text{kN} \cdot \text{m}$ 后在点 i 产生的竖向位移；

　δ_{ik}、$\overline{\delta}_{ik}$ —— 分别为在点 k 作用单位力 $p_{ky} = 1\text{kN}$ 和单位力矩 $M_{ky} = 1\text{kN} \cdot \text{m}$ 后在点 i 产生的竖向位移。

设柱下交叉条形基础有 n 个交叉点，每个交叉点依据式（3-56）、式（3-57）都可以列出两个方程，共可列出 $2n$ 个方程，每个交叉点有 2 个未知数，共 $2n$ 个未知数，则求解方程组就可解出每个荷载在 x、y 方向上的分配值，然后按条形基础计算基础的内力。

3.5.2　节点类型和荷载分配公式

根据文克尔地基上无限长梁受集中荷载作用的解可知，随着距集中力作用点距离 d 的增加，梁的挠度迅速减小，当 $d = \pi/\lambda$ 时，该处的挠度为集中力作用点挠度的 4.3%，因此当柱距大于 π/λ 时，就可忽略相邻柱荷载的影响。根据无限长梁和半无限长梁的解，就可推导出各种节点类型的竖向荷载的分配计算公式。节点类型如图 3-43 所示。

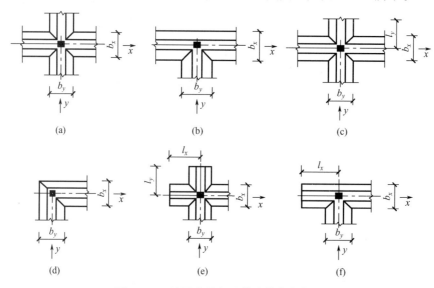

图 3-43　柱下交叉条形基础的节点类型

1. 内柱节点

内柱节点如图 3-43（a）所示，设 p_{ix}、p_{iy} 分别为 p_i 在 x、y 方向上的竖向荷载分配值，根据无限长梁的解，x 方向基础在 p_{ix} 作用下节点 i 处产生的沉降为

$$w_{ix} = \frac{p_{ix}\lambda_x}{2kb_x} = \frac{p_{ix}}{2kb_xS_x}$$

式中　b_x——x 方向的基础底面宽度；

S_x——x 方向的弹性特征长度，$S_x = \dfrac{1}{\lambda_x}$。

同理，y 方向基础在 p_{iy} 作用下 i 节点处产生的沉降为

$$w_{iy} = \frac{p_{iy}\lambda_y}{2kb_y} = \frac{p_{iy}}{2kb_yS_y}$$

式中　b_y——y 方向的基础底面宽度；

S_y——y 方向的弹性特征长度，$S_y = \dfrac{1}{\lambda_y}$。

由节点 i 的变形协调条件可得

$$\frac{p_{ix}}{2kb_xS_x} = \frac{p_{iy}}{2kb_yS_y}$$

由节点 i 的竖向荷载平衡条件可得

$$p_i = p_{ix} + p_{iy}$$

求解以上两个方程可解出：

$$p_{ix} = p_i \frac{b_xS_x}{b_xS_x + b_yS_y} \tag{3-58}$$

$$p_{iy} = p_i \frac{b_yS_y}{b_xS_x + b_yS_y} \tag{3-59}$$

2. 边柱节点

边柱节点如图 3-43（b）所示，节点荷载可分解为作用在无限长梁上的 p_{ix} 和作用在半无限长梁上的 p_{iy}。y 方向半无限基础在 p_{iy} 作用下节点 i 处产生的沉降为

$$w_{iy} = \frac{2p_{iy}\lambda_y}{kb_y} = \frac{2p_{iy}}{kb_yS_y}$$

同理可解出

$$p_{ix} = p_i \frac{4b_xS_x}{4b_xS_x + b_yS_y} \tag{3-60}$$

$$p_{iy} = p_i \frac{b_yS_y}{4b_xS_x + b_yS_y} \tag{3-61}$$

对于边柱有伸出悬臂的情况，如图 3-43（c）所示，悬臂长度 $l_y = (0.6 \sim 0.75)S_y$，节点 i 竖向荷载分配公式为

$$p_{ix} = p_i \frac{ab_xS_x}{ab_xS_x + b_yS_y} \tag{3-62}$$

$$p_{iy} = p_i \frac{b_y S_y}{\alpha b_x S_x + b_y S_y} \qquad (3-63)$$

式中 α——一个同 l/s 相关的量，见表 $3-5$。

3. 角柱节点

角柱节点如图 $3-43$（d）所示，柱荷载可分解为作用在两个半无限长梁上的荷载 p_{ix} 和 p_{iy}，根据半无限长梁理论解，可同理推出节点荷载的分配公式同式（$3-58$）、式（$3-59$）。

为减缓角柱节点处地基反力过于集中，常在两个方向伸出悬臂，如图 $3-43$（e）所示，当 $l_x = \xi S_x$，同时 $l_y = \xi S_y$，$\xi = 0.60 \sim 0.75$，则节点荷载的分配公式同式（$3-58$）、式（$3-59$）。

当角柱节点仅在一个 x 方向伸出悬臂，如图 $3-43$（f）所示，节点荷载的分配公式如下。

$$p_{ix} = p_i \frac{\beta b_x S_x}{\beta b_x S_x + b_y S_y} \qquad (3-64)$$

$$p_{iy} = p_i \frac{b_y S_y}{\beta b_x S_x + b_y S_y} \qquad (3-65)$$

式（$3-62$）~式（$3-65$）中的 α、β 由表 $3-5$ 查出。

表 3-5 α 和 β 数值

l/S	0.60	0.62	0.64	0.65	0.66	0.67	0.68	0.69	0.70	0.71	0.73	0.75
α	1.43	1.41	1.38	1.36	1.35	1.34	1.32	1.31	1.30	1.29	1.26	1.24
β	2.80	2.84	2.91	2.94	2.97	3.00	3.03	3.05	3.08	3.10	3.18	3.23

3.5.3 节点分配荷载的调整

按照以上方法进行柱荷载分配后，可分别按纵、横两个方向的条形基础计算，但这样做等于将在交叉点处基础底面重叠部分面积重复计算了一次，结果导致地基反力减小，致使计算结果偏于不安全，如图 $3-44$ 所示。故在节点荷载分配后还需进行调整。

设调整前的地基平均反力为

$$p = \frac{\sum P}{\sum A + \sum \Delta A} \qquad (3-66)$$

式中 $\sum P$——交叉条形基础上的竖向荷载的总和（kN）；

$\sum A$——交叉条形基础支承总面积（m²）；

$\sum \Delta A$——交叉条形基础节点处重叠部分面积之和（m²）。

调整后的地基平均反力为

$$p' = \frac{\sum P}{\sum A} \qquad (3-67)$$

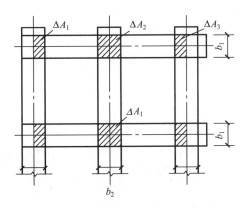

图 3 - 44　交叉点处基础底面重叠部分面积

结合式（3-66）得

$$p' = \frac{\sum A + \sum \Delta A}{\sum A} p = p + \frac{\sum \Delta A}{\sum A} p = p + \Delta p \qquad (3-68)$$

$$\Delta p = \frac{\sum \Delta A}{\sum A} p \qquad (3-69)$$

Δp 为地基反力增量，对节点 i，将 Δp 按对应的荷载 $\Delta A_i \cdot \Delta p$ 进一步在 x、y 方向梁上完成的竖向荷载分配值为

$$\begin{cases} \Delta p_{ix} = \dfrac{p_{ix}}{p_i} \cdot \Delta A_i \cdot \Delta p \\[2mm] \Delta p_{iy} = \dfrac{p_{iy}}{p_i} \cdot \Delta A_i \cdot \Delta p \end{cases} \qquad (3-70)$$

式中　Δp_{ix}、Δp_{iy}——分别为节点 i 在 x、y 方向梁上的竖向荷载分配值增量；
　　　　ΔA_i——节点 i 处基础的重叠面积。

于是，调整后节点 i 在 x、y 上的总的分配荷载为

$$\begin{cases} P'_{ix} = p_{ix} + \Delta p_{ix} \\[2mm] P'_{iy} = p_{iy} + \Delta p_{iy} \end{cases} \qquad (3-71)$$

3.6　筏 形 基 础

3.6.1　设计原则及构造要求

当上部结构荷载过大，地基承载力较低，采用十字交叉条形基础不能满足地基承载力要求时，就需要进一步加大基础与地基土体的接触面积，将基础扩大成支承整个结构的钢筋混凝土板，即筏形基础。筏形基础分为平板式和梁板式两种类型（图 3-45），其具体选型应根据地基土质、上部结构体系、柱距、荷载大小、使用要求及施工条件等因素确定。

平板式筏形基础具有施工简单、有利于空间利用等优点，在工程中应用普遍；但当柱荷载很大、地基不均匀或差异沉降较大时，板的厚度较大。框架-核心筒结构和筒中筒结构宜采用平板式筏形基础。梁板式筏形基础是由梁和板组成的双向板体系，与平板式筏形基础相比具有刚度大、节省材料等优点，其应用也十分普遍；其梁的设置，有底板处及顶板处两种方案。

筏形基础

(a) 实物图

A—A　　　C—C　　　D—D

(b) 平板式　　　(c) 梁板式(顶板设梁)　　　(d) 梁板式(底板设梁)

图 3-45　筏形基础

筏形基础的平面尺寸，应根据工程地质条件、上部结构的布置、地下结构底层平面及荷载分布等因素确定。对单幢建筑物，在地基土比较均匀的条件下，基础底面形心宜与结构竖向永久荷载重心重合；当不能重合时，在作用的准永久组合下，偏心距 e 宜符合下式规定。

$$e \leqslant 0.1W/A \tag{3-72}$$

式中　W——与偏心距方向一致的基础底面边缘抵抗矩（m^3）；

　　　　A——基础底面积（m^2）。

对四周与土层紧密接触带地下室外墙的整体式筏形基础，当地基持力层为非密实的土和岩石，场地类别为Ⅲ类和Ⅳ类，抗震设防烈度为 8 度和 9 度，结构基本自振周期处于特征周期的 1.2～5 倍范围时，按刚性地基假定计算的基础底面水平地震剪力、倾覆力矩可按相应设防烈度分别乘以 0.90 和 0.85 的折减系数。筏形基础的混凝土强度等级不应低于 C30，当有地下室时应采用防水混凝土，其抗渗等级按表 3-6 选用。对重要建筑物，宜采用自防水并设置架空排水层。

表 3-6　防水混凝土抗渗等级

埋置深度 d/m	设计抗渗等级	埋置深度 d/m	设计抗渗等级
$d<10$	P6	$20 \leqslant d < 30$	P10
$10 \leqslant d < 20$	P8	$d \geqslant 30$	P12

采用筏形基础的地下室，钢筋混凝土外墙厚度不应小于 250mm，内墙厚度不宜小于 200mm。墙的截面设计除满足承载力要求外，还应考虑变形、抗裂及外墙防渗等要求。墙体内应设置双面钢筋，钢筋不宜采用光圆钢筋，水平钢筋的直径不应小于 12mm，竖向钢筋的直径不应小于 10mm，间距不应大于 200mm。

3.6.2　筏形基础计算

1. 基础底面积计算

筏形基础的平面尺寸应根据地基土体的承载力、上部结构的布置及荷载分布等因素，通过计算确定。在上部结构荷载和基础自重的作用下，按正常使用极限状态下的荷载效应标准组合验算时，筏形基础的基础底面压力应满足以下公式，其中在轴心荷载作用时，要求为

$$p_k \leqslant f_a \tag{3-73}$$

在偏心荷载作用时，除满足上式外，还应满足以下要求。

$$p_{kmax} \leqslant 1.2 f_a \tag{3-74}$$

式中　p_k、p_{kmax}——分别为相应于荷载效应标准组合时的基础底面平均压力值和基础底面边缘最大压力值（kPa）。

对于抗震设防的建筑，应验算筏形基础的抗震承载力，并满足下列要求。

$$p_k \leqslant f_{aE} \tag{3-75}$$

$$p_{kmax} \leqslant 1.2 f_{aE} \tag{3-76}$$

$$f_{aE} = \xi_a f_a \tag{3-77}$$

式中　p_k、p_{kmax}——分别为相应于地震效应标准组合时的基础底面平均压力值和基础底面边缘最大压力值（kPa）；

f_{aE}——调整后的地基抗震承载力（kPa）；

ξ_a——地基抗震承载力系数，按现行《建筑抗震设计规范》中的有关规定取用。

2. 筏形基础内力计算

筏形基础内力计算方法目前主要有两大类，一类是不考虑地基基础共同作用的简化方

法，另一类是考虑地基基础共同作用的计算方法。不考虑地基基础共同作用的简化方法代表性的有刚性板条法、倒楼盖法和弹性板法等。《建筑地基基础设计规范》中规定：当地基土比较均匀、地基压缩层范围内无软弱土层或可液化土层、上部结构刚度较好、柱网和荷载较均匀、相邻柱荷载及柱间距的变化不超过20%，且梁板式筏形基础梁的高跨比或平板式筏形基础板的厚跨比不小于1/6时，筏形基础可仅考虑局部弯曲作用；筏形基础的内力，可按基础底面反力直线分布进行计算，计算时基础底面反力应扣除底板自重及其上填土的自重。当不满足上述要求时，筏板内力可按弹性地基梁板方法进行计算。

刚性板条法适用于柱距均匀、相邻柱荷载变化不超过20%，筏板较厚，相对于地基可视为刚性板，受荷载后基础底面保持平面的情况，基础底面反力可按下式计算。

$$p_k(x,y) = \frac{F_k + G_k}{A} \pm \frac{M_{xk}}{I_x} y \pm \frac{M_{yk}}{I_y} x \qquad (3-78)$$

式中　$p_k(x,y)$——基础底面上任意一点（x，y）处的基础底面反力（kPa）；

$\quad\quad F_k$、G_k——分别为上部结构传下来的荷载标准值、基础及上部填土的自重标准
值（kN）；

$\quad\quad M_{xk}$、M_{yk}——分别为作用于 x、y 轴方向的力矩标准值（kN·m）；

$\quad\quad I_x$、I_y——分别为基础底面对 x、y 轴的惯性矩（m⁴）。

求筏板内力时，可将筏板分为互相垂直的板条，板条间互不影响；板条上面作用柱荷载，可用式（3-78）求得作用于板条上的基础底面反力，然后用静力分析法计算截面内力。

倒楼盖法是一种应用较广的求解筏形基础内力的简化方法。该法将筏形基础视为一放置在地基上的楼盖，柱或墙视为楼盖的支座，地基净反力视为作用在该楼盖上的外荷载，按混凝土结构中的单向或双向梁板的肋梁楼盖、无肋梁楼盖的方法进行计算。

3. 筏形基础结构承载力计算

（1）平板式筏形基础的抗冲切承载力。

平板式筏形基础的板厚应满足受冲切承载力的要求。在平板式筏形基础柱下冲切验算时，应考虑作用在冲切临界截面重心上的不平衡弯矩产生的附加剪力，如图3-46所示。对基础边柱和角柱冲切验算时，其冲切系数应分别乘以1.1和1.2的增大系数。距离柱边 $h_0/2$ 处冲切临界截面的最大剪应力 $\tau_{\max}$ 按式（3-79）计算，其中板的最小厚度（高度）不应小于500mm。

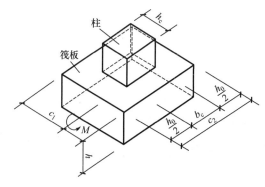

图 3-46　内柱冲切临界截面

$$\begin{cases} \tau_{max} = \dfrac{F_1}{u_m h_0} + \alpha_s \dfrac{M_{unb} c_{AB}}{I_s} \\ \tau_{max} \leqslant 0.7(0.4 + 1.2/\beta_s)\beta_{hp} f_t \\ \alpha_s = 1 - \dfrac{1}{1 + \dfrac{2}{3}\sqrt{\dfrac{c_1}{c_2}}} \end{cases} \qquad (3-79)$$

式中　F_1——相应于作用的基本组合时的冲切力（kN）。对内柱，取轴力设计值减去筏板冲切破坏锥体内的基础底面净反力设计值；对边柱和角柱，取轴力设计值减去筏板冲切临界截面范围内的基础底面净反力设计值；

u_m——距柱边缘不小于 $h_0/2$ 处冲切临界截面的最小周长（m），对于内柱 $u_m = 2c_1 + 2c_2$，$c_1 = h_c + h_0$，$c_2 = b_c + h_0$ ［其中 h_c 为与弯矩作用方向一致的柱截面的边长（m），b_c 为垂直于 h_c 的柱截面边长（m）］；

h_0——筏板的有效高度（m）；

M_{unb}——作用在冲切临界截面重心上的不平衡弯矩设计值（kN·m）；

c_{AB}——沿弯矩作用方向，从冲切临界截面重心至冲切临界截面最大剪应力点的距离（m），对于内柱 $c_{AB} = c_1/2$；

I_s——冲切临界截面对其重心的极惯性矩（m^4），对于内柱 $I_s = \dfrac{c_1 h_0^3}{6} + \dfrac{c_1^3 h_0}{6}$ $+ \dfrac{c_2 h_0 c_1^2}{2}$；

β_s——柱的长边与短边的比值。当 $\beta_s < 2$ 时，β_s 取 2；当 $\beta_s > 4$ 时，β_s 取 4；

β_{hp}——受冲切承载力截面高度影响系数。当 $h \leqslant 800\text{mm}$ 时，取 $\beta_{hp} = 1.0$；当 $h \geqslant 2000\text{mm}$ 时，取 $\beta_{hp} = 0.9$；其间按线性内插法取值；

f_t——混凝土轴心抗压强度设计值（kPa）；

α_s——不平衡弯矩通过冲切临界截面上的偏心剪力来传递的分配系数；

c_1——与弯矩作用方向一致的冲切临界截面的边长（m）；

c_2——垂直于 c_1 的冲切临界截面的边长（m）。

2）平板式筏形基础的抗剪切承载力。

平板式筏形基础的抗剪切承载力按式（3-80）验算。当筏板的厚度大于 2000mm 时，宜在板厚中间部位设置直径不小于 12mm、间距不大于 300mm 的双向钢筋网。

$$V_s \leqslant 0.7\beta_{hs} f_t b_w h_0 \qquad (3-80)$$

式中　V_s——相应于作用的基本组合时，基础底面净反力平均值产生的距内筒或柱边缘 h_0 处筏板单位宽度的剪力设计值（kN）；

b_w——筏板计算截面单位宽度（m）；

h_0——距内筒或柱边缘 h_0 处筏板的有效高度（m）。

【**例 3-5**】　如图 3-47 所示，某高层建筑的平板式筏形基础，柱为底层内柱，其截面尺寸为 600mm×1650mm；筏板采用 C30 混凝土，相应于效应的基本组合时的地基净反力为 242kPa，柱子轴力为 16000kN，弯矩为 200kN·m；筏板厚度为 1.2m，局部板厚为 1.8m。试验算柱边 $h_0/2$ 处的冲切临界截面上的受冲切承载力（保护层厚度取 50mm，混凝土轴心抗压强度设计值 $f_t = 1430\text{kPa}$）。

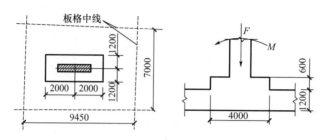

图 3-47 例 3-5 图

【解】 根据《建筑地基基础设计规范》的规定，计算得

$$c_1 = h_c + h_0 = [1.65 + (1.8 - 0.05)]\text{m} = 3.4\text{m} < 4\text{m}$$

$$c_2 = b_c + h_0 = [0.6 + (1.8 - 0.05)]\text{m} = 2.35\text{m} < 2.4\text{m}$$

$$u_m = 2c_1 + 2c_2 = 2(2.35 + 3.4) = 11.5$$

$$c_{AB} = c_1/2 = 1.7\text{m}, \quad \beta_s = h_c/b_c = 1.65/0.6 = 2.75$$

$$I_s = \frac{c_1 h_0^3}{6} + \frac{c_1^3 h_0}{6} + \frac{c_2 h_0 c_1^2}{2} = \frac{3.4 \times 1.75^3}{6} + \frac{3.4^3 \times 1.75}{6} + \frac{2.35 \times 1.75 \times 3.4^2}{2} = 38.27(\text{m}^2)$$

$$\alpha_s = 1 - \frac{1}{1 + \frac{2}{3}\sqrt{\frac{c_1}{c_2}}} = 1 - \frac{1}{1 + \frac{2}{3}\sqrt{\frac{3.4}{2.35}}} = 0.445$$

$$F_1 = 16000 - 242 \times (1.65 + 2 \times 1.75)(0.6 + 2 \times 1.75) = 10890(\text{kN})$$

$$\tau_{max} = \frac{F_1}{u_m h_0} + \alpha_s \frac{M_{unb} c_{AB}}{I_s} = \frac{10890}{11.5 \times 1.75} + 0.445 \times \frac{200 \times 1.7}{38.27} = 545.1(\text{kPa})$$

$$\beta_{hp} = 1 - \frac{h - 800}{1200} \times (1.0 - 0.9) = 1 - \frac{1800 - 800}{1200} \times (1.0 - 0.9) = 0.917$$

按式（3-79）验算如下。

$$\tau_{max} \leqslant 0.7(0.4 + 1.2/\beta_s)\beta_{hp} f_t$$
$$= 0.7(0.4 + 1.2/2.75) \times 0.917 \times 1.43 \times 10^3 = 767.7(\text{kPa})$$

所以筏板满足抗冲切承载力要求。

（3）梁板式筏形基础的抗冲切承载力。

梁板式筏形基础底板受冲切承载力应按下式验算。

$$F_1 \leqslant 0.7\beta_{hp} f_t u_m h_0 \tag{3-81}$$

式中　F_1——相应于作用的基本组合时，图 3-48（a）中阴影部分面积上的基础底面平均
　　　　净反力设计值（kN）。

当底板区格为矩形双向板时，底板受冲切所需要的厚度 h_0 应按下式计算，其底板厚
度与最大双向板格的短边净跨之比不应小于 1/14，且板厚不应小于 400mm。

$$h_0 = \frac{(l_{n1} + l_{n2}) - \sqrt{(l_{n1} + l_{n2})^2 - \frac{4 p_n l_{n1} l_{n2}}{p_n + 0.7\beta_{hp} f_t}}}{4} \tag{3-82}$$

式中　l_{n1}、l_{n2}——计算板格的短边和长边的净长度（m）；

　　　　p_n——扣除底板及其上填土自重后，相应于作用的基本组合时的基础底面平均

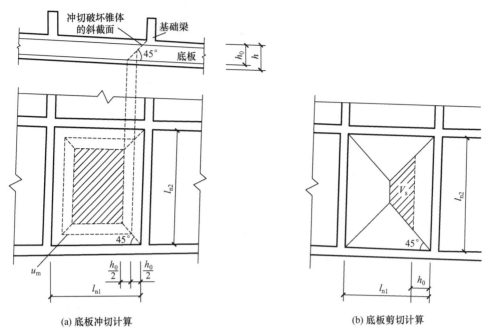

(a) 底板冲切计算　　　　　　　　(b) 底板剪切计算

图 3 - 48　底板受冲切和剪切示意图

净反力设计值（kPa）。

（4）梁板式筏形基础的抗剪切承载力验算。

梁板式筏形基础底板受剪切承载力应按下式计算。

$$V_s \leqslant 0.7\beta_{hs}f_t(l_{n2}-2h_0)h_0 \tag{3-83}$$

式中　V_s——距基础梁边 h_0 处作用在图 3 - 48（b）中阴影部分面积上的基础底面平均净反力产生的剪力设计值（kN）。

【**例 3 - 6**】　某梁板式筏形基础，板格尺寸为 $l_{n1} \times l_{n2} = 4\text{m} \times 6\text{m}$，梁板厚度为 0.5m，钢筋保护层厚度为 50mm；混凝土轴心抗压强度设计值 $f_t = 1.2\text{MPa}$，相应于作用的基本组合时的地基土单位面积净反力设计值为 250kPa。试验算底板受冲切承载力是否满足要求，若不满足，试计算底板受冲切所需的厚度 h；若满足，试计算底板所需最小厚度 h，并验算此时的底板斜截面受剪切承载力是否满足要求。

【**解**】　根据《建筑地基基础设计规范》进行计算。

（1）验算底板受冲切承载力。

$h_0 = 0.5 - 0.05 = 0.45(\text{m})$

$F_l = (l_{n1} - 2h_0)(l_{n2} - 2h_0)p_j = (4 - 2\times 0.45)(6 - 2\times 0.45)\times 250 = 3952.5(\text{kN})$

$\beta_{hp} = 1.0$

$u_m = 2(l_{n1} + l_{n2} - 2h_0) = 2(4 + 6 - 2\times 0.45) = 18.2(\text{m})$

$0.7\beta_{hp}f_t u_m h_0 = 0.7\times 1.0\times 1.2\times 10^3\times 18.2\times 0.45 = 6879.6\text{kN}$

$> F_l = 3952.5\text{kN}$

所以抗冲切承载力满足要求。

（2）底板所需要的最小有效厚度为

$$h_0 = \frac{(l_{n1}+l_{n2})-\sqrt{(l_{n1}+l_{n2})^2-\dfrac{4p_n l_{n1} l_{n2}}{p_n+0.7\beta_{hp}f_t}}}{4}$$

$$= \frac{(4+6)-\sqrt{(4+6)^2-\dfrac{4\times250\times4\times6}{250+0.7\times1.0\times1200}}}{4} = 0.29(\text{m})$$

$$h = h_0 + 0.05\text{m} = 0.34\text{m} < 0.4\text{m}$$

所以取最小厚度 $h = 0.4\text{m} = 40\text{mm}$。

验算底板受剪切承载力如下。

$$\beta_{hs} = 1.0$$

$$V_s = \frac{1}{2}\left[(l_{n2}-l_{n1})+(l_{n2}-2h_0)\right]\times\left(\frac{l_{n1}}{2}-h_0\right)p_j$$

$$= \frac{1}{2}\left[(6-4)+(6-2\times0.35)\right]\times\left(\frac{4}{2}-0.35\right)\times250\text{kN}$$

$$= 1505.6\text{kN}$$

$$0.7\beta_{hs}f_t(l_{n2}-2h_0)h_0 = 0.7\times1.0\times1200\times(6-2\times0.35)\times0.35\text{kN}$$

$$= 1558.2\text{kN} > 1505.6\text{kN}$$

所以受剪切承载力满足要求。

3.7　箱　形　基　础

3.7.1　箱形基础的特点与构造要求

随着建筑物高度的增加，建筑物传至基础上的荷载增大，为了满足基础刚度的要求，可采用如图 3-49 所示的空间受力系统，即箱形基础。箱形基础是由顶板、底板、外墙和一定数量的纵横内隔墙等组成的一种整体刚度较好的空间整体结构，具有如下特点：①刚度和整体性好，能有效地调整基础的不均匀沉降，常用于上部结构荷载大、地基土体软弱且分布不均匀的情况；②由于箱形基础的埋深较大，土体对其具有良好的嵌

箱形基础

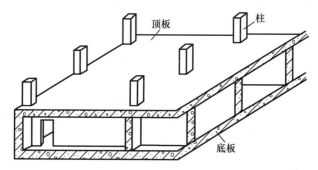

图 3-49　箱形基础

固和补偿效应，因而具有较好的抗震效果和补偿性，是目前高层建筑中经常采用的基础类型之一。

箱形基础的平面尺寸应根据地基承载力、上部结构的布置及荷载分布等条件综合确定，并应尽量使箱形基础底面形心与结构竖向永久荷载合力作用点重合。当偏心距较大时，可通过调整箱形基础底板外伸悬挑长度的办法进行调整，不同的边缘部位宜采用不同的悬挑长度，尽量使其偏心效应最小为好。箱形基础的内外墙应沿上部结构柱网和剪力墙纵横墙均匀布置，墙体水平截面总面积不宜小于箱形基础外墙外包水平投影面积的 1/10；对基础长宽比大于 4 的箱形基础，其纵横墙水平截面面积不得小于箱形基础外墙外包水平投影面积的 1/18。箱形基础的高度应满足结构承载力、整体刚度和使用功能的要求，其值不宜小于箱形基础长度（不包括基础悬挑部分）的 1/20，并不宜小于 3m。箱形基础的埋深应满足抗倾覆和抗滑移的要求。在抗震设防区，其埋深不宜小于建筑物高度的 1/15，同时基础高度要满足做地下室的使用要求，净高不宜小于 2.2m。箱形基础墙体厚度应根据实际受力情况确定，外墙不应小于 250mm，通常为 250~400mm，内墙不宜小于 200mm，通常为 200~300mm。墙体一般采用双向、双层配筋，无论竖向、横向，其配筋均不宜小于 Φ10@200，除了上部结构为剪力墙外，箱形基础顶部均宜配置两根以上不小于 20mm 的通长构造钢筋。箱形基础中应尽量少开洞口，必须开设洞口时，门洞应设在柱间居中位置，洞边至上层柱中心的水平距离不宜小于 1.2m，洞口上过梁的高度不宜小于层高的 1/5，洞口面积不宜大于柱距与箱形基础全高乘积的 1/6。墙体洞口四周应设置加强钢筋。箱形基础的混凝土强度等级不应低于 C20，抗渗等级不应小于 0.6MPa。

3.7.2 基础底面反力和基础内力计算

1. 箱形基础基础底面反力

影响箱形基础基础底面反力分布的因素很多，如建筑物荷载分布及大小、基础的埋深、基础底面平面的形状和尺寸、基础和上部结构的刚度、相邻建筑物的影响、地基土的性质及施工条件等，因此，精确确定基础底面反力的分布是比较困难的。目前关于箱形基础基础底面反力分布的确定，应用较多的是根据现行的《高层建筑筏形与箱形基础技术规范》（JGJ 6—2011）中所给出的基础底面反力系数表法，该表是依据实测反力资料整理编制的。计算时，将箱形基础底面划分为若干个区格，每个区格的基础底面反力 p_i 按下式计算。

$$p_i = \frac{\sum F + G}{BL} \alpha_i \tag{3-84}$$

式中　$\sum F$——上部结构竖向荷载的总和（kN）；

　　　G——箱形基础自重及挑出部分台阶上的土重（kN）；

　　　B、L——箱形基础的宽度和长度（m）；

　　　α_i——地基反力系数，由《高层建筑筏形与箱形基础技术规范》附录3确定。

2. 箱形基础内力

箱形基础除了承受上部结构传来的荷载及地基不均匀反力引起的整体弯曲外，其顶、底板还承受由顶板荷载、地基反力产生的局部弯曲。基础内力应按同时考虑整体弯曲及局部弯曲叠加而得，合理的分析方法应考虑地基、基础和上部结构的共同工作，但由此导致计算复杂。在总结箱形基础研究成果和设计经验的基础上，《高层建筑筏形与箱形基础技术规范》对箱形基础的内力计算做了如下规定。

（1）当基础压缩层深度范围内的土层在竖向和水平方向较均匀，且上部结构为平立面布置较规则的剪力墙、框架、框架–剪力墙体系时，箱形基础的顶、底板可仅按局部弯曲计算，计算时顶板按实际荷载，底板按基础底面反力计算。根据顶、底板上的荷载和板的支承条件，按与筏形基础内力计算类似的双向板分析方法来进行计算。计算时，考虑到箱形基础整体弯曲的影响，钢筋配置量除满足按上述计算的要求外，纵横方向的支座钢筋还应有 1/3～1/2 贯通全跨，且贯通钢筋的配筋率分别不应小于 0.15%、0.1%；跨中钢筋应按实际配筋全部连通。

（2）对不符合上述条件的箱形基础，其内力计算应同时考虑整体弯曲和局部弯曲的作用。整体弯曲应按上部结构与箱形基础共同作用计算，计算时，将上部结构的刚度折算成等效抗弯刚度，然后将整体弯曲产生的弯矩按基础刚度占总刚度的比例分配到基础；局部弯曲产生的弯矩乘以 0.8 的折减系数，叠加到整体弯曲的弯矩中去。箱形基础承受的整体弯矩可按下列公式计算（图 3–50）。

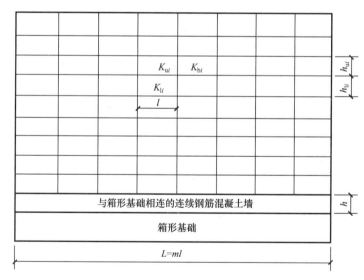

图 3–50　箱形基础上部结构总折算刚度计算参数简图

$$M_F = M \frac{E_F I_F}{E_F I_F + E_B I_B} \tag{3-85}$$

$$E_B I_B = \sum_{i=1}^{n} \left[E_b I_{bi} \left(1 + \frac{K_{ui} + K_{1i}}{2K_{bi} + K_{ui} + K_{li}} m^2 \right) \right] + E_w I_w \tag{3-86}$$

式中　　M_F——箱形基础承受的整体弯矩（kN·m）；

M——建筑物整体弯曲产生的弯矩（kN·m），可按静定梁分析或采用其他有效方法计算；

$E_F I_F$——箱形基础的刚度（kN·m²），其中 E_F 为箱形基础的混凝土弹性模量，I_F 为按工字形截面计算的箱形基础截面惯性矩，工字形截面的上、下翼缘宽度分别为箱形基础顶、底板的全宽，腹板厚度为在弯曲方向的墙体厚度的总和；

$E_B I_B$——上部结构的总折算刚度（kN·m²）；

E_b——梁、柱的混凝土弹性模量（kN/m²）；

K_{ui}、K_{li}、K_{bi}——分别为第 i 层上柱、下柱和梁的线刚度（m³），其值分别为 $\dfrac{I_{ui}}{h_{ui}}$、$\dfrac{I_{li}}{h_{li}}$、$\dfrac{I_{bi}}{l}$；

I_{ui}、I_{li}、I_{bi}——第 i 层上柱、下柱和梁的截面惯性矩（m⁴）；

h_{ui}、h_{li}——分别为第 i 层上柱和下柱的高度（m）；

L、l——分别为上部结构弯曲方向的总长度和柱距（m）；

E_W——在弯曲方向与箱形基础相连的连续钢筋混凝土墙的弹性模量（kN/m²）；

I_W——在弯曲方向与箱形基础相连的连续钢筋混凝土墙的截面惯性矩（m⁴），其值为 $\dfrac{th^3}{12}$；

t、h——分别为在弯曲方向与箱形基础相连的连续钢筋混凝土墙体厚度总和和墙体高度（m）；

m——在弯曲方向的节间数；

n——建筑物层数，不大于 8 层时取实际层数，大于 8 层时取 8。

本 章 小 结

本章对上部结构同基础和地基三者间的相互作用、三种地基模型的选择、弹性地基梁的理论与数值计算、静定分析法及倒梁法的计算等进行了详细的论述，也对柱下条形基础、柱下交叉条形基础、筏形基础及箱形基础的设计原则、构造要求与计算简化方法进行了详述。

本章的重点在于对柱下条形基础、柱下交叉条形基础、筏形基础及箱形基础等的设计与计算方法的掌握。

习　　题

一、选择题

1. 传统的建筑结构设计计算的基础弯矩（　　），上部结构的内力（　　）。

A. 较小，较小　　　　　　　　　B. 较大，较小

C. 较小、较大　　　　　　　　　D. 较大，较大

2. 绝对刚性的上部结构导致的基础整体弯曲（　　）基础局部弯曲。

A. 大于　　　　　　　　B. 等于　　　　　　　　C. 小于

3. 完全柔性的上部结构导致的基础整体弯曲（　　）基础局部弯曲。

A. 大于　　　　　　　　B. 等于　　　　　　　　C. 小于

4. 对无限长梁，集中荷载的作用点离梁两端的距离（　　）π/λ。

A. 大于　　　　　　　　B. 等于　　　　　　　　C. 小于

二、简答题

1. 简述地基、基础和上部结构共同作用的原理。

2. 什么叫文克尔地基模型？用公式表示之。

3. 如何区分短梁、有限长梁与无限长梁？

4. 静定分析法的基本假定是什么？如何用静定分析法计算梁的内力？

5. 倒梁法的基本假定是什么？如何用倒梁法计算梁的内力？

6. 若不考虑上部结构作用，可以用什么方法计算地基梁的内力？

7. 简述柱下交叉基础的荷载分配原则。

8. 描述箱形基础的基础底面压力的分布形式。

三、计算题

1. 某建筑物的荷载与柱距如图 3-51 所示，基础的宽度为 1m，边柱荷载 1252kN，内柱荷载 1838kN，悬臂 1.1m。①试按静定分析法计算基础的剪力与弯矩；②按倒梁法计算基础的剪力与弯矩。

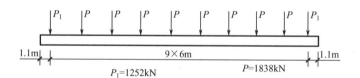

$P_1=1252kN$　　　　　　　　　　$P=1838kN$

图 3-51　计算题 1 图

2. 如图 3-52 所示，某有限长梁为一钢筋混凝土条形基础，其承受对称柱荷载，基础抗弯刚度 $E_cI = 4.3 \times 10^6 kPa \cdot m^4$，长 $L = 17m$，基础底面宽 $b = 2.5m$；地基土的压缩模量 $E_s = 10MPa$，基岩位于基础底面以下 5m。试计算基础中点 C 处的挠度、弯矩和基础底面净反力。

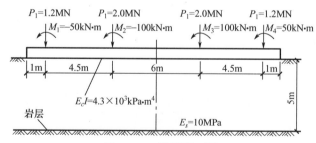

$P_1=1.2MN$　　　$P_1=2.0MN$　　　$P_1=2.0MN$　　　$P_1=1.2MN$
$M_1=-50kN \cdot m$　$M_2=-100kN \cdot m$　$M_3=100kN \cdot m$　$M_4=50kN \cdot m$

1m　4.5m　6m　4.5m　1m

$E_cI=4.3 \times 10^3 kPa \cdot m^4$

岩层　　　　　　　$E_s=10MPa$

图 3-52　计算题 2 图

第4章

桩基础和沉井基础

 教学目标

本章主要讲述桩基础的种类、适用条件，单桩及群桩基础的计算，桩基础的设计，沉井基础的概念、类型、构造、适用条件、设计计算方法及施工方法与技术。通过本章学习，应达到以下目标。

(1) 熟悉桩基础的特点及适用性，竖向荷载下单桩的工作性能。

(2) 了解桩基础的质量通病及检测方法。

(3) 掌握单桩竖向及水平承载力的确定。

(4) 掌握群桩基础承载力的计算。

(5) 掌握桩基础设计的有关内容。

(6) 掌握沉井基础的概念、类型、构造及适用条件。

(7) 熟悉沉井基础的设计计算方法。

(8) 了解沉井基础的施工方法与技术。

教学要求

知识要点	能力要求	相关知识
桩基础的种类、特点、适用性及质量检测	(1) 熟悉桩基础的分类、特点及适用性 (2) 了解桩基础的质量通病及质量检测方法 (3) 熟悉竖向荷载下单桩的工作性能	(1) 桩基础的概念、分类方法 (2) 桩基础的静测及动测方法 (3) 桩的荷载传递，极限侧摩阻力和极限端阻力的深度效应，负摩阻力
单桩承载力的计算	(1) 掌握单桩竖向极限承载力和承载力特征值的确定 (2) 熟悉单桩水平承载力特征值和位移的确定	(1) 单桩极限承载力和承载力特征值的概念 (2) 静载荷试验，临界荷载和极限荷载 (3) 地基土的水平抗力及抗力系数 (4) 桩顶水平位移、桩身最大弯矩

续表

知识要点	能力要求	相关知识
群桩基础的计算	(1) 掌握群桩基础竖向承载力的计算 (2) 熟悉群桩基础水平承载力的计算 (3) 熟悉群桩基础抗拔承载力及由负摩阻力产生的下拉荷载计算 (4) 熟悉桩基础的沉降计算 (5) 了解疏桩基础及变刚度设计	(1) 承台下土体分担荷载的作用，承台效应、群桩效应的含义 (2) 复合基桩的概念 (3) 持力层、软弱下卧层、桩顶作用效应 (4) 沉降经验系数、等效沉降系数
桩基础的设计	(1) 熟悉桩基础设计的内容和步骤 (2) 了解桩身构造要求、配筋计算等桩身结构设计 (3) 了解承台的构造要求，掌握承台的抗弯、抗剪、抗冲切承载力等的验算 (4) 熟悉桩基础施工图的内容	(1) 构造要求，配筋计算 (2) 矩形独立承台、阶梯形独立承台、锥形承台 (3) 冲切破坏、冲切系数、冲跨比 (4) 剪切破坏、剪切系数、剪跨比
沉井基础的类型与构造	(1) 掌握沉井的类型、作用及适用条件 (2) 掌握沉井基础的构造形式	(1) 沉井及其特点 (2) 沉井的类型及适用条件 (3) 沉井基础的构造形式
沉井基础的设计计算	(1) 熟悉沉井基础设计的内容和方法； (2) 掌握沉井深基础和沉井结构的设计内容和方法	(1) 沉井深基础的地基承载力与变形验算 (2) 沉井的稳定性验算 (3) 沉井结构的强度计算
沉井基础施工方法与技术	(1) 了解旱地和水中沉井施工工艺与方法 (2) 了解沉井辅助施工技术 (3) 了解沉井施工中特殊问题的处理技术	(1) 旱地沉井施工工序与方法 (2) 水中沉井施工工序与方法 (3) 泥浆套和空气幕辅助施工技术 (4) 沉井偏斜、难沉、突沉和流砂问题处理

基本概念

单桩、基桩、复合基桩、桩基础、承载力极限值、承载力特征值、群桩效应、负摩阻力、摩擦桩、端承桩、地基土的水平抗力、冲切破坏、剪切破坏、持力层、软弱下卧层、沉降经验系数、等效沉降系数、疏桩基础、变刚度设计、沉井、井壁、刃脚、围堰、纠偏。

引例

某城市新区拟建一栋15层框架结构的办公楼，其场地位于临街地块居中部位，无其他邻近建筑物，地层层位稳定。由地面向下的地质条件如下：第一层为杂填土，厚度约1.1m；第二层为淤泥质土，厚度为2.9m；第三层为粉质黏土，厚度为9.0m；其下为基岩。上部结构通过柱子传下来的轴向力为 $N=$

6000kN，剪力为 $Q=100$kN，弯矩为 $M=700$kN·m。由于场地的第二层为软弱的淤泥质土，且其埋深较浅，所以不适合采用浅基础。而桩基础是一种承载力高、稳定性好、沉降及差异沉降小、抗震能力强的基础形式，可适用于各种复杂地质条件，在高耸及高层建筑中应用广泛。根据本例拟建建筑物和场地的实际情况，办公楼的基础适宜采用桩基础。最终该工程采用长度为 16m、截面尺寸为 400mm×400mm 的混凝土预制方桩来构建基础。工程建成后 5 年，实测得到建筑物的沉降量只有 1.8cm，运行良好。

4.1　概　　述

当建筑场地浅层地基土质不良，无法满足建筑物对地基承载力、变形和稳定性的要求，而又不适于采取地基处理措施时，可采用利用深部较为坚实的土层或岩层作为地基持力层的深基础方案。深基础主要有桩基础、沉井基础、墩基础和地下连续墙等形式，其中以桩基础历史最为悠久，应用也最为广泛。桩基础是一种承载力高、稳定性好、沉降及差异沉降小、抗震能力强的基础形式，可适用于各种复杂地质条件，在高耸及高层建筑、道路桥梁、港口码头护岸、近海钻采平台结构、支挡结构及抗震等工程中得到越来越广泛的应用，可承受竖向抗压荷载，以及侧向风力、波浪力、土压力、地震力、车辆制动力和抗拔力等，如图 4-1 所示。通常桩基础由桩和承台两部分组成，通过承台把若干根桩联成一个整体来共同承担荷载。

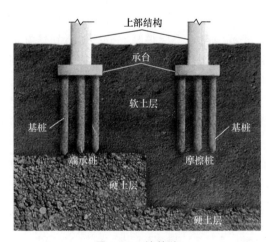

图 4-1　桩基础

近年来，随着科技的发展，桩的种类和形式、施工机具、施工工艺、桩基础设计理论和方法等也在高速发展。目前我国桩基础最大直径已超过 5m，最大入土深度已达 107m。但我国目前关于桩基础设计的理论和方法还不统一，本章中的设计方法和构造要求主要依据《建筑桩基技术规范》（JGJ 94—2008）和《建筑地基基础设计规范》及其他有关资料。

4.1.1　桩基础的特点及适用性

桩是一种垂直或稍倾斜布置于地基中、长细比很大的杆状构件，其功能是将上部结构的荷载传递到深层地基中。在土木建筑领域，桩主要通过侧摩阻力和端阻力的发挥来承担竖向荷载；在桥梁、码头、近海钻采平台等工程中的桩基，既要承担竖向荷载，还要承担水平荷载、动荷载等，此时通常会设置一些斜桩以抵御更大的水平荷载。

与天然地基上的浅基础相比，虽然桩基础的造价较高，但它可以大幅度提高地基承载力，减小沉降，还可以承担水平荷载和抗拔荷载，同时还具有较好的抗震（振）性能，所以其应用范围很广泛。一般在下述情况下考虑选用桩基础方案。

（1）上部荷载较大，地基上层土质差，只有在深部才有能满足承载力要求的持力层。

（2）地基软弱或地基软硬不均，不能满足上部结构对变形或不均匀变形的要求，为了减小基础沉降或差异沉降，利用较少的桩将部分荷载传递到地基深部，并按沉降控制设计，即采用所谓的减沉复合疏桩基础。

（3）地基软弱，而采用地基加固措施技术上不可行或经济上不合理。

（4）作用有较大的水平力或力矩的高耸结构（如烟囱、水塔等）的基础，或需要承受较大水平荷载的情况，如风、浪、水平土压力、地震荷载等。

（5）地下水位高，采用其他基础形式要进行深基坑开挖和人工降水而不经济，或对环境有不利影响；或者位于水中的构筑物基础，如桥梁、码头、近海钻采平台等。

（6）需要减弱其振动影响的动力机械基础。

（7）地基土性质不稳定，如液化土、湿陷性黄土、季节性冻土、膨胀土等，采用桩基础可将荷载传至深部较好土层，以保证建筑物的稳定。

当地基上层土质软弱，而桩端处土质较好的情况下，最适宜采用桩基础，把上部结构的荷载通过桩传递到深部桩端持力层处；反之，若上层土质较好，而桩端处土质软弱，则不宜采用桩基础。如果桩长范围内软土层很厚，桩端达不到良好地层时，桩基础设计时应考虑基础沉降的问题。目前桩基础设计思想已由过去的承载力控制逐步向承载力和变形双重控制甚至是变形控制的方向发展，《建筑桩基技术规范》中给出了软土地基减沉复合疏桩基础的概念，即当软土地基上多层建筑，其地基承载力基本满足要求时，可设置穿过软土层进入相对较好土层的疏布摩擦型桩，由桩和桩间土共同分担荷载，并给出了沉降计算公式。大量的工程实践推动桩基础的设计和施工达到了较高的水平，但由于桩基础的传力机理复杂，目前有很多问题尚待研究，在实践中，由于勘察不详或者设计施工不当而导致的工程事故也常有发生。因此，详细勘察、慎重选择方案、合理设计、精心施工，仍然是桩基础工程应遵循的原则。

4.1.2 高层建筑桩基础的基本形式

桩基础的布置形式主要取决于上部结构的形式与布置、地质条件和桩型等方面。高层建筑桩基础的结构灵活多样，主要有桩柱基础、桩梁基础、桩墙基础、桩筏基础和桩箱基础等，下面介绍其特点和适用条件。

（1）桩柱基础。

桩柱基础形式有一柱一桩或一柱多桩。为了加强基础结构的整体性和提高桩基抵抗水平荷载的能力，应用时通常在各个桩柱基础之间设置拉梁，或将地下室底板适当加强。桩柱基础中的桩一般为端承桩，其调整差异沉降的能力稍差，适用于框剪、框支剪、框筒等结构形式，造价较低。

（2）桩梁基础。

桩梁基础是指框架柱荷载通过基础梁（又称承台）传递给桩的基础形式，桩布置成一排或多排，桩顶用基础梁相连，通过基础梁可以将柱网荷载分配给每根桩。与桩柱基础相比，桩梁基础具有较高的整体刚度和稳定性，且具有一定的调整不均匀沉降的能力。

（3）桩墙基础。

桩墙基础是指通过剪力墙或实腹筒壁将荷载传递给其下的单排或多排桩的基础形式。剪力墙下的桩基础顶面通常设置一按构造要求设计的条形承台，这是因为很多情况下剪力墙的厚度比桩的直径小，通过设置条形承台可保证桩与墙体很好地共同工作。筒体结构下的桩基础顶面通常设置整块筏板与筒壁相连，桩沿着筒壁轴线布置。

（4）桩筏基础。

桩筏基础是指筏板下满堂布桩或局部满堂布桩，通过整块钢筋混凝土筏板把柱、墙（筒）荷载分配给桩，形成筏板与桩基共同工作的联合基础。桩筏基础主要适用于软土地基上的筒体结构、框剪结构和剪力墙结构，其造价较高。

（5）桩箱基础。

桩箱基础是指上部荷载通过箱形结构传递给其下桩的基础形式。箱形结构通常由顶板、底板、外墙和若干纵横内墙组成，刚度很大，具有良好的调整各桩受力和基础沉降的能力。在软土地基上建造高层建筑时多采用桩箱基础，适应于包括框架在内的任何结构形式。

4.1.3　桩基础的分类方法

合理地选择基桩和桩基础的类型，是桩基础设计中十分重要的环节之一。桩基础可按不同标准进行分类，这些分类方法都是人为的，分类的目的是掌握其不同的特点，以便设计时根据现场的具体条件，因地制宜地选择桩型。

1. 按承台底面的相对位置划分

按承台底面相对位置的高低，可分为低承台桩基和高承台桩基两类。低承台桩基的承台底面位于地面或局部冲刷线以下，其受力性能好，具有较强的抵抗水平荷载的能力，在工业与民用建筑中，大部分都使用此类桩基，如图 4-2（a）所示；高承台桩基的承台底面高出地面或局部冲刷线，其受力性能差，多用于桥梁及港口海洋工程中，如图 4-2（b）所示。

2. 按桩的使用功能和承载性状划分

（1）竖向抗压桩。

竖向抗压桩是应用最广泛的一种桩，主要用于承受竖向荷载，应进行竖向承载力验算，必要时还需要计算桩基沉降。竖向抗压桩按承载性状，可分为摩擦型桩和端承型桩两大类；根据侧摩阻力和端阻力分担荷载的比例，摩擦型桩又可分为摩擦桩和端承摩擦桩，端承型桩又可分为端承桩和摩擦端承桩。

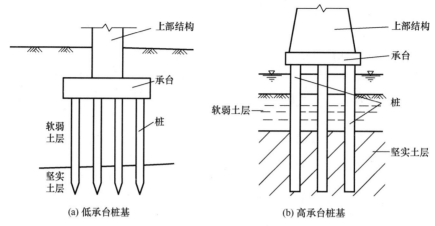

图 4-2　桩基础

① 摩擦桩：在竖向荷载作用下，桩顶荷载全部或大部分由侧摩阻力承担，端阻力很小，可以忽略不计。

② 端承摩擦桩：在竖向荷载作用下，桩顶荷载主要由侧摩阻力承担，还有一小部分由端阻力承担。

③ 端承桩：桩穿越软弱土层，桩端支承在坚硬土层或岩层上，此时在竖向荷载作用下，桩顶荷载全部或大部分由桩端处坚硬岩土层提供的端阻力承担，侧摩阻力很小，可以忽略不计。

④ 摩擦端承桩：在竖向荷载作用下，桩顶荷载主要由端阻力承担，但侧摩阻力也分担一小部分荷载。

（2）竖向抗拔桩。

竖向抗拔桩是主要承受上拔荷载的桩，如输电线塔等的桩基础。对这类桩，应进行桩身强度和抗拔承载力验算。

（3）水平受荷桩。

水平受荷桩是主要承受水平荷载的桩，港口码头及基坑工程中的支护桩属于此类桩。

（4）复合受荷桩。

复合受荷桩是承受竖向荷载和水平荷载均较大的桩。如在桥梁工程中，桩除了要承受较大的竖向荷载外，往往由于波浪、风、船舶的撞击力及车辆的制动力等会使桩承受较大的水平荷载。这类桩的受力条件更为复杂，应按竖向抗压（拔）桩及水平受荷桩的要求进行验算。

3. 按施工方法划分

锤击预应力
管桩施工

按成桩方法，基桩可分为预制桩和灌注桩两大类。

（1）预制桩。

预制桩通常在工厂批量生产，然后运至桩位处，再经过锤击、振动、静压或旋入等方式设置就位。预制桩除木桩、钢桩外，目前应用较广的是钢筋混凝土桩或预应力钢筋混凝土管桩。钢筋混凝土桩有实心方桩和空心管桩两类，实心方桩截面尺寸一般为 200mm×200mm～600mm×600mm。现场预制桩的长度一般为 25～30m，工厂预制桩的桩长一般不超过 12m。钢筋混凝土实心桩的长度和截面尺寸可在一定范围内根据需要选择，由于在地面上预制，制作质量容易保证，承载能力高、耐久性好，因而工程上应用较广。混凝土管桩一般在预制厂用离心法生产，桩径有 300mm、400mm、500mm 等，每节长度 8m、10m、12m 不等。预应力钢筋混凝土管桩分为预应力混凝土管桩（PC 桩）和高强预应力混凝土管桩（PHC 桩）两类，PC 桩的混凝土强度不得低于 C60，PHC 桩的混凝土强度等级不得低于 C80。预应力管桩外径一般为 300～600mm，工厂化生产，常用节长为 8～12m。

沉管灌注桩施工

预制桩打桩质量评定包括两个方面：一方面沉桩深度要满足设计规定的最后贯入度或标高的要求，另一方面控制打入后的偏差在施工规范允许的范围内。沉桩深度一般应根据地质资料及结构设计要求估算，桩端达到坚硬、硬塑的黏性土、碎石土，中密以上的粉土和砂土或风化岩等土层时，应以贯入度控制为主；桩端位于其他软土层时，以桩端设计标高控制为主，贯入度作为参考。为了保证桩能够垂直入土，在施打时必须使桩身、桩帽和桩锤三者的中心线在同一垂直轴线上。

（2）灌注桩。

灌注桩是直接在所设计桩位处成孔，然后在孔内放钢筋笼再浇筑混凝土而成；其截面呈圆形，可以做成大直径或扩底桩。保证灌注桩承载力的关键在于桩身的成型及混凝土质量。由于灌注桩具有施工时无振动、无挤土、噪声小、宜于在城市建筑物密集地区使用等优点，而在工程中得到广泛的应用。灌注桩按成孔方法不同，可分为钻（冲）孔灌注桩、沉管灌注桩、人工挖孔灌注桩、爆扩灌注桩等。

人工挖孔桩施工

① 钻（冲）孔灌注桩：是利用钻孔机械钻出桩孔，然后清除孔底残渣，并在孔中浇筑混凝土（或先在孔中吊放钢筋笼）而成的桩，其施工顺序如图 4-3 所示。根据钻孔机械的钻头是否在土的含水层中施工，又分为泥浆护壁成孔和干作业成孔两种方法。泥浆护壁成孔在工程中应用最常见，护壁泥浆选用膨润土或高塑性黏土在现场加水搅拌而成，一般控制其相对密度为 1.1～1.15，黏度为 10～25Pa·s，含砂率小于 6%，胶体率大于 95%。钻（冲）孔灌注桩常用桩径为 800mm、1000mm、1200mm 等，其优点是入土深、刚度大、承载力高、桩身变形小，且水下施工方便。

旋挖钻孔桩施工工艺流程

② 沉管灌注桩：是利用锤击打桩法或振动打桩法，将带有活瓣式桩尖或预制钢筋混凝土桩靴的钢套管沉入土中，然后边浇筑混凝土（或先在管内放入钢筋笼）边锤击或振动拔管而成的桩，如图 4-4 所示，前者相应称为锤击沉管灌注桩，后者相应称为振动沉管灌注桩。锤击沉管灌注桩的常用桩径为 300～500mm，桩长在 20m 以内，其优点是设备简单，打桩速度快，成本低；振动沉管灌注桩的直径一般为 400～500mm，在黏性土中，其沉管穿透能力比锤击沉管灌注桩稍差，承载能力也比锤击沉管灌注桩低。

③ 人工挖孔灌注桩：是采用人工挖掘方法成孔，达到设计深度后安放钢筋笼，浇筑混凝土而成的桩，如图 4-5、图 4-6 所示。为了确保安全，施工时必须考虑预防孔壁坍塌和流砂现象发生，制定合理的护壁措施，可以采用现浇混凝土护壁、喷射混凝土护壁、

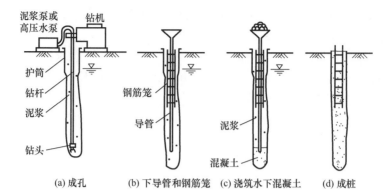

(a) 成孔　　　(b) 下导管和钢筋笼　(c) 浇筑水下混凝土　(d) 成桩

图 4 - 3　钻（冲）孔灌注桩施工顺序

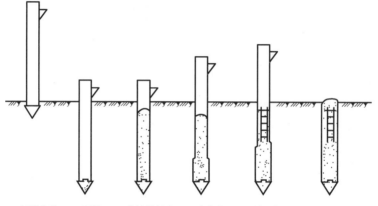

(a)打桩就位　(b) 沉管　(c) 浇筑混凝土　(d) 边拔管，　(e) 放钢筋笼，　(f) 成型
　　　　　　　　　　　　　　　　　　　　边振动　　继续浇筑混凝土

图 4 - 4　沉管灌注桩施工顺序

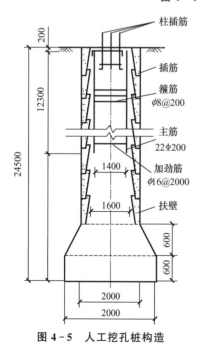

图 4 - 5　人工挖孔桩构造

图 4 - 6　人工挖孔桩实物图

砖砌体护壁、沉井护壁、钢套管护壁、型钢或木板桩工具式护壁等多种方法。一般情况下挖孔桩内径不小于 800mm。人工挖孔桩具有施工方便、速度较快、噪声小、不需要大型机械设备、可直接观察地层情况、孔底易清理干净等优点，但其井下作业条件差、环境恶劣、劳动强度大、难以克制流砂现象，故安全和质量显得尤为重要。

（4）爆扩灌注桩：是用钻孔或爆扩法成孔，孔底放入炸药，再灌入适量的混凝土，然后引爆，使孔底形成扩大头，再放入钢筋笼、浇筑桩身混凝土而形成的桩。爆扩灌注桩由桩柱和扩大头两部分组成，其优点是桩性能好，能有效地提高桩的承载力，成桩工艺简单，能作独立基础使用，但在软土和新填土中不宜使用。

表 4-1 给出了我国常用灌注桩的桩径、桩长及适用范围。

表 4-1　我国常用灌注桩的桩径、桩长及适用范围

成孔方法		桩径/mm	桩长/m	适用范围
泥浆护壁成孔	冲抓	≥800	≤30	碎石土、砂类土、粉土、黏性土及风化岩
	冲击		≤50	
	回转钻		≤80	
	潜水钻	500～800	≤50	黏性土、淤泥、淤泥质土及砂类土
干作业成孔	螺旋钻	300～800	≤30	地下水位以上的黏性土、粉土、砂类土及人工填土
	钻孔扩底	300～600	≤30	地下水位以上坚硬、硬塑的黏性土及中密以上砂类土
	机动洛阳铲	300～500	≤20	地下水位以上的黏性土、粉土、黄土及人工填土
沉管成孔	锤击	340～800	≤30	硬塑黏性土、粉土及砂类土
	振动	400～500	≤24	可塑黏性土、中细砂
爆扩成孔		≤350	≤12	地下水位以上的黏性土、黄土、碎石土及风化岩
人工挖孔		≥800	≤40	黏性土、黄土、粉土及人工填土

4．按成桩对土层的影响划分

不同成桩方法对周围土层的排挤和扰动程度不同，排挤和扰动使土的天然结构、应力状态发生改变，会直接影响桩的承载能力、成桩质量及周围环境。按成桩对土层的影响，可分为挤土桩、部分挤土桩、非挤土桩三类。

（1）挤土桩。

打入或静压成桩的实心桩、闭口预制混凝土桩、闭口钢管桩及沉管灌注桩等，在成桩过程中会挤压周围土体，引起地面隆起和土体侧移，导致对周围环境的较大影响，对灌注桩可能造成断桩、缩颈等质量事故，对预制桩可能会造成侧移、倾斜、上抬甚至断桩等质量事故。但在松散土和填土中的挤土桩，则会挤密周围土体，提高桩的承载力。

（2）部分挤土桩。

在成桩过程中引起部分挤土效应，桩周围土体受到一定程度的扰动。这类桩主要有 H 形钢桩、开口管桩、长螺旋钻孔桩、冲孔灌注桩等。

（3）非挤土桩。

采用钻孔、挖孔等方式成孔的桩，如钻孔灌注桩、挖孔灌注桩、旋挖灌注桩等。这类桩成孔时将与桩体积相同的土体排出，桩周土体不受排挤作用，但有可能向孔内移动，使土的抗剪强度降低，桩侧摩阻力减小。

5. 按桩的几何特性划分

桩的几何形状和尺寸差别很大，对桩的承载力有较大的影响，下面分别从桩径和桩长两方面来进行分类。

（1）按成桩直径划分。

按成桩直径，可将桩分为小直径桩、中等直径桩、大直径桩三类。

① 小直径桩：指桩径 $d \leqslant 250$mm、长径比 l/d 较大的桩，如树根桩。小直径桩具有施工空间要求小、对原有建筑物影响小、施工方便、可在任何土层中成桩并能穿越原有基础等特点，在地基托换、支护结构、抗浮等工程中得到广泛应用。

② 中等直径桩：即桩径满足 250mm$<d<800$mm 的普通桩。这种桩长期以来在工业与民用建筑中应用广泛，成桩方法和工艺也很多。

③ 大直径桩：直径 $d \geqslant 800$mm 的桩且多属于端承桩。一般认为这类桩由于开挖成孔，可能使桩孔周边的土应力松弛而降低其承载力，在设计中要考虑尺寸效应。

（2）按桩长划分。

按桩的长度 l，可将桩分为短桩、中长桩、长桩、超长桩四类。

① $l \leqslant 10$m 为短桩。

② 10m$<l \leqslant 30$m 为中长桩。

③ 30m$<l \leqslant 60$m 为长桩。

④ $l>60$m 为超长桩。

桩基选型时，应根据地层条件、施工工艺、施工经验、基础形式、上部结构类型、荷载大小和分布、制桩材料供应条件、成桩质量保证难易程度、环境条件、工期、造价等因素综合确定所适用的桩型与成桩工艺。原则是经济合理和安全适用。

4.1.4　基桩质量检测

桩基础属于地下隐蔽工程，影响其质量的因素很多，如岩土体条件、桩土的相互作用、施工技术水平等，因而桩施工的质量具有很多不确定因素。近年来涉及桩基工程质量问题而影响建筑物结构正常使用与安全的事例较多，因此，加强基桩施工过程中的质量管理和施工后的质量检测，提高基桩质量检测工作的质量和检测结果、评定结果的可靠性，对保证整个桩基础工程的质量与安全有着重要意义。

1. 常见的基桩质量通病

（1）灌注桩质量通病。

① 钻（冲）孔灌注桩。

a. 有泥浆护壁的钻（冲）孔灌注桩，桩底沉渣及孔壁泥皮过厚是导致承载力大幅降低的主要原因。

b. 对于干作业成孔的灌注桩，桩底虚土过多，或因地层稳定性差出现塌孔，导致桩身出现夹泥或断桩现象，是承载力下降的主要原因。

c. 泥浆相对密度配置不当，地层松散或呈流塑状或遇承压水，导致孔壁不能直立而出现塌孔，桩身会出现不同程度的扩径、缩颈或断桩现象。

d. 水下浇筑混凝土时，导管拔出混凝土面或混凝土浇筑不连续，桩身会出现断桩现象；而混凝土搅拌不均、水灰比过大或导管漏水，均会产生混凝土离析。

② 沉管灌注桩。

a. 拔管速度快是导致沉管桩出现缩颈、夹泥或断桩等质量问题的主要原因，特别是在饱和淤泥或流塑状淤泥质软土层中成桩时，控制好拔管速度尤为重要。

b. 桩间距过小，邻桩施工引起地表隆起和土体挤压产生的振动力、上拔力，使初凝的桩被振断、拉断或因挤压而缩颈。

c. 沉管过程中，异物落入孔中被卡住，形成桩身下段无混凝土的吊脚桩。

③ 人工挖孔桩。

a. 混凝土浇筑时，施工方法不当造成混凝土离析，如将混凝土从孔口直接倒入孔内，或串筒口到混凝土面的距离过大等。

b. 桩孔内有水，未完全抽干就灌注混凝土，造成混凝土离析而影响桩的端阻力。

c. 地下水渗流严重的土层，易使护壁坍塌，土体失稳塌落。

（2）混凝土预制桩质量通病。

① 桩锤使用不合理。桩锤轻难于打至设计标高，或锤击数过多，造成桩疲劳破坏；桩锤重容易击碎桩头，增加打桩破损率。

② 打桩时桩锤、桩帽和桩身未保持在一条直线上，锤击偏心，造成桩身开裂、折断。

③ 桩间距过小，打桩引起的挤土效应使后打的桩难以打入，或导致地面隆起，引起桩上浮。

④ 接桩时焊接质量差，导致锤击时焊口处开裂。

2. 基桩检测常用方法

基桩检测的内容，包括承载力检测和桩身完整性检测。承载力检测方法，主要有静载荷试验、高应变法等；桩身完整性检测方法，包括钻芯法、低应变法、声波透射法等。

（1）静载荷试验。

单桩竖向抗压静载荷试验是接近于竖向抗压桩实际工作条件的一种试验方法，用来确定工程桩竖向抗压承载力，是目前公认的检测基桩竖向抗压承载力最直接、最可靠的方法，其检测结果可以为设计、工程验收提供依据，同时可用来验证其他检测结果。

（2）高应变法。

高应变法是通过在桩顶实施重锤敲击，使桩产生的动位移量级接近常规静载荷试验桩的沉降量级，以便使桩周岩土阻力充分发挥，通过测量和计算判定单桩竖向抗压承载力是否满足设计要求及对桩身完整性做出评价的一种检测方法。高应变法主要包括锤击贯入试桩法、波动方程法和静动法等，其中波动方程法是我国目前常用的方法。高应变动力试桩物理意义较明确，检测准确度相对较高，检测成本低，抽样数量较静载荷试验大，同时可用于预制桩的打桩过程监控和桩身完整性检查；但受测试人员水平和桩-土相互作用模型等问题的影响，这种方法仍有很大的局限性，还不能完全代替静载荷试验而作为确定单桩竖向抗压承载力的设计依据。

（3）钻芯法。

钻芯法是直接从桩身混凝土中钻取芯样，以测定桩身混凝土的质量和强度，检查桩底沉渣和持力层情况并测定桩长。钻芯法是一种微破损或局部破损检测方法，具有科学、直观、实用等特点，且其设备安装对拟建工程场地条件要求比静载荷试验和高应变法低很多，所以在实际工程中，当由于场地条件、当地设备能力等条件限制无法进行静载荷试验和高应变检测时，钻芯法就显示出其优越性。钻芯法不仅可用于混凝土灌注桩的质量检测，也可用于混凝土结构的质量检测。

（4）低应变法。

低应变法是在桩顶实施低能量的瞬态或稳态激振，使桩在弹性范围内振动，产生沿桩长传播的纵向应力波，同时利用波动和振动理论对桩身完整性做出评价的一种检测方法，主要包括反射波法、机械阻抗法、水电效应法等。其中反射波法物理意义明确，测试设备轻便简单，检测速度快、成本低，是基桩质量（完整性）普查的良好手段。

（5）声波透射法。

声波透射法是在桩身预埋若干根声测管作为声波发射和接收换能器的通道，进行声波发射和接收，使波在混凝土中传播，通过对声波传播时间、波幅及主频等声学参数的测试与分析，判定桩身混凝土缺陷的位置、范围、程度，从而推断桩身混凝土的连续性、完整性和均匀性状况，评定桩身完整性等级。声波透射法一般不受场地限制，测试精度高，在缺陷判定上较其他方法更全面，检测范围可覆盖全桩长的各个横截面。但该法要预埋声测管，抽样的随机性差，且对桩身直径有一定的要求，检测成本也相对较高。

4.2 竖向荷载下单桩的工作性能

单桩是指孤立的一根桩或群桩中性能不受邻桩影响的一根桩。单桩工作性能的研究能揭示桩土之间力的传递与变形协调的规律、单桩承载力的构成及其发展过程，是单桩承载力分析的理论基础。桩顶荷载一般包括轴向力、水平力和力矩。为了简化起见，在研究桩的受力性能及计算桩的承载力时，往往对桩受竖向压力的情况单独进行研究。

4.2.1 桩土体系的荷载传递过程

竖向荷载下，土对桩的支承力由桩的侧摩阻力和端阻力两部分组成，即桩顶的竖向压

力 Q 由桩的侧摩阻力 Q_s 和端阻力 Q_p 共同承担，如图 4-7 所示。

$$Q=Q_s+Q_p \tag{4-1}$$

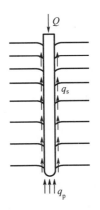

图 4-7　桩的侧摩阻力与端阻力

桩的侧摩阻力与端阻力的发挥过程，就是桩土体系的荷载传递过程。桩顶受竖向压应力后，桩身材料将发生弹性压缩变形而向下位移，桩侧表面与土体发生相对运动，土体对桩侧表面产生向上的侧摩阻力，桩侧土体产生剪切变形，荷载通过侧摩阻力向桩周土体中传递，使得桩身轴力与压缩变形量随深度递减。随着荷载增加，桩身下部的侧摩阻力也逐渐发挥作用。当荷载增加到一定值，侧摩阻力不足以抵抗这一荷载时，一部分荷载将传递到桩底，桩端土开始发生竖向位移，桩端的反力也开始发挥作用。从以上的分析可以看出，靠近桩身上部土层的侧摩阻力比下部土层的先发挥，侧摩阻力先于端阻力发挥出来。

在桩顶荷载 Q 的作用下，设桩身任意深度 z 处横截面上的轴力为 N_z，桩侧摩阻力为 q_{sz}，桩身截面位移为位移 s_z，取深度 z 处桩段长度为 $\mathrm{d}z$ 的微单元为脱离体，分析作用在脱离体的外力，如图 4-8（a）所示，由外力平衡条件可以得到：

$$N_z-q_{sz}u\mathrm{d}z-(N_z+\mathrm{d}N_z)=0 \tag{4-2}$$

整理得

$$q_{sz}=-\frac{1}{u}\cdot\frac{\mathrm{d}N_z}{\mathrm{d}z} \tag{4-3}$$

式中　u——桩身周长，$u=\pi d$，d 为桩身直径。

式（4-3）表明，任意深度 z 处，由于桩土间相对位移 s 所发挥的单位侧摩阻力 q_{sz} 的大小与该处桩身轴力 N_z 的变化率成正比。式（4-3）被称为桩荷载传递的基本微分方程。

设桩顶位移为 δ_0，桩端位移为 δ_l，任意深度 z 处桩截面位移为 δ_z，桩长 l 范围内桩身的压缩变形为 δ_s，则有下述关系式。

$$\delta_0=\delta_l+\delta_s=\delta_l+\frac{1}{AE}\int_0^l N_z\mathrm{d}z=\delta_z+\frac{1}{AE}\int_0^z N_z\mathrm{d}z \tag{4-4}$$

式中　A——桩身截面积（mm^2）；

　　　E——桩身材料的弹性模量（MPa）。

则任意深度 z 处桩截面位移为

$$\delta_z=\delta_0-\frac{1}{AE}\int_0^z N_z\mathrm{d}z \tag{4-5}$$

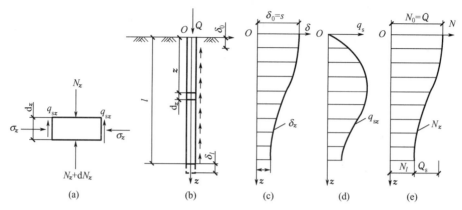

图 4-8 单桩荷载传递

取 $z=l$，则由（4-5）式可得到桩端处位移为

$$\delta_l = \delta_0 - \frac{1}{AE}\int_0^l N_z\,\mathrm{d}z \qquad\qquad (4-6)$$

单桩静载荷试验时，除了测定桩顶荷载 Q 作用下的桩顶沉降 δ_0 外，如果事先在桩身不同截面预理若干应力量测元件测得桩身轴力 N_z 的分布图，便可利用式（4-3）和式（4-5）得出侧摩阻力 q_{sz} 和截面位移 δ_z 的分布图，如图 4-8（d）（c）所示。

桩顶轴力 N_0 等于作用于桩顶的竖向荷载 Q，桩端轴力 N_l 等于总端阻力 Q_p，故桩长 l 范围内土体发挥出的总侧摩阻力 $Q_s=Q-Q_p$，如图 4-8（e）所示。

4.2.2 桩的侧摩阻力和端阻力

1. 桩的侧摩阻力和端阻力的影响因素

桩的侧摩阻力的大小除与土的性质、桩身材料性质有关外，还与桩长、桩径特别是施工方法有关。在上述条件一定时，桩的侧摩阻力是桩土相对位移的函数。当桩土相对位移较小时，侧摩阻力随着桩土相对位移的增大而增大；当桩土相对位移达到一定值后，侧摩阻力便不再随着相对位移的增大而增大，而是会达到一个极限值，这个极限值称为桩的极限侧摩阻力。如图 4-9 所示，OA 段表示侧摩阻力还没达到极限值，而 AB 段表示桩土相对位移达到 δ_u 后，侧摩阻力即保持极限侧摩阻力 q_{su} 而不再增大。

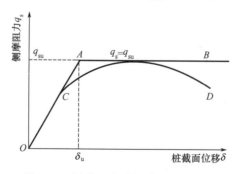

图 4-9 侧摩阻力随相对位移的变化

　　试验表明，发挥出桩的极限侧摩阻力 q_{su} 所需要的桩土极限相对位移 δ_u 只与土的类别有关，黏土约为 4～6mm，砂类土约为 6～10mm。逐级增加桩顶荷载，桩身压缩和位移随之增大，使侧摩阻力从桩身上段向下段逐次发挥。待侧摩阻力全部发挥出来后，端阻力便开始发挥作用，即桩端土体产生压缩，当桩端土体压缩到一定程度（至桩底极限位移）时，端阻力便达到极限值。发挥端阻力极限值所需的桩底极限位移，砂土类为 (0.08～0.1) d，一般黏土为 0.25d，硬黏土为 0.1d，其中 d 为桩的直径。

　　2. 极限侧摩阻力和极限端阻力的深度效应

　　极限侧摩阻力 q_{su} 可用类似土的抗剪强度的库仑公式来表达如下。

$$q_{su}=c_a+\sigma_x.\tan\varphi_a \tag{4-7}$$

式中　　c_a、φ_a——分别为桩侧表面与土之间的黏聚力（kPa）和摩擦角（°）。

　　　　σ_x——深度 z 处作用于桩侧表面的法向压力（kPa），其与桩侧土的竖向有效应力 σ'_v 成正比，即

$$\sigma_x=K_s\sigma'_v=K_s r'z \tag{4-8}$$

式中　K_s—桩侧土的侧压力系数。对挤土桩，$K_0<K_s<K_p$；对非挤土桩，$K_a<K_s<K_0$。其中

　　K_a、K_0、K_p 分别为主动、静止和被动土压力系数。

　　γ'—桩侧土的有效重度（kN/m^3）。

　　根据式（4-8）可得

$$q_{su}=c_a+\sigma_x\tan\varphi_a=c_a+K_s\sigma'_v\tan\varphi_a=c_a+K_s r'z\tan\varphi_a \tag{4-9}$$

　　由式（4-9）可知，桩的极限侧摩阻力 q_{su} 随桩的入土深度 z 的增大而线性增大。但模型试验表明，当桩的入土深度达到某一临界值（5d～10d，d 为桩的直径）后，极限侧摩阻力 q_{su} 不再随深度而增大，称为极限侧摩阻力的深度效应，如图 4-10 所示。

　　模型试验和原型桩试验均表明，与极限侧摩阻力的深度效应类似，极限端阻力也存在深度效应。当桩端入土深度小于某一临界深度时，极限端阻力随深度线性增加，而大于该深度后则保持恒值不变。不同资料表明，极限侧摩阻力与极限端阻力的临界深度之比为 0.3～1.0。

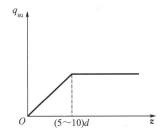

图 4-10　桩的极限侧摩阻力的深度效应

　　单桩受荷过程中，端阻力的发挥不仅滞后于侧摩阻力，而且其充分发挥所需的桩底位移值比侧摩阻力到达极限所需的桩土相对位移值大很多。根据小型桩试验得到的桩底极限位移值 δ_u，对砂类土约为 $d/12$～$d/10$，对黏性土约为 $d/10$～$d/4$。因此，对工作状态下的单桩，其端阻力的安全储备一般大于侧摩阻力的安全储备。

4.2.3　单桩的破坏模式

　　竖向荷载作用下，单桩的破坏模式主要取决于桩周土的抗剪强度、桩端支承情况、桩的尺寸与类型等条件。一般情况下，单桩的破坏形式有压屈破坏、整体剪切破坏、刺入破

坏三种模式，如图 4-11 所示。

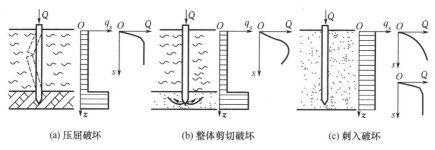

(a) 压屈破坏   (b) 整体剪切破坏   (c) 刺入破坏

图 4-11　轴向荷载下单桩的破坏模式

（1）压屈破坏：如图 4-11（a）所示，当桩底支承在很坚硬的土层上，而桩侧土为软土层，抗剪强度很低时，桩在轴向受压荷载作用下，如同一根压杆似的出现纵向挠曲破坏，荷载-沉降（$Q-s$）曲线上呈现出明确的破坏荷载点。桩的承载力取决于桩身的材料强度。穿越深厚淤泥质土层中的小直径端承桩或嵌岩桩等发生的破坏，多属于此类破坏。

（2）整体剪切破坏：如图 4-11（b）所示，桩身强度很高的桩穿过抗剪强度较低的土层而达到强度较高的土层时，桩底土形成滑动面出现整体剪切破坏，因为桩底持力层以上的软弱土层不能阻止滑动土楔的形成。在 $Q-s$ 曲线上可求得明确的破坏荷载。桩的承载力主要取决于桩底土的支承力，侧摩阻力也发挥一部分作用。一般打入式短桩、钻（扩）孔短桩破坏时属于此种破坏。

（3）刺入破坏：如图 4-11（c）所示，足够强度的桩入土深度较大或桩周土层抗剪强度较均匀时，桩在轴向受压荷载作用下，会发生刺入破坏。根据荷载大小和土质不同，试验中得到的 $Q-s$ 曲线上可能没有明显的转折点，也可能有明显的转折点（此转折点对应的荷载即为破坏荷载）。桩所受荷载由侧摩阻力和桩底反力共同支承，即一般所称的摩擦桩或几乎全由侧摩阻力支承的纯摩擦桩。

4.3　单桩竖向极限承载力及承载力特征值

4.3.1　一般规定

《建筑桩基技术规范》中关于单桩竖向极限承载力的定义是：单桩在竖向荷载作用下到达破坏状态前或出现不适于继续承载的变形时所对应的最大荷载，它取决于桩身承载力和土对桩的支承阻力。而关于单桩竖向承载力特征值的定义是：单桩竖向极限承载力标准值除以安全系数后的承载力值。

根据规范中的定义，单桩竖向极限承载力，一方面取决于桩身材料强度，另一方面取决于地基土的支承力。设计时分别按这两方面确定后取其中的小值。一般情况下，桩身材料强度往往不能得到充分发挥，单桩竖向极限承载力由地基土的支承力所控制；只有对端承桩、超长桩及桩身质量有缺陷的桩，桩身材料强度才起控制作用。

4.3.2 单桩竖向抗压静载荷试验

桩基静载荷
实验

1. 适用范围

单桩竖向抗压静载荷试验是评定单桩竖向承载力最直观、最可靠的方法，其得到的单桩竖向承载力值已兼顾到桩身材料强度和地基土的支承力两个方面。这种试验是在施工现场，按照设计、施工条件就地成桩，桩的材料、桩长、断面及施工方法均与实际工程桩一致，其结果最为可靠。它适用于各种情况下对单桩竖向承载力的确定，尤其是对重要建筑物或者地质条件复杂及桩的施工质量可靠性低的情况。《建筑基桩检测技术规范》(JGJ 106—2014)中规定，当设计有要求或者满足下列条件之一时，施工前应采用静载荷试验确定单桩竖向抗压承载力特征值。

(1) 设计等级为甲级、乙级的桩基础。

(2) 地质条件复杂、桩施工质量可靠性低的桩。

(3) 本地区采用的新桩型或新工艺的桩。

同一条件下的试桩数量不少于总桩数的 1%，且不少于 3 根；总桩数不超过 50 根时，不少于 2 根。对于预制桩，打入土中间歇的时间，砂土类不少于 10d，粉土和黏土不少于 15d，饱和黏土不少于 25d；对于灌注桩，应在桩身混凝土强度达到设计强度后才能进行试检。

2. 试验装置及方法

单桩竖向抗压静载荷试验的装置，主要由加载反力系统和观测系统两部分组成，如图 4-12 所示。

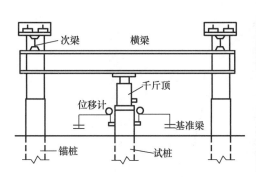

图 4-12 单桩竖向抗压静载荷试验装置

试验加载宜采用油压千斤顶，加载反力装置可根据现场条件选择锚桩横梁反力装置、压重平台反力装置、锚桩压重联合反力装置等。荷载可用放在千斤顶上的荷重传感器直接测定，沉降量宜采用位移传感器或大量程百分表测定。

为设计提供依据的竖向抗压静载荷试验，应采用慢速维持荷载法；施工后的工程桩验收检测，宜采用慢速维持荷载法，当有成熟的地区经验时，也可采用快速维持荷载法。

慢速维持荷载法是利用千斤顶在桩顶施加荷载，每级荷载施加后分别在第 5min、15min、30min、45min、60min 测读桩顶沉降量，以后每 30min 测读一次；当桩顶沉降速率达到相对稳定的标准时，再施加下一级荷载，直至破坏；最后根据试验观测结果绘出荷载-位移曲线。

当出现下列情况之一时，可终止加载。

（1）某级荷载作用下，桩顶沉降量大于前一级荷载作用下沉降量的 5 倍。

（2）某级荷载作用下，桩顶沉降量大于前一级荷载作用下沉降量的 2 倍，且经过 24h 还未达到相对稳定标准。

（3）已经达到设计要求的最大加载量，或达到锚杆最大抗拔力或压重平台的最大质量时。

（4）当荷载-沉降曲线呈缓变型时，可加载至桩顶总沉降量达 60～80mm；特殊情况下，可根据具体要求加载至桩顶累计沉降量超过 80mm。

3. 单桩竖向承载力的确定

（1）单桩竖向抗压极限承载力 Q_u 的确定方法。

① 根据沉降量随荷载变化的特征确定：陡降型的 Q-s 曲线，取其发生明显陡降的起始点所对应的荷载值为 Q_u，如图 4-13 所示。

② 根据沉降量随时间变化的特征确定：取 s-$\lg t$ 曲线尾部出现明显向下弯曲的前一级荷载值，如图 4-14 所示。

③ 缓降型的 Q-s 曲线，可根据沉降量确定，一般取 $s=40mm$ 所对应的荷载值为 Q_u；当桩长大于 40m 时，宜考虑桩身弹性压缩量；对大直径（d）桩，可取 $s=0.05d$ 所对应的荷载值为 Q_u。

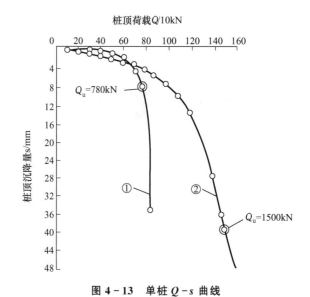

图 4-13　单桩 Q-s 曲线

（2）单桩竖向抗压极限承载力统计值的确定方法。

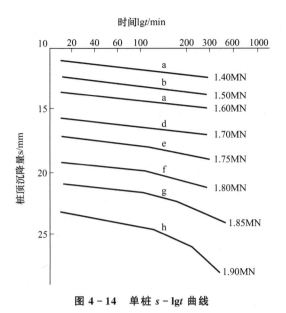

图 4 - 14　单桩 $s - \lg t$ 曲线

求出每根桩的极限承载力值 Q_{ui} 后，用统计的方法确定单桩竖向抗压极限承载力时，应满足以下要求。

① 参加统计的试桩结果，当其极差不超过平均值的 30% 时，取其平均值作为单桩竖向抗压极限承载力。

② 当极差超过平均值的 30% 时，应分析极差过大的原因，结合工程具体情况确定，必要时可增加试桩数量。

③ 对桩数为 3 根或 3 根以下的柱下承台，或当工程桩抽检数量少于 3 根时，应取低值。

（3）单桩竖向抗压承载力特征值 R_a 的确定方法。

单位工程同一条件下的单桩竖向抗压承载力特征值 R_a，应按单桩竖向抗压极限承载力统计值的一半取值。

4.3.3　静力触探法

对于地基基础设计等级为丙级的建筑物，可采用原位测试的静力触探法确定单桩竖向承载力特征值 R_a。静力触探与桩的入土过程非常相似，可以把静力触探看成是小尺寸的打入桩的现场模拟试验，由于它设备简单、自动化程度高，被认为是一种很有发展前途的单桩竖向承载力的确定方法。静力触探分为单桥探头静力触探和双桥探头静力触探两种。

（1）根据单桥探头静力触探资料确定单桩竖向极限承载力标准值 Q_{uk}，可按下式计算。

$$Q_{uk} = Q_{sk} + Q_{pk} = u \sum q_{sik} l_i + \alpha p_{sk} A_p \tag{4-10}$$

其中当 $p_{sk1} \leqslant p_{sk2}$ 时，有

$$p_{sk} = \frac{1}{2}(p_{sk1} + \beta p_{sk2}) \tag{4-11}$$

当 $p_{sk1} > p_{sk2}$ 时，有

$$p_{sk} = p_{sk2} \qquad (4-12)$$

式中 Q_{sk}、Q_{pk}——分别为总极限侧摩阻力标准值和总极限端阻力标准值（kN）；

         u——桩身周长（m）；

         q_{sik}——用静力触探比贯入阻力估算的桩周第 i 层土的极限侧摩阻力（kPa）；

         l_i——桩周第 i 层土的厚度（m）；

         α——桩端阻力修正系数，按表 4-2 取值；

         p_{sk}——桩端附近的静力触探比贯入阻力标准值（平均值）（kPa）；

         A_p——桩端面积（m²）；

         p_{sk1}——桩端全截面以上 8 倍桩径范围内的比贯入阻力平均值（kPa）；

         p_{sk2}——桩端全截面以下 4 倍桩径范围内的比贯入阻力平均值（kPa）；如桩端持力层为密实的砂土层，其比贯入阻力平均值超过 20MPa 时，需乘以表 4-3 中系数 C 予以折减后再计算 p_{sk}；

         β——折减系数，按表 4-4 选用。

表 4-2   桩端阻力修正系数 α

桩长 l/m	$l<15$	$15 \leqslant l \leqslant 30$	$30 < l \leqslant 60$
α	0.75	0.75~0.9	0.9

注：l 为不包括桩尖高度的桩长。

表 4-3   系数 C

p_{sk}/MPa	20~30	35	>40
C	5/6	2/3	1/2

表 4-4   折减系数 β

p_{sk2}/p_{sk1}	$\leqslant 5$	7.5	12.5	$\geqslant 15$
β	1	5/6	2/3	1/2

（2）根据双桥探头静力触探资料确定单桩竖向极限承载力标准值，对于黏性土、粉土和砂土，如无当地经验时可按下式计算。

$$Q_{uk} = Q_{sk} + Q_{pk} = u \sum l_i \beta_i f_{si} + \alpha q_c A_p \qquad (4-13)$$

式中 f_{si}——第 i 层土的探头平均侧摩阻力（kPa）；

         q_c——桩端平面上下探头阻力（kPa），取桩端平面以上 $4d$ 范围内探头阻力的加权平均值，再与桩端平面以下 $1d$ 范围内的探头阻力进行平均；

         α——桩端阻力修正系数，对黏土、粉土取 2/3，对饱和砂土取 1/2；

         β_i——第 i 层土桩侧摩阻力综合修正系数［对黏性土、粉土 $\beta_i = 10.04 (f_{si})^{-0.55}$，对砂性土 $\beta_i = 5.05 (f_{si})^{-0.45}$］。

4.3.4   经验参数法

利用土的物理指标与承载力参数之间的经验关系确定单桩竖向极限承载力标准值 Q_{uk}，

是一种沿用多年的传统方法，其计算论述如下。

1. 中小直径桩

对于 $d<800\mathrm{mm}$ 的中小直径桩，单桩竖向极限承载力标准值 Q_{uk} 为

$$Q_{uk} = Q_{sk} + Q_{pk} = u\sum q_{sik}l_i + q_{pk}A_p \tag{4-14}$$

式中 q_{sik}——桩侧第 i 层土的极限侧摩阻力标准值（kPa），无当地经验时，可按表 4-5 取值；

q_{pk}——极限端阻力标准值（kPa），无当地经验时，可按表 4-6 取值。

表 4-5　桩的极限侧摩阻力标准值 q_{sik}　　　　单位：kPa

土的名称	土的状态		混凝土预制桩	泥浆护壁钻（冲）孔桩	干作业钻孔桩
填土	—		22~30	20~28	20~28
淤泥	—		14~20	12~18	12~18
淤泥质土	—		22~30	20~28	20~28
黏性土	流塑	$I_L>1$	24~40	21~38	21~38
	软塑	$0.75<I_L\leqslant1$	40~55	38~53	38~53
	可塑	$0.50<I_L\leqslant0.75$	55~70	53~68	53~66
	硬可塑	$0.25<I_L\leqslant0.50$	70~86	68~84	66~82
	硬塑	$0<I_L\leqslant0.25$	86~98	84~96	82~94
	坚硬	$I_L\leqslant0$	98~105	96~102	94~104
红黏土	$0.7<a_w\leqslant1$		13~32	12~30	12~30
	$0.5<a_w\leqslant0.7$		32~74	30~70	30~70
粉土	稍密	$e>0.9$	26~46	24~42	24~42
	中密	$0.75\leqslant e\leqslant0.9$	46~66	42~62	42~62
	密实	$e<0.75$	66~88	52~82	62~82
粉细砂	稍密	$10<N\leqslant15$	24~48	22~46	22~46
	中密	$15<N\leqslant30$	48~66	46~64	46~64
	密实	$N>30$	66~88	64~86	64~86
中砂	中密	$15<N\leqslant30$	54~74	53~72	53~72
	密实	$N>30$	74~95	72~94	72~94
粗砂	中密	$15<N\leqslant30$	74~95	74~95	76~98
	密实	$N>30$	95~116	95~116	98~120
砾砂	稍密	$5<N_{65.6}\leqslant15$	70~110	50~90	60~100
	中密（密实）	$N_{63.5}>15$	116~138	116~130	112~130
圆砾、角砾	中密、密实	$N_{63.5}>10$	160~200	135~150	135~150
碎石、卵石	中密、密实	$N_{63.5}>10$	200~300	140~170	150~170
全风化软质岩	—	$30<N\leqslant50$	100~120	80~100	80~100

土的名称	土的状态	混凝土预制桩	泥浆护壁钻（冲）孔桩	干作业钻孔桩
全风化硬质岩	$30 < N \leq 50$	140～160	120～140	120～150
强风化软质岩	$N_{63.5} > 10$	160～240	140～200	140～220
强风化硬质岩	$N_{63.5} > 10$	220～300	160～240	160～260

注：① 对于还未完成自重固结的填土和以生活垃圾为主的杂填土，不计算其侧阻力。

② I_L 为液性指数。

③ a_w 为含水比，$a_w = w/w_L$，w 为土的天然含水率，w_L 为土的液限。

④ N 为标准贯入锤击数，$N_{63.5}$ 为重型圆锥动力触探锤击数。

⑤ 全风化、强风化软质岩和全风化、强风化硬质岩，系指其母岩分别为 $f_{rk} \leq 15\text{MPa}$，$f_{rk} > 30\text{MPa}$ 的岩石。

表 4-6　桩的极限端阻力标准值 q_{pk}　　　单位：kPa

土名称	土的状态	混凝土预制桩 桩长 l/m				泥浆护壁钻（冲）孔桩 桩长 l/m				干作业钻孔桩 桩长 l/m		
		$l \leq 9$	$9 < l \leq 16$	$16 < l \leq 30$	$l > 30$	$5 \leq l < 10$	$10 \leq l < 15$	$15 \leq l < 30$	$l \geq 30$	$5 \leq l < 10$	$10 \leq l < 15$	$l \geq 15$
黏性土	软塑 $0.75 < I_L \leq 1$	210～850	650～1400	1200～1800	1300～1900	150～250	250～300	300～450	300～450	200～400	400～700	700～950
	可塑 $0.50 < I_L \leq 0.75$	850～1700	1400～2200	1900～2800	2300～3600	350～450	450～600	600～750	750～800	500～700	800～1100	1000～1600
	硬可塑 $0.25 < I_L \leq 0.50$	1500～2300	2300～3300	2700～3600	3600～4400	800～900	900～1000	1000～1200	1200～1400	850～1100	1500～1700	1700～1900
	硬塑 $0 < I_L \leq 0.25$	2500～3800	3800～5500	5500～6000	6000～6800	1100～1200	1200～1400	1400～1600	1600～1800	1600～1800	2200～2400	2600～2800
粉土	中密 $0.75 \leq e \leq 0.9$	950～1700	1400～2100	1900～2700	2500～3400	300～500	500～650	650～750	750～850	800～1200	1200～1400	1400～1600
	密实 $e < 0.75$	1500～2600	2100～3000	2700～3600	3600～4400	650～900	750～950	900～1100	1100～1200	1200～1700	1400～1900	1600～2100
粉砂	稍密 $10 < N \leq 15$	1000～1600	1500～2300	1900～2700	2100～3000	350～500	450～600	600～700	650～750	500～950	1300～1600	1500～1700
	中密、密实 $N > 15$	1400～2200	2100～3000	3000～4500	3800～5500	600～750	750～900	900～1100	1100～1200	900～1000	1700～1900	1700～1900

续表

土名称	土的状态	混凝土预制桩 桩长 l/m				泥浆护壁钻（冲）孔桩 桩长 l/m				干作业钻孔桩 桩长 l/m		
		$l{\le}9$	$9{<}l{\le}16$	$16{<}l{\le}30$	$l{>}30$	$5{\le}l{<}10$	$10{\le}l{<}15$	$15{\le}l{<}30$	$30{\le}l$	$5{\le}l{<}10$	$10{\le}l{<}15$	$15{\le}l$
细砂	中密、密实 $N{>}15$	2500~4000	3600~5000	4400~6000	5300~7000	650~850	900~1200	1200~1500	1500~1800	1200~1600	2000~2400	2400~2700
中砂	中密、密实 $N{>}15$	4000~6000	5500~7000	6500~8000	7500~9000	850~1050	1100~1500	1500~1900	1900~2100	1800~2400	2800~3800	3600~4400
粗砂	中密、密实 $N{>}15$	5700~7500	7500~8500	8500~10000	9500~11000	1500~1800	2100~2400	2400~2600	2600~2800	2900~3600	4000~4600	4600~5200
砾砂	$N{>}15$	6000~9500		9500~10500		1400~2000		2000~3200		3500~5000		
角砾、圆砾	中密、密实 $N_{63.5}{>}10$	7000~10000		9500~11500		1800~2200		2200~3600		4000~5500		
碎石、卵石	$N_{63.5}{>}10$	8000~11000		10500~13000		2000~3000		3000~4000		4500~6500		
全风化软质岩	— $30{<}N{\le}50$	4000~6000				1000~1600				1200~2000		
全风化硬质岩	— $30{<}N{\le}50$	5000~8000				1200~2000				1400~2400		
强风化软质岩	— $N_{63.5}{>}10$	6000~9000				1400~2200				1600~2600		
强风化硬质岩	— $N_{63.5}{>}10$	7000~11000				1800~2800				2000~3000		

【例 4-1】　某混凝土预制桩桩径为 400mm，桩长为 10m，穿越厚度 $l_1=3\text{m}$、液性指数 $I_L=0.75$ 的黏性层，进入密实的中砂层，后一部分长度为 $l_2=7\text{m}$；桩顶离地面 1.5m。试确定该混凝土预制桩的竖向极限承载力标准值和特征值。

【解】　第一层土为液性指数 $I_L=0.75$ 的黏性层，由表 4-5 取 $q_{s1k}=55\text{kPa}$；

第二层土为密实的中砂层，相应取 $q_{s2k}=80\text{kPa}$；

桩端为密实的中砂层，桩长 $l=l_1+l_2=3+7=10$（m），查表 4-6，取极限端阻力标准值 $q_{pk}=6000\text{kPa}$；

则该混凝土预制桩的竖向极限承载力标准值为

$$Q_{uk}=Q_{sk}+Q_{pk}=u\sum q_{sik}l_i+q_{pk}A_p$$

$$= \pi \times 0.4 \times (55 \times 3 + 80 \times 7) + 6000 \times \pi \times \frac{0.4^2}{4} = 910.6 + 753.6 = 1644.2 \text{(kN)}$$

该混凝土预制桩的竖向极限承载力特征值为 $R_a = \dfrac{Q_{uk}}{2} = 832.1 \text{kN}$。

2. 大直径桩

对于 $d \geqslant 800 \text{mm}$ 的大直径桩，单桩竖向极限承载力标准值为

$$Q_{uk} = Q_{sk} + Q_{pk} = u \sum \psi_{si} q_{sik} l_i + \psi_p q_{pk} A_p \qquad (4-15)$$

式中　q_{sik}——桩侧第 i 层土的极限侧摩阻力标准值（kPa），无当地经验时，可按表 4-5
取值；对于扩底桩斜面及变截面以上 $2d$ 长度范围，不计侧摩阻力；

　　　　q_{pk}——桩径为 800mm 桩的极限端阻力标准值（kPa），对于干作业挖孔（清底干净），
可采用深层载荷板试验确定；当不能进行深层载荷板试验时，可按表 4-7
取值；

　　　　ψ_{si}、ψ_p——大直径桩侧阻力、端阻力尺寸效应系数，按以下公式取值，其中对黏性土、
粉土为

$$\psi_{si} = \left(\frac{0.8}{d}\right)^{\frac{1}{5}}, \quad \psi_p = \left(\frac{0.8}{D}\right)^{\frac{1}{4}} \qquad (4-16)$$

对砂土、碎石土为

$$\psi_{si} = \left(\frac{0.8}{d}\right)^{\frac{1}{3}}, \quad \psi_p = \left(\frac{0.8}{D}\right)^{\frac{1}{3}} \qquad (4-17)$$

式中　D——桩端扩底段直径（mm），当为等直径桩时，$D = d$。

表 4-7　干作业挖孔桩（清底干净，$D=800\text{mm}$）极限端阻力标准值 q_{pk} 单位：kPa

土名称		状　态		
黏性土		$0.25 < I_L \leqslant 0.75$	$0 < I_L \leqslant 0.25$	$I_L \leqslant 0$
		$800 \sim 1800$	$1800 \sim 2400$	$2400 \sim 3000$
粉土		—	$0.75 \leqslant e \leqslant 0.9$	$e < 0.75$
		—	$1000 \sim 1500$	$1500 \sim 2000$
砂土、碎石土	—	稍密	中密	密实
	粉砂	$500 \sim 700$	$800 \sim 1100$	$1200 \sim 2000$
	细砂	$700 \sim 1100$	$1200 \sim 1800$	$2000 \sim 2500$
	中砂	$1000 \sim 2000$	$2200 \sim 3200$	$3500 \sim 5000$
	粗砂	$1200 \sim 2200$	$2500 \sim 3500$	$4000 \sim 5500$
	砾砂	$1400 \sim 2400$	$2600 \sim 4000$	$5000 \sim 7000$
	圆砾、角砾	$1600 \sim 3000$	$3200 \sim 5000$	$6000 \sim 9000$
	卵石、碎石	$2000 \sim 3000$	$3300 \sim 5000$	$7000 \sim 11000$

【例 4-2】 某工程桩基础的单桩极限承载力标准值要求达到 $Q_{uk} = 30000 \text{kN}$，桩直径

$d=1.4m$，桩的总极限侧摩阻力经尺寸效应修正后为 $Q_{sk}=12000kN$；桩端持力层为密实砂土，极限端阻力标准值 $q_{pk}=3000kPa$；拟采用扩底桩，由于扩底会导致总极限侧摩阻力损失 $\Delta Q_{sk}=2000kN$。为达到设计要求的单桩极限承载力，其扩底段直径应为多少？

【解】 扩底桩桩端的总极限端阻力为

$$Q_{pk}=Q_{uk}-(Q_{sk}-\Delta Q_{sk})=30000-(12000-2000)=20000(kN)$$

设扩底直径为 D，则有 $Q_{pk}=\psi_p q_{pk}A_p$，根据式（4-17），对砂土、碎石土有

$$20000=\left(\frac{0.8}{D}\right)^{\frac{1}{3}}\times3000\times\frac{3.14\times D^2}{4}$$

求得 $D=3.77m$，所以其扩底段直径经取整应为 3.8m。

3. 钢管桩

利用土的物理指标与承载力参数之间的经验关系确定钢管桩单桩竖向极限承载力标准值 Q_{uk} 时，可按下式计算。

$$Q_{uk}=Q_{sk}+Q_{pk}=u\sum q_{sik}l_i+\lambda_p q_{pk}A_p \tag{4-18}$$

其中当 $\dfrac{h_b}{d}<5$ 时有

$$\lambda_p=0.16\times\frac{h_b}{d} \tag{4-19}$$

当 $\dfrac{h_b}{d}\geqslant5$ 时有

$$\lambda_p=0.8 \tag{4-20}$$

式中 q_{sik}、q_{pk}——分别按表 4-5、表 4-6 取与混凝土预制桩相同值；

λ_p——桩端土闭塞效应系数，对闭口钢管桩取 1，对敞口钢管桩按式（4-19）、式（4-20）取值；

h_b——桩端进入持力层的深度（m）；

d——钢管桩外径（mm）。

4. 混凝土空心桩

利用土的物理指标与承载力参数之间的经验关系确定敞口预应力混凝土空心桩单桩竖向极限承载力标准值 Q_{uk} 时，可按下式计算。

$$Q_{uk}=Q_{sk}+Q_{pk}=u\sum q_{sik}l_i+q_{pk}(A_j+\lambda_p A_{p1}) \tag{4-21}$$

式中 q_{sik}、q_{pk}——分别按表 4-5、表 4-6 取与混凝土预制桩相同值（kPa）；

λ_p——桩端土闭塞效应系数，当 $\dfrac{h_b}{d_1}<5$ 时，$\lambda_p=0.16\times\dfrac{h_b}{d_1}$；当 $\dfrac{h_b}{d_1}\geqslant5$ 时，$\lambda_p=0.8$；

A_j——空心桩桩端净面积（mm^2），对管桩，$A_j=\dfrac{\pi}{4}(d^2-d_1^2)$；对空心方桩，$A_j=b^2-\dfrac{\pi}{4}d_1^2$；

A_{p1}——空心桩敞口面积（mm^2），$A_{p1}=\dfrac{\pi}{4}d_1^2$；

d、b——分别为空心桩外径和边长（mm）；

d_1——空心桩内径（mm）。

5. 嵌岩桩

桩端置于完整、较完整基岩的嵌岩单桩竖向极限承载力，由桩周土总极限侧摩阻力和嵌岩段总极限端阻力组成。当根据岩石单轴抗压强度确定单桩竖向极限承载力标准值 Q_{uk} 时，可按下式计算。

$$Q_{uk} = Q_{sk} + Q_{rk} = u\sum q_{sik}l_i + \zeta_r f_{rk}A_p \qquad (4-22)$$

式中　Q_{sk}、Q_{rk}——分别为土的总极限侧摩阻力标准值、嵌岩段总极限端阻力标准值（kPa）；

　　q_{sik}——桩侧第 i 层土的极限侧阻力标准值（kPa），无当地经验时，可根据成桩工艺按表 4-5 取值；

　　f_{rk}——桩端岩石饱和单轴抗压强度标准值（kPa），黏土质岩取天然湿度单轴抗压强度标准值，当小于 2MPa 时按摩擦桩计算；

　　ζ_r——嵌岩段侧摩阻力和端阻力综合系数，与嵌岩深径比 h_r/d、岩石软硬程度和成桩工艺有关，可按表 4-8 取用；表中数值适用于泥浆护壁成桩，对于干作业成桩（清底干净）和泥浆护壁成桩后注浆，ζ_r 应取表中数值的 1.2 倍。

表 4-8　桩嵌岩段侧摩阻力和端阻力综合系数 ζ_r

嵌岩深径比 h_r/d	0	0.5	1.0	2.0	3.0	4.0	5.0	6.0	7.0	8.0
极软岩、软岩	0.60	0.80	0.95	1.18	1.35	1.48	1.57	1.63	1.66	1.70
较硬岩、坚硬岩	0.45	0.65	0.81	0.90	1.00	1.04	—	—	—	—

4.3.5　单桩竖向承载力特征值

《建筑桩基技术规范》中规定，单桩竖向承载力特征值 R_a 取其极限承载力标准值 Q_{uk} 的一半，即

$$R_a = Q_{uk}/K \qquad (4-23)$$

式中　K——安全系数，通常取 $K=2$。

对于端承型桩基、桩数少于 4 根的摩擦型柱下独立桩基，或由于地层土性质、使用条件等因素不宜考虑承台效应时，基桩竖向承载力特征值应取单桩竖向承载力特征值。对符合条件的摩擦型桩基，宜考虑承台效应确定其复合基桩的竖向承载力特征值 R，$R>R_a$。

4.3.6　负摩阻力

1. 负摩阻力的产生

桩土之间的相对位移方向决定了桩侧摩阻力的方向。当土层相对于桩向下位移时，土

体对桩将产生向下的摩阻力，这种摩阻力相当于在桩顶上施加下拉荷载，可把这种向下的摩阻力称为负摩阻力。符合下列条件之一的桩基，当桩周土层产生的沉降超过基桩的沉降时，在计算基桩承载力时应计入负摩阻力。

（1）桩穿越较厚松散填土、自重湿陷性黄土、欠固结土、液化土层进入相对较硬土层时。

（2）桩周存在软土层，邻近桩侧地面承受局部较大的长期荷载，或地面有大面积堆载（包括填土）时。

（3）由于地下水下降，桩周土的有效应力增大，并产生显著压缩沉降时。

2. 负摩阻力的分布范围及计算

要确定负摩阻力及其产生的下拉荷载大小，首先就要确定负摩阻力的分布范围及其强度大小。负摩阻力并不一定发生于整个压缩土层中，而是发生在桩周土相对于桩产生下沉的范围内，它与桩周土的压缩、固结，桩身压缩及桩底沉降等直接相关。如图 4 - 15（a）

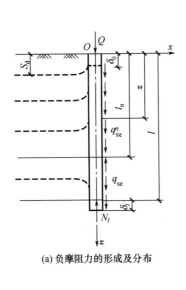

(a) 负摩阻力的形成及分布

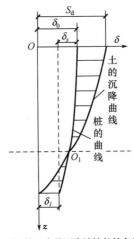

(b) 桩、土的沉降随桩长的变化

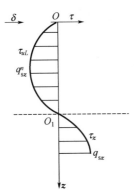

(c) 侧摩阻力沿桩长的分布

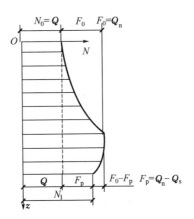

(d) 桩身轴力沿桩长的分布

图 4 - 15 负摩阻力的分布

所示，桩穿越软弱压缩土层而达到坚硬土层，在 l_n 深度内桩周土相对于桩侧向下位移，侧摩阻力向下，即为负摩阻力；在 l_n 深度以下桩截面相对于桩周土向下位移，侧摩阻力向上，为正摩阻力；而在 l_n 深度处，桩土无相对位移，摩阻力为零，该点称为中性点。

在 l_n 范围内，桩身轴力 $N_z = Q + \int_0^z uq_{sz}^n \mathrm{d}z$；

在中性点 l_n 处，桩身轴力为 $N_{l_n} = Q + \int_0^{l_n} uq_{sz}^n \mathrm{d}z = Q + Q_n$，达到最大；

在 l_n 以下，桩身轴力 $N_z = Q + Q_n - \int_{l_n}^z uq_{sz} \mathrm{d}z$；

在桩端处，桩身轴力即为桩端阻力，即 $N_l = Q_p = Q + Q_n - \int_{l_n}^l uq_{sz} \mathrm{d}z = Q + Q_n - Q_s$。

以上公式中 q_{sz}^n 为深度 z 处的桩侧负摩阻力标准值（kPa），Q_n、Q_s 分别为总的负摩阻力和总的正摩阻力（kN）。

《建筑桩基技术规范》中给出了单桩负摩阻力标准值的公式，对于中性点以上，单桩桩周第 i 层土负摩阻力标准值为

$$q_{si}^n = \xi_{ni}\sigma_i' \tag{4-24}$$

当填土、自重湿陷性黄土湿陷，欠固结土产生固结和降低地下水位时，$\sigma_i' = \sigma_{\gamma i}'$，当地面分布大面积荷载时，$\sigma_i' = p + \sigma_{\gamma i}'$，其中

$$\sigma_{\gamma i}' = \sum_{e=1}^{i-1} \gamma_e \Delta z_e + \frac{1}{2}\gamma_i \Delta z_i \tag{4-25}$$

式中 q_{si}^n——第 i 层土桩侧的负摩阻力标准值（kPa），当计算值大于正摩阻力标准值时，取正摩阻力标准值进行设计；

ξ_{ni}——桩侧第 i 层土负摩阻力系数（与土的类别有关），可按表 4-9 取值；

σ_i'——桩周第 i 层土平均竖向有效应力（kPa）；

$\sigma_{\gamma i}'$——由土自重引起的桩周第 i 层土平均竖向有效应力（kPa），桩群外围桩自地面算起，桩群内部桩自承台底算起；

p——地面均布荷载（kPa）；

Δz_i、Δz_e——分别为第 i 层土、第 e 层土的厚度（m）；

γ_i、γ_e——分别为第 i 计算土层和其上的第 e 土层的重度（kN/m³），地下水位以下取浮重度。

表 4-9 负摩阻力系数 ξ_n

土类	ξ_n
饱和软土	0.15～0.25
黏性土、粉土	0.25～0.40
砂土	0.35～0.50
自重湿陷性黄土	0.20～0.35

中性点深度 l_n 应按桩周土层沉降与桩的沉降相等的条件确定，也可参照表 4-10 确定。

表 4 - 10　中性点深度 l_n

持力层性质	黏性土、粉土	中密以上砂	砾石、卵石	基岩
中性点深度比 l_n/l_0	0.5～0.6	0.7～0.8	0.9	1.0

注：l_0 为桩周软弱土层的下限深度（m）。

3. 负摩阻力产生的下拉荷载

考虑群桩效应的基桩下拉荷载可按下式计算。

$$Q_g^n = \eta_n u \sum_{i=1}^{n} q_{si}^n l_i \tag{4 - 26}$$

$$\eta_n = \frac{S_{ax} S_{ay}}{\left[\pi d \left(\dfrac{q_s^n}{\gamma_m} + \dfrac{d}{4} \right) \right]} \tag{4 - 27}$$

式中　n——中性点以上土层数；

　　　l_i——中性点以上第 i 土层的厚度（m）；

　　　η_n——负摩阻力群桩效应系数；

S_{ax}、S_{ay}——分别为纵、横向桩的中心距（m）；

　　　q_s^n——中性点以上桩的平均负摩阻力标准值（kPa）；

　　　γ_m——中性点以上桩周土加权平均有效重度（kN/m³）。

对于单桩基础或按式（4 - 27）计算的群桩效应系数 $\eta_n > 1$ 时，取 $\eta_n = 1$。

【例 4 - 3】　一钻孔灌注桩如图 4 - 16 所示，桩径 $d = 0.8m$，长 $l_0 = 10m$，穿越软土层，桩端持力层为砾石；在桩顶四周地面大面积填土，填土荷重 $p = 10kN/m^2$。试按《建筑桩基技术规范》计算因为填土对该单桩造成的负摩阻力下拉荷载标准值（桩周土负摩阻力系数取 0.2）。

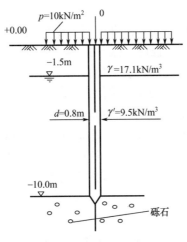

图 4 - 16　例 4 - 3 图

【解】　按《建筑桩基技术规范》计算方法，桩端持力层为砾石，查表 4 - 10 得 $l_n/l_0 =$ 0.9，故 $l_n = 0.9 l_0 = 0.9 \times 10m = 9m$。

据式（4-24）、式（4-25），在 $0\sim1.5$m 范围内可得

$$\sigma_1' = p + \sigma_{\gamma1}' = p + \sum_{e=1}^{i-1}\gamma_e\Delta z_e + \frac{1}{2}\gamma_i\Delta z_i = 10 + 17.1\times1/2\times1.5 = 22.825(\text{kPa})$$

$$q_{s1}^n = \xi_n\sigma_1' = 0.2\times22.825 = 4.565(\text{kPa})$$

在 $1.5\sim9.0$m 范围内可得

$$\sigma_2' = p + \sigma_{\gamma2}' = p + \sum_{e=1}^{1}\gamma_1\Delta z_1 + \frac{1}{2}\gamma_2\Delta z_2 = 10 + 17.1\times1.5 + \frac{1}{2}\times9.5\times7.5$$
$$= 71.275(\text{kPa})$$

$$q_{s2}^n = \xi_n\sigma_2' = 0.2\times71.275 = 14.255(\text{kPa})$$

则由负摩阻力产生的下拉荷载为

$$Q_g^n = \eta_n u\sum_{i=1}^{n}q_{si}^n l_i = 1\times3.14\times0.8\times(4.565\times1.5 + 14.255\times7.5) = 285.76(\text{kN})$$

4.4　单桩水平承载力与位移

对于工业与民用建筑工程，大多数桩基础以承受竖向压荷载为主，但有时也要承受一定的水平荷载。作用在桩顶的水平荷载包括瞬时作用的风荷载、机械自动荷载、水土压力等，但这些水平荷载往往不是很大，为便于施工，通常采用竖直桩来同时抵抗水平力。设计承受水平荷载的桩基础，首先必须知道单桩的水平承载力和位移如何确定，桩基础中各桩桩顶所受的荷载如何分配，单桩的内力如何计算等。下面讨论单桩在水平荷载作用下的性状、承载力与位移的计算。

4.4.1　单桩水平承载力的影响因素

单桩在水平荷载和弯矩作用下，桩身会挠曲变形并挤压桩侧土体，使桩侧土体发生变形而产生抗力。当水平荷载较低时，水平抗力主要由靠近地面部分的土体提供，土的变形也主要是弹性压缩变形，桩身的水平位移与土的变形是协调的，相应地，桩身产生内力；随着荷载增大，桩的变形和内力也相应增大，对桩侧土体的挤压作用也增强，表层土体逐渐发生塑性屈服，从而使水平荷载向更深的土层传递。当桩身变形增大到桩所不能允许的程度，或者桩周土体失去稳定性，或者桩身出现断裂时，就达到了桩的水平极限承载能力。由以上分析可见，桩的水平承载力需要满足以下条件：桩周土体不会失稳破坏，桩身不会发生断裂破坏，建筑物不会因桩顶水平位移过大而影响其正常使用。

影响桩水平承载力的因素很多，如桩的断面尺寸、刚度、材料强度、土质条件、桩的入土深度、间距、桩顶嵌固程度及上部结构水平位移的容许值等。土质越好，桩入土越深，土的水平抗力越大，桩的水平承载力也就越高。根据桩的无量纲入土深度 αh，将桩分为刚性桩（$\alpha h\leqslant2.5$）和柔性桩（$\alpha h>2.5$）。刚性桩入土深度较浅，桩周土体水平抗力较低，水平荷载作用下整个桩身易被推倒或发生倾斜，如图 4-17（a）所示，桩的水平承载

力主要由桩的水平位移和倾斜控制；反之，柔性桩入土深度大，在水平荷载作用下，将形成一段嵌固的地基梁，桩的变形如图 4-17（b）所示。如果所受水平荷载过大，桩身土中某处将产生较大的弯矩值而出现桩身材料发生屈服，此时，桩的水平承载力将由桩身水平位移及最大弯矩值控制。

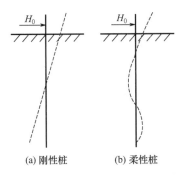

图 4-17　单桩受水平荷载示意图

4.4.2　单桩水平静载荷试验

单桩水平静载荷试验是确定单桩水平承载力的最直观方法，其结果也最符合实际情况。对于受水平荷载较大的重要建筑物，单桩水平承载力特征值应通过单桩水平静载荷试验确定。

1. 试验装置

单桩水平静载荷试验装置如图 4-18 所示，现场制作两根相同的试桩，两桩间水平放置加载用的千斤顶，千斤顶水平推力的反力由相邻桩提供。水平力作用点宜与工程桩承台底面标高一致，千斤顶和试验桩接触处应安置球形支座，千斤顶作用力应水平通过桩身轴线。在水平力作用平面的受检桩两侧应对称安装两个位移计，当需要量测桩顶转角时，还应在水平力作用平面以上 50cm 的受检桩两侧对称安装两个位移计。

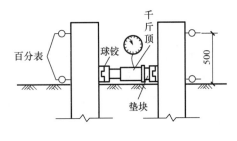

2. 试验加载方法

加载时，宜根据工程桩实际受力特性选用单向多循环加载法或慢速维持加载法。单向多循环加载法分级荷载应小于预估单桩水平极限承载力或最大试验荷载的 1/10；每级施加荷载后，恒载 4min 后测读水平位移，然后卸载至零，停 2min 测读残余水平位移，至此完成一个加卸载循环。如此循环 5 次，完成一级水平位移观测，中间不能停顿。

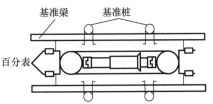

图 4-18　单桩水平静载荷试验装置

当出现下列情况之一时，可终止加载：桩身折断，桩顶水平位移超过 $30\sim40$mm（软土取 40mm），或水平位移值达到设计要求的允许值。

3. 试验结果及水平承载力的确定

（1）临界荷载 H_{cr} 和极限荷载 H_u。

采用单向多循环加载法时，绘制 H_0-t-x_0（水平力-时间-作用点位移）曲线，或 H_0-$\Delta x_0/\Delta H_0$（水平力-位移梯度）曲线，如图 4-19 所示。

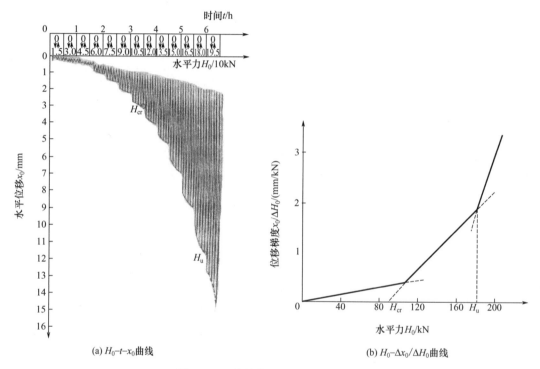

图 4-19　单桩水平承载力试验结果

试验资料表明，上述曲线中通常有两个特征点，其所对应的桩顶水平荷载分别称为临界荷载 H_{cr} 和极限荷载 H_u。临界荷载 H_{cr} 是相应于桩身开裂、受拉区混凝土不参加工作时的桩顶水平力，一般取 H_0-t-x_0 曲线出现突变点（相同荷载增量的条件下出现比前一级明显增大的位移增量）的前一级荷载，或 H_0-$\Delta x_0/\Delta H_0$ 曲线的第一直线段的终点所对应的荷载；极限荷载 H_u 是相当于桩身应力达到强度极限时的桩顶水平力，一般取 H_0-t-x_0 曲线明显陡降的前一级荷载或水平包络线向下凹曲时的前一级荷载，或 H_0-$\Delta x_0/\Delta H_0$ 曲线第二直线段的终点所对应的荷载。

（2）单桩水平承载力特征值。

当水平承载力由桩身强度控制时，取水平临界荷载统计值为单桩水平承载力特征值；当桩受长期水平荷载作用且桩不允许开裂时，取水平临界荷载统计值的 0.8 倍作为单桩水平承载力特征值。除此之外，水平承载力特征值若按水平位移控制时，混凝土预制桩、钢桩、桩身配筋率大于 0.65% 的灌注桩，可取 $x_0=10$mm（对水平位移敏感的建筑物取

$x_0 = 6mm$)所对应荷载的 75％作为单桩水平承载力特征值；桩身配筋率小于 0.65％的灌注桩，取临界荷载的 75％作为单桩水平承载力特征值。

4.4.3　理论分析法确定单桩水平承载力及位移

理论分析法确定单桩水平承载力，是将土体视为弹性体，用梁的弯曲理论来求解桩的水平抗力。采用文克尔地基模型研究桩在水平荷载和两侧土压力共同作用下的挠曲线，通过挠曲线微分方程的解答，求出桩身各截面的弯矩和剪力方程，并以此验算桩的强度。

1. 地基土的水平抗力

如图 4-20（a）所示，置于土体中的竖直长桩，在桩顶作用水平力 H_0 时，桩身要产生挠曲，挤压周围土体，相应地桩周土体要产生水平抗力 $p(z)$，其值为

$$p(z) = C_z x b_0 \qquad (4-28)$$

式中　C_z——地基土水平抗力系数（MN/m^3）；

b_0——桩的计算宽度（m），可按表 4-11 取值；

x——桩的水平位移（m）。

表 4-11　桩身截面计算宽度 b_0　　　　　　　　　单位：m

截面宽度 b 或直径 d	圆桩	方桩
>1	0.9 $(d+1)$	$(b+1)$
≤1	0.9 $(1.5d+0.5)$	$1.5b+0.5$

水平抗力系数 C_z 的大小与分布，将直接影响挠曲线微分方程的求解和内力计算，它与土的种类和桩入土深度有关。对它的分布所做的假设不同，就区分为以下不同的计算方法，如图 4-20（b）～（e）所示。

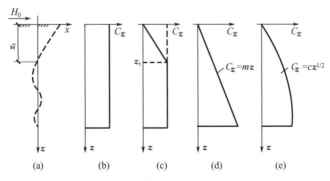

图 4-20　水平荷载下桩的变形及不同的水平抗力系数假定

（1）常数法：假定 C_z 等于常数，不随深度变化。此法在日本和美国应用较多，如图 4-20（b）所示。

（2）k 法：假定 C_z 在弹性曲线第一零点 z_t 处以上按直线或抛物线变化，以下则为常数，如图 4-20（c）所示。

（3）m 法：假定 C_z 随着深度成比例增加，即 $C_z = mz$，m 为地基土水平抗力系数的比例系数。此法由我国铁路部门提出，近年来也应用于建筑部门，如图 4-20（d）所示。

（4）c 法：假定 C_z 随深度呈抛物线变化，即 $C_z = cz^{1/2}$，如图 4-20（e）所示。

实测资料表明，当桩的水平位移较大时，m 法计算结果较接近实际；当水平位移较小时，c 法较接近实际。在我国 m 法的应用较多。若无试桩资料，m 法中的地基土水平抗力系数的比例系数 m 可参考表 4-12 选取。

表 4-12　地基土水平抗力系数的比例系数 m 值

序号	地基土类别	预制桩、钢桩		灌注桩	
		m /(MN/m⁴)	相应单桩在地面处的水平位移 /mm	m /(MN/m⁴)	相应单桩在地面处的水平位移 /mm
1	淤泥、淤泥质土、饱和湿陷性黄土	2～4.5	10	2.5～6	6～12
2	流塑、软塑状黏土，$e>0.9$ 的粉土，松散粉细砂，松散、稍密填土	4.5～6.0	10	6～14	4～8
3	可塑状黏性土，$e=0.7\sim0.9$ 的粉土，湿陷性黄土，中密填土，稍密细砂	6.0～10	10	14～35	3～6
4	硬塑、坚硬状黏土，湿陷性黄土，$e<0.75$ 的粉土，中密的中粗砂，密实老填土	10～22	10	35～100	2～5
5	中密、密实的砾砂，碎石类土	—	—	100～300	1.5～3

2. 单桩挠曲线微分方程及其解答

图 4-21（a）所示的竖直长桩，桩顶作用有水平荷载 H_0、弯矩 M_0，则该桩的挠曲线微分方程为

$$EI \frac{\mathrm{d}^4 x}{\mathrm{d}z^4} + p(z) = 0 \qquad (4-29)$$

式中　EI——桩身抗弯刚度（MN·m²）。

将式（4-28）代入式（4-29）得

$$EI \frac{\mathrm{d}^4 x}{\mathrm{d}z^4} + C_z x b_0 = 0 \qquad (4-30)$$

水平抗力系数按 m 法取用为 $C_z = mz$，则有

$$EI \frac{\mathrm{d}^4 x}{\mathrm{d}z^4} + mzx b_0 = 0 \quad 或 \quad \frac{\mathrm{d}^4 x}{\mathrm{d}z^4} + \frac{mb_0}{EI} zx = 0 \qquad (4-31)$$

令 $\alpha = \sqrt[5]{\dfrac{mb_0}{EI}}$，代入式（4-31）得

$$\frac{\mathrm{d}^4 x}{\mathrm{d}z^4} + \alpha^5 zx = 0 \qquad\qquad (4-32)$$

α 称为桩的水平变形系数，单位为 m^{-1}。

代入边界条件，求解微分方程式（4-32），得到完全埋置于土中桩的各截面内力和变形、桩身各截面处土体抗力，其简化表达式如下。

$$\begin{cases} (位移) \quad x_z = \dfrac{H_0}{\alpha^3 EI} A_x + \dfrac{M_0}{\alpha^2 EI} B_x \\[2mm] (转角) \quad \varphi_z = \dfrac{H_0}{\alpha^2 EI} A_\varphi + \dfrac{M_0}{\alpha EI} B_\varphi \\[2mm] (弯矩) \quad M_z = \dfrac{H_0}{\alpha} A_M + M_0 B_M \\[2mm] (剪力) \quad V_x = H_0 A_Q + \alpha M_0 B_Q \\[2mm] (水平抗力) \quad p(z) = \dfrac{1}{b_0}(\alpha H_0 A_p + \alpha^2 M_0 B_p) \end{cases} \qquad (4-33)$$

对弹性长桩，式（4-33）中的系数 A_x、B_x、A_φ、B_φ、A_M、B_M、A_Q、B_Q、A_p、B_p 均已制成表格供查用，见表 4-13。按式（4-33）可计算并绘出单桩的位移、转角、弯矩、剪力和水平抗力随深度的分布，如图 4-21（b）～（f）所示。

表 4-13　长桩的内力和变形系数值

αz	A_x	B_x	A_φ	B_φ	A_M	B_M	A_Q	B_Q	A_P	B_P
0.0	2.447	1.6210	−1.6210	−1.7506	0.0000	1.0000	1.0000	0.0000	0.000	0.000
0.1	2.2787	1.4509	−1.6160	−1.6507	0.0996	0.9997	0.9883	−0.0075	−0.227	−0.145
0.2	2.1178	1.2909	−1.6012	−1.5507	0.1970	0.9981	0.9555	−0.0280	−0.442	−0.259
0.3	1.9588	1.1408	−1.5768	−1.4511	0.2901	0.9938	0.9047	−0.0582	−0.586	−0.343
0.4	1.8027	1.0006	−1.5433	−1.3520	0.3774	0.9682	0.8390	−0.0955	−0.718	−0.401
0.5	1.6504	0.8704	−1.5015	−1.2539	0.4575	0.9746	0.7615	−0.1375	−0.822	−0.436
0.6	1.5027	0.7498	−1.4601	−1.1573	0.5294	0.9586	0.6749	−0.1819	−0.897	−0.451
0.7	1.3602	0.6389	−1.3959	−1.0624	0.5923	0.9382	0.5820	−0.2709	−0.947	−0.449
0.8	1.2237	0.5373	−1.3340	−0.9698	0.6456	0.9132	0.4852	−0.2709	−0.973	−0.432
0.9	1.0936	0.4448	−1.2671	−0.8799	0.6893	0.8841	0.3869	−0.3125	−0.977	−0.403
1.0	0.9704	0.3612	−1.1965	−0.7931	0.7231	0.8509	0.2890	−0.3506	−0.962	−0.364
3.5	−0.1050	−0.0570	−0.0121	−0.0829	0.0508	0.0135	−0.1998	−0.0167	0.213	0.184
4.0	−0.1079	−0.0149	−0.0034	−0.0851	0.0001	0.0001	0.0000	−0.0005	0.201	0.112

3. 桩顶的水平位移

桩顶水平位移是控制基桩水平承载力的主要因素。表 4-14 给出了基桩不同深度及不

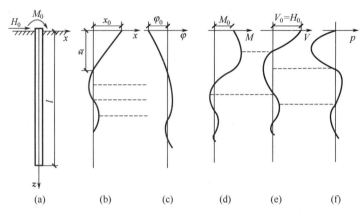

(a)　　　　(b)　　　　(c)　　　　(d)　　　　(e)　　　　(f)

图 4-21　竖直长桩挠曲示意图

同桩端约束条件下的桩顶位移系数 A_x、B_x 的值,将其带入式（4-33）的位移表达式,即可得到桩顶水平位移 x_0。

表 4-14　各类桩的桩顶位移系数 A_x、B_x

αl	支承在土上		支承在岩石上		嵌固在岩石中	
	$A_x(z=0)$	$B_x(z=0)$	$A_x(z=0)$	$B_x(z=0)$	$A_x(z=0)$	$B_x(z=0)$
0.5	72.004	192.026	48.006	96.037	0.042	0.125
1.0	18.030	24.106	12.049	12.149	0.329	0.494
1.5	8.101	7.349	5.498	3.889	1.014	1.028
2.0	4.737	3.418	3.381	2.081	1.841	1.468
3.0	2.727	1.758	2.406	1.568	2.385	1.586
≥4.0	2.441	1.621	2.419	1.618	2.401	1.600

4. 桩身最大弯矩及其位置

求出桩身最大弯矩 M_{max} 及其位置 z_0,就可进行桩身配筋。

最大弯矩截面所在的深度 z_0 为

$$z_0 = \bar{z}/\alpha \tag{4-34}$$

式中　$\bar{z}$——折算深度,对弹性长桩,可由表 4-15 通过系数 $C_D = \alpha \dfrac{M_0}{H_0}$ 查得。

由表 4-15,通过系数 C_D 还可查得桩身最大弯矩系数 C_M,进而得到桩身最大弯矩 $M_{max} = C_M M_0$。

当缺少单桩水平静载荷试验资料时,可根据上述理论分析法计算桩顶变形和桩身内力。对于预制桩、钢桩、桩身配筋率不小于 0.65% 的灌注桩,桩的水平承载力主要由桩顶位移控制;而对于桩身配筋率小于 0.65% 的灌注桩,桩的水平承载力主要由桩身强度控制。

表 4 – 15　桩身最大弯矩位置及弯矩系数 C_M

$\bar{z} = \alpha z$	C_D	C_M	$\bar{z} = \alpha z$	C_D	C_M	$\bar{z} = \alpha z$	C_D	C_M
0.0	∞	1.000	1.0	0.824	1.728	2.0	-0.865	-0.304
0.1	131.252	1.001	1.1	0.503	2.299	2.2	-1.048	-0.187
0.2	34.186	1.004	1.2	0.246	3.876	2.4	-1.230	-0.118
0.3	15.544	1.012	1.3	0.034	23.438	2.6	-1.420	-0.074
0.4	8.781	1.029	1.4	-0.145	-4.596	2.8	-1.635	-0.045
0.5	5.539	1.057	1.5	-0.299	-1.876	3.0	-1.893	-0.026
0.6	3.710	1.101	1.6	-0.434	-1.128	3.5	-2.994	-0.003
0.7	2.566	1.169	1.7	-0.555	-0.740	4.0	-0.045	-0.011
0.8	1.791	1.274	1.8	-0.665	-0.530			
0.9	1.238	1.441	1.9	-0.768	-0.396			

4.5　群桩基础计算

4.5.1　群桩基础的工作性状

1. 群桩效应

群桩基础是指 3 根或 3 根以上的桩，在上部用承台连接而组成的桩基础，由于桩、桩间土和承台三者之间的相互作用和共同工作，使得群桩基础的工作性状与单桩明显不同。

对于端承型桩，作用于桩上的荷载主要由桩端土体承担，如果持力层土质较硬，而桩端处承压面积很小，则各桩端的压力彼此互不影响，如图 4 - 22（a）所示。此时可认为端承型群桩基础中各桩的工作性状与单桩基本相同，即群桩的承载力等于各单桩的承载力之和，群桩的沉降量也与单桩基本相同。

摩擦型桩是通过桩的侧摩阻力将竖向荷载传到桩周土体，然后再传到桩端土层上，一般认为桩的侧摩阻力在土中引起的竖向附加应力是按某一角度 θ 沿桩长向下扩散到桩端平面。当桩数少，桩中心距 s_a 较大（如 $s_a > 6d$ 时），桩端平面处各桩传来的附加压力互不重叠或重叠不多，这时群桩中各桩的工作状态类似于单桩，如图 4 - 22（b）所示。但当桩数较多，桩中心距较小，如常用的桩中心距 $s_a = (3 \sim 4)d$ 时，桩端处地基中各桩传来的压力就会互相叠加，使得桩端处压力要比单桩时增大，荷载作用面积加宽，影响深度更大，如图 4 - 22（c）所示；此时群桩中各桩的工作状态与单桩的有很大差别，其承载力小于各单桩承载力之和，沉降量则大于单桩的沉降量，即存在所谓的群桩效应。显然，由于群桩效应的存在，如果限制群桩的沉降量与单桩沉降量相同，则群桩中每一根桩的平均承载力就要比单桩的低。但另一方面，承台对于各桩的侧摩阻力和端阻力也有影响，承台底面向地面施加的竖向附加应力使得桩周围的土体变得密实，进而使桩的侧摩阻力和端阻力有所增大，同时承台使各桩连接成整体统一工作，增加了桩基础的总体可靠度。从以上的分析可以看出，群桩效应有些是有利的，有些是不利的，这与群桩基础的土层分布和各土层的性质、桩距、桩数、桩的长径比、桩长与承台宽度比、成桩工艺等诸多因素有关。

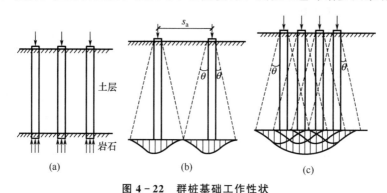

图 4 - 22 群桩基础工作性状

2. 承台底土体分担荷载的作用

如图 4 - 23 所示，桩基础在竖向荷载作用下，承台会发生向下的位移，桩间土体表面承压，分担了作用于桩上的荷载，此时桩和桩间土体共同承担荷载，构成复合桩基础。复合桩基础中基桩的承载力包含了承台底土体的阻力，故称为复合基桩。为了使承台底土体能够分担荷载，必须保证承台底与土体保持接触而不脱开，即桩端必须贯入持力层使桩基整体下沉。

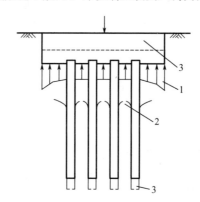

1—承台底土反力；2—上层土位移；3—桩端贯入、桩基整体下沉

图 4 - 23 承台底土体分担荷载的作用

由于桩的遮拦作用，使得承台底土反力比平板基础底面下的土反力要低，承台底土反力的大小及分布形式与桩顶荷载水平、桩间土体性质、承台刚度及群桩的几何特性等因素有关，通常其分担荷载的比例在百分之十几至百分之几十之间变化。

4.5.2 群桩基础竖向承载力计算

《建筑桩基技术规范》中规定，对于端承型桩基础、桩数少于 4 根的摩擦型柱下独立桩基础，或由于地层土性质、使用条件等因素不宜考虑承台效应时，基桩竖向承载力特征值应取单桩竖向承载力特征值 R_a。

其他情况下，考虑群桩效应的复合基桩竖向承载力特征值 R 可按下列公式确定，其中不考虑地震作用时

$$R = R_a + \eta_c f_{ak} A_c \tag{4-35}$$

考虑地震作用时为

$$R = R_a + \frac{\xi_a}{1.25} \eta_c f_{ak} A_c \tag{4-36}$$

$$A_c = (A - nA_{ps})/n \tag{4-37}$$

式中　η_c——承台效应系数，其值见表 4-16；

$\quad\quad f_{ak}$——承台下 1/2 承台宽度且不超过 5m 深度范围内，各层土的地基承载力特征值按厚度加权的平均值（kPa）；

$\quad\quad A_c$——计算基桩所对应的承台底净面积（m^2）；

$\quad\quad A_{ps}$——桩身截面积（m^2）；

$\quad\quad A$——承台计算域面积（m^2）（对于柱下独立桩基，A 为承台总面积；对于桩筏基础，A 为柱或墙筏板的 1/2 跨距和悬臂边 2.5 倍筏板厚度所围成的面积；桩基础布置于单片墙下的桩筏基础，A 取墙两边各 1/2 跨距围成的面积，按条形承台计算 η_c）；

$\quad\quad n$——桩数；

$\quad\quad \zeta_a$——地基抗震承载力调整系数，应按现行《建筑抗震设计规范》采用。

当承台底为可液化土、湿陷性土、高灵敏度软土、欠固结土、新填土，以及沉桩引起超孔隙水压力和土体隆起时，不考虑承台效应，取 $\eta_c = 0$。

表 4-16　承台效应系数 η_c

B_c/l	S_a/d				
	3	4	5	6	>6
≤0.4	0.06～0.08	0.14～0.17	0.22～0.26	0.32～0.32	
0.4～0.8	0.08～0.10	0.17～0.20	0.26～0.30	0.38～0.44	
>0.8	0.10～0.12	0.20～0.22	0.30～0.34	0.44～0.50	0.50～0.80
单排桩条形承台	0.15～0.18	0.25～0.30	0.38～0.45	0.50～0.60	

注：① 表中 S_a/d 为桩中心距与桩径之比，B_c/l 为承台宽度与桩长之比。当计算基桩为非正方形排列时，$s_a = \sqrt{A/n}$，A 为承台计算域面积，n 为总桩数。

② 对于桩布置于墙下的箱、筏承台，η_c 可按单排的条形承台取值。

③ 对于单排桩条形承台，当承台宽度小于 $1.5d$ 时，η_c 按条形承台取值。

④ 对于采用后注浆灌注桩的承台，η_c 宜取低值。

⑤ 对于饱和黏性土中的挤土桩基、软土地基上的桩基承台，η_c 宜取低值的 0.8 倍。

4.5.3 群桩基础水平承载力计算

1. 单桩水平承载力特征值的估算

《建筑桩基技术规范》中规定，对于受水平荷载较大的设计等级为甲级、乙级的建筑桩基础，单桩水平承载力特征值应通过单桩水平承载力静载荷试验确定。当缺少单桩水平静载荷试验资料时，可按下列公式估算桩身配筋率小于 0.65% 的灌注桩的单桩水平承载力特征值。

$$R_{ha} = \frac{0.75\alpha\gamma_m f_t W_0}{v_M}(1.25 + 22\rho_g)\left(1 \pm \frac{\xi_N N_k}{\gamma_m f_t A_n}\right) \tag{4-38}$$

式中 R_{ha}——单桩水平承载力特征值（kN）。式中"±"号根据桩顶竖向力性质确定，压力取"+"，拉力取"−"；

γ_m——桩截面模量塑性指数，圆形截面取 =2，矩形截面取 =1.75；

f_t——桩身混凝土抗拉强度设计值（kPa）；

W_0——桩身换算截面受拉边缘的截面模量（m³），对圆形截面为 $W_0 = \frac{\pi d}{32}[d^2 + 2(\alpha_E - 1)\rho_g d_0^2]$，对方形截面为 $W_0 = \frac{b}{6}[b^2 + 2(\alpha_E - 1)\rho_g b_0^2]$，其中 d 为桩直径（m），d_0 为扣除保护层厚度的桩直径（m），b 为方形截面边长（m），b_0 为扣除保护层厚度的桩截面宽度（m），α_E 为钢筋弹性模量与混凝土弹性模量的比值；

v_M——桩身最大弯矩系数，按表 4-17 取值，当单桩基础和单排桩基纵向轴线与水平力方向垂直时，按桩顶铰接考虑；

ρ_g——桩身配筋率；

A_n——桩身换算截面积（m²），对圆形截面为 $A_n = \frac{\pi d^2}{4}[1 + (\alpha_E - 1)\rho_g]$，对方形截面为 $A_n = b^2[1 + (\alpha_E - 1)\rho_g]$；

ξ_N——桩顶竖向力影响系数，竖向压力取 0.5，竖向拉力取 1.0；

N_k——作用于桩顶竖向力的标准值（kN）。

表 4-17 桩身最大弯矩系数 v_M 和桩顶水平位移系数 v_x

桩预约束情况	桩的换算深度 αh	v_M	v_x
铰接、自由	4.0	0.768	2.441
	3.5	0.750	2.502
	3.0	0.703	2.727
	2.8	0.675	2.905
	2.6	0.639	3.163
	2.4	0.601	3.526

桩预约束情况	桩的换算深度 αh	v_M	v_x
固结	4.0	0.926	0.940
	3.5	0.934	0.970
	3.0	0.967	1.028
	2.8	0.990	1.055
	2.6	1.018	1.079
	2.4	1.045	1.095

当桩的水平承载力由水平位移控制，且缺少单桩水平承载力试验资料时，可按下式估算预制桩、钢桩、配筋率不小于 0.65% 的灌注桩单桩水平承载力特征值。

$$R_{ha} = 0.75 \frac{\alpha^3 EI}{v_x} x_{0a} \tag{4-39}$$

式中　EI——桩身抗弯刚度（$kN \cdot m^2$）。对于钢筋混凝土桩，$EI = 0.85 E_c I_0$，其中 E_c 为混凝土弹性模量，I_0 为桩身换算截面惯性矩，对圆形截面 $I_0 = W_0 d_0/2$，对矩形截面 $I_0 = W_0 b_0/2$；

x_{0a}——桩顶允许水平位移，可取 10mm（对于水平位移敏感的建筑物取 6mm）；

v_x——桩顶水平位移系数，按表 4-17 取值。

【例 4-4】　某桩基工程采用直径为 2m 的灌注桩，桩身配筋率为 0.68%，桩长 25m，桩顶铰接，桩顶允许水平位移 0.005m，桩侧土水平抗力系数的比例系数 $m = 25MN/m^4$。试按《建筑桩基技术规范》求单桩水平承载力特征值（已知桩身抗弯刚度 $EI = 2.149 \times 10^7 kN \cdot m^2$）。

【解】　桩的换算宽度为

$$b_0 = 0.9(d+1) = 0.9 \times (2+1) = 2.7(m)$$

桩的水平变形系数为

$$\alpha = \sqrt[5]{\frac{mb_0}{EI}} = \sqrt[5]{\frac{25 \times 10^3 \times 2.7}{2.149 \times 10^7}} \approx 0.3158(m^{-1})$$

由 $\alpha h = 0.3158 \times 25 \approx 7.9 > 4.0$，桩顶铰接，查表 4-17 得桩顶水平位移系数 $v_x = 2.441$，则单桩水平承载力特征值为

$$R_{ha} = 0.75 \times \frac{\alpha^3 EI}{v_x} x_{0a} = 0.75 \times \frac{0.3158^3 \times 2.149 \times 10^7}{2.441} \times 0.005 \approx 1039.5(kN)$$

2. 基桩水平承载力特征值

群桩基础（不含水平力垂直于单排桩纵向轴线和力矩较大的情况）的基桩水平承载力特征值，应考虑由承台、群桩、土相互作用产生的群桩效应，按下式确定。

$$R_h = \eta_h R_{ha} \tag{4-40}$$

在考虑地震作用且 $s_a/d \leqslant 6$ 时有

$$\eta_h = \eta_i \eta_r + \eta_l \tag{4-41}$$

$$\eta_i = \frac{(s_a/d)^{0.015n_2+0.45}}{0.15n_1+0.10n_2+1.9} \qquad (4-42)$$

$$\eta_l = \frac{mx_{0a}B_c'h_c^2}{2n_1n_2R_{ha}} \qquad (4-43)$$

其他情况时有

$$\eta_h = \eta_i\eta_r + \eta_l + \eta_b \qquad (4-44)$$

$$\eta_b = \frac{\mu P_c}{n_1n_2R_{ha}} \qquad (4-45)$$

$$B_c' = B_c + 1 \qquad (4-46)$$

$$P_c = \eta_c f_{ak}(A-nA_{ps}) \qquad (4-47)$$

式中　R_h——基桩水平承载力特征值（kN）；

　　　η_h——群桩效应综合系数；

　　　η_i——桩的相互影响效应系数；

　　　η_r——桩顶约束效应系数（桩顶嵌入承台长度为 50～100mm 时），按表 4-18 取值；

　　　η_l——承台侧向土水平抗力效应系数；

　　　η_b——承台底摩阻效应系数；

　　　s_a/d——沿水平荷载方向的距径比；

　　n_1、n_2——分别为沿水平荷载方向与垂直于水平荷载方向每排桩中的桩数；

　　　x_{oa}——桩顶（承台）的水平位移允许值（mm）。当以位移控制时，可取 $x_{oa}=$ 10mm（对水平位移敏感的结构物取 $x_{oa}=6$mm）；当以桩身强度控制（低配筋率灌注桩）时，可取 $x_{oa}=\dfrac{R_{ha}v_x}{\alpha^3EI}$；

　　　B_c'——承台受侧向土抗力一边的计算宽度（m）；

　　　B_c——承台宽度（m）；

　　　h_c——承台高度（m）；

　　　μ——承台底与地基土间的摩擦系数，可按表 4-19 取值；

　　　P_c——承台底地基土分担的竖向总荷载标准值（kN）。

其余符号意义同前。

表 4-18　桩顶约束效应系数 η_r

换算深度 (αh)	2.4	2.6	2.8	3.0	3.5	≥4.0
位移控制	2.58	2.34	2.20	2.13	2.07	2.05
强度控制	1.44	1.57	1.71	1.82	2.00	2.07

注：h 为桩的入土长度。

表 4-19　承台底与地基土间的摩擦系数 μ

土的类别		μ
黏性土	可塑	0.25～0.30
	硬塑	0.30～0.35
	坚塑	0.35～0.45

土的类别		μ
粉土	密实、中密（稍湿）	0.30~0.40
中砂、粗砂、砾砂		0.40~0.50
碎石土		0.40~0.60
软岩、软质岩		0.40~0.60
表面粗糙的较硬岩、坚硬岩		0.65~0.75

4.5.4 抗拔承载力计算

承受拔力的桩基，应按下列公式同时验算群桩基础呈整体破坏和呈非整体破坏时基桩的抗拔承载力。

$$N_k \leqslant \frac{T_{gk}}{2} + G_{gp} \qquad (4-48)$$

$$N_k \leqslant \frac{T_{uk}}{2} + G_p \qquad (4-49)$$

式中 N_k——按荷载效应标准组合计算的基桩拔力（kN）；

T_{gk}——群桩呈整体破坏时基桩的抗拔极限承载力标准值（kN）；

T_{uk}——群桩呈非整体破坏时基桩的抗拔极限承载力标准值（kN）；

G_{gp}——群桩基础所包围体积的桩土总自重除以总桩数（kN）；

G_p——基桩自重，对于扩底桩应按表 4-20 确定桩、土柱体周长，计算桩、土自重。

表 4-20 扩底桩破坏表面周长 u_i 计算方法

自桩底算起的长度 l_i	≤(4~10) d	>(4~10) d
u_i	πD	πd

注：l_i 对于软土取低值，对于卵石、砾石取高值；l_i 取值按内摩擦角增大而增大。

对于设计等级为甲级和乙级的建筑桩基础，基桩的抗拔极限承载力应通过现场单桩上拔静载荷试验确定。若无当地经验，群桩基础及设计等级为丙级的建筑桩基础，基桩抗拔极限承载力标准值可按下列公式计算，其中群桩呈非整体破坏时为

$$T_{uk} = \sum \lambda_i q_{sik} u_i l_i \qquad (4-50)$$

群桩呈整体破坏时为

$$T_{gk} = \frac{1}{n} u_1 \sum \lambda_i q_{sik} l_i \qquad (4-51)$$

式中 u_i——桩身周长（m），对等直径桩取 $u = \pi d$，对扩底桩按表 4-20 计算；

u_1——群桩外围周长（m）；

λ_i——抗拔系数，可按表 4-21 取值。

表 4 - 21　抗拔系数 λ 值

土类	λ
砂土	0.50~0.70
黏性土、粉土	0.70~0.80

注：桩长 l 与桩径 d 之比小于 20 时，λ 取小值。

4.5.5　桩基沉降计算

尽管桩基础与天然地基上的浅基础相比，沉降量可大为减少，桩基础一般只按承载力设计，但地基基础设计等级为甲级的建筑桩基础，以及体型复杂、荷载不均匀或桩端以下存在软弱土层的设计等级为乙级的建筑桩基础，还需要进行沉降验算，要求建筑桩基础沉降变形计算值不得大于允许值。桩基础沉降变形的控制指标有沉降量、沉降差、整体倾斜和局部倾斜。

与浅基础的沉降计算相同，桩基础的沉降计算也是采用基于土的单向压缩、均质各向同性和弹性假设的分层总和法。目前在工程中应用较广泛的计算桩基础沉降的分层总和法主要有两类，一类是假想的实体深基础法，另一类是明德林应力计算方法。假想的实体深基础法主要适用于桩中心距不大于 6 倍桩径的桩基，而明德林应力计算方法主要适用于单桩、单排桩和桩中心距大于 6 倍桩径的疏桩基础。本书只介绍前者。

对于中心距不大于 6 倍桩径的桩基，其最终沉降量计算可采用等效作用分层总和法。该法实际上是一种实体基础法，它不考虑桩基础侧面应力扩散作用，假定等效作用面位于桩端平面，等效作用面积为桩承台投影面积，等效作用附加应力近似取承台底平均附加压力，然后按矩形浅基础的沉降计算方法计算实体基础沉降，如图 4 - 24 所示。理论和实践表明，对于群桩基础下的地基土应力，采用各向同性均质弹性变形体理论将给出偏大的结果，因此《建筑桩基技术规范》中给出桩基沉降计算经验系数 ψ 作为等代实体基础基础底面附加压力的折减系数。

桩基内任意点的最终沉降量可用角点法按下式计算。

$$s = \psi \psi_e s' = \psi \psi_e \sum_{j=1}^{m} p_{0j} \sum_{i=1}^{n} \frac{z_{ij}\bar{\alpha}_{ij} - z_{(i-1)j}\bar{\alpha}_{(i-1)j}}{E_{si}} \tag{4-52}$$

式中　　s——桩基最终沉降量（mm）；

s'——采用布辛奈斯克解，按实体深基础分层总和法计算出的桩基沉降量（mm）；

ψ——桩基沉降计算经验系数，按表 4 - 22 选用；

ψ_e——桩基等效沉降系数，按式（4 - 54）计算；

m——角点法计算点对应的矩形荷载分块数；

p_{0j}——第 j 块矩形底面在荷载效应准永久组合下的附加压力（kPa）；

n——桩基础沉降计算深度范围内所划分的土层数；

E_{si}——等效作用底面以下第 i 层土的压缩模量（MPa），采用地基土在自重压力至自重压力加附加作用时的压缩模量；

z_{ij}、$z_{(i-1)j}$——分别为桩端平面第 j 块荷载作用面至第 i 层土、第 $i-1$ 层土底面的距离（m）；

$\bar{\alpha}_{ij}$、$\bar{\alpha}_{(i-1)j}$——分别为桩端平面第 j 块荷载计算点至第 i 层土、第 $i-1$ 层土底面深度范围内平均附加应力系数，可按《建筑桩基技术规范》附录 D 选用。

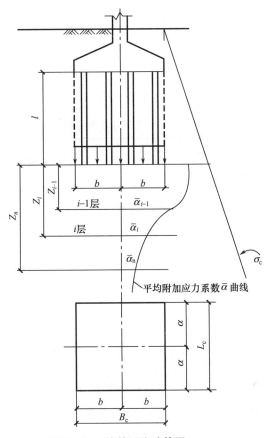

图 4-24　桩基沉降计算图

计算矩形桩基础中点沉降时，桩基础沉降量按可下式简化计算。

$$s = \psi\psi_{e}s' = 4\psi\psi_{e}p_{0}\sum_{i=1}^{n}\frac{z_{i}\bar{\alpha}_{i} - z_{i-1}\bar{\alpha}_{i-1}}{E_{si}} \tag{4-53}$$

式中　p_{0}——在荷载效应准永久组合下承台底的平均附加压力（kPa）；

$\bar{\alpha}_{i}$、$\bar{\alpha}_{i-1}$——分别为第 i 层、第 $i-1$ 层土平均附加应力系数，其值根据矩形长宽比 a/b 及深宽比 $\dfrac{z_{i}}{b} = \dfrac{2z_{i}}{B_{c}}$ 查《建筑桩基技术规范》附录 D。

桩基础等效沉降系数 ψ_{e} 按下式简化计算。

$$\psi_{e} = C_{0} + \frac{n_{b} - 1}{C_{1}(n_{b} - 1) + C_{2}} \tag{4-54}$$

式中　n_{b}——矩形布桩时的短边布桩数。当布桩不规则时，按 $n_{b} = \sqrt{nB_{c}/L_{c}}$ 近似计算；当 n_{b} 计算值小于 1 时，取 $n_{b} = 1$。

C_{0}、C_{1}、C_{2}——计算系数，分别根据群桩不同距径比（桩中心距与桩径比）s_{a}/d、长径

比 l/d 及基础长宽比 L_c/B_c 由《建筑桩基技术规范》附录 E 查得。

L_c、B_c、n——分别为矩形承台的长（m）、宽（m）和总桩数。

当布桩不规则时，等效距径比 S_a/d 按下列公式近似计算，其中

圆形桩为

$$S_a/d = \sqrt{A}/(\sqrt{n}d) \tag{4-55}$$

方形桩为

$$S_a/d = 0.886\sqrt{A}/(\sqrt{n}b) \tag{4-56}$$

式中 A——桩基承台总面积（m²）；

b——方形桩截面边长（m）；

无当地可靠经验时，桩基沉降计算经验系数 ψ 可按表 4-22 选用。

表 4-22 桩基沉降计算经验系数 ψ 值

$\overline{E}_s/\text{MPa}$	≤10	15	20	35	≥50
ψ	1.2	0.9	0.65	0.50	0.40

注：① $\overline{E}_s$ 为沉降计算深度范围内压缩模量的当量值，$\overline{E}_s = \sum A_i / \sum \dfrac{A_i}{E_{si}} = \dfrac{p_0 z_n \overline{\alpha}_n}{s'}$，式中 A_i 为第 i 层土附加压力系数沿土层厚度的积分值，可近似按分块面积计算。

② ψ 可根据 $\overline{E}_s$ 内插取值。

桩基沉降计算深度 z_n 应按应力比法确定，即计算深度处 z_n 处的附加应力 σ_z 与土的自重应力 σ_c 应符合 $\sigma_z \leqslant 0.2\sigma_c$。

【例 4-5】 某建筑物的桩基安全等级为二级，场地土层土性质见表 4-23，柱下桩基础采用 9（3×3）根预制桩，桩长 22.0m，截面尺寸为 0.4m×0.4m，桩间距 2.0m，承台尺寸为 4.8m×4.8m，承台埋深 2.0m，地下水位埋深 0.5m；假设作用于承台底面准永久组合的竖向力 $F_k = 8778\text{kN}$；计算沉降压缩层厚度为 9.6m，桩基承载力满足规范要求。试用假想的实体深基础法计算桩基础的最终沉降量 s。

表 4-23 场地土层条件及主要土层物理力学指标

层序	土层名称	层底深度/m	厚度/m	含水率 $w/\%$	天然重度 γ_0/(kN/m³)	孔隙比 e	塑性指数 I_P	黏聚力 c/kPa	内摩擦角 φ/(°)	压缩模量 E_s/MPa	桩极限侧摩阻力标准值 q_{sik}/kPa
①	填土	1.20	1.20		18.0						
②	粉质黏土	2.00	0.80	31.7	18.0	0.92	18.3	23.0	17.0		
④	淤泥质黏土	12.00	10.00	46.6	17.0	1.34	20.3	13.0	8.5		28
⑤-1	黏土	22.70	10.70	38	18.0	1.08	19.7	18.0	14.0	4.5	55
⑤-2	粉砂	28.80	6.10	30	19.0	0.78		5.0	29.0	15.00	100
⑤-3	粉质黏土	35.30	6.50	34.0	18.5	0.95	16.2	15.0	22.0	6.00	
⑦-2	粉砂	40.00	4.70	27	20.0	0.70		2.0	34.5	30.00	

【解】　桩基础的持力层为⑤－2层。桩基沉降按式（4-53）、式（4-54）计算，其中

$$n_b = \sqrt{nB_c/L_c} = \sqrt{9 \times 1} = 3$$

$$S_a/d = 2/0.4 = 5$$

$$l/d = 22/0.4 = 55$$

$$L_c/B_c = 1.0$$

查《建筑桩基技术规范》附录 E 得 $C_0 = 0.0335$，$C_1 = 1.6055$，$C_2 = 8.613$，代入式（4-54）得

$$\psi_e = 0.0335 + (3-1)/[1.6055(3-1) + 8.613] = 0.0335 + 0.169 = 0.2025$$

承台底面压力为

$$p = \frac{F_k + G_k}{A} = \frac{8778 + 4.8 \times 4.8 \times (0.5 \times 20 + 1.5 \times 10)}{4.8 \times 4.8} = 406 \text{(kPa)}$$

承台底面附加压力为

$$p_0 = p - \gamma d = 406 - 18 \times 0.5 - 8 \times 1.5 = 385 \text{(kPa)}$$

用应力面积法计算沉降的过程见表 4-24。

表 4-24　沉降计算表

层序	桩端下深度 z/m	l/b	z/b	$\bar{\alpha}$	$z\bar{\alpha}$	$z_i\bar{\alpha}_i - z_{i-1}\bar{\alpha}_{i-1}$	E_{si}/MPa	s_i'/mm	$s = \sum s_i'$ /mm
	0	1.0	0	$4 \times 0.25 = 1.0$	0				
⑤－2	4.8	1.0	2.0	$4 \times 0.1764 = 0.7065$	3.387	3.387	15	86.9	
⑤－3	9.6	1.0	4.0	$4 \times 0.1114 = 0.4456$	4.278	0.891	6	57.2	144.1

由以上结果得

$$\bar{E}_s = \frac{\sum A_i}{\sum \dfrac{A_i}{E_{si}}} = \frac{3.387 + 0.891}{\dfrac{3.387}{15} + \dfrac{0.891}{6}} = 11.43 \text{MPa}$$

查表 4-22，内插可得

$$\psi = \frac{11.43 - 10}{15 - 10} \times (0.9 - 1.2) + 1.2 = 1.114$$

则最终沉降量为

$$s = 1.114 \times 0.2026 \times 144.1 \approx 32.5 \text{(mm)}$$

4.5.6　减沉复合疏桩基础及变刚度调平设计

1. 减沉复合疏桩基础

减沉复合疏桩基础是指桩与承台共同承担外荷载，在软土地基天然地基承载力基本满足要求的情况下，为减小沉降采用疏布摩擦型桩的复合桩基础，通常桩间距在 6 倍桩径以上。减沉复合疏桩基础主要适用于较深厚软弱地基上、以沉降控制为主的多层或较低的高

层建筑。软土地区的多层建筑，若采用天然地基，其承载力在许多情况下可满足要求，但最大沉降量往往超过 20cm，沉降差超过允许值，引发墙体开裂者多见。针对这种情况，从 20 世纪 90 年代以来，率先在上海地区采用以减小沉降为目标的疏布小截面预制桩复合桩基础，其后这种桩基础在温州、天津等沿海软土地区相继应用。疏桩基础桩间土直接承受的荷载所占的比例可高达 50%，此时群桩效应已不明显，单桩竖向承载力往往远超过其允许承载力，达到或接近极限承载力。这种疏桩基础在受力机理和工作性状上已不同于常规意义上的桩基础，而是处于天然地基与桩基础之间的过渡状态，单桩的非线性工作状态在其中起着决定性的作用。

与常规桩基相比，减沉复合疏桩基础有如下几个特点。

(1) 由于桩基疏布，桩基中单桩工作状态接近于其极限状态，使得在大荷载的条件下，桩端产生塑性刺入变形，整个疏桩基础的变形较大。

(2) 由于承台底土体参与承载，疏桩基础的变形以桩间土的竖向变形为主。

(3) 疏桩基础桩间土的压缩变形很大，其变形性状不像一个实体墩基础那样随桩群呈整体下沉，而是由各个基桩的单独刺入变形而引起桩间土的压缩。

(4) 疏桩基础由于考虑了承台底土体承载，桩数较常规桩基础少，因此可大大降低工程造价。

减沉复合疏桩基础具有如下优点：充分利用和发挥了桩对基础沉降的控制能力，桩可按单桩极限承载力设计，使桩的承载力得到充分地发挥；能够减少用桩数量，与常规桩基设计方法相比，一般可减少用桩数量 30% 以上，大大降低了基础的工程造价，并可减少挤土对环境的影响；与水泥土搅拌桩或粉喷桩等相比，由于减沉复合疏桩一般采用钢筋混凝土预制桩，因此其质量能得到较好的保证。

2. 变刚度调平设计

传统桩基础设计的布桩原则是在同一个建筑物下应布置相同直径、相同长度的桩，桩的间距也尽可能相等，按照这种传统桩基设计原则设计的桩基础是等刚度的。等刚度的桩基础在均匀分布荷载作用下，由于土与土、桩与桩、土与桩的相互作用导致地基或桩群的竖向支承刚度分布发生内弱外强的变化，沉降变形出现内大外小的碟式分布，基础底面反力出现内小外大的马鞍形分布，如图 4-25 (a) 所示；桩顶的反力分布也是不均匀的，内部桩的反力小于边桩，边桩的反力小于角桩，桩顶反力呈马鞍形分布，如 4-26 所示。为避免上述情况，可突破传统设计理念，通过调整地基或基桩的竖向支承刚度分布，达到促使沉降差减到最小及基础或承台内力降低的目的，如图 4-25 (b) 所示，这就是所谓的变刚度调平设计。变刚度调平设计旨在减小沉降差、降低承台内力和上部结构次生应力，以节约资源，提高建筑物使用寿命，确保建筑物正常使用功能，是一种考虑上部结构形式、荷载和地层分布及相互作用效应，通过调整桩径、桩长、桩距等改变基桩的竖向支承刚度分布，以使建筑物沉降趋于均匀、承台内力降低的设计方法。

可以采用下列方法来改变桩基础支承刚度。

(1) 增强局部刚度：设计时，对荷载集中、强度高的区域采用局部布桩等措施，来增强该部分的刚度。

(2) 桩基础变刚度：当基础采用桩基础形式时，可采取改变桩距、桩径、桩长等变刚

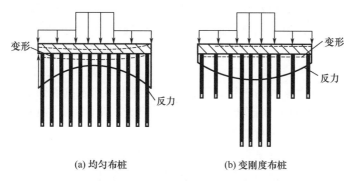

(a) 均匀布桩　　　　　　　(b) 变刚度布桩

图 4 – 25　均匀布桩与变刚度布桩的变形与反力状况

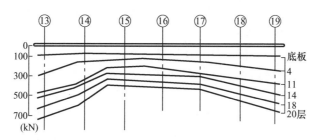

图 4 – 26　均匀布桩的桩顶反力分布特征

度布桩模式来改变刚度,如图 4 – 27 所示。

(3) 上部结构-地基-基础共同作用分析:按上部结构-地基-基础共同作用的原则进行整体的相互作用分析,考虑各自的刚度在共同作用中的效果,进一步优化布桩,并确定承台内力与配筋。

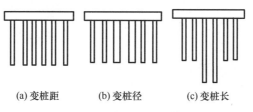

(a) 变桩距　　　　(b) 变桩径　　　　(c) 变桩长

图 4 – 27　变刚度布桩模式

(4) 主裙连体变刚度:对于主裙连体建筑,基础应按增强主体(采用桩基础)、弱化裙体(采用天然地基、疏短桩基、复合地基)的原则设计。

4.6　桩基础设计

4.6.1　桩基础设计的基本原则

桩基础设计应本着选型恰当、经济合理、安全适用的总体原则。对桩和承台,要有足够的强度、刚度和耐久性；对桩端持力层，要有足够的承载力和不产生过量的变形。桩基础应根据具体条件分别进行下列承载能力验算和稳定性验算。

（1）应根据桩基的使用功能和受力特征，分别进行桩基的竖向承载力计算和水平承载力计算。

（2）应对桩身和承台承载力进行计算；对于桩侧土不排水抗剪强度小于 $10\mathrm{kPa}$ 且长径比大于 50 的桩，应进行桩身压屈验算；对于钢筋混凝土预制桩，还应按施工阶段的吊装、运输、堆放和锤击作用进行强度验算。

（3）当桩端平面以下存在软弱下卧层时，应验算软弱下卧层的承载力。

（4）对位于坡地、岸边的桩基础，应进行整体稳定性验算。

（5）对于抗浮、抗拔桩基础，应进行整体稳定性验算。

（6）对于抗震设防区的桩基础，应进行抗震承载力验算。

下列建筑桩基础应进行沉降计算。

（1）设计等级为甲级的非嵌岩桩和非深厚坚硬持力层的建筑桩基础。

（2）设计等级为乙级的体形复杂、荷载分布显著不均匀或桩端平面以下存在软弱土层的建筑桩基础。

桩基础设计时，所采用的荷载作用效应组合与相应的抗力应符合下列规定。

（1）确定桩数和布桩时，应采用传至承台底面的荷载效应标准组合；相应的抗力应采用基桩或复合基桩承载力特征值。

（2）计算荷载作用下的桩基础沉降和水平位移时，应采用荷载效应准永久组合；计算水平地震作用、风载作用下的桩基础水平位移时，应采用水平地震效应、风载效应标准组合。

（3）在计算桩基础结构承载力、确定尺寸和配筋时，应采用传至承台顶面的荷载效应基本组合。当进行承台和桩身裂缝控制验算时，应分别采用荷载效应标准组合和荷载效应准永久组合。

4.6.2　桩基础设计步骤

桩基础的设计可按下列步骤进行。

（1）调查研究，收集设计资料，明确设计任务。

桩基础设计必需的资料如下：工程地质勘察资料，包括土层的分布及各土层的物理力学性质指标、地下水埋藏情况、试桩资料或邻近类似桩基础工程资料、液化土层资料等；建筑物情况，包括建筑物的结构类型、荷载、安全等级、抗震设防烈度等；建筑场地与环境有关的资料，包括周边建筑物对于防振和噪声的要求、排放淤泥和弃土的条件等；施工条件的有关资料，包括施工机械设备、水电供应条件、施工机械的进出场及现场运行条件等。

（2）选择持力层、桩型、桩截面尺寸和桩长。

桩端持力层是影响桩基础承载力的关键性因素，不仅制约桩端阻力，而且影响侧摩阻力的发挥，因此选择较硬持力层作为桩端持力层至关重要；其次，应确保桩端进入持力层的深度，才能有效发挥其承载力，进入持力层的深度除考虑承载性状外，还应与成桩工艺可行性相结合。一般应选择压缩性低而承载力高的较硬土层作为持力层，同时考虑桩所承受的荷载特性、桩身强度、沉桩方法等因素，根据桩基础承载力、桩位布置、桩基础沉降的要求，结合有关经济指标来综合评定确定。桩端全断面进入持力层的深度，对于黏性土、粉土不宜小于 $2d$（d 为桩径），砂土不宜小于 $1.5d$，碎石类土不宜小于 $1d$；当存在软弱下卧层时，桩端以下硬持力层厚度不宜小于 $3d$。持力层确定后，由持力层的深度和荷载大小确定桩长、桩截面尺寸；再结合土层分布情况，考虑施工条件、设备和技术等因素决定采用的桩型，如是采用摩擦型桩还是端承型桩，是挤土桩还是非挤土桩，同时进行初步设计与验算。

（3）确定单桩竖向极限承载力标准值和基桩竖向承载力特征值，并结合上部结构荷载情况，初步确定桩数和桩的平面布置。

① 初步确定桩数：单桩竖向极限承载力标准值 Q_{uk} 和基桩竖向承载力特征值 R 可按照 4.3 节的方法确定，然后根据基础承受的竖向荷载和承台及其上土体自重确定桩数 n。

初步估定桩数时，先不考虑群桩效应，根据单桩竖向承载力特征值 R_a，当桩基础为轴心受压时，桩数 n 可按下式估算。

$$n = \frac{F_k + G_k}{R_a} \qquad (4-57)$$

式中　F_k——相应于荷载效应标准组合时作用在承台顶面上的竖向力（kN）；

　　　G_k——桩基础承台及其上方填土的自重标准值（kN），对稳定的地下水位以下部分应扣除水的浮力。

偏心荷载时，由于桩基础中各桩受力可能不均匀，因而应适当增加桩数量，可按上式确定的桩数增加 $10\%\sim20\%$。以上选定的桩数再经过平面布置和单桩受力验算后，可能还会有增减。

（2）确定桩的平面布置：通过桩的平面布置，可以确定桩距、桩的布置形式等。

基桩的最小中心距系基于两个因素确定：有效发挥桩的承载力和成桩工艺。另外应考虑到，桩的间距过大，承台体积增加，造价提高；间距过小，则桩的承载能力不能充分发挥，且给施工造成困难。一般桩的最小中心距应符合表 4-25 的规定。对于大面积群桩尤其是挤土桩，桩的中心距还应按表列数值适当加大。

表 4-25　基桩的最小中心距

土类与成桩工艺		排数不少于 3 排且桩数不少于 9 根的摩擦型桩	其他情况
非挤土灌注桩		$3.0d$	$3.0d$
部分挤土桩	非饱和土、饱和非黏性土	$3.5d$	$3.0d$
	饱和黏性土	$4.0d$	$3.5d$
挤土桩	非饱和土、饱和非黏性土	$4.0d$	$3.5d$
	饱和黏性土	$4.5d$	$4.0d$
钻（挖）孔扩底桩		$2D$ 或 $D+2.0$m（当 $D>2$m）	$1.5D$ 或 $D+1.5$m（当 $D>2$m）

续表

土类与成桩工艺		排数不少于3排且桩数不少于9根的摩擦型桩	其他情况
沉管夯扩、钻孔挤扩桩	非饱和土、饱和非黏性土	2.2D 且 4.0d	2.0D 且 3.5d
	饱和黏性土	2.5D 且 4.5d	2.2D 且 4.0d

注：① d 为圆桩设计直径或方桩设计边长，D 为扩大端设计直径。

② 当纵横向桩距不相等时，其最小中心距应满足"其他情况"一栏的规定。

③ 当为端承桩时，非挤土灌注桩的"其他情况"一栏可减小至 $2.5d$。

柱下桩基础一般在平面内布置成方形（或矩形）、三角形和梅花形，如图 4-28（a）所示；条形基础下的桩，如墙下桩基础，可采用单排或双排布置，如图 4-28（b）所示。布桩原则为：紧凑布桩，使承台面积尽可能小，又能充分发挥各桩的作用；尽可能使得群桩横截面的形心与长期荷载的作用点重合，以便使各桩受力均匀；应使基桩受水平力和力矩较大的方向有较大的截面模量，如承台长边与较大的力矩取向一致等。

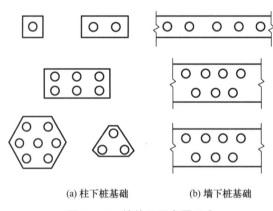

(a) 柱下桩基础   (b) 墙下桩基础

图 4-28　桩的平面布置形式

（4）做桩基础验算。

在完成布桩后，需要对初步设计的桩基础进行验算，以检验布桩是否合理及是否满足设计要求。验算的内容包括：桩基础中基桩竖向承载力的验算、基桩水平承载力的验算、桩基础沉降验算及特殊条件下桩基础竖向承载力的验算等。

（5）进行桩身结构设计。

对于钢筋混凝土桩，需要对桩的配筋和构造，预制桩吊运过程中的内力，沉桩中的接头进行设计计算，应考虑桩身材料强度、成桩工艺、吊运与沉桩约束条件、环境类别等因素进行桩身承载力和裂缝控制计算。

（6）完成承台设计。

承台设计，包括承台的尺寸、厚度和构造要求的设计，应满足抗冲切、抗剪切、抗弯、抗裂、局部抗压等要求。

4.6.3 桩基础验算

1. 基桩竖向承载力的验算

承受轴心荷载的桩基础，其基桩或复合基桩竖向承载力特征值 R 应满足下式要求。

$$N_k \leqslant R \tag{4-58}$$

承受偏心荷载的桩基础，除满足式（4-58）外，还应满足以下要求。

$$N_{k,max} \leqslant 1.2R \tag{4-59}$$

式中 R——基桩或复合基桩竖向承载力特征值（kN）；

　　N_k——荷载效应标准组合在轴心竖向力作用下，基桩或复合基桩的平均竖向力（kN）；

　　$N_{k,max}$——荷载效应标准组合在轴心竖向力作用下，基桩或复合基桩的最大竖向力（kN）。

轴心竖向力作用下有

$$N_k = \frac{F_k + G_k}{n} \tag{4-60}$$

偏心竖向力作用下有

$$N_{ik} = \frac{F_k + G_k}{n} \pm \frac{M_{xk} y_i}{\sum y_j^2} \pm \frac{M_{yk} x_i}{\sum x_j^2} \tag{4-61}$$

式中 　　N_{ik}——荷载效应标准组合在轴心竖向力作用下，第 i 根基桩或复合基桩的平均竖向力（kN）；

　　M_{xk}、M_{yk}——分别为荷载效应标准组合下，作用于承台底面，绕通过桩群形心的 x、y 轴的力矩（kN·m）；

x_i、x_j、y_i、y_j——分别为第 i、j 根基桩或复合基桩至 y、x 轴的距离（m）。

【例4-6】 某一级建筑预制桩基础，截面尺寸为 $0.4m \times 0.4m$，采用 C30 混凝土，桩长 16m，承台尺寸为 $3.2m \times 3.2m$，底面埋深 2.0m，土层分布和桩位布置如图 4-29 所示。承台上作用竖向力 $F_k = 5500kN$，弯矩 $M_k = 700kN·m$，水平力 $H_k = 80kN$；假设承台下 1/2 承台宽度且不超过 5m 深度范围内各层土的地基承载力特征值 $f_{ak} = 125kPa$。黏土 $q_{sk} = 36kPa$；粉土 $q_{sk} = 64kPa$，$q_{pk} = 2100kPa$。

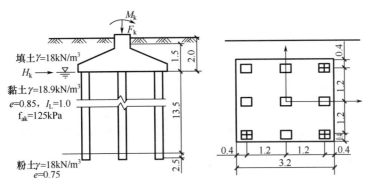

图 4-29　例 4-6 图

（1）试计算：复合基桩竖向承载力特征值 R。

（2）验算复合基桩竖向承载力是否满足要求。

【解】 （1）求复合基桩竖向承载力特征值。

单桩竖向极限承载力标准值为

$$\begin{aligned} Q_{uk} = Q_{sk} + Q_{pk} &= u \sum q_{sik} l_i + q_{pk} A_p \\ &= 4 \times 0.4 \times (36 \times 13.5 + 64 \times 2.5) + 2100 \times 0.4^2 \\ &= 1033.6 + 336 = 1369.6 (kN) \end{aligned}$$

则单桩竖向承载力特征值为

$$R_a = \frac{Q_{uk}}{2} = \frac{1369.6}{2} = 684.8 (kN)$$

考虑群桩、土和承台相互作用效应时，复合基桩竖向承载力特征值 $R = R_a + \eta_c f_{ak} A_c$，其中群桩效应系数 η_c 可由 $s_a/d = 1.2/0.4 = 3$、$B_c/l = 3.2/16 = 0.2$ 查表 4-16 得到，$\eta_c = 0.06$，基桩所对应的承台底净面积 $A_c = (A - n A_{ps})/n = (3.2 \times 3.2 - 9 \times 0.4 \times 0.4)/9 = 0.978$ （m^2）；

将以上数据代入公式，得到复合基桩竖向承载力特征值为

$$R = R_a + \eta_c f_{ak} A_c = 684.8 + 0.06 \times 125 \times 0.978 \approx 692.1 (kN)$$

（2）验算复合基桩竖向承载力是否满足要求。承台及其覆土重为

$$G_k = 3.2^2 \times 20 \times 2 = 409.6 (kN)$$

复合基桩的平均竖向力为

$$N_k = \frac{F_k + G_k}{n} = \frac{5500 + 409.6}{9} kN = 656.6 kN < R = 692.1 kN$$

根据式（4-61），可得到桩顶的最大竖向力为

$$N_{k,max} = \frac{F_k + G_k}{n} + \frac{M_{yk} x_{max}}{\sum x_j^2} = \frac{5500 + 409.6}{9} + \frac{(700 + 80 \times 1.5) \times 1.2}{6 \times 1.2^2} = 770.5 (kN)$$

则有

$$N_{k,max} \leqslant 1.2R = 830.5 kN$$

因此，复合基桩竖向承载力满足要求。

2. 基桩水平承载力的验算

当作用于桩基础上的外力主要为水平力时，应对基桩的水平承载力进行验算。在由相同截面桩组成的桩基础中，可假设各桩所受的横向力 H_{ik} 相同，即

$$H_{ik} = \frac{H_k}{n} \tag{4-62}$$

式中 H_k——作用于承台底面的水平力标准值（kN）；

H_{ik}——作用于任一单桩或基桩上的水平力标准值（kN）。

单桩或群桩中，基桩水平承载力应满足 $H_{ik} \leqslant R_h$ 的要求，其中 R_h 为单桩或群桩中基桩的水平承载力特征值（kN），其计算参照 4.5.3 节群桩基础水平承载力计算部分。

3. 桩基础软弱下卧层承载力的验算

桩距不超过 $6d$ 的群桩基础，当桩端平面以下受力范围内存在承载力低于桩端持力层

承载力 1/3 的软弱下卧层，且荷载引起的局部压力超出其承载力过多时，将引起软弱下卧层侧向挤出，导致桩基础偏沉，严重者将引起整体失稳。为了防止上述情况的发生，需进行相应的群桩基础软弱下卧层承载力验算。验算原则为：扩散到软弱下卧层顶面的附加应力与软卧层顶面土自重应力之和要小于软弱下卧层的承载力。

对于桩距 $s_a \leqslant 6d$ 的群桩基础，如图 4-30 所示，按下式验算软弱下卧层承载力。

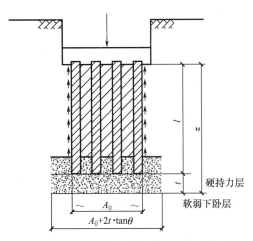

图 4-30 软弱下卧层承载力验算示意图

$$\sigma_z + \gamma_m z \leqslant f_{az} \tag{4-63}$$

$$\sigma_z = \frac{(F_k + G_k) - 3/2(A_0 + B_0)\sum q_{sik}l_i}{(A_0 + 2t \cdot \tan\theta)(B_0 + 2t \cdot \tan\theta)} \tag{4-64}$$

式中 σ_z——作用于软弱下卧层顶面的附加应力（kPa）；

γ_m——软弱下卧层顶面以上各土层重度按土层厚度计算的加权平均值（kN/m³），地下水位以下取浮重度；

t——硬持力层厚度（m）；

z——桩顶至软弱下卧层顶面的深度（m）；

A_0、B_0——分别为桩群外缘矩形底面的长边、短边边长（m）；

q_{sik}——桩侧第 i 层土的极限侧摩阻力标准值（kPa），可按表 4-5 取值；

l_i——桩侧第 i 层土的厚度（m）；

θ——桩端硬持力层压力扩散角（°），按表 4-26 取值；

f_{az}——软弱下卧层经深度 z 修正后的地基承载力特征值（kPa）。

表 4-26 桩端硬持力层压力扩散角 θ

E_{s1}/E_{s2}	$t=0.25B_0$	$t \geqslant 0.50B_0$
1	4°	12°
3	6°	23°
5	10°	25°
10	20°	30°

注：① E_{s1}、E_{s2} 分别为硬持力层、软弱下卧层的压缩模量（MPa）。

② 当 $t<0.25B_0$ 时，取 $\theta=0°$；当 $0.25B_0<t<0.50B_0$ 时，可内插取值。

【**例 4-7**】 某一级预制桩基础，群桩持力层下有淤泥质黏土软弱下卧层，桩截面尺寸为 $0.3m \times 0.3m$，采用 C30 混凝土，桩长 15m。承台尺寸为 $2.6m \times 2.6m$，承台底面埋深 2.0m。土层分布与桩位置如图 4.31 所示，承台上作用竖向力 $F_k = 5000kN$，弯矩 $M_k = 400kN \cdot m$，水平力 $H_k = 50kN$。黏土 $q_{sk} = 36kPa$；粉土 $q_{sk} = 64kPa$，$q_{pk} = 2100kPa$。地下水位于承台底面；桩端至软弱下卧层顶面距离 $t = 3.0m$。试验算软卧下卧层的承载力是否满足要求。

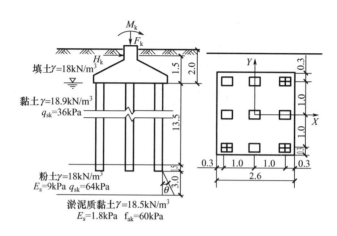

图 4-31 例 4-7 图

【**解**】 对于桩距 $s_a \leqslant 6d$ 的群桩，将桩和桩间土看成一个实体基础，基础软弱下卧层顶面附加应力 σ_z 和自重应力之和应满足 $\sigma_z + \gamma_m z \leqslant f_{az}$，其中 σ_z 按式（4-64）计算。

由题意，$t = 3.0m \geqslant 0.5B_0 = 0.5 \times 2.3 = 1.15$（m），$E_{s1}/E_{s2} = 9/1.8 = 5$，查表 4-26 可得 $\theta = 25°$；此外有

$$G_k = 2.6 \times 2.6 \times 20 \times 2.0 = 270.4 \text{(kN)}$$

$$\sum q_{sik} l_i = 36 \times 13.5 + 64 \times 1.5 = 486 + 98 = 582 \text{(kN/m)}$$

则软弱下卧层顶面附加应力 σ_z 为

$$\sigma_z = \frac{(5000 + 270.4) - 3/2 \times (2.3 + 2.3) \times 582}{(2.3 + 2 \times 3 \times \tan 25°)(2.3 + 2 \times 3 \times \tan 25°)} = \frac{5270.4 - 4015.8}{26} = 48.3 \text{(kPa)}$$

承台底面至软弱下卧层顶面范围内土体按厚度加权的平均重度为

$$\gamma_m = \frac{8.9 \times 13.5 + 8 \times 4.5}{13.5 + 4.5} \approx 8.7 \text{ (kN/m)}^3$$

软弱下卧层经深度修正的地基承载力特征值为

$$f_{az} = 60 + 1.0 \times 8.7 \times (18 - 0.5) \approx 211.8 \text{(kPa)}$$

软弱下卧层顶面自重应力为

$$\gamma_m z = 8.7 \times 18 = 156.6 \text{(kPa)}$$

则软弱下卧层顶面总应力为

$$156.6 + 48.3 = 204.9 \text{(kPa)} < f_{az} = 211.8 \text{(kPa)}$$

因此软卧下卧层的承载力满足要求。

4.6.4 桩身结构设计

桩身应进行承载力和裂缝控制计算，计算时应考虑桩身材料强度、成桩工艺、吊运与沉桩、约束条件、环境类别等因素。

钢筋混凝土轴心受压桩正截面受压承载力应符合下列规定。

（1）当桩顶以下 $5d$ 范围内的桩身螺旋式箍筋间距不大于 100mm 时，要求为

$$N \leqslant \varphi_c f_c A_{ps} + 0.9 f'_y A'_s \tag{4-65}$$

（2）当桩身配筋不符合上述第（1）款规定时，要求为

$$N \leqslant \varphi_c f_c A_{ps} \tag{4-66}$$

式中　N——荷载效应基本组合下的桩顶轴向压力设计值（kN）；

　　　φ_c——基桩成桩工艺系数；

　　　f_c——混凝土轴心抗压强度设计值（kPa）；

　　　A_{ps}——桩身横截面积（mm²）；

　　　f'_y——纵向主筋抗压强度设计值（N/mm²）；

　　　A'_s——纵向主筋截面积（mm²）。

基桩成桩工艺系数 φ_c 应按下列规定取值：对混凝土预制桩、预应力混凝土空心桩，$\varphi_c = 0.85$；对干作业非挤土灌注桩，$\varphi_c = 0.90$；对泥浆护壁和套管护壁非挤土灌注桩、部分挤土灌注桩、挤土灌注桩，$\varphi_c = 0.70 \sim 0.80$；对软土地区挤土灌注桩，$\varphi_c = 0.60$。

预制桩的混凝土强度等级不宜低于 C30，预应力混凝土桩的混凝土等级不应低于 C40。预制桩的主筋（纵向）直径不宜小于 14mm；采用锤击法沉桩时，预制桩最小配筋率不宜小于 0.8%，静压法沉桩时最小配筋率不宜小于 0.6%。

灌注桩的桩身混凝土强度等级不得小于 C25，混凝土预制桩尖强度等级不得小于 C30。灌注桩的配筋率，当桩身直径为 300~2000mm 时，正截面配筋率可取 0.2%~0.65%（小桩径取高值）；对于受水平荷载的桩，主筋不应小于 8φ12，对于抗压桩和抗拔桩，主筋不应小于 6φ10；纵向主筋应沿桩身周边均匀布置，其净距不应小于 60mm；箍筋应采用螺旋式，直径不应小于 6mm，间距宜为 200~300mm。

4.6.5 承台的设计计算

桩基承台可分为柱下独立承台、柱下或墙下条形承台（梁式承台）、筏形承台及箱形承台等。承台设计的内容，包括选择承台的几何形状及尺寸，进行承台的抗弯、抗冲切、抗剪切等计算，并使其满足构造要求。

1. 承台的尺寸及构造要求

承台的尺寸与桩数、桩距等有关，应通过技术经济指标综合比较确定。承台的构造，除应满足抗弯、抗冲切、抗剪切承载力和上部结构要求外，还应符合下列规定。

柱下独立桩承台最小宽度不应小于 500mm，承台边缘至边桩中心的距离不宜小于桩的直径或边长，且边缘挑出部分不应小于 150mm。对于墙下条形承台，梁边缘挑出部分

不应小于75mm，如图4-32（a）所示。为满足承台基本刚度、桩与承台的连接等构造要求，条形承台和柱下独立桩基础承台的最小厚度不应小于300mm，高层建筑板式筏形基础承台的最小厚度不应小于400mm，多层建筑墙下布桩的筏形承台的最小厚度不应小于200mm。

柱下独立桩基承台钢筋应通长配置，如图4-32（b）所示，对四桩以上（含四桩）承台宜按双向均匀布置，对三桩的三角形承台应按三向板带均匀布置，且最里面的三根钢筋围成的三角形应在柱截面范围内，如图4-32（c）所示。承台纵向受力钢筋的直径不应小于12mm，间距不应大于200mm。独立桩基承台的最小配筋率不应小于0.15%。条形承台梁的纵向主筋直径不应小于12mm，架立筋直径不应小于10mm，箍筋直径不应小于6mm。承台梁端部纵向受力钢筋的锚固长度及构造应与柱下多桩承台的规定相同。筏形承台板或箱形承台板在计算中当仅考虑局部弯矩作用时，考虑整体弯曲的影响，在纵横两个方向的下层钢筋配筋率不宜小于0.15%；上层钢筋应按计算配筋率全部连通。当筏板的厚度大于2000mm时，宜在板厚中间部位设置直径不小于12mm、间距不大于300mm的双向钢筋网。

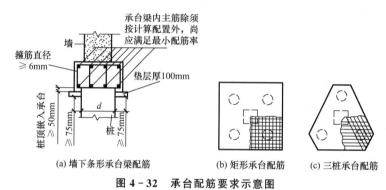

图4-32 承台配筋要求示意图

(a) 墙下条形承台梁配筋   (b) 矩形承台配筋   (c) 三桩承台配筋

2. 承台的受弯计算

承台的受弯计算是将承台视作在桩反力作用下的受弯构件进行的。模型试验研究表明，柱下多桩独立桩基承台在配筋不足的情况下将产生弯曲破坏，其破坏特征呈梁式破坏。根据极限平衡原理，两桩条形承台和多桩矩形承台弯矩计算截面取在柱边和承台高度变化处，如图4-33所示，可按下式计算承台正截面弯矩。

$$M_x = \sum N_i y_i \tag{4-67}$$

$$M_y = \sum N_i x_i \tag{4-68}$$

式中 M_x、M_y——分别为绕X轴和Y轴方向计算截面处的弯矩设计值（kN·m）；

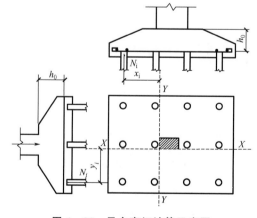

图4-33 承台弯矩计算示意图

x_i、y_i——分别为垂直于Y轴和X轴方向自桩轴线到相应计算截面的距离（m）；

N_i——不计承台及其上土重，在荷载效应基本组合下的第 i 根基桩或复合基桩竖向反力设计值（kN）。

3. 承台受冲切计算

若承台有效高度不足，将产生冲切破坏。桩基础承台厚度应满足柱（墙）对承台的冲切和基桩对承台的冲切承载力要求。

（1）轴心竖向力作用下桩基础承台受桩（墙）的冲切。

冲切破坏锥体采用自柱（墙）边或承台变阶处至桩顶边缘连线所构成的锥体，锥体斜面与承台底面之间夹角不小于 45°，如图 4 - 34 所示。

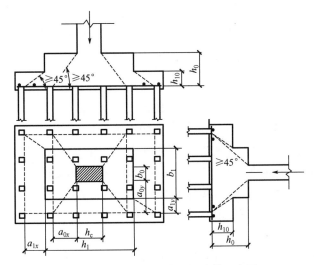

图 4 - 34 柱对承台的冲切计算示意图

① 受柱（墙）冲切承载力可按下列公式验算和计算。

$$F_l \leqslant \beta_{hp} \beta_0 u_m f_t h_0 \qquad (4-69)$$

$$F_l = F - \sum Q_i \qquad (4-70)$$

$$\beta_0 = \frac{0.84}{\lambda + 0.2} \qquad (4-71)$$

式中　F_l——不计承台及其上土重，在荷载效应基本组合下作用于冲切破坏锥体上的冲切力设计值（kN）；

β_{hp}——承台受冲切承载力截面高度影响系数，当 $h \leqslant 800\text{mm}$ 时取 1.0，当 $h \geqslant 2000\text{mm}$ 时取 0.9，其间按线性内插法取值；

u_m——承台冲切破坏锥体一半有效高度处的周长（mm）；

h_0——承台冲切破坏锥体的有效高度（mm）；

β_0——柱（墙）冲切系数；

λ——冲跨比，$\lambda = a_0 / h_0$，其中 a_0 为柱（墙）边或承台变阶处到桩边的水平距离。当 $\lambda < 0.25$ 时取 0.25，当 $\lambda > 1.0$ 时取 1.0；

F——不计承台及其上土重，在荷载效应基本组合作用下柱（墙）底的竖向荷载设计值（kN）；

$\sum Q_i$—— 不计承台及其上土重，在荷载效应基本组合下冲切破坏锥体范围内各基桩的

反力设计值之和（kN）。

② 对于柱下矩形独立承台，受柱冲切的承载力可按下式验算。

$$F_l \leqslant 2[\beta_{0x}(b_c + a_{0y}) + \beta_{0y}(h_c + a_{0x})]\beta_{hp}f_t h_0 \qquad (4-72)$$

式中　β_{0x}、β_{0y}—— 冲切系数，统一由公式 $\beta_0 = \dfrac{0.84}{\lambda + 0.2}$ 求得，其中 $\lambda_{0x} = \dfrac{a_{0x}}{h_0}$，$\lambda_{0y} = \dfrac{a_{0y}}{h_0}$；

λ_{0x}、λ_{0y} 均应满足 $0.25 \sim 1.0$ 的要求；

h_c、b_c—— 分别为 x、y 方向柱截面的边长（mm）；

a_{0x}、a_{0y}—— 分别为 x、y 方向承台柱边至最近桩边的水平距离（mm）。

③ 对于柱下矩形独立阶形承台，受上阶冲切的承载力可按下式验算。

$$F_l \leqslant 2[\beta_{1x}(b_1 + a_{1y}) + \beta_{1y}(h_1 + a_{1x})]\beta_{hp}f_t h_{10} \qquad (4-73)$$

式中　β_{1x}、β_{1y}—— 冲切系数，统一由公式 $\beta_1 = \dfrac{0.84}{\lambda + 0.2}$ 求得，其中 $\lambda_{1x} = \dfrac{a_{1x}}{h_{10}}$，$\lambda_{1y} = \dfrac{a_{1y}}{h_{10}}$；

λ_{1x}、λ_{1y} 均应满足 $0.25 \sim 1.0$ 的要求；

h_1、b_1—— 分别为 x、y 方向承台上阶的边长（mm）；

a_{1x}、a_{1y}—— 分别为 x、y 方向承台上阶边至最近桩边的水平距离（mm）。

④ 对于圆柱和圆桩，计算时应将其截面换算成方柱和方桩，即取换算柱截面边长 $b_c = 0.8d_c$（d_c 为圆柱直径），换算桩截面边长 $b_p = 0.8d$（d 为圆桩直径）。

⑤ 对于柱下两桩承台，宜按深受弯构件（$l_0/h < 5.0$，$l_0 = 1.15l_n$，l_n 为两桩净距）计算受弯、受剪承载力，不需要进行受冲切承载力计算。

（2）承台受角桩冲切。

对于位于柱（墙）冲切破坏锥体以外的基桩，可按下式验算四桩以上（含四桩）承台受角桩冲切的承载力，如图 4-35 所示。

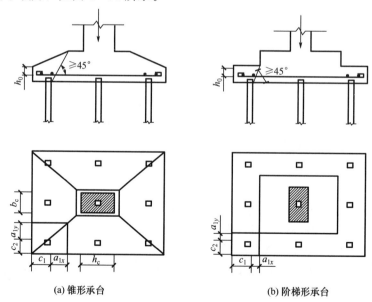

(a) 锥形承台　　　　　　　　(b) 阶梯形承台

图 4-35　四桩以上（含四桩）承台受角桩冲切计算示意图

$$N_l \leqslant [\beta_{1x}(c_2 + a_{1y}/2) + \beta_{1y}(c_1 + a_{1x}/2)]\beta_{hp}f_th_0 \qquad (4-74)$$

式中　N_l——不计承台及其上土重，在荷载效应基本组合作用下角桩（含复合基桩）的反力设计值（kN）；

β_{1x}、β_{1y}——角桩冲切系数，$\beta_{1x} = \dfrac{0.56}{\lambda_{1x}+0.2}$，$\beta_{1y} = \dfrac{0.56}{\lambda_{1y}+0.2}$；

λ_{1x}、λ_{1y}——角桩冲跨比，$\lambda_{1x} = a_{1x}/h_0$，$\lambda_{1y} = a_{1y}/h_0$，且其值均应满足 $0.25 \sim 1.0$ 的要求；

c_1、c_2——从角桩内边缘至承台外边缘的距离（mm）；

a_{1x}、a_{1y}——从承台底角桩顶内边缘引 45°冲切线与承台顶面相交点至角桩内边缘的水平距离（mm）；当柱（墙）或承台变阶处位于 45°冲切线以内时，则取由柱（墙）边或变阶处与桩内边缘连线为冲切锥体的锥线；

h_0——承台外边缘的有效高度（mm）。

4. 承台受剪切计算

由于剪切破坏面通常发生在柱边（墙边）与桩边连线形成的贯通承台的斜截面处，因而受剪计算斜截面取在柱边处。当柱（墙）承台悬挑边有多排基桩形成多个斜截面时，应对每个斜截面的受剪承载力进行验算。

柱下独立桩基承台斜截面受剪承载力计算方法如下。

(1) 承台斜截面受剪承载力可按下式验算，如图 4-36 所示。

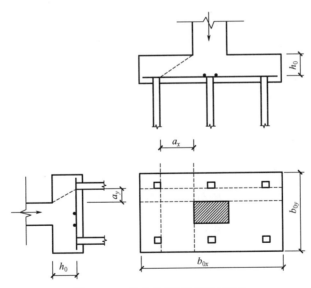

图 4-36　承台斜截面受剪示意图

$$V \leqslant \beta_{hs}\alpha f_t b_0 h_0 \qquad (4-75)$$

$$\alpha = \frac{1.75}{\lambda+1} \qquad (4-76)$$

$$\beta_{hs} = \left(\frac{800}{h_0}\right)^{1/4} \qquad (4-77)$$

式中　V——不计承台及其上土重，在荷载效应基本组合下，斜截面的最大剪力设计值（kN）；

α——承台剪切系数；

b_0——承台计算截面处的计算宽度（mm）；

h_0——承台计算截面处的有效高度（mm）；

λ——计算截面的剪跨比，$\lambda_x = a_x/h_0$，$\lambda_y = a_y/h_0$，此处 a_x、a_y 为柱边（墙边）或承台变阶处至 y、x 方向计算一排桩的桩边的水平距离；当 $\lambda < 0.25$ 时取 0.25，当 $\lambda > 3$ 时取 3；

β_{hs}——受剪切承载力截面高度影响系数。当 $h_0 < 800$mm 时，取 $h_0 = 800$mm；当 $h_0 > 2000$mm 时，取 $h_0 = 2000$mm；其间按线性内插法取值。

当柱边（墙边）外有多排桩形成多个剪切斜截面时，对每一个斜截面，都应进行受剪承载力验算。

（2）对于阶梯形承台，应分别在变阶处（截面 $A_1—A_1$，$B_1—B_1$）及柱边处（截面 $A_2—A_2$，$B_2—B_2$）进行斜截面受剪计算，如图 4-37 所示。

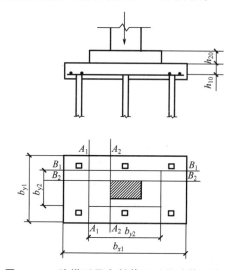

图 4-37　阶梯形承台斜截面受剪计算示意图

计算变阶处截面 $A_1—A_1$，$B_1—B_1$ 的斜截面受剪承载力时，其截面有效高度为 h_{10}，截面计算宽度分别为 b_{y1} 和 b_{x1}。

计算柱边截面 $A_2—A_2$，$B_2—B_2$ 处的斜截面受剪承载力时，其截面有效高度为 $h_{10} + h_{20}$，截面计算宽度对于 $A_2—A_2$ 为

$$b_{y0} = \frac{b_{y1}h_{10} + b_{y2}h_{20}}{h_{10} + h_{20}} \qquad (4-78)$$

对于 $B_2—B_2$ 为

$$b_{x0} = \frac{b_{x1}h_{10} + b_{x2}h_{20}}{h_{10} + h_{20}} \qquad (4-79)$$

（3）对于锥形承台，应对变阶处及柱边处（截面 $A—A$ 及 $B—B$）两个截面进行受剪承载力计算，如图 4-38 所示，截面有效高度均为 h_0，截面的计算宽度对于 $A—A$ 为

$$b_{y0} = \left[1 - \frac{h_{20}}{h_0}\left(1 - \frac{b_{y2}}{b_{y1}}\right)\right]b_{y1} \qquad (4-80)$$

对于 $B—B$ 为

$$b_{x0} = \left[1 - \frac{h_{20}}{h_0} \left(1 - \frac{b_{x2}}{b_{x1}} \right) \right] b_{x1} \qquad (4-81)$$

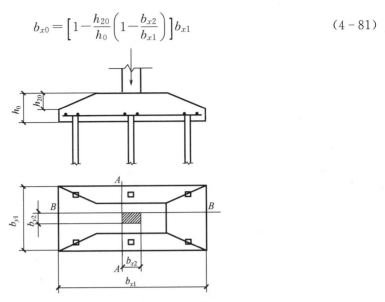

图 4 - 38　锥形承台斜截面受剪计算示意图

【**例 4 - 8**】　某二级建筑桩基础，柱截面尺寸为 $450mm \times 600mm$，荷载效应标准组合下作用在基础顶面的荷载为 $F_k = 2800kN$，$M_k = 210kN \cdot m$（作用于长边方向），$H_k = 145kN$；拟采用截面为 $350mm \times 350mm$ 的预制混凝土方桩，桩长 12m，已确定基桩竖向承载力特征值 $R = 500kN$，水平承载力特征值 $R_h = 45kN$；承台混凝土强度等级为 C20，配置 HRB335 级钢筋。试设计该桩基础（不考虑承台效应）。

【**解**】　承台选用 C20 混凝土，$f_t = 1100kPa$，$f_c = 9600kPa$；HRB335 钢筋，$f_y = 300N/mm^2$。

（1）基桩持力层、桩材、桩型、外形尺寸及单桩竖向承载力特征值均已选定，桩身结构设计从略。

（2）确定桩数及布桩。

初选桩数：

$$n > \frac{F_k}{R} = \frac{2800}{500} = 5.6$$

可暂取桩数为 6 根，并根据表 4 - 25 取桩距 $s_a = 3.0d = 3.0 \times 0.35 = 1.05$（m），按矩形布置，如图 4 - 39 所示。

（3）初选承台尺寸。

取承台长边和短边为

$$a = 2 \times (0.35 + 1.05) = 2.8(m), \quad b = 2 \times 0.35 + 1.05 = 1.75(m)$$

承台埋深 1.3m，承台高 0.8m，桩顶伸入承台 50mm，钢筋保护层厚度取 35mm，则承台有效高度为

$$h_0 = 0.8 - 0.050 - 0.035 = 0.715(m) = 715(mm)$$

（4）基桩承载力验算。

桩顶平均竖向力标准值为

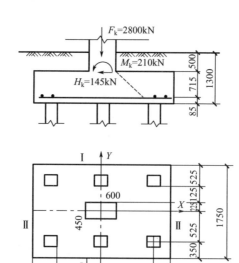

图 4-39 例 4-8 图

$$N_k = \frac{F_k + G_k}{n} = \frac{2800 + 20 \times 2.8 \times 1.75 \times 1.3}{6} = 487.9\text{kN} < R = 500\text{kN}$$

故满足要求。

桩顶最大、最小竖向力标准值为

$$\begin{matrix}N_{k,\max} \\ N_{k,\min}\end{matrix} = \frac{F_k + G_k}{n} \pm \frac{M_{yk}x_{\max}}{\sum x_j^2} = 487.9 \pm \frac{(210 + 145 \times 0.8) \times 1.05}{4 \times 1.05^2} \approx \begin{matrix}565.5 \\ 410.3\end{matrix}(\text{kN})$$

$$N_{k,\max} = 565.5\text{kN} < 1.2R = 600\text{kN}, \quad N_{k,\min} = 410.3\text{kN} > 0$$

故满足要求。

作用于基桩上的水平力标准值为

$$H_i = H_k/n = 145\text{kN}/6 = 24.2 < R_h = 45\text{kN}$$

故满足要求。

在确定承台高度、计算基础内力、确定配筋时，上部结构传来的荷载效应组合和相应的基础底面反力，应按承载能力极限状态下荷载效应的基本组合。在本例题中，荷载效应基本组合取荷载效应标准组合的 1.35 倍，则桩顶平均净反力设计值为

$$N = \frac{F}{n} = \frac{2800 \times 1.35}{6} = 630(\text{kN})$$

桩顶最大、最小净反力设计值为

$$\begin{matrix}N_{k,\max} \\ N_{k,\min}\end{matrix} = \frac{F}{n} \pm \frac{M_y x_{\max}}{\sum x_j^2} = 630 \pm \frac{(210 + 145 \times 0.8) \times 1.35 \times 1.05}{4 \times 1.05^2} \approx \begin{matrix}734.8 \\ 525.2\end{matrix}(\text{kN})$$

（5）承台受冲切承载力验算。

① 柱边冲切承载力验算。计算冲跨比 λ 与冲切系数 β 如下。

$$\lambda_{0x} = \frac{a_{0x}}{h_0} = \frac{0.575}{0.715} = 0.804$$

$$\beta_{0x}=\frac{0.84}{\lambda_{0x}+0.2}=\frac{0.84}{0.804+0.2}=0.837$$

$$\lambda_{0y}=\frac{a_{0y}}{h_0}=\frac{0.125}{0.715}=0.175<0.25，取 \lambda_{0y}=0.25$$

$$\beta_{0y}=\frac{0.84}{\lambda_{0y}+0.2}=\frac{0.84}{0.25+0.2}=1.867$$

$$\beta_{hp}=1.0$$

验算得

$$2[\beta_{0x}(b_c+a_{0y})+\beta_{0y}(h_c+a_{0x})]\beta_{hp}f_t h_0$$
$$=2\times[0.837\times(0.450+0.125)+1.867\times(0.600+0.575)]\times1\times1100\times0.715\text{kN}$$
$$=4027.8\text{kN}>F_l=(2800\times1.35-0)\text{kN}=3870\text{kN}$$

故柱边抗冲切承载力满足要求。

② 角桩冲切承载力验算。从角桩内边缘至承台边缘距离等参数计算如下。

$$c_1=c_2=0.525\text{m}$$

$$a_{1x}=a_{0x}，\lambda_{1x}=\lambda_{0x}，a_{1y}=a_{0y}，\lambda_{1y}=\lambda_{0y}$$

$$\beta_{1x}=\frac{0.56}{\lambda_{1x}+0.2}=\frac{0.56}{0.804+0.2}=0.558$$

$$\beta_{1y}=\frac{0.56}{\lambda_{1y}+0.2}=\frac{0.56}{0.25+0.2}=1.244$$

验算得

$$[\beta_{1x}(c_2+a_{1y}/2)+\beta_{1y}(c_1+a_{1x}/2)]\beta_{hp}f_t h_0$$
$$=[0.558\times(0.525+0.125/2)+1.244\times(0.525+0.575/2)]\times1\times1100\times0.715\text{kN}$$
$$=1052.8\text{kN}>N_{max}=734.8\text{kN}$$

故角桩冲切承载力满足要求。

（6）承台受剪切承载力计算。

根据公式，剪跨比与以上冲跨比相同，故对 Ⅰ—Ⅰ 斜截面有 $\lambda_x=\lambda_{0x}=0.804$，则剪切系数为

$$\alpha=\frac{1.75}{\lambda+1}=\frac{1.75}{0.804+1}=0.970$$

$$\beta_{hs}=\left(\frac{800}{h_0}\right)^{1/4}=1.0 \quad （h_0<800\text{mm} 时，取 h_0=800\text{mm}）$$

验算得

$$\beta_{hs}\alpha f_t b_0 h_0=1\times0.97\times1100\times1.75\times0.715=1335.1\text{kN}$$
$$<2N_{max}=2\times734.8=1469.6\text{kN}$$

故抗剪切承载力不满足要求。

因而重新取 $h_0=0.8\text{m}$，则有

$$\lambda_{0x}=\frac{a_x}{h_0}=\frac{0.575}{0.8}=0.719 \quad （满足 0.25\sim3.0 要求）$$

剪切系数

$$\alpha=\frac{1.75}{\lambda+1}=\frac{1.75}{0.719+1}=1.018$$

验算得

$$\beta_{hs}\alpha f_t b_0 h_0 = 1 \times 1.018 \times 1100 \times 1.75 \times 0.8 = 1567.8 \text{kN}$$
$$> 2N_{max} = 2 \times 734.8 = 1469.6 \text{kN}$$

故此时抗剪切承载力满足要求。

Ⅱ—Ⅱ斜截面λ按0.25计，可得

$$\alpha = \frac{1.75}{\lambda+1} = \frac{1.75}{0.25+1} = 1.4$$

验算得

$$\beta_{hs}\alpha f_c b_0 h_0 = 1 \times 1.4 \times 1100 \times 2.8 \times 0.8 = 3449.6 \text{kN}$$
$$> 3N = 3 \times 630 = 1890 \text{kN}$$

故抗剪切承载力满足要求。

因为在 $h_0 = 0.715$m 的情况下承台的抗冲切性能已经满足，所以对 $h_0 = 0.80$m 的情况无须再验算抗冲切能力。承台高度实际取值为 $h = (0.8+0.05+0.035)$ m $= 0.885$m。

（7）承台受弯承载力计算。

承台弯矩计算截面取在柱边，则有

$$M_y = \sum N_i x_i = 2 \times 734.8 \times 0.75 = 1102.2 (\text{kN} \cdot \text{m})$$

$$A_{s1} = \frac{M_y}{0.9 f_y h_0} = \frac{1102.2 \times 10^6}{0.9 \times 300 \times 800} = 5102.8 (\text{mm}^2)$$

据此选用 18Φ20，实际 $A_{s1} = 5654\text{mm}^2$，沿平行于 x 轴方向均匀布置，布筋时长边钢筋在下面。另一方向有

$$M_x = \sum N_i y_i = 3 \times 630 \times 0.3 = 567(\text{kN} \cdot \text{m})$$

$$A_{s2} = \frac{M_x}{0.9 f_y h_0} = \frac{567 \times 10^6}{0.9 \times 300 \times 800} = 2625(\text{mm}^2)$$

选用 20Φ14，实际 $A_{s2} = 3078\text{mm}^2$，沿平行于 y 轴方向均匀布置。

4.7 沉井基础概述

4.7.1 沉井的作用及适用条件

沉井是一种利用人工或机械方法清除井内土石，并借助自重或添加压重等措施克服井壁摩阻力逐节下沉至设计标高，再浇筑混凝土封底并填塞井孔，成为建筑物基础的井筒状构造物，如图 4-40 所示。

沉井的特点是埋深较大，整体性强、稳定性好，具有较大的承载面积，能够承受较大的垂直荷载和水平荷载。此外，沉井既是基础，又是施工时的挡土和挡水结构物，不需另设围护，其施工工艺简便，技术稳妥可靠，无须特殊专业设备，并可做成补偿性基础，避免过大的沉降，在深基础或地下结构中应用较为广泛，如桥梁墩台基础、地下泵房、水池、油库、矿用竖井，以及大型设备基础、高层和超高层建筑物基础等。但沉井基础施工

(a) 实物图

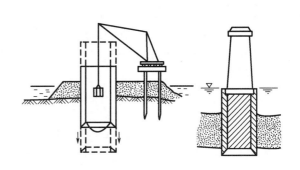
(b) 沉井构造方法

图 4 - 40 沉井及其构造方法

工期较长，对粉砂、细砂类土在井内抽水时易发生流砂现象，造成沉井倾斜；沉井下沉过程中如遇到大孤石、树根或井底岩层表面倾斜过大等，将给施工带来一定的困难。

沉井最适宜于不太透水的土层，易于控制下沉方向。下列情况时可考虑采用沉井基础。

（1）上部结构荷载较大，表层地基土承载力不足，而在一定深度下有较好的持力层，且与其他基础方案相比较为经济合理。

（2）虽然土质较好，但冲刷大的山区河流或河中有较大的卵石，不便于桩基础施工。

（3）岩层表面较平坦且覆盖层较薄，但河水较深，采用扩大基础施工围堰有困难。

4.7.2　沉井的分类方法

1. 按施工方法划分

根据不同施工方法，沉井可分为一般沉井和浮运沉井。一般沉井指直接在基础设计的位置上制造，然后挖土，依靠井壁自重下沉；若基础位于水中，则先人工筑岛，再在岛上筑井下沉。浮运沉井指先在岸边预制，再浮运就位下沉的沉井，通常在深水地区（如水深大于 10m）或水流流速大、有通航要求、人工筑岛困难或不经济时采用。

2. 按井壁材料划分

根据不同的井壁材料，沉井可分为混凝土沉井、钢筋混凝土沉井、竹筋混凝土沉井和钢沉井。混凝土沉井因抗压强度高、抗拉强度低，多做成圆形，且仅适用于下沉深度不大（4~7m）的松软土层；钢筋混凝土沉井抗压、抗拉强度高，下沉深度大，可做成重型或薄壁就地制造下沉的深井，也可做成薄壁浮运沉井及钢丝网水泥沉井等，在工程中应用最广；沉井主要在下沉过程中承受拉力，因此，在盛产竹林的南方，也可采用耐久性差而抗拉力好的板竹筋代替部分钢筋，做成竹筋混凝土沉井；钢沉井由钢材制作，强度高、质量轻、易于拼装，适于制造空心浮运沉井，但用钢量大，国内应用较少。此外，根据工程条件也可选用木沉井和砌石圬工沉井等。

3. 按平面形状划分

根据平面形状，沉井可分为圆形沉井、矩形沉井和圆端形沉井三种基本类型；按井孔的布置方式，沉井又可分为单孔沉井、双孔沉井及多孔沉井，如图 4-41 所示。

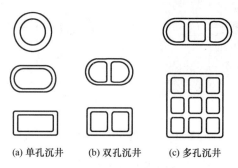

(a) 单孔沉井　　　(b) 双孔沉井　　　(c) 多孔沉井

图 4-41　沉井井孔的布置方式

圆形沉井在下沉过程中易于控制方向，若采用抓泥斗挖土，可比其他沉井更能保证其刃脚均匀地支承在土层上；在侧压力作用下，井壁仅受轴向应力作用，即使侧压力分布不均匀，弯曲应力也不大，能充分利用混凝土抗压强度大的特点，多用于斜交桥或水流方向不定的桥墩基础。矩形沉井制造方便，受力有利，能充分利用地基承载力；沉井四角一般为圆角，以减少井壁摩阻力和除土清孔的困难；但在侧压力作用下，井壁受较大的挠曲力矩，且流水中阻水系数较大，冲刷较严重。圆端形沉井控制下沉、受力条件、阻水冲刷形态均较矩形沉井有利，但施工较为复杂。

对平面尺寸较大的沉井，可在沉井中设隔墙，构成双孔或多孔沉井，以改善井壁受力条件及均匀取土下沉。

4. 按剖面形状划分

根据剖面形状，沉井可分为柱形沉井、阶梯形沉井和锥形沉井，如图 4-42 所示。柱形沉井井壁受力较均衡，下沉过程中不易发生倾斜，接长简单，模板可重复利用，但井壁侧阻力较大，若土体密实、下沉深度较大时，容易下部悬空，造成井壁拉裂，多用于入土不深或土质较松软的情况；阶梯形沉井和锥形沉井井壁侧阻力较小，抵抗侧压力性能较合理，但施工较复杂，模板消耗多，沉井下沉过程中易发生倾斜，多用于土质较密实、沉井下沉深度大、自重较小的情况。通常锥形沉井井壁坡度为 1/90～1/40，阶梯形井壁的台阶宽为 100～200mm。

4.7.3　沉井基础的构造

1. 沉井的轮廓尺寸

沉井的平面形状常取决于结构物底部的形状。为保证下沉的稳定性，沉井的截面长短边之比宜不大于 3；若结构物的长宽比较接近，可采用方形或圆形沉井。沉井顶面尺寸为

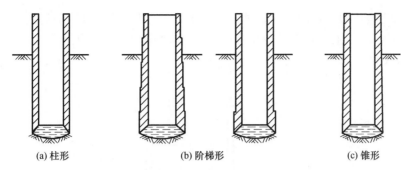

(a) 柱形　　　　　　(b) 阶梯形　　　　　　(c) 锥形

图 4-42　沉井的剖面形状

结构物底部尺寸加襟边宽度，襟边宽度宜大于或等于 0.2m，且大于或等于 $H/50$（H 为沉井全高），浮运沉井大于或等于 0.4m，如沉井顶面需设置围堰，其襟边宽度根据围堰构造还需加大。结构物边缘应尽可能支承于井壁或顶板支承面上，对井孔内不填充混凝土的空心沉井不允许结构物边缘全部置于井孔位置上。

沉井的入土深度应根据上部结构、水文地质条件及各土层的承载力等确定。若沉井入土深度较大，应分节制造和下沉，每节高度宜不大于 5m；底节沉井在松软土层中下沉时，还应不大于 0.8B（B 为沉井宽度）；若底节沉井过高，沉井过重，将给制模、筑岛时岛面处理、抽除垫木下沉等带来困难。

2. 沉井的一般构造

沉井一般由井壁、刃脚、隔墙、井孔、凹槽、射水管、封底和顶板等组成，如图 4-43 所示。有时井壁中还预埋射水管等其他部分。

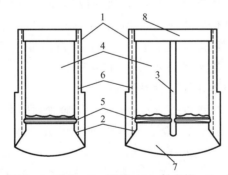

1—井壁；2—刃脚；3—隔墙；4—井孔；5—凹槽；6—射水管；7—封底（混凝土）；8—顶板

图 4-43　沉井的一般构造

（1）井壁：即沉井的外壁，是沉井的主体部分，其作用是在沉井下沉过程中挡土、挡水及利用自重克服土与井壁间的摩阻力下沉，沉井施工完毕后，作为传递上部荷载的基础或基础的一部分。因此，井壁必须具有足够的强度和一定的厚度，并根据施工过程中的受力情况配置竖向及水平向钢筋。一般壁厚为 $0.80 \sim 1.50$m，最薄不宜小于 0.4m，混凝土强度等级应大于或等于 C15。

（2）刃脚：指井壁下端形如楔状部分，其作用是利于沉井切土下沉。刃脚底面（踏面）宽度一般小于或等于 150mm，软土可适当放宽。若下沉深度大，土质较硬，刃脚底面应以型钢（角钢或槽钢）加强，如图4-44所示，以防刃脚损坏。刃脚内侧斜面与水平面夹角宜不小于45°，其高度视井壁厚度、便于抽除垫木而定，一般大于1.0m，混凝土强度等级宜大于C20。

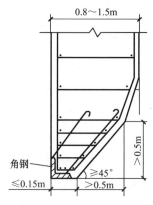

图4-44　刃脚构造示意图

（3）隔墙：即沉井的内壁，其作用是将沉井空腔分隔成多个井孔，便于控制挖土下沉，防止或纠正倾斜和偏移，并加强沉井的刚度，减小井壁挠曲应力。隔墙厚度一般小于井壁，为0.5～1.0m。隔墙地面应高出刃脚底面0.5m以上，避免被土搁住而妨碍下沉。当人工挖土时，在隔墙下应设置过人孔，以便工作人员往来于井孔间。

（4）井孔：为挖土排土的工作场所和通道，其尺寸应满足施工要求，最小边长宜大于或等于3m。井孔应对称布置，以便对称挖土，保证沉井下沉均匀。

（5）凹槽：位于刃脚内侧上方，在沉井封底时利于井壁与封底混凝土的良好结合，使封底混凝土底面反力更好地传给井壁。凹槽高约1.0m，深度一般为150～300mm。

（6）射水管：若沉井下沉较深，土阻力较大而下沉困难，可在井壁中预埋射水管组。射水管应均匀布置，以便控制水压和水量，调整下沉方向。一般水压不低于600kPa，若使用泥浆润滑套施工，应有预埋的压射泥浆管路。

（7）封底：沉井达设计标高进行清基后，应在刃脚踏面以上至凹槽处浇筑混凝土形成封底，以承受地基土和水的反力，防止地下水涌入井内。封底混凝土顶面应高出凹槽0.5m，其厚度可由应力验算决定，根据经验也可取不小于井孔最小边长的1.5倍。一般其混凝土强度等级大于或等于C15，井孔内的填充混凝土强度等级大于或等于C10。

（8）顶板：沉井封底后，若条件允许，为节省圬工量，减轻基础自重，可做成空心沉井基础，或仅填以砂石。此时，井顶须设置钢筋混凝土顶板，以承托上部结构的全部荷载。顶板厚度一般为1.5～2.0m，钢筋配置由计算确定。

3. 浮运沉井的构造

浮运沉井可分为不带气筒和带气筒两种。不带气筒的浮运沉井多用钢、木、钢丝网水泥等材料制作，薄壁空心，其构造简单、施工方便、节省钢材，适用于水不太深、流速不大、河床较平、冲刷较小的自然条件；为增加水中自浮能力，还可做成带临时性井底的浮运沉井，当浮运就位后，灌水下沉，同时接筑井壁，到达河床后，再打开临时性井底，按一般沉井施工。若水深流急、沉井较大，可采用带钢气筒的浮运沉井，如图 4 - 45 所示，其主要由双壁钢沉井底节、单壁钢壳、钢气筒等组成。双壁钢沉井底节为一可自浮于水中的壳体结构，底节以上井壁为单壁钢壳，用于防水及兼作接高时灌注沉井外圈混凝土的模板，钢气筒为沉井提供浮力，并可通过充放气调节沉井的上浮、下沉或校正偏斜，沉井到达河床后，切除钢气筒即为取土井孔。

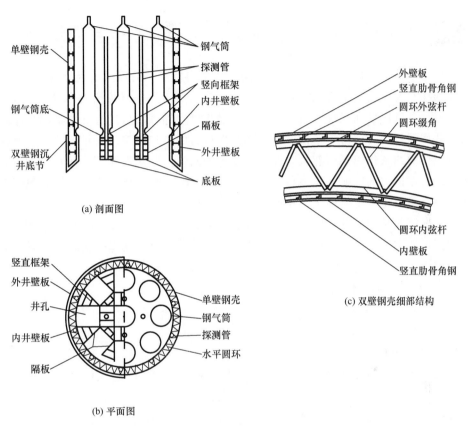

(a) 剖面图

(c) 双壁钢壳细部结构

(b) 平面图

图 4 - 45 带钢气筒的浮运沉井

4. 组合式沉井

当采用低承台桩基础施工困难，而采用沉井基础则岩层倾斜较大或地基土软硬不均且水深较大时，可采用沉井-桩基的组合式沉井基础。即先将沉井下沉至预定标高，浇筑封底混凝土和承台，再在井内预留孔位钻孔灌注成桩。此种沉井结构既可围水挡土，又可作为钻孔桩的护筒和桩基的承台。

4.8 沉井的设计与计算

沉井的设计计算，包括沉井作为整体深基础的计算和施工过程中的结构计算两部分。设计时必须考虑在不同施工和使用阶段的各种受力特性。

沉井设计计算之前，必须掌握如下资料。

（1）上部或下部结构尺寸要求，基础设计荷载。

（2）水文和地质资料（如设计水位、施工水位、冲刷线或地下水位标高，土的物理力学性质，施工过程中是否会遇到障碍物等）。

（3）拟采用的施工方法（排水或不排水下沉，筑岛或防水围堰的标高等）。

4.8.1　沉井作为整体深基础的计算

沉井作为整体深基础设计，主要是根据上部结构特点、荷载大小及水文和地质情况，结合沉井的构造要求及施工方法，拟定出沉井埋深、高度、分节及平面形状和尺寸，井孔大小及布置，井壁厚度和尺寸，封底混凝土和顶板厚度等，然后进行沉井基础的计算。

当沉井埋深较浅时，可不考虑井侧土体横向抗力的影响，按浅基础计算；当埋深较大时，井侧土体的约束作用不可忽视，此时在验算地基应力、变形及沉井的稳定性时，应考虑井侧土体弹性抗力的影响，按刚性桩（$\alpha h < 2.5$）计算内力和土抗力。但对泥浆套施工的沉井，只有采取了恢复侧面土约束能力措施后方可考虑。

一般要求沉井基础下沉到坚实的土层或岩层上，其作为地下结构物，荷载较小，地基的强度和变形通常不会存在问题。作为整体深基础，一般要求地基强度满足以下要求。

$$F + G \leqslant R_j + R_f \qquad (4-82)$$

式中　F——沉井顶面处作用的荷载（kN）；

　　　G——沉井的自重（kN）；

　　　R_j——沉井底部地基土的总反力（kN）；

　　　R_f——沉井侧面的总侧阻力（kN）。

沉井底部地基土的总反力 R_j 等于该处土的承载力特征值 f_a 与支承面积 A 的乘积，即

$$R_j = f_a A \qquad (4-83)$$

可假定井壁侧阻力沿深度呈梯形分布，距地面 5m 范围内按三角形分布，5m 以下为常数，如图 4-46 所示，故总侧阻力为

$$R_f = u(h - 2.5)q \qquad (4-84)$$

$$q = \sum q_i h_i / \sum h_i \qquad (4-85)$$

式中　u——沉井的周长（m）；

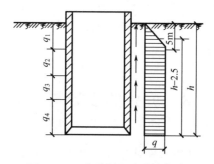

图 4-46　井壁侧阻力分布假定

h——沉井的入土深度（m）；

q——单位面积侧阻力加权平均值（kPa）；

h_i——各土层厚度（m）；

q_i——第 i 土层井壁单位面积侧阻力（kPa），根据实际资料或查表 4-27 选用。

表 4-27　土与井壁侧阻力经验值

土的名称	土与井壁侧阻力 q/kPa
砂卵石	18～30
砂砾石	15～20
砂土	15～25
流塑黏性土、粉土	10～12
软塑及可塑黏性土、粉土	12～25
硬塑黏性土、粉土	25～50
泥浆套	3～5

注：本表适用于深度不超过 30m 的沉井。

考虑井侧土体弹性抗力时，通常可做如下基本假定。

（1）地基土为弹性变形介质，水平向地基系数随深度成正比例增加（即"m 法"）。

（2）不考虑基础与土之间的黏结力和摩阻力。

（3）沉井刚度与土的刚度之比视为无限大，横向力作用下只能发生转动而无挠曲变形。

根据基础底面的地质情况，可分为两种情况计算。

1. 非岩石地基（包括沉井立于风化岩层内和岩面上）

当沉井基础受到水平力 F_H 和偏心竖向力 F_v（$F_v=F+G$）共同作用时，如图 4-47（a）所示，可将其等效为距基础底面作用高度为 λ 的水平力 F_H，如图 4-47（b）所示，即

$$\lambda=\frac{F_V e+F_H l}{F_H}=\frac{\sum M}{F_H} \tag{4-86}$$

式中　$\sum M$——井底各力矩之和（kN·m）。

在水平力作用下，沉井将围绕位于地面下深度 z_0 处点 A 转动一 ω 角，如图 4-47（b）所示，地面下深度 z 处沉井基础产生的水平位移 Δx、土的横向抗力 σ_{zx} 分别为

$$\Delta x=(z_0-z)\tan\omega \tag{4-87}$$

$$\sigma_{zx}=\Delta x C_z=C_z(z_0-z)\tan\omega \tag{4-88}$$

式中　z_0——转动中心 A 离地面的距离（m）；

C_z——深度 z 处水平向的地基系数（kN/m³），$C_z=mz$；

m——地基土水平抗力系数的比例系数（kN/m⁴）。

将 C_z 值代入式（4-88）得

$$\sigma_{zx}=mz(z_0-z)\tan\omega \tag{4-89}$$

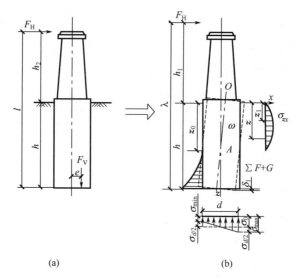

图 4 - 47 非岩石地基计算示意图

即井侧水平压应力沿深度为二次抛物线变化。若考虑基础底面处竖向地基系数 C_0 不变，则基础底面压应力图形与基础竖向位移图相似，故有

$$\sigma_{d/2} = C_0 \delta_1 = C_0 \cdot \frac{d}{2} \cdot \tan\omega \qquad (4-90)$$

式中　C_0——地基系数，$C_0 = m_0 h$，且大于或等于 $10m_0$。对岩石地基，其地基系数 C_0 不随岩层增深而增长，可按岩石饱和单轴抗压强度 f_{rc} 取值；

d——基础底面宽度或直径（m）；

m_0——基础底面处竖向地基比例系数（kN/m^4），近似取 $m_0 = m$。

上述各式中，z_0 和 ω 为两个未知数，根据图 4 - 47 所示可建立两个平衡方程式，即

$$\sum X = 0: F_H - \int_0^h \sigma_{zx} \cdot b_1 dz = F_H - b_1 m \tan\omega \int_0^h z(z_0 - z) dz = 0 \qquad (4-91)$$

$$\sum M = 0: F_H h_1 + \int_0^h \sigma_{zx} b_1 z dz - \sigma_{d/2} W_0 = 0 \qquad (4-92)$$

式中　b_1——沉井的计算宽度（m）；

W_0——基础底面的截面模量（m^3）。

联立求解可得

$$z_0 = \frac{\beta b_1 h^2 (4\lambda - h) + 6dW_0}{2\beta b_1 h (3\lambda - h)} \qquad (4-93)$$

$$\tan\omega = \frac{6F_H}{Amh} \qquad (4-94)$$

式中 $A = \dfrac{\beta b_1 h^3 + 18dW_0}{2\beta(3\lambda - h)}$，$\beta = \dfrac{C_h}{C_0} = \dfrac{mh}{m_0 h}$，$\beta$ 为深度 h 处井侧水平地基系数的比值。

将结果代入上述各式可得井侧水平应力为

$$\sigma_{zx} = \frac{6F_H}{Ah}(z_0 - z) \qquad (4-95)$$

基础底面边缘处压应力为

$$\sigma_{\substack{\max \\ \min}} = \frac{F_V}{A_0} \pm \frac{3F_H d}{A\beta} \qquad (4-96)$$

式中　A_0——基础底面面积（m^2）。

离地面或最大冲刷线以下深度 z 处基础截面上的弯矩 M 计算公式如下。

$$M = F_H(\lambda - h + z) - \int_0^z \sigma_{zx} b_1(z - z_1)\mathrm{d}z_1$$

$$= F_H(\lambda - h + z) - \frac{F_H b_1 z^3}{2hA}(2z_0 - z) \qquad (4-97)$$

2. 岩石地基（基础底面嵌入基岩内）

若基础底面嵌入基岩内，在水平力和竖直偏心荷载作用下，可假定基础底面不产生水平位移，其旋转中心 A 与基础底面中心重合，即 $z_0 = h$，如图 4-48 所示；但在基础底面嵌入处将存在一水平阻力 P，若该阻力对点 A 的力矩忽略不计，取弯矩平衡可导得转角数据 $\tan\omega$ 为

$$\tan\omega = \frac{F_H}{mhD} \qquad (4-98)$$

式中　$D = \dfrac{b_1\beta h^3 + 6W_0 d}{12\lambda\beta}$。

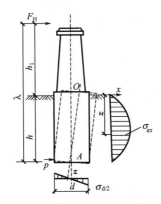

图 4-48　基底嵌入基岩内计算示意图

横向力为

$$\sigma_{zx} = (h-z)z\frac{F_H}{Dh} \qquad (4-99)$$

底边缘处压应力为

$$\sigma_{\substack{\max \\ \min}} = \frac{F_V}{A_0} \pm \frac{F_H d}{2\beta D} \qquad (4-100)$$

由 $\sum X = 0$，可得嵌入处未知水平阻力 P 为

$$P = \int_0^h \sigma_{zx} b_1 \mathrm{d}z - F_H = F_H\left(\frac{b_1 h^2}{6D} - 1\right) \qquad (4-101)$$

地面以下深度 z 处基础截面上的弯矩为

$$M_z = F_H(\lambda - h + z) - \frac{b_1 F_H z^3}{12Dh}(2h - z) \qquad (4-102)$$

还须注意，当基础仅受偏心竖向力 F_V 作用时，$\lambda \to \infty$，上述公式均不能应用。此时应以 $M = F_V e$ 代替式（4-92）等式中的 $F_H h_1$，同理可导得上述两种情况下相应的计算公式，此处不赘述，可详见《公路桥涵地基与基础设计规范》（JTG 3363—2019）。

3. 验算

（1）基础底面应力。要求基础底面最大压应力不应超过沉井底面处土的承载力特征值 f_{ah}，即

$$\sigma_{max} \leqslant f_{ah} \tag{4-103}$$

（2）井侧水平压应力。要求井侧水平压应力 σ_{zx} 应小于沉井周围土的极限抗力 $[\sigma_{zx}]$。计算时可认为沉井在外力作用下产生位移时，深度 z 处沉井一侧产生主动土压力 E_a，而另一侧受到被动土压力 E_p 作用，故井侧水平压力应满足下式要求。

$$\sigma_{zx} \leqslant [\sigma_{zx}] = E_p - E_a \tag{4-104}$$

由朗肯土压力理论可得

$$\sigma_{zx} \leqslant \frac{4}{\cos\varphi}(\gamma z \tan\varphi + c) \tag{4-105}$$

式中　γ——土的重度（kN/m^3）；

c、φ——分别为土的黏聚力（kPa）和内摩擦角（°）。

考虑到桥梁的结构性质和荷载情况，以及经验表明最大的横向抗力大致在 $z = h/3$ 和 $z = h$ 处，以此代入式（4-105）可得

$$\sigma_{hx/3} \leqslant \eta_1 \eta_2 \frac{4}{\cos\varphi}\left(\frac{\gamma h}{3}\tan\varphi + c\right) \tag{4-106}$$

$$\sigma_{hx} \leqslant \eta_1 \eta_2 \frac{4}{\cos\varphi}(\gamma h \tan\varphi + c) \tag{4-107}$$

式中　$\sigma_{hx/3}$、σ_{hx}——分别为相应于 $z = h/3$ 和 $z = h$ 深度处土的水平压应力（kPa）；

η_1——取决于上部结构形式的系数，一般取 1，对于超静定推力拱桥可取 0.7；

η_2——考虑恒荷载产生的弯矩 M_g 对总弯矩 M 的影响系数，$\eta_2 = 1 - 0.8\dfrac{M_g}{M}$。

此外，根据需要还须验算结构顶部的水平位移及施工容许偏差的影响。

4.8.2　沉井施工过程中的结构强度计算

沉井受力随整个施工及使用过程的不同而不同。因此，必须掌握沉井在各个施工阶段中各自的不利受力状态，进行相应的设计计算及必要的配筋，以保证井体结构在施工各阶段中的强度和稳定。

沉井结构在施工过程中主要须进行下述验算。

1. 沉井自重下沉及稳定性验算

（1）沉井自重下沉验算。

为保证沉井施工时能顺利下沉至设计标高，一般要求沉井下沉系数 K 满足下式要求。

$$K=\frac{G-B}{R_f}\geqslant 1.15\sim 1.25 \qquad (4-108)$$

式中　G——沉井自重（kN）；

　　　B——不排水下沉时的浮力（kN）；

　　　R_f——沉井侧面的总侧阻力（kN）。

下沉系数 K 的取值原则：位于淤泥质软土层中的沉井宜取较小值，其他土层中的可取较大值。

若不满足上述要求，可采用以下措施：加大井壁厚度或调整取土井尺寸；当不排水下沉达一定深度后改用排水下沉；增加附加荷载或射水助沉；采取泥浆套或空气幕等。

对于设置内隔墙及底梁的沉井，当计算下沉力时，可采用略大于该处地基土极限承载力的反力值作为刃脚踏面、隔墙及底梁下的地基反力，对于淤泥质黏土可取地基反力值为 200kPa。

（2）沉井下沉稳定性验算。

在软弱土层中，如有可能发生沉井突沉情形，则应进行下列下沉稳定性验算。

$$K_1=\frac{G-B}{R_f+R_1+R_2} \qquad (4-109)$$

式中　K_1——下沉稳定性系数，通常取 0.8～0.9；

　　　R_1——沉井刃脚踏面及斜面下土的支承力（kN）；

　　　R_2——沉井隔墙和底梁下土的支承力（kN）；

其余符号含义同前。

（3）沉井抗浮稳定性验算。

若沉井下沉至设计标高，在封底并抽干井内积水之后，其内部结构及设备还未安装期间，应按井外可能出现的最高水位验算沉井的抗浮稳定性，参数要求为

$$K_2=\frac{G+R_f}{B} \qquad (4-110)$$

式中　K_2——抗浮稳定性系数，通常取 1.05～1.10。不计井壁侧阻力时，可取 1.05；

其余符号含义同前。

2. 底节沉井竖向挠曲验算

由于施工方法不同，底节沉井在抽垫及除土下沉过程中刃脚下支承亦不同，沉井自重将导致井壁产生较大的竖向挠曲应力，因此，应根据不同的支承情况进行井壁的强度验算。若挠曲应力大于沉井材料纵向抗拉强度，应增加底节沉井高度或在井壁内设置水平向钢筋，防止沉井竖向开裂。其支承情况根据施工方法不同进行考虑。

（1）排水除土下沉。

① 矩形和圆端形沉井：将沉井视为支承于四个固定支点上的梁，支点控制在最有利位置处，即支点和跨中所产生的弯矩大致相等。若沉井长宽比大于 1.5，支点可设在长边上，如图 4-49（a）所示。

当沉井内有横隔墙或横梁时，其自重应按集中力作用在井壁相应位置上考虑。

② 圆形沉井：可按支承于两相互垂直方向的四个支点上进行计算，如图 4-50 所示。计算内力时，将圆形沉井井壁视为连续水平的圆环梁，在沉井自重（均布荷载 q）作用下，

按表 4 - 28 计算圆环梁的内力参数。

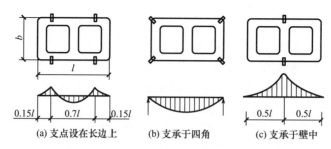

图 4 - 49　底节沉井支点布置

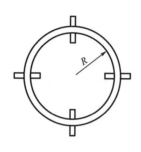

R 圆环梁轴线的半径

图 4 - 50　圆形沉井第一节井壁竖向强度验算

表 4 - 28　计算圆环梁的内力参数

圆环梁支柱数	最大剪力	弯矩		最大扭矩	支柱轴线与最大扭矩截面间的中心角
		在二支柱间的跨中	支柱上		
4	$\dfrac{R\pi q}{4}$	$0.3524\pi qR^2$	$-0.0643\pi qR^2$	$0.01060\pi qR^2$	19°21′
6	$\dfrac{R\pi q}{6}$	$0.0150\pi qR^2$	$0.02964\pi qR^2$	$0.00302\pi qR^2$	12°44′
8	$\dfrac{R\pi q}{8}$	$0.00832\pi qR^2$	$0.01654\pi qR^2$	$0.00126\pi qR^2$	9°33′
12	$\dfrac{R\pi q}{12}$	$0.00380\pi qR^2$	$0.00730\pi qR^2$	$0.00036\pi qR^2$	6°21′

注：R 为圆环梁轴线的半径。

（2）不排水除土下沉。

机械挖土时刃脚下支点很难控制，沉井下沉过程中可能出现最不利支承：矩形和圆端形沉井可能支承于四角，如图 4 - 49（b）所示，成为一简支梁，跨中弯矩最大，可能导致沉井下部竖向开裂；也可能因孤石等障碍物而支承于壁中，如图 4 - 49（c）所示，形成悬臂梁，可能导致支点处沉井顶部产生竖向开裂；圆形沉井则可能出现支承于直径上的两个支点。若底节沉井隔墙跨度较大，还须验算隔墙的抗拉强度。其最不利受力情况是下部土已挖空，但上节沉井刚浇筑而未凝固，此时，隔墙成为两端支承于井壁上的梁，承受两节沉井隔墙和模板等的重力。若底节隔墙强度不够，则可布置水平向钢筋，或在隔墙下夯填粗砂以承受荷载。

3. 沉井刃脚计算

沉井在下沉过程中刃脚受力较为复杂，为简化起见，一般可按竖向和水平向分别计算。如图 4-51 所示，竖向分析时，近似地将刃脚视为固定于刃脚根部井壁处的悬臂梁，刃脚根据内外侧作用力的不同可能向外或向内挠曲，据此可计算刃脚的内外侧钢筋；在水平面上则视刃脚为一封闭的框架，在水、土压力作用下在水平面内发生弯曲变形，据此可计算刃脚的水平配筋。

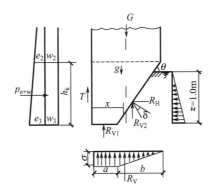

图 4-51 刃脚向外挠曲受力示意图

根据悬臂及水平框架两者的变位关系及其相应的假定，可分别导得刃脚悬臂分配系数 α 和水平框架分配系数 β 如下。

$$\alpha = \frac{0.1L_1^4}{h_k^4 + 0.05L_2^4} \leqslant 1.0 \tag{4-111}$$

$$\beta = \frac{0.1h_k^4}{h_k^4 + 0.05L_2^4} \leqslant 1.0 \tag{4-112}$$

式中 L_1、L_2——分别为支承于隔墙间的井壁最大和最小计算跨度（m）；

h_k——刃脚斜面部分的高度（m）。

上述分配系数仅适用于内隔墙底面高出刃脚底不超过 0.5m，或有垂直埂肋的情况，否则 $\alpha=1.0$，刃脚不起水平框架作用，全部水平力都由悬臂梁承担，但需按构造配置水平钢筋，以承受一定的正负弯矩。

外力经上述分配后，即可将刃脚受力情况分别按竖、横两个方向计算。

（1）刃脚竖向受力分析。

一般可取单位宽度井壁，将刃脚视为固定在井壁上的悬臂梁，分别按刃脚向内和向外挠曲两种最不利情况进行分析。

当沉井下沉过程中刃脚内侧切入土中深 1.0m，并刚浇筑完上节沉井，井顶露出地面或水面约一节沉井高度时处于最不利位置。此时，沉井因自重将导致刃脚斜面土体抵抗刃脚而向外挠曲，作用在刃脚高度范围内的外力如下。

① 外侧的土、水压力合力 p_{e+w} 为

$$p_{e+w}=\frac{p_{e_2+w_2}+p_{e_3+w_3}}{2}h_k \tag{4-113}$$

式中 $p_{e_2+w_2}$——作用于刃脚根部处的土、水压力强度之和（kPa），$p_{e_2+w_2}=e_2+w_2$；

$p_{e_3+w_3}$——刃脚底面处的土、水压力强度之和（kPa），$p_{e_3+w_3}=e_3+w_3$。

② p_{e+w} 的作用点位置（离刃脚根部距离 y）为

$$y=\frac{h_k}{3}\cdot\frac{p_{e_2+w_2}+2p_{e_3+w_3}}{p_{e_2+w_2}+p_{e_3+w_3}} \tag{4-114}$$

地面下深度 h_y 处刃脚承受的土压力 e_y 可按朗肯土压力公式计算，水压力应根据施工情况和土质条件计算，为安全起见，一般规定式（4-113）计算所得刃脚外侧土、水压力合力不得大于静水压力的 70%，否则按静水压力的 70% 计算。

③ 刃脚外侧阻力 T 为

$$T=qh_k \tag{4-115}$$

$$T=0.5E \tag{4-116}$$

式中 E——刃脚外侧主动土压力合力（kN），$E=(e_2+e_3)h_k/2$。

为保证安全，使刃脚下土反力最大，井壁侧阻力应取式（4-115）和式（4-116）中的较小值。

④ 土的竖向反力 R_V 为

$$R_V=G-T \tag{4-117}$$

式中 G——沿井壁周长单位宽度上沉井的自重（kN），水下部分应考虑水的浮力。

若将 R_V 分解为作用在踏面下土的竖向反力 R_{V1} 和刃脚斜面下土的竖向反力 R_{V2}，且假定 R_{V1} 为均布强度 σ 的合力，R_{V2} 为三角形分布部分的合力，水平反力 R_H 也呈三角形分布，则根据力的平衡条件可得

$$R_{V1}=\frac{2a}{2a+b}R_V \tag{4-118}$$

$$R_{V2}=\frac{b}{2a+b}R_V \tag{4-119}$$

$$R_H=R_{V2}\tan(\theta-\delta) \tag{4-120}$$

式中 a——刃脚踏面宽度（m）；

b——切入土中部分刃脚斜面的水平投影长度（m）；

θ——刃脚斜面的倾角（°）；

δ——土与刃脚斜面间的外摩擦角（°），一般可取 $\delta=\varphi$。

⑤ 刃脚单位宽度自重 g 为

$$g=\frac{t+a}{2}h_k\gamma_k \tag{4-121}$$

式中 t——井壁厚度（m）；

γ_k——钢筋混凝土刃脚的重度（kN/m³），不排水施工时应扣除的浮力。

求出上述各力的数值、方向及作用点后，根据图4-51所示几何关系可求得各力对刃脚根部中心轴的力臂，从而求得总弯矩 M_0、竖向力 N_0 及剪力 Q。

$$M_0=M_{e+w}+M_T+M_{R_V}+M_{R_H}+M_g \tag{4-122}$$

$$N_0 = R_V + T + g \tag{4-123}$$

$$Q = p_{e+w} + R_H \tag{4-124}$$

求得 M_0、N_0 及 Q 后就可验算刃脚根部应力，并计算出刃脚内侧所需竖向钢筋用量。一般刃脚钢筋截面积不宜少于刃脚根部截面积的 0.1%，且竖向钢筋应伸入根部以上 $0.5L_1$。

刃脚向内挠曲时，最不利位置是沉井已下沉至设计标高，刃脚下的土已挖空而还未浇筑封底混凝土，如图 4-52 所示，此时刃脚可按根部固定在井壁上的悬臂梁计算，作用在刃脚上的力有刃脚外侧土压力、水压力、侧阻力及刃脚本身的重力，计算方法同前。但为保证安全，当不排水下沉时，井壁外侧水压力以 100% 计算，井内取 50%，也可按施工中可能出现的水头差计算；若排水下沉，不透水土取静水压力的 70%，透水土按 100% 计算。同样，各水平外力应考虑分配系数 α，再由外力计算出对刃脚根部中心轴的弯矩、竖向力及剪力，并求出刃脚外壁钢筋用量，其配筋构造要求与向外挠曲相同。

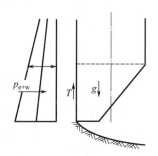

图 4-52　刃脚内挠受力分析

对于圆形沉井，除进行上述有关计算外，还应计算在下沉过程中由于刃脚内侧土反力作用使沉井刃脚产生的环向拉力，其值为

$$N = rR_H \tag{4-125}$$

式中　r——圆形沉井环梁轴线的半径（m）。

（2）刃脚水平受力计算。

当沉井达到设计标高，刃脚下土已挖空但未浇筑封底混凝土时，刃脚所受水平压力最大，处于最不利状态。此时可将刃脚视为水平框架，如图 4-53 所示，作用于刃脚上的外力与计算刃脚向内挠曲时一样，但所有水平力应乘以分配系数 β，以此求得水平框架的控制内力，再配置框架所需水平钢筋。

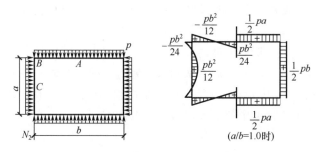

图 4-53　单孔矩形框架受力状况

框架的内力可按一般结构力学方法计算，具体可根据不同沉井平面形式查阅有关文献。

4. 井壁受力计算

(1) 井壁竖向拉应力验算。

沉井下沉过程中，若上部井壁侧阻力较大，当刃脚下土已挖空时可能将沉井箍住，使井壁产生因自重引起的竖向拉应力。若假定作用于井壁的侧阻力呈倒三角形分布，如图 4-54 所示，沉井自重为 G，入土深度为 h，井壁为等截面，则距刃脚底面 x 深处断面上的拉力 S_x 为

$$S_x = \frac{Gx}{h} - \frac{Gx^2}{h^2} \qquad (4-126)$$

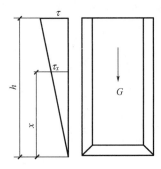

图 4-54 井壁侧阻力分布

并可导得井壁内最大拉力 $S_{\max}$ 为

$$S_{\max} = \frac{G}{4} \qquad (4-127)$$

其位置在 $x = h/2$ 的断面上。

若沉井很高，各节沉井接缝处混凝土的拉应力可由接缝钢筋承受，并按接缝钢筋所在位置发生的拉应力设置。钢筋的应力应小于钢筋强度标准值的 75%，并须验算钢筋的锚固长度。采用泥浆套下沉的沉井则不会因自重而产生拉应力。

(2) 井壁横向受力计算。

作用在井壁上的水、土压力是沿沉井深度变化的，因此，应沿沉井高度分段计算井壁水平应力，如图 4-55 所示。当沉井达到设计标高，刃脚下土已挖空而未封底时，井壁承受的水、土压力最大，此时应按水平框架分析内力，验算井壁材料强度，其计算方法与刃脚框架计算相同。

对于刃脚根部以上约井壁厚度高的一段沉井，如图 4-56 所示，除承受作用于该段的土、水压力外，还有受刃脚悬臂作用传来的水平剪力（即刃脚向内挠时受到的水平外力乘以分配系数 α）。此时，作用在该段井壁上的均布荷载应按沉井自重、水土压力及刃脚传来的水平剪力之和计算水平框架中的最大内力，并按此配筋。

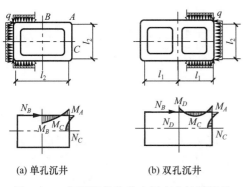

(a) 单孔沉井　　　(b) 双孔沉井

图 4 - 55　矩形沉井井壁水平应力计算图示

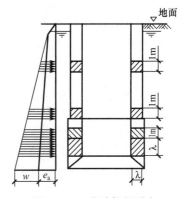

图 4 - 56　井壁框架受力

此外，还应验算每节沉井最下端处单位高度井壁作为水平框架的强度，并以此控制该节沉井的设计，但作用于井壁框架上的水平外力仅为土压力和水压力，E 不需乘以分配系数 β。

对横隔墙进行受力分析时，视隔墙与井壁的相对抗弯刚度（d/l 的相对比值）大小，将其节点作为铰接考虑。当两者刚度大小接近时，可按两者联成固结的空腹框架进行分析，如图 4 - 57 所示。

对于圆形沉井，因土质不均匀性而造成沉井在下沉过程中可能发生倾斜的影响，井壁外侧土压力分布实际上是不均匀的，而非理论上的同一标高处水平侧压力相等。此时可按下列简化方法进行计算，如图 4 - 58 所示：假定井圈上互成 90°的 A、B 两点处土的内摩擦角相差 5°～10°，即计算点 A 土压力 p_A 时取内摩擦角为 $\varphi-(2.5°～5°)$，计算点 B 土压力 p_B 时取内摩擦角为 $\varphi+(2.5°～5°)$，A、B 两点之间的土压力 p_α 为

$$p_\alpha = p_A[1+(\omega-1)\sin\alpha] \tag{4-128}$$

式中　$\omega = p_B/p_A$。

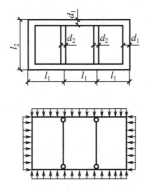

图 4 - 57　横隔墙与井壁连接节点计算

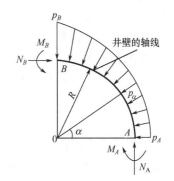

图 4 - 58　圆形沉井井壁土压力分布

作用于 A、B 截面上的轴力 N_A、N_B 和弯矩 M_A、M_B 分别为

$$N_A = p_A R(1+0.785\omega') \tag{4-129}$$

$$M_A = -0.149 p_A R^2 \omega' \tag{4-130}$$

$$N_B = p_A R(1+0.5\omega') \tag{4-131}$$

$$M_B = 0.137 p_A R^2 \omega' \qquad (4-132)$$

其中，$\omega' = \omega - 1$，R 为井壁中心线的半径。

采用泥浆套下沉的沉井，若台阶以上泥浆压力大于上述土压力与水压力之和，则井壁压力应按泥浆压力计算。

5. 混凝土封底及顶板计算

(1) 封底混凝土计算。

封底混凝土厚度取决于基础底面承受的反力，该竖向反力由封底后封底混凝土需承受的基础底面水和地基土的向上反力组成。封底混凝土厚度一般比较大，可按受弯和受剪计算确定。

① 受弯计算。按受弯计算时，将封底混凝土视为支承在凹槽或隔墙底面和刃脚上的底板，按周边支承的双向板（矩形或圆端形沉井）或圆板（圆形沉井）计算，底板与井壁的连接一般按简支考虑，当连接可靠（由井壁内预留钢筋连接等）时，也可按弹性固定考虑。要求计算所得的弯曲拉应力应小于混凝土的弯曲抗拉设计强度，封底混凝土的厚度可按下式计算。

$$h_t = \sqrt{\frac{3.5 K M_{tm}}{b f_t}} + h_a \qquad (4-133)$$

式中　h_t——封底混凝土的厚度（m）；

　　M_{tm}——封底混凝土在最大均布反力作用下的最大计算弯矩（kN·m）；

　　K——设计安全系数，取 2.4；

　　f_t——混凝土设计抗拉强度（kPa）；

　　b——计算宽度（m），可取 1m；

　　h_a——封底增加厚度（m），取 0.3~0.5m。

注意，水下封底混凝土仅作为一种临时施工措施，设计底板时不考虑其共同作用。

② 受剪计算。按受剪计算时，须考虑封底混凝土承受基础底面反力后是否存在沿井孔周边剪断的可能性，若剪应力超过其抗剪强度，则应加大封底混凝土的抗剪面积。

(2) 钢筋混凝土顶板计算。

空心或井孔内填以砾砂石的沉井，井顶必须浇筑钢筋混凝土顶板，用以支承上部结构荷载。顶板厚度一般预先拟定再进行配筋计算，计算时按承受最不利均布荷载的双向板考虑。

当上部结构平面全部位于井孔内时，还应验算顶板的剪应力和井壁支承压力；若部分支承于井壁上，则不须进行顶板的剪力验算，但须进行井壁的压应力验算。

4.8.3　浮运沉井计算要点

沉井在浮运过程中需有一定的吃水深度，使重心低而不易倾覆，保证浮运时稳定；同时还必须具有足够高的出水高度，使沉井不因风浪等而沉没。因此，除前述计算外，还应考虑沉井浮运过程中的受力情况，进行浮运沉井稳定性和浮运沉井出水高度等的验算。

1. 浮运沉井稳定性验算

将沉井视为一悬浮于水中的浮体，控制计算其重心、浮心及定倾半径。现以带临时性底板的浮运沉井为例，进行稳定性验算。

（1）浮心位置计算。

沉井质量等于沉井排开水的质量，则沉井吃水深度 h_0（从底板算起，如图 4-59 所示）为

$$h_0 = \frac{V_0}{A_0} \qquad (4-134)$$

式中 A_0——沉井吃水面积（m^2）；

V_0——井底板以上部分的排水体积（m^3）。

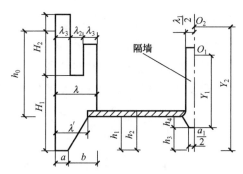

图 4-59 浮心位置示意图

故浮心位置 O_1（从刃脚底面起算）为 $h_3 + Y_1$，且有

$$Y_1 = \frac{M_I}{V} - h_3$$

式中 M_I 为各排水体积（底板以上部分 V_0、刃脚 V_1、底板下隔墙 V_2）对刃脚底板的力矩（M_0、M_1、M_2）之和（$kN \cdot m$），即

$$M_I = M_0 + M_1 + M_2 \qquad (4-135)$$

$$M_0 = V_0(h_1 + h_0/2) \qquad (4-136)$$

$$M_1 = V_1 \frac{h}{3} \cdot \frac{2t' + a}{t' + a} \qquad (4-137)$$

$$M_2 = V_2 \left(\frac{h_4}{3} \cdot \frac{2t_1 + a_1}{t_1 + a_1} + h_3 \right) \qquad (4-138)$$

式中 h_1、h_2——分别为底板底面和顶面至刃脚踏面的距离（m）；

h_3——隔墙底距刃脚踏面的距离（m）；

h_4——底板下的隔墙高度（m）；

t_1、t'——分别为隔墙和底板下的井壁高度（m）；

a_1、a——分别为隔墙底面和刃脚踏面的宽度（m）。

（2）重心位置计算。

设重心位置 O_2 离刃脚底面的距离为 Y_2，则有

$$Y_2 = \frac{M_{II}}{V} \qquad (4-139)$$

式中 M_{II}——沉井各部分体积中心对刃脚底面距离的乘积，并假定沉井坞工结构单位自重相同。

设重心与浮心的高差为 Y，则有

$$Y = Y_2 - (h_3 + Y_1) \tag{4-140}$$

（3）定倾半径验算。

定倾半径 ρ 为定倾中心至浮心的距离，其值为

$$\rho = \frac{I_{x-x}}{V_0} \tag{4-141}$$

式中 I_{x-x}——吃水截面积的惯性矩（m^4）。

浮运沉井的稳定性应满足重心至浮心的距离小于定倾中心至浮心的距离，即

$$\rho > Y \tag{4-142}$$

2. 浮运沉井最小出水高度

沉井在浮运过程中因牵引力、风力等作用，不免产生一定的倾斜，故一般要求沉井顶高出水面不宜小于 1.0m，以保证沉井在拖运过程中的安全。

由牵引力及风力等对浮心产生弯矩 M 而引起的沉井旋转角度 θ 为

$$\theta = \arctan \frac{M_{II}}{\gamma_w V(\rho - Y)} \leqslant 6° \tag{4-143}$$

式中 γ_w——水的重度，可取 $10kN/m^3$。

若假定由于弯矩作用使沉井没入水中的深度为计算值的两倍（考虑沉井倾斜边水面存在波浪，波峰高于无波水面），可得沉井浮运时最小出水高度 h 为

$$h = H - h_0 - h_1 - d\tan\theta \geqslant f \tag{4-144}$$

式中 H——浮运时沉井的高度（m）；

f——浮运沉井发生最大倾斜时顶面露出水面的安全距离（m），可取 1.0m。

4.9 沉井的施工

沉井基础施工通常有旱地施工、水中筑岛及浮运沉井三种。施工前应详细了解场地的地质、水文和气象资料，做好河流汛期、河床冲刷、通航及漂流物等的调查研究，充分利用枯水季节，制订出详细的施工计划及必要的措施，以确保施工安全。

4.9.1 旱地沉井施工

旱地沉井施工顺序如图 4-60 所示，其一般工序如下。

1. 清整场地

要求施工场地平整干净。一般只需将地表杂物清理并整平，但若天然地面土质较差，还应换土或在基坑处铺填大于或等于 0.5m 厚夯实的砂或砂砾垫层，以防沉井在混凝土浇

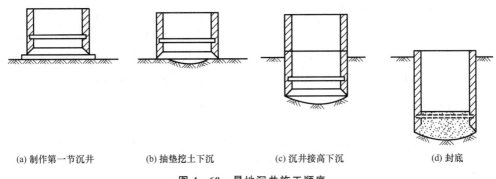

　(a) 制作第一节沉井　　　(b) 抽垫挖土下沉　　　(c) 沉井接高下沉　　　(d) 封底

图 4 - 60　旱地沉井施工顺序

筑之初因地面沉降不均而产生裂缝。为减小下沉深度，也可挖一浅坑，在坑底制作沉井，但坑底应高出地下水面 0.5～1.0m。

2. 制作第一节沉井

在刃脚处应先对称铺满垫木，如图 4 - 61 所示，以支承第一节沉井的重力。垫木一般为枕木或方木（截面尺寸 200mm×200mm），其数量可按垫木底面压力不超出 100kPa 确定，考虑抽垫方便设置，并垫一层厚约 0.3m 的砂，垫木间的间隙用砂填实（填到半高即可）。然后在刃脚位置处设置刃脚角钢，竖立内模，绑扎钢筋，再立外模浇筑第一节沉井。模板应有较大刚度，以免挠曲变形。当场地土质较好时，也可采用土模。

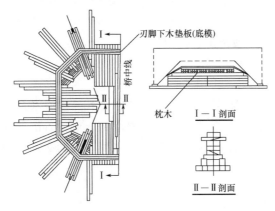

图 4 - 61　垫木布置示例

3. 拆模及抽垫

当沉井混凝土强度达到设计强度的 70% 时可拆除模板，达到设计强度后方可抽撤垫木。抽垫应分区、依次、对称、同步地向沉井外抽出。其顺序为：先内壁下，再短边，最后长边。长边下垫木隔一根抽一根，以固定垫木为中心，由远而近对称地抽，最后抽除固定垫木，并随抽随用砂土回填捣实，以免沉井开裂、移动或偏斜。

4. 除土下沉

沉井宜采用不排水除土下沉，在稳定的土层中，也可采用排水除土下沉。排水下沉常用人工除土，可使沉井均匀下沉和易于清除井内障碍物，但需有安全措施。不排水下沉多用空气吸泥机、抓土斗、水力吸石筒、水力吸泥机等除土；若遇黏土、胶结层，可采用高压射水辅助下沉。此外，正常情况下应自沉井中间向刃脚处均匀对称除土，排水下沉时应严格控制设计支承点土的排除，并随时注意沉井正位，保持竖直下沉，无特殊情况不宜采用爆破施工。

5. 接高沉井

当第一节沉井下沉至一定深度（井顶露出地面 0.5m 以上或露出水面 1.5m 以上）时，停止挖土，接筑下节沉井。接筑前刃脚不得掏空，并应尽量纠正上节沉井的倾斜，凿毛顶面，立模，然后对称均匀地浇筑混凝土，待强度达设计要求后再拆模继续下沉。

6. 设置井顶防水围堰

沉井顶面低于地面或水面时，应在井顶接筑临时性防水围堰，围堰的平面尺寸略小于沉井，其下端与井顶上预埋锚杆相连。常见的围堰有土围堰、砖围堰和钢板桩围堰。若水深流急，围堰高度大于 5.0m 时，宜采用钢板桩围堰。

7. 基础底面检验和处理

沉井达到设计标高后，应对基础底面进行检验。若采用不排水下沉，应进行水下检验，必要时可用钻机取样检验。当基础底面达到设计要求后，还应对地基进行必要的处理。砂性土或黏性土地基，一般可在井底铺砾石或碎石至刃脚底面以上 200mm；未风化岩石地基，应凿除风化岩层，若岩层倾斜，还应凿成阶梯形。要确保井底浮土、软土清除干净，封底混凝土、沉井与地基结合紧密。

8. 沉井封底

基础底面检验合格后应及时封底。若采用排水下沉，渗水量上升速度不超出 6mm/min，可采用普通混凝土封底；否则宜用水下混凝土封底。若沉井面积大，可采用多导管先外后内、先低后高依次浇筑。一般用素混凝土封底，但其必须与地基紧密结合，不得存在有害的夹层、夹缝。

9. 井孔填充和顶板浇筑

封底混凝土达到设计强度后，排干井孔中的水，填充井内圬工。如果井孔中不填料或仅填砾石，则井顶应浇筑钢筋混凝土顶板，以支承上部结构，且应保持无水施工。然后砌筑井上构筑物，并随后拆除临时性的井顶围堰。井孔是否填充，应根据受力或稳定要求确定，在严寒地区，低于冻结线 0.25m 以上部分，必须用混凝土或圬工结构填实。

4.9.2　水中沉井施工

1. 水中筑岛

若水深小于 3m，流速小于或等于 1.5m/s，可采用砂或砾石在水中筑岛，如图 4-62（a）

所示；若水深或流速加大，可围堤防护，如图4-62（b）所示；当水深再加大（通常小于15m）或流速更大时，宜采用钢板桩围堰筑岛，如图4-62（c）所示。岛面应高出最高施工水位0.5m以上，围堰距井壁外缘距离 $b \geq H \tan(45° - \varphi/2)$，且大于或等于2m（$H$ 为筑岛高度，φ 为水中砂的内摩擦角）。其余施工方法与旱地沉井施工相同。

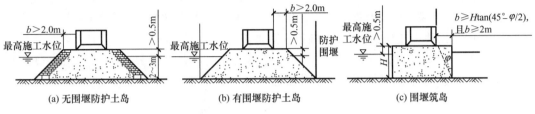

（a）无围堰防护土岛　　（b）有围堰防护土岛　　（c）围堰筑岛

图4-62　水中筑岛下沉沉井

2. 浮运沉井

若因水深（如大于10m），人工筑岛困难或不经济，可采用浮运法施工，即先在岸边将沉井做成空体结构，或采用其他措施（如带钢气筒等）使其浮于水上，再利用在岸边铺成的滑道滑入水中，如图4-63所示；然后用绳索牵引至设计位置，在悬浮状态下，逐步将水或混凝土注入空体中，使沉井徐徐下沉至河底。若沉井较高，则分段制造，在悬浮状态下逐节接长下沉至河底，但整个过程应保证沉井本身稳定。当刃脚切入河床一定深度后，即可按一般沉井下沉方法施工。

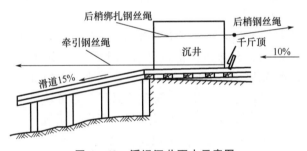

图4-63　浮运沉井下水示意图

4.9.3　泥浆套和空气幕下沉沉井施工简介

当沉井深度很大，井侧土质较好，井壁侧阻很大而采用增加井壁厚度或压重等办法受限时，常可设置泥浆润滑套和空气幕来减小井壁的侧阻。

1. 泥浆润滑套辅助下沉法

该法借助泥浆泵和输送管道，将特制的泥浆压入沉井外壁与土层之间，在沉井外围形成一定厚度的泥浆层，将土与井壁隔开，并起润滑作用，从而大大降低沉井下沉中的侧阻力（可降至3~5kPa，一般黏性土为25~50kPa），减少井壁圬工数量，加速沉井下沉，并具有良好的稳定性。但此法不宜用于卵石、砾石土层。

泥浆通常由膨润土、水和碳酸钠分散剂配置而成，具有良好的固壁性、触变性和胶体稳定性。泥浆润滑套的构造，主要包括射口挡板、地表围圈及压浆管。

射口挡板可用角钢或钢板弯制，固定于泥浆射出口处的井壁台阶上，如图 4-64（a）所示，其作用是防止压浆管射出的泥浆直冲土壁，以免局部坍落堵塞射浆口。地表围圈用木板或钢板制成，埋设于沉井周围，用于防止沉井下沉时土壁坍落，为沉井下沉过程中新造成的空隙补充泥浆，以及调整各压浆管出浆的不均衡；其宽度与沉井台阶相同，高 1.5～2.0m，顶面高出地面或岛面 0.5m，圈顶面宜加盖。

压浆管可分为内管法（厚壁沉井）和外管法（薄壁沉井）两种，如图 4-64（b）所示，通常用 $\phi 38 \sim \phi 50$ 的钢管制成，沿井周边每 3～4m 布置一根。

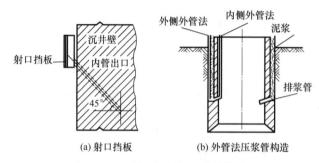

(a) 射口挡板 (b) 外管法压浆管构造

图 4-64　射口挡板与压浆管构造

2. 空气幕辅助下沉法

用空气幕辅助下沉是一种减少井壁侧阻的有效方法。它通过向沿井壁四周预埋的气管中压入高压气流，气流沿喷气孔射出再沿沉井外壁上升，在沉井周围形成一圈空气"帷幕"（即空气幕），使井壁周围土松动或液化，侧阻力减小，促使沉井下沉。该法适应于砂类土、粉质土及黏质土地层，对于卵石土、砾类土及风化岩等地层不宜使用。

如图 4-65 所示，空气幕沉井在构造上增加了一套压气系统，该系统由气斗、井壁中的气管、压缩空气机、贮气筒及输气管等组成。

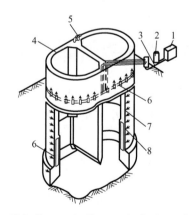

1—压缩空气机；2—贮气筒；3—输气管；4—沉井；5—竖管；6—水平喷气管；7—气斗；8—喷气孔

图 4-65　空气幕沉井压气系统构造

气斗是沉井外壁上凹槽及槽中的喷气孔，凹槽的作用是保护喷气孔，使喷出的高压气流有一扩散空间，然后较均匀地沿井壁上升，形成气幕。气斗应布设简单、不易堵塞、便于喷气，目前多用棱锥形（150mm×150mm），其数量根据每个气斗作用的有效面积确定。喷气孔直径 1mm，可按等距离分布，上下交错排列布置。

气管有水平喷气管和竖管两种，可采用内径 25mm 的硬质聚氯乙烯管。水平管连接各层气斗，每 1/4 或 1/2 周设一根，以便纠偏；每根竖管连接两根水平管，并伸出井顶。

压缩空气机输出的压缩空气应先输入贮气筒，再由地面输气管送至沉井，以防止压气时压力骤然下降而影响压气效果。

沉井下沉时，应先在井内除土，消除刃脚下土的抗力后再压气（但不得过分除土而不压气），一般除土面低于刃脚 0.5～1.0m 时就应压气下沉，压气时间一般不超过5min/次。压气顺序应先上后下，以形成沿沉井外壁上喷的气流。气压不应小于喷气孔最深处理论水压的 1.4～1.6 倍，并尽可能使用风压机的最大值。停气时应先停下部气斗，依次向上，并缓慢减压。不得将高压空气突然停止而造成瞬时负压，使喷气孔内吸入泥沙而被堵塞。

<h2>4.9.4   沉井下沉过程中遇到的问题及处理方法</h2>

1. 偏斜

沉井偏斜大多发生在下沉不深时，导致偏斜的主要原因如下。

（1）土岛表面松软，或制作场地、河底高低不平，软硬不均。

（2）刃脚质量差，井壁与刃脚中线不重合。

（3）抽垫方法欠妥，回填不及时。

（4）除土不均匀对称，下沉时有突沉和停沉现象。

（5）刃脚遇障碍物顶住而未及时发现，排土堆放不合理，或单侧受水流冲击淘空等导致沉井受力不对称。

通常可采用除土、压重、顶部施加水平力或刃脚下支垫等方法纠正偏斜，空气幕下沉也可采用单侧压气纠偏。若沉井倾斜，可在高侧集中除土、加重物，或用高压射水冲松土层，低侧回填砂石，必要时在井顶施加水平力扶正。若中心偏移则先除土，使井底中心向设计中心倾斜，然后再对侧除土，使沉井恢复竖直，如此反复，直至沉井逐步移近设计中心。当刃脚遇障碍物时，须先清除障碍物再下沉，如遇树根、大孤石或钢料铁件，可人工排除，必要时用少量炸药（少于 200g）炸碎；若不排水施工时，可由潜水工进行水下切割或爆破。

2. 难沉

难沉即沉井下沉过慢或停沉。

（1）难沉的主要原因。

① 开挖面深度不够，正面阻力大。

② 偏斜，或刃脚下遇障碍物、坚硬岩层和土层。

③ 井壁侧阻力大于沉井自重。

④ 井壁无减阻措施，或泥浆润滑套、空气幕等遭到破坏。

（2）解决难沉的措施，主要是增加压重和减小井壁侧阻力。

① 增加压重的方法。

a. 提前接筑下节沉井，增加沉井自重。

b. 在井顶加压沙袋、钢轨等重物，迫使沉井下沉。

c. 不排水下沉时，可在井内抽水，减少浮力，迫使下沉，但须保证土体不产生流砂现象。

② 减小井壁侧阻力的方法。

a. 将沉井设计成阶梯形、钟形，或使外壁光滑。

b. 井壁内埋设高压射水管组，射水辅助下沉。

c. 利用泥浆润滑套或空气幕辅助下沉。

d. 增大开挖范围和深度。

必要时还可采用 0.1～0.2kg 炸药起爆助沉，但同一沉井每次只能起爆一次，且需适当控制炮振次数。

3. 突沉

突沉常发生于软土地区，容易使沉井产生较大的倾斜或超沉。引起突沉的主要原因是井壁侧阻力较小，当刃脚下土被挖除时，沉井支承削弱，或排水过多、挖土太深、出现塑流等。防止突沉的措施一般是控制均匀挖土，在刃脚处挖土不宜过深，此外，在设计时可采用增大刃脚踏面宽度或增设底梁的措施，以提高刃脚阻力。

4. 流砂

在粉、细砂层中下沉沉井，易出现流砂现象，若不采取适当措施，将造成沉井严重倾斜。产生流砂的主要原因是土中动水压力的水头梯度大于临界值，故防止流砂的措施如下。

（1）排水下沉发生流砂时，可向井内灌水，采取不排水除土，减小水头梯度。

（2）采用井点降水、深井降水和深井泵降水，降低井外水位，改变水头梯度方向使土层稳定，防止流砂发生。

本 章 小 结

本章主要讲述了桩基础的种类和适用条件，竖向荷载下单桩的工作性能，单桩竖向及水平承载力的确定，群桩基础承载力的计算，桩基础的沉降计算，桩基础的设计等；此外还讲述了沉井基础的概念、类型、构造及其适用条件，沉井基础的设计计算方法、施工方法与技术等。

本章的重点是竖向荷载下单桩的工作性能，单桩竖向承载力的确定和桩基础的设计。

习　　题

一、选择题

1. 单桩的破坏形式有（　　　）。

A. 压屈破坏　　　B. 局部剪切破坏　　　C. 刺入破坏　　　D. 整体剪切破坏

2. 按成桩对土层的影响，桩可分为（　　　）。

A. 挤土桩　　　B. 部分挤土桩　　　C. 非挤土桩　　　D. 大直径桩

3. 考虑承台效应的群桩基础中的一根桩称为（　　　）。

A. 单桩　　　B. 基桩　　　C. 复合基桩　　　D. 疏桩

4. 沉井基础的特点是（　　　）。

A. 埋置深度大

B. 整体性强、稳定性好

C. 能承受较大的垂直荷载和水平荷载

D. 施工设备简单

5. 沉井基础在施工中产生偏斜的原因是（　　　）。

A. 井壁与刃脚中线重合

B. 抽垫方法欠妥，回填不及时

C. 除土均匀对称

D. 刃脚遇障碍物顶住而未及时发现，排土堆放不合理

6. 沉井基础在施工中的验算内容是（　　　）。

A. 沉井自重下沉

B. 底节沉井竖向挠曲

C. 沉井刃脚受力

D. 井壁受力

E. 混凝土封底及顶板

二、简答题

1. 简述桩基础的适用条件及特点。

2. 试按照桩的成桩方法对桩基础进行分类。

3. 基桩质量检测的内容和方法有哪些？

4. 侧摩阻力、端阻力是如何发挥的？

5. 什么是侧摩阻力的深度效应？

6. 单桩竖向极限承载力主要取决于哪两个方面？

7. 单桩竖向承载力的确定方法有哪些？

8. 单桩竖向承载力特征值与竖向极限承载力标准值是怎样的关系？

9. 什么是负摩阻力和中性点？

10. 单桩水平承载力的影响因素有哪些？

11. 什么是群桩效应？

12. 什么是减沉复合疏桩基础？

13. 变刚度调平设计的内涵是什么？

14. 桩承台应进行哪些内力计算？

15. 沉井作为整体深基础，其设计计算应考虑哪些内容？

16. 何谓沉井下沉系数？如果下沉系数计数值小于规定值，应如何处理？

17. 沉井施工中产生突沉的原因是什么？

三、计算题

1. 某预制桩截面尺寸为 $0.3m \times 0.3m$，桩长 12m，桩在竖向荷载 $Q_0 = 1000kN$ 作用下实测轴力分布如图 4-66 所示。试计算桩侧摩阻力。

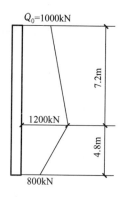

图 4-66 计算题 1 图

2. 某端承型单桩基础，桩入土深度 12m，桩径 $d = 0.8m$，桩顶荷载 $Q_0 = 500kN$；由于地表进行大面积堆载而产生了负摩阻力，其平均值为 $q_s^n = 20kPa$，中性点位于桩顶下 6m。试求桩身最大轴力。

3. 某场地地基土质剖面及土性质指标从上到下依次如下：①黏土，$\gamma = 18.0kN/m^3$，$I_1 = 0.75$，$f_{ak} = 120kPa$，厚度 2.5m；②粉土，$\gamma = 18.9kN/m^3$，$\omega = 24.5\%$，$e = 0.78$，$f_{ak} = 180kPa$，厚度 2.5m；③中砂，$\gamma = 19.2kN/m^3$，$N = 20$，中密，$f_{ak} = 350kPa$，未揭穿。根据上部结构和荷载性质，该工程采用桩基础，承台底面埋深 1m，采用混凝土预制管桩，桩径 $d = 400mm$，设计桩长 12m。试确定该单桩竖向承载力特征值。

4. 土层和桩的尺寸同计算题 3，拟按复合桩基设计，承台尺寸为 $3.2m \times 3.2m$，均匀布置 9 根桩，桩的距径比为 $s_a/d = 3$。试确定复合基桩竖向承载力特征值 R。

5. 土层、桩和承台的尺寸同计算题 4，但为抗拔桩基础。当群桩分别呈整体破坏和非整体破坏时，基桩的抗拔极限承载力标准值是多少？

6. 某端承灌注桩桩径 1.0m，桩长 16m，桩周土性质参数如图 4-67 所示，地面大面积堆载 $p = 60kPa$。试计算由于负摩阻力产生的下拉荷载。

7. 某预制桩基础，群桩持力层下有淤泥质黏土软弱下卧层。桩截面尺寸为 $0.3m \times 0.3m$，采用 C30 混凝土，桩长 15m，承台尺寸为 $2.6m \times 2.6m$，承台底面埋深 2.0m，土层分布与桩位置如图 4-68 所示；承台上作用竖直轴力标准值 $F_k = 5000kN$，弯矩值 $M_k = 400kN \cdot m$，水平力 $H_k = 50kN$；黏土 $q_{sk} = 36kPa$；粉土 $q_{sk} = 64kPa$，$q_{pk} = 64kPa$。地下水位位于承台底面，桩端至软弱下卧层顶面距离 $t = 3.0m$。试验算软卧下卧层的承载力是

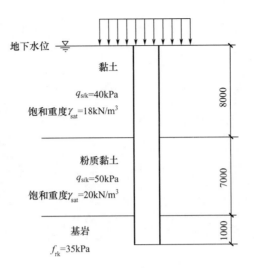

图 4－67　计算题 6 图

否满足要求。

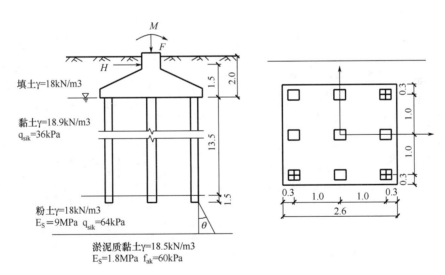

图 4－68

第5章
地基处理

教学目标

本章主要讲述地基处理的基本理论和方法。通过学习应达到以下目标。

（1）了解地基处理对象的工程特性，并能根据建筑物的特点、上部结构对地基的要求及场地地基条件选择合适的地基处理方案。

（2）掌握常用地基处理方法的加固机理、设计要点、施工和质量检测方法。

（3）掌握复合地基概念、复合地基承载力及变形计算方法。

教学要求

知识要点	能力要求	相关知识
地基处理的对象及主要问题	（1）了解地基处理对象及其工程特性 （2）掌握地基处理方法分类 （3）了解地基处理方案的选择和设计原则	（1）软弱土地基和特殊土地基工程特性 （2）地基处理方法分类 （3）地基处理方案选择
复合地基	（1）掌握复合地基概念、分类 （2）熟悉复合地基承载力及变形计算	（1）复合地基类型 （2）复合地基承载力计算 （3）复合地基变形计算
地基处理方法分述	（1）掌握各类地基处理方法的加固原理、适应条件、设计要点和检测方法 （2）了解岩溶地基处理方法 （3）了解土的加筋技术	（1）换土垫层法、排水固结法等的加固原理、适应条件、设计要点和检测方法 （2）岩溶地基处理方法 （3）土的加筋技术

基本概念

地基处理、软弱地基、特殊土、复合地基、地基承载力、地基变形、换土垫层法、排水固结法、土工合成材料、加筋土挡土墙等。

引例

目前，地基处理方法种类繁多，每种地基处理方法都有其优缺点和适用条件，没有一种方法能解决所有问题。因此，在选择地基处理方法时，要具体问题具体分析，因地制宜，选择最优方案。

由法国 Menard 技术公司于 1969 年首创的强夯法就具有很好的代表性。应用强夯法的第一个工程是处理滨海填土地基，需要在深厚填土地基上建造 20 栋 8 层居住建筑。地基场地表层为新近填筑的约 9m 厚的碎石填土，其下是 12m 厚疏松的砂质粉土。由于碎石填土为新近回填的，处于欠固结状态，若采用桩基础，负摩阻力将占单桩承载力的 60%～70%，十分不经济；而如果采用堆载预压法处理，设计堆土高度为 5m，则历时 3 个月，只能沉降 200mm。最后改用强夯法处理，只夯击一遍，整个场地平均夯沉量达 500mm；建造的 8 层居住建筑竣工后，其平均沉降仅 13mm，加固效果十分理想。这一成功应用引起了岩土工程界的广泛关注和仿效，但在以后的推广应用过程中，也出现了许多由于形成"橡皮土"而导致工程失败的惨痛教训。

因此，在地基处理前，需要进行综合分析和比较，选择最合适的地基处理方案。

5.1　概　　述

当天然地基很软弱，不能满足承载力和变形设计要求时，可对地基进行人工处理后再建造基础，以满足建筑物对地基强度、变形和稳定性的要求。我们把为提高地基承载力，改善地基土的工程性状，以满足工程要求而采取人工处理地基的各种方法，统称为地基处理。地基处理是一个古老而又年轻的领域，如短桩处理和灰土垫层技术在我国的应用已有数千年的历史。迄今为止，国外有的地基处理方法在我国基本上都有应用，并且还发展了许多具有我国地方特色的地基处理新方法和新技术。

5.1.1　地基处理对象及主要问题

地基处理对象主要是软弱土地基和特殊土地基。《建筑地基基础设计规范》中规定：软弱地基是指高压缩性土（$a_{1-2} \geqslant 0.5 \text{MPa}^{-1}$）地基，主要由淤泥、淤泥质土、泥炭土、冲填土、杂填土或其他高压缩性土层构成的地基。特殊土地基大部分为区域性不良土，包括软土、湿陷性黄土、膨胀土、红黏土、冻土和岩溶等。在这类地基上建造建筑物时，主要存在以下五个方面的问题。

（1）强度及稳定性问题。

地基承载力及稳定性关系到整个建筑物的安全，是地基基础设计的关键问题。当地基承载力不足以支承上部结构的自重及外荷载时，地基有可能产生局部或整体剪切破坏，从而影响建筑物的安全与正常使用，严重的还会引起建筑物破坏。工程特性较差的地基容易因地基承载力不足而导致工程事故。

土的抗剪强度不足除了会引起建筑地基失效，有时还会引起其他岩土工程失稳问题，如边坡失稳、基坑失稳、挡土墙失稳、隧道塌方等。

（2）变形问题。

当地基在上部结构的自重及外荷载作用下变形过大时，会影响建筑物的安全与正常使用；当超过建筑物所能容许的不均匀沉降时，结构可能会开裂。

高压缩性土地基容易产生变形问题。一些特殊土地基在环境改变时，会因自身物理力学特性的变化而产生附加变形，如湿陷性黄土的遇水湿陷、膨胀土的遇水膨胀和失水干缩、冻土的冻胀和融沉、软土的扰动变形等。

（3）渗漏问题。

渗漏是由于地基中地下水运动产生的问题，主要分两类：水量流失和渗透变形。

① 水量流失是由于地基土的抗渗性能不足而造成水量流失，从而影响工程的储水和防水性能，或造成施工不便。如堤坝因防水性能差而降低堤坝的性能，位于地下水位以下的隧道、基坑等工程因渗漏问题而引起施工不便。

② 渗透变形是指渗透水流将土体的细颗粒冲走、带走或局部土体产生移动，导致土体变形。渗透变形又分流土和管涌。流土是在渗流作用下，局部土体表面隆起，或某一范围内土粒群同时发生移动的现象；管涌是在渗流作用下，无黏性土中的细小颗粒通过较大颗粒的孔隙发生移动并被带出的现象。在堤坝工程和地下结构（隧道、基坑等）施工过程中，经常会遇到由于渗透变形造成的工程事故。

（4）地基液化问题。

在动荷载或周期性荷载作用下，饱和松散粉细砂（包括部分粉土）由于孔隙水压力急剧上升，有效应力急剧下降，致使土体呈现类似液体特性的一种现象，即砂土液化。由于土体失去抗剪强度与承载力，会造成地基失稳和震陷。

（5）特殊土的不良特性问题。

常见不良土主要包括软黏土、人工填土（包括素填土、杂填土和冲填土）、饱和粉细砂、盐渍土、有机质土和泥炭土、膨胀土、湿陷性黄土、多年冻土、岩溶、土洞等。各种特殊土都存在自身的一些特殊的不良工程性质，如膨胀土存在遇水膨胀与失水干缩的胀缩特性，黄土存在湿陷性，冻土存在冻胀与融沉特性，盐渍土存在腐蚀性等。在特殊土地基上修建建筑物，必须考虑特殊土的不良影响，必要时应进行地基处理，以消除特殊土的不良作用。

地基处理主要目的为：①提高地基土的抗剪强度，以满足设计对地基承载力和稳定性的要求；②改善地基的变形性质，防止建筑物产生过大的沉降、不均匀沉降及侧向变形；③改善地基的渗透性和渗透稳定性，防止渗流过大和渗透破坏；④提高地基土的抗振（震）性能，防止液化，使之能隔振和减小振动波的振幅；⑤消除黄土的湿陷性、膨胀土的胀缩性等不良特性。

5.1.2　地基处理方法的分类

在土木工程中，地基处理方法众多。根据处理的时间效果，可分为临时性处理和永久性处理；根据处理深度，可分为浅层处理和深层处理；按土性质划分，可分为砂性土处理和黏性土处理，饱和土处理和非饱和土处理；按处理的作用机理，可分为化学处理和物理处理；按添加加固材料的作用，可分为加筋法、土质改良法和置换法等。根据地基处理的加固机理进行的分类见表 5-1。

表 5-1　地基处理方法按加固机理分类

类别	方法	原理及作用	适用范围
置换	换土垫层法	将软弱土或不良土开挖至一定深度，回填抗剪强度较高、压缩性较小的岩土材料，如砂、砾、石渣等，并分层密实，形成双层地基。土垫层能有效扩散基础底面压力，提高地基承载力，减小沉降	各种软弱土地基浅层处理
	挤淤置换法	通过抛石或夯击回填碎石置换淤泥，达到加固地基的目的，也有采用爆破挤淤置换的	淤泥或淤泥质黏土地基
	褥垫法	当建筑物的地基一部分压缩性较小，而另一部分压缩性较大时，为了避免不均匀沉降，在压缩性较小的区域，换填铺设一定厚度可压缩性的土料形成褥垫，通过褥垫的压缩量达到减小沉降的目的	建筑物的地基一部分压缩性较小，而另一部分压缩性较大时
	强夯置换法	采用边填碎石边强夯的方法在地基中形成碎石墩体，由碎石墩、墩间土及碎石垫层形成复合地基，以提高承载力，减小沉降	粉砂土和软黏土地基等
排水固结	堆载预压法	在地基中设置排水通道如砂垫层和竖向排水系统，以缩小土体固结排水距离，加速地基的固结和强度增长，提高地基的稳定性；加速沉降发展，使基础沉降提前完成；卸去预压荷载后再建造建筑物，地基承载力高，工后沉降小	软黏土、杂填土、泥炭土地基
	超载预压法	原理基本上与堆载预压法相同，不同之处是其预压荷载大于设计使用荷载。超载预压不仅可减小工后固结沉降，还可消除部分工后次固结沉降	软黏土、杂填土、泥炭土地基
	真空预压法	在软黏土地基中设置排水体系（同堆载预压法），然后在上面形成一不透气层（覆盖不透气密封膜等），通过对排水体长时间抽气抽水，在地基中形成负压区，而使软黏土地基产生排水固结，达到提高地基承载力、减小工后沉降的目的	软黏土地基
	真空-堆载联合预压法	真空预压法与堆载预压法联合使用的加固效果更佳	软黏土地基

续表

类别	方法	原理及作用	适用范围
灌入固化物	深层搅拌法	利用深层搅拌机将水泥浆或水泥粉和地基土原位搅拌形成圆柱状、格栅状或连续墙水泥土增强体,形成复合地基以提高地基承载力、减小沉降;也常用它形成水泥土防渗帷幕	淤泥、淤泥质土、黏性土和粉土等软土地基,有机质含量较高时应通过试验确定适用性
	高压喷射注浆法	利用高压喷射专用机械,在地基中通过高压喷射流冲切土体,用浆液置换部分土体,形成水泥增强体;高压喷射注浆法可形成复合地基,以提高承载力、减小沉降,也常用它形成水泥土防渗帷幕	淤泥、淤泥质土、黏性土、粉土、黄土、砂土、人工填土和碎石土等地基,当含有较多的大块石,或地下水流速较快,或有机质含量较高时,应通过试验确定适用性
	渗入性灌浆法	在灌浆压力作用下,将浆液灌入地基中,以填充原有孔隙,改善土体的物理力学性质	中砂、粗砂、砾石地基
	劈裂灌浆法	在灌浆压力作用下,浆液克服地基土中初始应力和土的抗拉强度,使地基中原有的孔隙或裂隙扩张,用浆液填充新形成的裂缝和孔隙,改善土体的物理力学性质	岩基或砂、砂砾石、黏性土地基
	挤密灌浆法	在灌浆压力作用下,向土层中压入浓浆液,在地基中形成浆泡,挤压周围土体;通过压密和置换改善地基性能。在灌浆过程中因浆液的挤压作用可产生辐射状上抬力,引起地面隆起	可压缩地基、排水条件较好的黏性土地基
振密、挤密	表层原位压实法	采用人工或机械夯实、碾压或振动,使土体密实。密实范围较浅,常用于分层填筑	杂填土、疏松无黏性土、非饱和黏性土、湿陷性黄土等地基的浅层处理
	强夯法	采用重10~40t的夯锤从高处自由落下,地基土体在强夯的冲击力和振动力作用下密实,可提高地基承载力,减小沉降	碎石土、砂土、低饱和度的粉土与黏性土、湿陷性黄土、杂填土和素填土

续表

类别	方法	原理及作用	适用范围
振密、挤密	振冲密实法	一方面依靠振冲器的振动使饱和砂层发生液化，砂颗粒重新排列令孔隙减小，另一方面依靠振冲器的水平振动动力，加固填料使砂层挤密，从而提高地基的承载力，减小沉降，并提高地基土体抗液化能力。振冲密实法可分加回填料的振冲密实法和不加回填料的振冲密实法。加回填料的振冲密实法，又称振冲挤密碎石桩法	黏粒含量小于10%的疏松砂性土地基
	挤密砂石桩法	采用振动沉管法等在地基中设置碎石桩，在制桩过程中对周围土层产生挤密作用。被挤密的桩间土和密实的砂石桩形成砂石桩复合地基，达到提高地基承载力、减小沉降的目的	砂土地基、非饱和黏性土地基
	爆破挤密法	利用在地基中爆破产生的挤压力和振动力使地基土密实，以提高土体的抗剪强度，提高地基承载力，减小沉降	饱和净砂、非饱和但经灌水饱和的砂、粉土、湿陷性黄土地基
	土桩、灰土桩法	利用振动沉管法、爆扩法和冲击法在地基中设置土桩或灰土桩，在成桩过程中挤密桩间土，由挤密的桩间土和密实的土桩或灰土桩形成土桩复合地基或灰土桩复合地基，提高地基承载力，减小沉降，有时则是为了消除黄土的湿陷性	地下水位以上的湿陷性黄土、杂填土、素填土等地基
	夯实水泥桩法	在地基中人工挖孔，然后填入水泥与土的混合物，分层夯实，形成水泥土桩复合地基，提高地基承载力和减小沉降	地下水位以上的湿陷性黄土、杂填土、素填土等地基
	柱锤冲扩法	在地基中采用直径300~500mm、长2~5m、质量1~8t的柱锤，将地基土层冲击成孔，然后将拌和好的填料分层填入桩孔夯实，形成柱锤冲扩桩，形成复合地基，提高地基承载力和减小沉降	地下水位以上的湿陷性黄土、杂填土、素填土等地基
加筋	加筋土垫层法	在地基中铺设加筋材料（如土工织物、土工格栅、金属板条等）形成加筋土垫层，筋条间用无黏性土，以增大压力扩散角，提高地基稳定性	各种软弱地基
	加筋土挡土墙法	利用填土中分层铺设加筋材料来提高填土的稳定性，形成加筋土挡土墙。挡土墙外侧可采用侧面板形式，也可采用加筋材料包裹形式	应用于填土挡土墙结构

续表

类别	方法	原理及作用	适用范围
冷热处理	冻结法	冻结土体，改善地基土的截水性能，以提高土体的抗剪强度，形成挡土结构或止水帷幕	饱和砂土或软黏土，作为施工临时措施
	烧结法	钻孔加热或焙烧，以降低土体含水率，降低压缩性，提高土体强度，达到地基处理的目的	软黏土、湿陷性黄土，适用于有富余热源的地区

5.1.3　地基处理方案的选择原则和程序

地基加固处理

地基处理能否达到预期的效果，首先取决于地基处理方案的选择是否得当，设计是否合理，然后取决于施工质量是否符合要求。地基处理方法虽然很多，但任何一种方法都不是万能的，都有各自的适用范围和优缺点。每个具体工程对地基的要求有所不同，而场地的地质条件和周边环境条件也不尽相同；此外，施工机械设备、所需材料也会因提供部门不同而产生很大差异；施工队伍的技术素质状况、施工技术条件和经济指标比较状况等也会对地基处理效果产生很大的影响。一般来说，在选择确定地基处理方案之前，应充分地综合考虑以下因素：土的类别、地基处理加固深度、上部结构对地基的要求、施工单位的机械设备、施工现场的周围环境、施工工期、施工队伍素质和工程造价等。因地制宜是选用地基处理方案的一项最重要的原则，并可遵循下列程序。

（1）收集已有资料。要收集场地、建筑物和施工等各项资料，确定是否需要进行地基处理。

（2）论证可供选择的地基处理方案。在选择地基处理方案前，应根据地基工程地质条件、地基处理方法的加固机理、施工经验，以及机具设备和材料条件，进行地基处理方案的可行性研究，提出多种技术上可行的方案；认真分析拟建工程对地基的要求和场地工程地质条件，确定是否需要进行地基处理。在考虑是否需要进行处理地基时，应重视上部结构、基础和地基的共同作用，考虑上部结构体形、整体刚度等因素对地基性状的影响。对拟选用的技术上可行的多种地基处理方案，进行技术、经济、进度、环境保护要求等方面的综合比较分析，初步确定采用一种或几种方法，这也是地基处理方案的优化过程。

（3）确定最优处理方案。对于初步确定的地基处理方案，根据需要决定是否进行小型现场试验或进行补充调查。

（4）进行施工设计，再进行地基处理施工。在施工过程中要进行监测、检测，根据监测和检测情况，确定是否需要对原设计进行修改完善。

5.2 复合地基理论

5.2.1 概述

　　复合地基技术在我国得到重视和发展与我国工程建设对它的需求是分不开的。1990年，在河北承德，中国建筑学会地基基础专业委员会在黄熙龄院士主持下召开了我国第一次以复合地基为专题的学术讨论会。会上交流、以及复合地基技术在我国的应用情况，有效地促进了复合地基理论和实践在我国的发展。1992年龚晓南院士出版了《复合地基》一书，较系统地总结了国内外复合地基理论和实践方面的研究成果，提出了广义复合地基概念和复合地基理论框架，总结了复合地基承载力和沉降计算的思路和方法。随着地基处理技术和理论的发展，近年来，复合地基技术在房屋建筑、高等级公路、铁路、堆场、机场、堤坝等土木建设中得到了广泛应用。

　　经过地基处理形成的人工地基，大致上可分为均质地基、多层地基和复合地基三种，如图5-1所示。复合地基是指天然地基在地基处理过程中，部分土体得到增强，或被置换，或在天然地基中设置加筋材料，加固区是由基体（天然地基土体）和增强体两部分组成的人工地基。

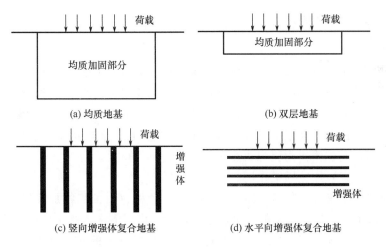

(a) 均质地基　　　　　　　　　(b) 双层地基

(c) 竖向增强体复合地基　　　　(d) 水平向增强体复合地基

图 5-1　人工地基的类型

　　复合地基根据增强体的设置方向，可分为水平向增强体复合地基和竖向增强体复合地基两类（表5-2）。竖向增强体习惯上称桩，有时也称柱，竖向增强体复合地基通常称为桩体复合地基，桩体复合地基又可分三类。水平向增强体复合地基主要指加筋土地基。复合地基中的增强体方向不同，复合地基的性状也不同。

表 5 - 2　复合地基的分类

复合地基	竖向增强体复合地基	散体材料桩复合地基	砂桩复合地基
			碎石桩复合地基
			矿渣桩复合地基
		柔性桩复合地基	土桩复合地基
			灰土桩复合地基
			石灰桩复合地基
			粉体搅拌石灰桩复合地基
			水泥土桩复合地基
		刚性桩复合地基	树根桩复合地基
			水泥粉煤灰碎石桩复合地基
	水平向增强体复合地基	加筋土地基	

由于水平向增强体复合地基在工程中应用较少，对其作用机理认识还很不成熟，其承载力和沉降计算方法有待进一步探讨。本节主要介绍桩体复合地基。

5.2.2　复合地基的作用机理与破坏模式

1. 复合地基的作用机理

（1）桩体作用。

复合地基

由于复合地基中桩体的刚度比周围土体的刚度大，在荷载作用下，桩体上产生应力集中现象，在刚性基础下尤其明显，此时桩体上应力远大于桩间土上的应力。桩体承担较多的荷载，桩间土应力降低，这样复合地基承载力和整体刚度高于原地基，沉降量有所减小。随着复合地基承重桩体刚度增加，其桩体作用更为明显。

（2）加速固结作用。

不少竖向增强体或水平向增强体，如碎石桩、砂桩、土工织物加筋体间的粗粒土等，都具有良好的透水性，是地基中的排水通道。在荷载作用下，地基土体中会产生超孔隙水压力。这些排水通道有效缩短了排水距离，加速了桩间土的排水固结，土体强度随之增长。

（3）振密、挤密作用。

对于砂桩、碎石桩、土桩、灰土桩、二灰桩和石灰桩等，在施工过程中由于振动、沉管挤密或振冲挤密等原因，可使桩间土得到一定的密实，从而改善土体物理力学性能。采用石灰桩，由于生石灰遇水后会吸水、发热和体积膨胀，同样可起到挤密作用。

（4）加筋作用。

地基中增添各种材料，如土工布、钢筋、塑料板等，可增加土体的抗剪强度，从而增加土体的抗滑能力。因此，复合地基不仅能提高地基承载力，还可以提高地基的抗滑能力。水平加筋体复合地基的加筋作用更明显。增强体的设置使复合地基加固区整体抗剪强度提高。在稳定分析中，通常采用复合抗剪强度来度量加固区复合土体的强度。

（5）垫层作用。

桩与桩间土复合形成的复合地基，在加固深度范围内形成复合土层，可起到类似垫层的换土效应，从而减小浅层地基中的附加应力，或者说增大应力扩散角。在桩体没有贯穿整个软弱土层的地基中，垫层的作用尤其明显。

2. 复合地基的破坏模式

竖向增强体复合地基和水平向增强体复合地基破坏模式不同。竖向增强体复合地基破坏形式一般分为三种情况：第一种是桩间土首先破坏，进而发生复合地基全面破坏；第二种是桩体首先破坏，进而发生复合地基全面破坏；第三种是桩间土与桩体同时破坏。第二种情况在工程中最常见，第三种情况比较少见。

竖向增强体复合地基破坏模式有四种：刺入破坏、鼓胀破坏、整体剪切破坏和滑动剪切破坏，如图 5-2 所示，进而引起复合地基全面破坏。

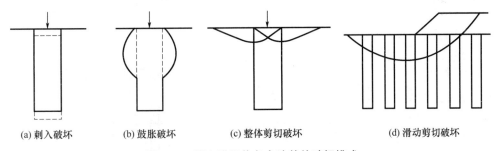

(a) 刺入破坏   (b) 鼓胀破坏   (c) 整体剪切破坏   (d) 滑动剪切破坏

图 5-2 竖向增强体复合地基的破坏模式

（1）刺入破坏模式。

刺入破坏如图 5-2（a）所示。桩体刚度较大，地基土承载力较低的情况下容易发生刺入破坏，令其承担荷载能力大幅度降低，进而引起复合地基桩间土破坏，复合地基全面破坏。刚性桩复合地基易发生这类破坏，特别是柔性基础下刚性桩复合地基更容易发生刺入破坏。若处在刚性基础下，则可能产生较大沉降，造成复合地基失效。

（2）鼓胀破坏模式。

鼓胀破坏如图 5-2（b）所示。在荷载作用下，当桩间土不能提供大的围压，以防止桩体发生过大的侧向变形，桩体易产生鼓胀破坏，并造成地基全面破坏。散体材料桩较易发生鼓胀破坏。在刚性基础和柔性基础（填土路堤）下，散体材料桩复合地基均可产生桩体鼓胀破坏。

（3）整体剪切破坏模式。

整体剪切破坏如图 5-2（c）所示。在荷载作用下，复合地基中桩体发生剪切破坏，进而引起复合地基全面破坏。低强度的柔性桩较容易产生桩体剪切破坏。刚性基础和柔性基础下，低强度柔性桩复合地基均可产生桩体剪切破坏，相对较柔性基础下发生的可能性更大。

（4）滑动剪切破坏模式。

滑动剪切破坏如图 5-2（d）所示。在荷载作用下，复合地基沿某一滑动面产生滑动破坏。滑动面上，桩体和土体均产生剪切破坏。各类复合地基都可能发生这类形式的破坏，柔性基础下的复合地基比刚性基础下的复合地基发生破坏的可能性更大。

在荷载作用下，一种复合地基的破坏究竟是什么模式，影响因素众多，主要因素有桩型、桩身强度、土层条件、桩长和荷载大小等，需要通过综合分析加以判断。

5.2.3　复合地基的三个设计参数

1. 面积置换率

若桩体的横截面积为 A_p，该桩体所承担的加固面积为 A，则复合地基面积置换率 m 为

$$m = \frac{A_p}{A} \tag{5-1}$$

桩体在平面的布置形式通常为正方形和等边三角形，也有布置成矩形的，如图 5-3 所示。

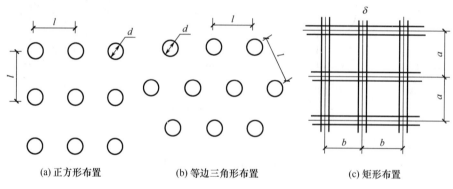

(a) 正方形布置　　　　(b) 等边三角形布置　　　　(c) 矩形布置

图 5-3　桩体平面布置形式

若桩体直径为 d，桩间距为 l，增强体纵横间距分别为 a 和 b，增强体宽度为 δ，则复合地基面积置换率分别如下。

（1）正方形布置时

$$m = \frac{\pi d^2}{4 l^2} \tag{5-2}$$

（2）等边三角形布置时

$$m = \frac{\pi d^2}{2\sqrt{3}\, l^2} \tag{5-3}$$

（3）矩形布置时

$$m = \frac{(a+b-d)\delta}{ab} \tag{5-4}$$

2. 桩土应力比

在荷载作用下，设复合地基桩体的竖向平均应力为 σ_p，桩间土的竖向平均应力为 σ_s，则桩土应力比 n 为

$$n = \frac{\sigma_p}{\sigma_s} \tag{5-5}$$

影响桩土应力比的因素有荷载水平、桩土模量比、复合地基面积置换率、原地基土强度、桩长、时间等。

3. 复合模量

复合地基加固区是由桩体和桩间土体两部分组成的，为非均质体。但在复合地基计算中，为了简化计算，通常将加固区转化为均质的复合土体，则与原非均质复合土体等价的均质复合土体的模量称为复合地基的复合模量。

5.2.4　复合地基承载力

复合地基承载力与天然地基承载力概念相同，指地基能够承受外荷载的能力。确定复合地基承载力有两种方法：一种是理论公式法，另一种是现场试验法。在进行复合地基方案初步设计时，需要采用理论公式计算；而在进行复合地基详细设计及检验复合地基效果时，则必须通过现场试验来确定。

复合求和法是计算复合地基承载力最常用的方法之一，它是将复合地基的承载力视为桩体承载力与桩间土承载力之和。在这种理论的基础上，又有两种计算方法，即应力复合法和变形复合法。

1. 应力复合法

对于散体材料增强体复合地基，宜采用应力复合法。该法认为复合地基在达到其承载力的时候，复合地基中的桩与桩间土也同时达到各自的承载力，因此复合地基承载力可用以下公式表示。

$$f_{spk} = m f_{pk} + (1-m) f_{sk} \tag{5-6}$$

$$f_{spk} = m \frac{R_a}{A_p} + (1-m) f_{sk} \tag{5-7}$$

$$f_{spk} = [1 + m(n-1)] f_{sk} \tag{5-8}$$

式中　m——面积置换率，$m = \dfrac{d^2}{d_e^2}$，其中等边三角形布桩时 $d_e = 1.05s$，正方形布桩时 $d_e = 1.13s$，矩形布桩时 $d_e = 1.13\sqrt{s_1 s_2}$；

s、s_1、s_2——分别为桩间距、纵向桩间距和横向桩间距；

d_e——一根桩分担的处理地基面积的等效圆直径（m）；

n——桩土应力比，可按地区经验确定；

f_{spk}——复合地基承载力特征值（kPa）；

f_{sk}——处理后桩间土承载力特征值（kPa），可按地区经验确定；

f_{pk}——桩体承载力特征值（kPa）；

R_a——单桩承载力特征值（kN）；

A_p——桩身截面积（m²）。

2. 变形复合法

变形复合法认为复合地基在达到其承载力时，复合地基中的桩与桩间土并不同时达到各自的承载力，桩的承载力全部发挥而土的承载力并未全部发挥；桩土应力与变形有关，因此采用变形复合法求解复合地基承载力的公式可表示为

$$f_{spk}=mf_{pk}+\beta(1-m)f_{sk} \qquad (5-9)$$

式中　β——考虑桩间土变形大小的承载力折减系数，$\beta=s_{sp}/s_s$，可根据地方经验确定。其中 s_{sp} 为与复合地基承载力 f_{spk} 对应的复合地基变形（m）；s_s 为与桩间土地基承载力 f_{sk} 对应的复合地基变形（m）。

需要特别注意的是，采用应力复合法得到的复合地基承载力总是大于天然地基的承载力的，但当采用变形复合法时，如 β 取值过小，就有可能会得到复合地基承载力小于天然地基承载力的结果，实际上是不可能出现这种情况的。因此，在采用变形复合法求解复合地基承载力时，折减系数 β 的取值要得当。

3. 计算参数取值

根据桩体复合地基的桩型不同，计算参数桩土应力比 n 和桩间土折减系数 β 的取值范围可参考如下。

（1）对于振冲碎石桩复合地基，宜采用应力复合法。桩土应力比在无实测资料时，n 取 2～4，原土强度低取大值，原土强度高取小值。

（2）对于石灰桩复合地基，采用应力复合法。桩土应力比在无实测资料时，n 取 2～3。

（3）对于水泥粉煤灰碎石桩（CFG 桩）复合地基，采用变形复合法。在无试验资料或经验时，桩间土折减系数 β 取值如下：当桩端未经修正的承载力特征值大于桩周土的承载力特征值的平均值时，可取 0.1～0.4，差值大时取低值；当桩端未经修正的承载力特征值小于桩周土的承载力特征值的平均值时，可取 0.5～0.9，差值大或设置褥垫层时均取高值。

（4）对于旋喷桩复合地基，采用变形复合法。在无试验资料时，桩间土折减系数 β 取 0～0.5，承载力低时取低值。

（5）桩间土承载力 f_{sk} 指的是处理后桩间土的承载力。当处理前后桩间土承载力变化不大时，可以直接采用勘察报告中给出的承载力值。表 5-3 所列为各种地基处理方法产生的桩间土承载力变化趋势，具体数值需要结合现场试验及经验确定。

表 5-3　各种地基处理方法产生的桩间土承载力变化趋势

桩类	土类	桩间土承载力变化
砂桩、碎石桩	砂土	增大
	粉土、杂填土、含粗粒较多的素填土	增大
	非饱和黏土	增大
	饱和黏土	减小

续表

桩类	土类	桩间土承载力变化
石灰桩	黄土、低含水率素填土	增大
	饱和软土	增大
水泥土搅拌桩	各类土	基本不变
CFG 桩	砂土、粉土、松散填土、粉质黏土、非饱和黏土	增大
	饱和黏土、淤泥质土	减小

5.2.5 复合地基变形计算

复合地基变形计算是复合地基设计计算的重要内容之一，用以保证复合地基变形满足建筑物的使用要求，即

$$s \leqslant s_a \tag{5-10}$$

式中　s——计算得到的建筑物使用期限内复合地基变形（m）；

　　　s_a——建筑物地基的变形允许值（m），《建筑地基基础设计规范》中对各类建筑的地基变形允许值做了规定。

在计算复合地基变形时，通常把复合地基沉降量分为两部分，如图 5-4 所示。图中 h 为复合地基加固区厚度，z 为荷载作用下地基压缩层厚度，加固区的压缩量为 s_1，加固区下卧层土体压缩量为 s_2。于是复合地基的总沉降量 s 表达式为

$$s = s_1 + s_2 \tag{5-11}$$

复合地基加固下卧层的变形计算一般采用分层总和法，复合地基加固区的变形计算可采用复合模量法、应力修正法和桩身压缩量法。下面分别对这三种方法做简要介绍。

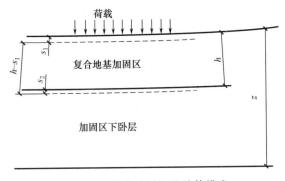

图 5-4　复合地基沉降计算模式

1. 复合模量法

复合模量法将复合地基加固区中桩体和桩间土视为一复合土体，采用复合压缩模量来评价复合土体的压缩性。采用分层总和法计算复合地基加固区变形量时，复合地基加固区土层变形量 s_1 表达式为

$$s_1 = \sum_{i=1}^{n} \frac{\Delta p_i}{E_{psi}} \cdot H_i \tag{5-12}$$

$$E_{psi} = mE_{pi} + (1-m)E_{si} \tag{5-13}$$

$$E_{psi} = [1 + m(n-1)]E_{si} \tag{5-14}$$

式中　s_1——复合地基加固区土层变形量（mm）；

　　　Δp_i——第 i 层复合土体上的附加应力增量（kPa）；

　　　E_{psi}——第 i 层复合地基的压缩模量（MPa）；

　　　H_i——第 i 层复合土体的厚度（m）；

　　　n——复合土体分层总数；

　E_{pi}、E_{si}——分别为第 i 层桩体、桩间土的压缩模量（MPa）；

其余符号含义同前。

2. 应力修正法

应力修正法又称沉降折减法。在应力修正法中，通过折减桩间土的压缩模量来计算复合地基加固区土层压缩量。根据桩间土承担的荷载 p_s 和桩间土的压缩模量，采用分层总和法计算。其计算公式为

$$s_1 = \sum_{i=1}^{n} \frac{\Delta p_{si}}{E_{psi}} \cdot H_i = \mu_s \cdot \sum_{i=1}^{n} \frac{\Delta p_i}{E_{si}} \cdot H_i = \mu_s s_0 \tag{5-15}$$

式中　Δp_i——未加固地基在荷载 P_s 作用下第 i 层土体上附加应力增量（kPa）；

　　　Δp_{si}——复合地基第 i 层桩间土中附加应力增量（kPa）；

　　　μ_s——应力修正系数，$\mu_s = \dfrac{1}{1+m\,(n-1)}$；

　　　s_0——天然地基在荷载 P_s 作用下相应土层厚度内的压缩量（mm）；

　　　H_i——第 i 层复合土体的厚度（m）；

其余符号含义同前。

3. 桩身压缩量法

在桩身压缩量法中，通过计算桩身的压缩量和桩底端刺入下卧层土体中的刺入量来计算复合地基加固区土层压缩量。在荷载作用下，桩身的压缩量 s_p 可用下式计算。

$$s_p = \frac{(\mu_p p + p_{bo})}{2E_p} \cdot l \tag{5-16}$$

式中　μ_p——应力修正系数，$\mu_p = \dfrac{1}{1+m\,(n-1)}$；

　　　E_p——桩身材料变形模量（MPa）；

　　　p——复合地基单位面积压力（kPa）；

　　　p_{bo}——桩端单位面积压力（kPa）；

　　　l——桩身长度（m），等于复合地基加固区厚度 h。

复合地基加固区土层压缩量表达为

$$s_1 = s_p + \Delta \tag{5-17}$$

式中　Δ——桩底端刺入下卧层土体中的刺入量，若该值为 0，则桩身压缩量就是复合地基加固区的土层压缩量。

在应力修正法中，由于桩土应力比 n 的影响因素很多，如桩土模量比、面积置换率、桩长、时间、荷载水平等均对其有较大影响，而且桩体和土体中应力并不是均匀的，测定困难，故而桩土应力比可认为是个平均值。在桩身压缩量法中，桩底端刺入下卧层土体中的刺入量 Δ 和桩端单位面积压力 p_{bo} 很难计算。比较而言，复合模量法使用较方便。由于复合地基加固区压缩量数值不是很大，特别是在深厚软土地基中，复合地基加固区沉降所占比重较小。实践表明，用上述三种方法计算复合地基加固区压缩量产生的误差对工程设计影响不大。

【例 5-1】 某水泥土搅拌桩，桩径 0.5m，桩长 6m，采用正方形布桩，桩距 1.2m，桩间土压缩模量为 3.5MPa，水泥土搅拌桩的桩身强度为 1.5MPa。试求复合地基压缩模量。

【解】 桩土面积置换率为

$$m = \frac{d^2}{d_e^2} = \frac{0.5^2}{(1.13 \times 1.2)^2} = 0.136$$

桩体压缩模量 $E_p = (100 \sim 200) f_{cu}$，此处可取 $E_p = 100 f_{cu} = 110 \times 1.5 = 165$ （MPa）。

则复合地基压缩模量为

$$E_{sp} = mE_p + (1-m)E_s = 0.136 \times 165 + (1-0.136) \times 3.5$$
$$\approx 22.4 + 3.0$$
$$= 25.4 \text{(MPa)}$$

5.2.6 《建筑地基处理技术规范》 （JGJ 79—2012） 的一般规定

（1）复合地基设计前，应在有代表性的场地上进行现场试验或试验性施工，以确定设计参数和处理效果。

（2）对散体材料复合地基增强体应进行密实度检验，对有黏结强度复合地基增强体应进行强度及桩体完整性检验。

（3）复合地基承载力的验收应进行复合地基静载荷试验，对有黏结强度复合地基增强体还应进行单桩静载荷试验。

（4）复合地基增强体单桩的桩位施工允许偏差：对条形基础的边桩，沿轴线方向应为桩径的 $\pm 1/4$，沿垂直轴线方向为桩径的 $\pm 1/6$，其他情况桩位的施工允许偏差为桩径的 $\pm 40\%$；桩身垂直度允许偏差应为 $\pm 1\%$。

（5）复合地基承载力特征值应通过现场复合地基载荷试验确定，或采用增强体静载荷试验结果和周边土的承载力特征值结合经验确定。初步设计时，可按以下公式估算承载力。

① 对散体材料增强体复合地基，计算公式为

$$f_{spk} = [1 + m(n-1)]f_{sk} \tag{5-18}$$

式中各符号含义同前。

② 对有黏结强度材料增强体复合地基，计算公式为

$$f_{spk} = \lambda m \frac{R_a}{A_p} + \beta(1-m)f_{sk} \tag{5-19}$$

式中 λ——单桩承载力发挥系数，按当地经验确定；

β——桩间土承载力发挥系数，按地区经验取值。

③ 增强体单桩竖向承载力特征值可按下式估算。

$$R_a = u_p \sum_{i=1}^{n} q_{si} l_i + \alpha q_p A_p \qquad (5-20)$$

式中　R_a——单桩竖向抗压承载力特征值（kN）；

　　　u_p——桩的周长（m）；

　　　n——桩长范围内所划分的土层数；

　　　q_{si}——桩周第 i 层土的侧阻力特征值（kPa），应按地区经验确定；

　　　l_i——桩长范围内第 i 层土的厚度（m）；

　　　α——桩端土端阻力发挥系数，应按地区经验确定，可取 1.0；

　　　q_p——桩端土端阻力特征值（kPa），可按地区经验确定，对于水泥搅拌桩、旋喷桩，应取未经修正的桩端地基土承载力特征值。

（6）CFG 桩复合地基增强体桩身强度应满足式（5-21）的要求。当复合地基承载力进行基础埋深的深度修正时，增强体桩身强度还应满足式（5-22）的要求。

$$f_{cu} \geqslant 4 \frac{\lambda R_a}{A_p} \qquad (5-21)$$

$$f_{cu} \geqslant 4 \frac{\lambda R_a}{A_p} \left[1 + \frac{\gamma_m (d+0.5)}{f_{spa}} \right] \qquad (5-22)$$

式中　f_{cu}——桩体试块（边长 150mm 立方体）标准养护 28d 的立方体抗压强度平均值（kPa）；

　　　γ_m——基础底面以上土的加权平均重度，地下水位以下取浮重度；

　　　d——基础埋置深度（m）；

　　　f_{spa}——深度修正后的复合地基承载力特征值（kPa）；

　　　λ——单桩承载力发挥系数，可按地区经验取值。

（7）复合地基的沉降变形计算应符合《建筑地基基础设计规范》的有关规定。复合地基沉降变形计算采用复合模量法，复合土层的分层原则与天然地基相同，各复合土层的压缩模量等于该天然地基压缩模量的 ξ 倍，ξ 值可按下式计算。

$$\xi = \frac{f_{spk}}{f_{ak}} \qquad (5-23)$$

（8）复合地基的沉降计算经验系数 ψ_s 可根据地区沉降观测资料统计确定，无经验资料时，可采用表 5-4 的数值。

表 5-4　沉降计算经验系数 ψ_s 值

$\overline{E}_s$/MPa	4.0	7.0	15.0	20.0	35.0
ψ_s	1.0	0.7	0.4	0.25	0.2

表 5-4 中，$\overline{E}_s$ 为变形计算深度范围内压缩模量的当量值，应按下式计算。

$$\overline{E}_s = \frac{\sum\limits_{i=1}^{n} A_i + \sum\limits_{j=1}^{m} A_j}{\sum\limits_{i=1}^{n} \dfrac{A_i}{E_{spi}} + \sum\limits_{j=1}^{m} \dfrac{A_j}{E_{sj}}} \qquad (5-24)$$

5.3 换土垫层法

5.3.1 加固机理和适用范围

当建筑物基础下的持力层比较软弱，不能满足上部结构荷载对地基的要求，而且软弱土层厚度又不是很大（一般小于 5m）时，常采用换土垫层法来处理软弱地基。将基础下一定范围内的软弱土层部分或全部挖去，然后回填以强度较大的砂（石），并压（夯、振）实至要求的密实度为止，这种处理地基的方法即称为换土垫层法。

换土垫层法适用于淤泥、淤泥质土、湿陷性黄土、素填土、杂填土地基，以及暗沟、暗塘等浅层软弱地基及不均匀地基的处理，尤其适于浅层地基处理，处理深度可达 2～3m。但在用于消除黄土湿陷性时，还应符合现行《湿陷性黄土地区建筑标准》 （GB 50025—2018）中的有关规定；在采用大面积填土作为建筑地基时，应符合《建筑地基基础设计规范》的有关规定。换填时，应根据建筑体形、结构特点、荷载性质和地质条件，并结合施工机械设备与当地材料来源等综合分析，进行换土垫层的设计，选择换填材料和夯压施工方法。

5.3.2 设计

换土垫层法加固地基设计，包括垫层材料的选用、铺设范围和厚度的确定、垫层承载力和沉降计算等内容。对于垫层，既要有足够的厚度来置换可能被剪切破坏的软弱土层，又要有足够的宽度以防止垫层向两侧挤出。对于有排水要求的垫层来说，还需要形成一个排水面，促进软弱土层的固结，提高地基土强度，以满足上部荷载的要求。垫层设计不但要满足建筑物对地基变形和稳定性的要求，而且应符合经济、合理的原则，根据建筑物体形、结构特点、荷载性质、岩土工程条件、施工机械设备及填料性质和来源等综合分析，进行换土垫层的设计和施工。

1. 垫层厚度

根据换土垫层法的加固原理，垫层厚度必须满足如下要求：当上部荷载通过垫层按一定的扩散角传至软弱下卧层时，该软弱下卧层顶面所受的自重力与附加应力之和不得大于同一标高处软弱土层的地基承载力特征值，如图 5-5 所示。其表达式为

$$p_{cz} + p_z \leqslant f_z \tag{5-25}$$

式中 p_{cz}——软弱下卧层顶面处的自重应力（kPa）；

f_z——软弱下卧层顶面处经深度修正后的地基承载力特征值（kPa）；

p_z——软弱下卧层顶面处的附加应力，可以按双层地基中附加应力分布进行计算。

对于条形基础，计算公式为

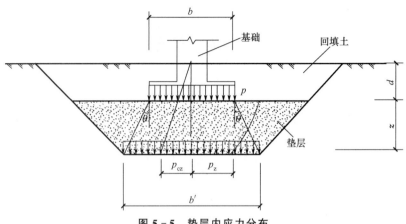

图 5-5 垫层内应力分布

$$p_z = \frac{b(p-\gamma_0 d)}{b+2z\tan\theta} \qquad (5-26)$$

对于矩形基础，计算公式为

$$p_z = \frac{bl(p-\gamma_0 d)}{(b+2z\tan\theta)(l+2z\tan\theta)} \qquad (5-27)$$

式中 b——矩形基础和条形基础底的宽度（m）；

l——矩形基础的长度（m）；

z——垫层厚度（m）；

p——基础底面压力（kPa）；

γ_0——基础底面以上土的加权平均重度（kN/m³）；

θ——地基压力扩散角（°），可按表 5-5 取值。

表 5-5 地基压力扩散角 θ 值

z/b	换填材料		
	中砂、粗砂、砾砂、圆砾、角砾、卵石、碎石	黏性土和粉土 $(8<I_p<14)$	灰土
0.25	20°	6°	30°
≥0.5	30°	23°	

注：① $z/b<0.25$ 时，除了灰土取 $\theta=30°$，其余材料取 $\theta=0°$；必要时，宜通过试验确定。

② 当 $0.25<z/b<0.5$ 时，θ 值可以内插求得。

在设计计算时，先根据垫层的地基承载力特征值确定出基础宽度，再根据软弱下卧层承载力特征值确定垫层厚度。一般情况下，垫层厚度不宜小于 0.5m，也不宜大于 3m。垫层太厚，成本高且施工较困难，太薄（＜0.5m）则换土垫层作用不显著。

2. 垫层宽度

垫层的宽度除应满足应力扩散要求外，还应防止垫层向两边挤出。如果垫层宽度不足，四周侧面土质又较软弱时，垫层就有可能部分挤入侧面软弱土中，使基础沉降增大。宽度通常可按扩散角法计算，如条形基础的垫层宽度为

$$b'=b+2z\tan\theta \tag{5-28}$$

扩散角 θ 仍按表 5-5 选取。底宽确定后，再考虑基坑开挖期间保持边坡稳定，按当地经验的坡度放坡，即得垫层的设计断面。

整片垫层的宽度可根据施工的要求适当放宽。垫层顶面每边超出基础底边不宜小于 300mm。

3. 沉降验算

垫层断面确定后，对于比较重要的建筑物，要求进行地基沉降验算。地基沉降量 s 由垫层自身变形 s_s 和下卧层变形 s_u 组成，即

$$s=s_s+s_u \tag{5-29}$$

一般垫层地基的沉降计算中仅考虑下卧层的变形 s_u。对于沉降要求严格的或厚度较大的垫层，应计算垫层自身的变形 s_s。垫层下卧层的变形可按《建筑地基基础设计规范》的有关规定来计算。垫层的模量应根据试验或当地经验确定，在无试验资料或经验时，可参照表 5-6 选用。

表 5-6　垫层模量 单位：MPa

垫层材料	模量	
	压缩模量 E_s	变形模量 E_0
粉煤灰	8~20	
砂	20~30	
碎石、卵石	30~50	
矿渣		35~70

4. 垫层承载力

垫层承载力宜通过现场载荷试验确定。当无试验资料时，可按表 5-7 选用，并应进行下卧层承载力验算。

表 5-7　各种垫层的承载力

施工方法	换填材料类别	压实系数 λ_c	承载力特征值 f_{ak}/kPa
碾压、振密或重锤夯实	碎石、卵石	0.94~0.97	200~300
	砂夹石，其中碎石、卵石占全重的 30%~50%		200~250
	土夹石，其中碎石、卵石占全重的 30%~50%		150~200
	中砂、粗砂、砾砂、圆砾、角砾		150~200
	粉质黏土		130~180
	灰土	0.93~0.95	200~250
	粉煤灰	0.90~0.95	120~150
	石屑	0.94~0.97	150~200
	矿渣	—	200~300

注：① 压实系数小的垫层，承载力标准值取低值，反之取高值；原状矿渣垫层取低值，分级矿渣或混合矿渣垫层取高值。

② 采用轻型击实试验时，压实系数 λ_c 宜取高值；采用重型击实试验时，压实系数 λ_c 宜取低值。重锤夯实土的承载力标准值取低值，灰土取高值。

③ 矿渣垫层的压实指标为最后两遍压实的压陷差小于 2mm。

④ 压实系数 λ_c 为土控制干密度 ρ_d 与最大干密度 $\rho_{d,max}$ 的比值，土的最大干密度宜采用击实试验确定，碎石或卵石的最大干密度可取 $(2.0\sim2.2)\times10^3\,kg/m^3$。

5. 垫层可选用的材料及要求

(1) 砂（石）：宜选用碎石、卵石、角砾、圆砾、砾砂、粗砂、中砂或石屑（粒径小于 2mm 的部分不应超过总重的 45%），应级配良好，不含植物残体、垃圾等杂质。当使用粉细砂或石粉（粒径小于 0.075mm 的部分不超过总重的 9%）时，应掺入不少于总重 30% 的碎石或卵石。砂石的最大粒径不宜大于 50mm。对湿陷性黄土地基垫层，不得选用砂石等透水材料。

(2) 粉质黏土：土料中有机质含量不得超过 5%，也不得含有冻土或膨胀土。当含有碎石时，其粒径不宜大于 50mm。用于湿陷性黄土或膨胀土地基的粉质黏土垫层，土料中不得夹有砖、瓦和石块。

(3) 灰土：石灰与土料的体积配合比宜为 2:8 或 3:7。土料宜用粉质黏土，不宜使用块状黏土和砂质粉土，不得含有松软杂质，并应过筛，其颗粒不得大于 15mm。石灰宜用新鲜的消石灰，其颗粒不得大于 5mm。

(4) 粉煤灰：可用于道路、堆场和小型建（构）筑物等的换填垫层。粉煤灰垫层上宜覆上 0.3~0.5m 的黏性土。粉煤灰垫层中采用掺加剂时，应通过试验确定其性能及适用条件。作为建筑物垫层的粉煤灰，应符合有关放射安全标准的要求。粉煤灰垫层中的金属构件、管件宜采用适当的防腐措施。大量填筑粉煤灰时，应考虑对地下水和土壤的环境影响。

(5) 矿渣：矿渣垫层主要用于堆场、道路和地坪，也可用于小型建（构）筑物地基。有机质及含泥总量不超过 5%。设计、施工前，必须对选用的矿渣进行试验，确认其性能稳定并符合安全规定后方可使用。

(6) 其他工业废渣：在有可靠试验结果或成功工程经验时，质地坚硬、性能稳定、无腐蚀性及无放射性危害的工业废渣等均可用于换填垫层，被选用工业废渣的粒径、级配和施工工艺等应通过试验确定。

(7) 土工合成材料：由分层铺设的土工合成材料与地基土构成加筋垫层。所用土工合成材料的品种与性能及填料的土类，应根据工程特征和地基土条件，按照现行国家标准或者行业标准的要求，通过设计并进行现场试验后确定。

5.3.3 施工方法与质量检验

换土垫层法施工包括开挖和铺填垫层两个过程。

开挖土层时，应注意避免坑底土层扰动，应采用干挖土法施工。

铺设垫层应根据不同的换填材料选用不同的施工机械。垫层需分层铺填、分层密实。砂石垫层宜采用振动碾碾压密实；粉煤灰垫层宜采用平碾、振动碾、平板振动器等碾压密实；灰土宜采用平碾、振动碾等碾压密实。

垫层法施工质量检验应分层进行。每层铺填密实后进行质量检验，经检验符合设计要求后才能进行下一层铺填施工。

对于灰土、粉煤灰和砂石垫层的施工质量，可采用环刀法、贯入仪、静力触探、轻型动力触探或标准贯入试验等方法进行质量检验；对于砂石、矿渣垫层，可用重型动力触探方法进行质量检验。

【例 5 - 2】　某砖混结构办公楼，承重墙下为条形基础，宽度 $b=1.4$m，埋深 $d=1.5$m；承重墙传至基础的荷载和基础回填土重合计 $F+G=250$kN/m；地表为 1.8m 厚的杂填土，重度 $\gamma=16$kN/m³，下面为淤泥层，含水率 $w=50\%$，$\gamma_{sat}=19$kN/m³，地基承载力特征值 $f_{ak}=80$kPa，地下水距离地面 1.5m。试设计该基础的垫层。

【解】（1）垫层材料选用碎石，初设垫层厚度 $z=1.8$m，$z/b=1.8/1.4=1.29>0.5$，查表 5 - 5 得垫层的应力扩散角 $\theta=30°$。

（2）垫层厚度的验算。根据题意，基础底面平均压力为

$$p=(F+G)/b=250/1.4=178.6(kPa)$$

基础底面处的自重应力为

$$\sigma_c=16\times1.5=24(kPa)$$

垫层底面处的附加应力为

$$\begin{aligned}\sigma_z&=\frac{b(p-\sigma_c)}{b+2z\tan\theta}\\&=1.4(178.6-24)/(1.4+2\times1.8\times\tan30°)\\&\approx62.2(kPa)\end{aligned}$$

垫层底面处的自重应力为

$$\sigma_{cz}=1.5\times16+1.8\times(19-10)=40.2(kPa)$$

软弱下卧层顶面处的总应力为

$$\sigma_z+\sigma_{cz}=102.4kPa;$$

软弱下卧层顶面以上土层的加权平均重度为

$$\gamma_0=[16\times1.5+(19-10)\times1.8]/(1.5+1.8)\approx12.18(kPa)$$

则经过深度修正得到的地基承载力特征值为

$$\begin{aligned}f_{az}&=f_{ak}+\eta_d\times\gamma_0\times(d-0.5)\\&=80+1.0\times12.18\times(3.3-0.5)\\&\approx114.1(kPa)\end{aligned}$$

满足强度要求，故垫层厚度选定 1.8m，可满足承载力要求。

（3）垫层宽度 b' 的确定。计算得

$$b'\geqslant b+2z\tan\theta=1.4+2\times1.8\times\tan30°=3.48(m)$$

取 $b'=3.6$m，按照 1：1.5 坡度进行边坡开挖。

5.4　排水固结法

5.4.1　概述

排水固结法是在建筑物建造前，对地下水位以下的天然地基设置竖向和水平向排水

体,通过加载系统(如堆载、真空预压或联合预压)在地基土中产生水头差,使土体中的孔隙水排出,土体发生固结,使其压缩性减小、强度提高。该方法常用于解决软黏土地基的沉降和稳定性问题,让地基沉降在加载期间基本完成或大部完成,使建筑(构)物在使用期间不致产生过大的沉降和沉降差,同时可增加地基土的抗剪强度,从而提高地基的承载力和稳定性。

排水固结法的处理设施由排水系统和加压系统两部分共同组成,如图 5-6 所示。

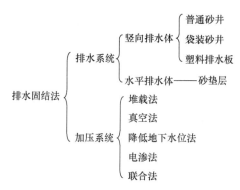

图 5-6　排水固结法的系统组成

排水系统主要目的是改变地基原有的排水条件,增加孔隙水排出的途径、缩短排水距离,其由水平排水体和竖向排水体构成。水平向排水体一般采用砂垫层,也有砂垫层加土工合成材料垫层复合形式;竖向排水体常有普通砂井、袋装砂井和塑料排水板等形式。加压系统的目的是在地基土中产生水力梯度,从而使地基土中的自由水排出、孔隙比减小,其机理主要包括堆载法、真空法、降低地下水位法、电渗法和联合法。

排水系统和加压系统在加固过程中均起重要作用。如果没有加压系统,孔隙水没有压差便无法自然排出,地基也就得不到加固;如果只增加固结压力,不缩短土层的排水距离,则不能在预压期间尽快地完成设计所要求的沉降量,强度不能及时提高。所以,在设计时上述两个系统总是联合考虑。

排水固结法适用于处理各类淤泥、淤泥质土及冲填土等饱和黏性土地基。砂井法特别适合于存在连续薄砂层的地基。但砂井只能加速主固结而不能减少次固结,对有机质土和泥炭土等次固结变形量大的土,不宜只采用砂井法。为克服次固结的影响,可利用超载的方法。真空预压法适用于能在加固区形成(包括采取措施后形成)稳定负压边界条件的软土地基。降低地下水位法、真空预压法和电渗法由于不增加剪应力,地基不会产生剪切破坏,所以适用于很软弱的黏土地基。

5.4.2　加固机理

1. 堆载预压法

堆载预压是指在饱和软土地基上施加荷载后,随着孔隙水缓慢排出,孔隙体积逐渐减小,地基发生固结变形,同时随着超静孔隙水压力逐渐消散,有效应力逐渐提高,地基土强度也就逐渐提高。

　　排水固结法减小沉降量、增大承载力的机理如图 5-7 所示。假设地基中的某点竖向固结压力为 σ_0' 时，天然孔隙比为 e_0，即在 $e-\sigma_c'$ 曲线上对应于点 a；当压力增加 $\Delta\sigma'$ 后，其孔隙比减小 Δe，对应于曲线上的点 c，曲线 abc 称为压缩曲线；与之相应，在 $\tau-\sigma_c'$ 曲线中，抗剪强度成比例增长，由点 a' 提高到点 c'。所以土体在受压固结时，一方面孔隙比减少了，另一方面抗剪强度也得到提高。如果从点 c 卸除固结压力 $\Delta\sigma'$，则土样沿着 chf 曲线回弹至点 f，由于该回弹曲线在压缩曲线的下方，因此卸载回弹后该位置土体虽然与初始状态有相同的竖向固结压力 σ_0'，但孔隙比却已减小，从强度曲线上可以看出，强度也有一定程度的提高。

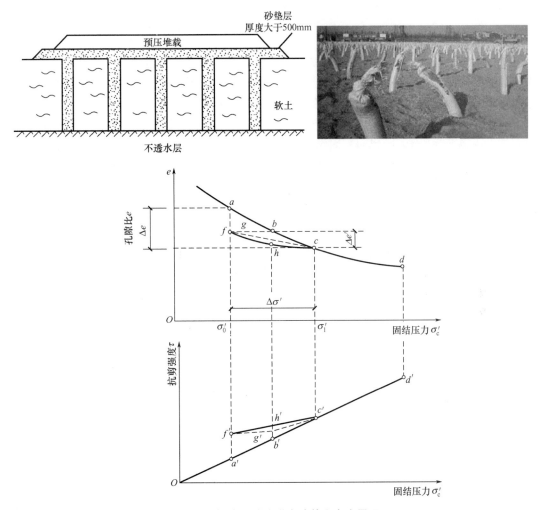

图 5-7　排水固结法增大地基土密度原理

　　经过上述过程后，地基达到超固结状态。如果从 f 点再施加相同的加载量 $\Delta\sigma'$，土样将沿虚线（再压缩曲线）fgc 再压缩至 c，此间孔隙比减小值为 $\Delta e'$，$\Delta e'$ 比 Δe 小得多。这说明，如在建筑场地先施加一个与上部建筑物相同的压力进行预压，使土层固结（相当于压缩曲线从点 a 变化到点 c），然后卸载（相当于回弹曲线上从点 c 变化到点 f），再建造建筑物（相当于再压缩曲线上从点 f 变化到点 c），这样建筑物所引起的沉降可大幅度减小。如果预压荷载大于建筑荷载，即所谓超载预压，则效果更好。图 5-8 所示为等效预压法的沉降曲线，图 5-9 所示为超载预压法的沉降曲线。

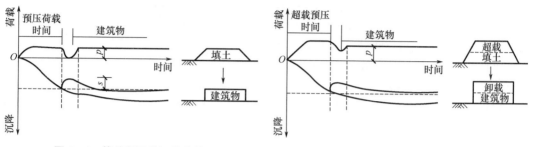

图 5-8 等效预压法沉降曲线　　图 5-9 超载预压法沉降曲线

排水固结效果与地基土的排水条件有关。依据固结理论，在达到某一固结度时，地基固结所需时间与排水距离的平方成正比。有效缩短最大排水距离，可以加速土体固结，大大缩短地基土固结所需的时间。例如在一维固结条件下，设地基最大排水距离为 10m，在某一荷载作用下，达到某一固结度的排水固结时间需要 10 年，则当其他条件不变时，若最大排水距离变为 1m，达到同一固结度的排水固结时间仅需要 1～2 个月。因此，采用排水固结法加固地基时，为了加速地基固结、缩短加载时间，一般通过在地基中设置排水通道来缩短排水距离，以达到加速地基固结的目的，如图 5-10 所示。

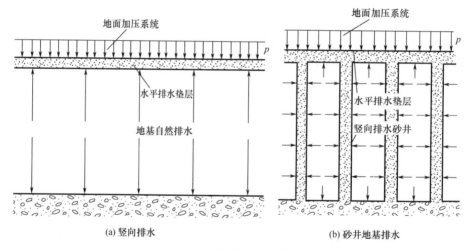

(a) 竖向排水　　　　　　　　　　(b) 砂井地基排水

图 5-10 排水法原理

综上所述，堆载预压法就是通过堆载预压，使原来正常固结黏土层变为超固结土，而超固结土与正常固结土相比，具有压缩性小、强度高的特点，从而可达到减小沉降和提高承载力的目的。

2. 真空预压法

真空预压法与堆载预压法相比，不同的是加压系统，两者的排水系统基本相同。真空预压法是通过在砂垫层和竖向排水体中形成负压区，在土体内部与排水体间形成压差，迫使地基土中的水排出，使地基土体产生固结。

如图 5-11 所示，真空预压法的工艺过程如下：首先在软土地基表面铺设砂垫层，然后埋设垂直排水管道，形成排水系统。在地表面铺设砂垫层时，在砂垫层中埋设排水管道，并与抽真空装置（如射水泵）连接，形成抽气抽水系统；在砂垫层上铺设不透气封闭膜，并在加固区四周将薄膜埋入地基土中一定深度，以满足不漏水不漏气的密封要求。最后通过真空装置进行抽水抽气，使其形成真空，在地表砂垫层及竖向排水通道内逐步形成负压区。薄膜下的真空度一般达 80kPa，最大可达 93kPa。通过持续不断地抽气抽水，土体在压差作用下土中的孔隙水不断排出，使土体产生固结。

(a) 实物图

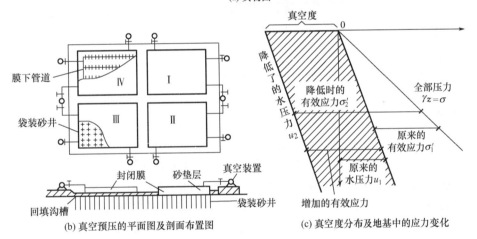

(b) 真空预压的平面图及剖面布置图　　　(c) 真空度分布及地基中的应力变化

图 5-11　真空预压法示意图

真空预压法加固地基原理，是土体在薄膜内外压差 $p_a - p_v$ 作用下排水固结，这里 p_a 为大气压，p_v 为砂垫层中气压。地基土体除了在压差作用下固结外，抽水抽气形成地下水位下降，也促使了地基土体排水固结。

在真空预压过程中，地基土体中有效应力不断增加，地基不存在失稳问题；在地基土体固结过程中，地基产生沉降，同时产生水平位移。与堆载预压法不同，在真空预压过程中地基土体水平位移一开始就向加固中心移动。由于不存在失稳问题，真空预压法的抽真空度可一步到位，以缩短工期。

3. 降低地下水位法

降低地下水位法是指利用井点抽水来降低地下水位，增大土的有效自重应力，从而使土体得到加固。与堆载预压法相比，降低地下水位法可使土中孔隙水压力降低，但不会使土体发生破坏，不需要控制加荷速率，可以一次降水至预定深度。该法的优点是施工简单、费用低，缺点是降低地下水位可能会引起邻近建筑物的附加差异沉降。

降低地下水位法最适合于砂性土或软黏土层中存在砂或粉土的情况。对于深厚的软黏土层，为加速其固结，往往设置砂井并采用井点法降低地下水位。当用真空装置降水时，地下水位大约能降低 5～6m。

根据土层的渗透性选择降水方法，可参见表 5-8。同时还要根据多种因素，如地基土类型、透水层位置、厚度、水的补给源、井点布置形状、水位降深、粉粒及黏土的含量等进行综合考虑。

表 5-8 各类井点的适用范围

各类井点	土层渗透系数/(m/d)	降低水位深度/m
单层轻型井点	0.1～50	3～6
多层轻型井点	0.1～50	6～12
喷射井点	0.1～2	8～20
电渗井点	<0.1	根据选用的井点确定
管井井点	20～200	3～15
深井井点	10～250	>15

4. 电渗法

在土中插入金属电极并通以直流电，由于直流电场作用，土中水分从阳极流向阴极，这种现象称为电渗；如将水在阴极排出，在阳极不予补充的情况下，土就会产生固结，引起土层压缩，此即为电渗法。电渗法应用于饱和粉土和粉质黏土、正常固结黏土及孔隙水电解浓度低的情况下是经济和有效的。工程上可利用电渗法降低黏土中的含水率和地下水位来提高土坡和基坑边坡的稳定性，利用电渗法，还具有加速堆载预压饱和黏土地基固结和提高地基强度等作用。

5.4.3 排水固结法理论计算

排水固结法的设计，实质上是根据上部结构荷载的大小、地基土的性质及工期要求，合理安排排水系统和加压系统，使地基在受压过程中快速排水固结，提高地基承载力，以满足逐渐加载条件下地基稳定性的要求，并加速地基的固结沉降，缩短预压时间。

其主要设计计算项目，包括排水系统设计（包括竖向排水体的直径、间距、深度和排列方式）、加压系统设计（包括加载量、预压时间等）、地基沉降验算、地基承载力验算和监测系统设计（包括监测内容、监测方法、监测点布置、监测标准等）。

1. 地基固结度计算

地基固结度计算是砂井地基设计中的一个重要内容。通过地基固结度计算，可推算地基强度增长，加荷计划和各个时段的沉降量。

砂井地基固结理论首先假设荷载是瞬时施加的，然后根据实际加荷过程来修正计算。

（1）瞬间加荷条件下砂井地基固结度的计算。

砂井地基固结度计算是建立在太沙基固结理论和巴伦固结理论基础上的。如果软黏土地基为单面排水时，则每个砂井的渗透途径如图 5-12 所示。在一定压力作用下，土层中的固结渗流水沿径向和竖向流动，所以砂井地基属于三维固结问题。若以圆柱坐标表示，设任意点（r、z）处的孔隙水压力为 u，则固结微分方程为

$$\frac{\partial u}{\partial t} = C_v \frac{\partial^2 u}{\partial z^2} + C_h \left(\frac{1}{r} \cdot \frac{\partial u}{\partial r} + \frac{\partial^2 u}{\partial r^2} \right) \tag{5-30}$$

式中　　t——时间；

　　　　C_v——地基土的竖向固结系数，$C_v = \dfrac{k_v (1+e)}{a \gamma_w}$；

　　　　C_h——地基土的水平向固结系数，$C_h = \dfrac{k_h (1+e)}{a \gamma_w}$；

　　k_v，k_h——分别为竖向和水平向渗透系数；

　　　　γ_w——水的重度、土的压缩系数和初始孔隙比，$\gamma_w = 10\text{kN/m}^3$。

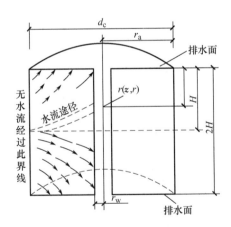

图 5-12　砂井地基渗流模型

对砂井固结理论做如下解释。

① 每个砂井的有效影响范围为一直径为 d_e 的圆柱体，圆柱体内的土体中水向该砂井渗流（图 5-12），圆柱体边界处无渗流，即处理为非排水边界。

② 砂井地基表面受连续均布荷载作用，地基中的附加应力分布不随深度而变化，故地基土仅产生竖向的压缩变形。

③ 荷载是一次骤然施加的，加荷开始时，外荷载全部由孔隙水压力负担。

④ 在整个压密过程中，地基土的渗透系数保持不变。

⑤ 井壁土面受砂井施工所引起的涂抹作用（可使渗透性发生变化）的影响不计。

若不考虑涂沫和井阻对固结的影响，称为理想井。当排水井采用挤土方式施工时，应

考虑涂沫对土体固结的影响。井阻作用是指由于砂井中的材料对水的垂直渗流有阻力，使砂井内不同深度的孔压并不等于大气压（或等于 0），这种现象即称"井阻"；涂沫作用是指在砂井打设过程中，井周黏土层被扰动，令其渗透性减小，从而形成所谓的"涂沫区"。

当为理想井时，式（5-30）可分为竖向固结和径向固结的如下两个微分方程。

$$\frac{\partial u_z}{\partial t} = C_v \frac{\partial^2 u_z}{\partial z^2} \tag{5-31}$$

$$\frac{\partial u_r}{\partial t} = C_h \left(\frac{\partial^2 u_r}{\partial r^2} + \frac{1}{r}\frac{\partial u_r}{\partial r} \right) \tag{5-32}$$

根据起始条件和边界条件，可分别解得竖向排水的孔隙水压力分量 u_z 和径向排水固结的孔隙水压力分量 u_r。N. 卡里罗理论证明，任意一点的孔隙水压力有如下关系。

$$\frac{u}{u_0} = \frac{u_r}{u_0} \cdot \frac{u_z}{u_0} \tag{5-33}$$

$$\overline{U}_{rz} = 1 - (1 - \overline{U}_r)(1 - \overline{U}_z) \tag{5-34}$$

式中　u_0——起始的孔隙水压力；

$\overline{U}_{rz}$——每个砂井影响范围内圆柱的平均固结度；

$\overline{U}_r$、$\overline{U}_z$——分别为径向排水和竖向排水的平均固结度。

① 竖向排水平均固结度 $\overline{U}_z$。

根据一维固结理论，对于一次性骤然施加荷载，且孔隙水仅沿竖向渗透的地基，其竖向平均固结度可按下式计算。

$$\overline{U}_z = 1 - \frac{8}{\pi^2} \sum_{m=1}^{m=\infty} \frac{1}{m^2} e^{-\frac{m^2\pi^2}{4}T_v} \tag{5-35}$$

式中　m——正奇数（1，3，5，…）；

$\overline{U}_z$——竖向排水平均固结度，当 $\overline{U}_z > 30\%$ 时，可采用下式计算：

$$\overline{U}_z = 1 - \frac{8}{\pi^2} e^{-\frac{\pi^2 T_v}{4}} \tag{5-36}$$

e——自然对数的底数，可取 e = 2.718；

T_v——竖向固结时间因数，$T_v = C_v \cdot \dfrac{t}{H^2}$；

t——固结时间，当为线性加载时，从加荷历时一半起算；

H——土层的竖向排水距离，单面排水时 H 为土层厚度，双面排水时 H 为土层厚度的一半。

② 径向排水平均固结度 $\overline{U}_r$。

巴伦（Barron）曾分别在自由应变和等应变两种条件下求得 $\overline{U}_r$ 的解答，但以等应变求解比较简单，其结果为

$$\overline{U}_r = 1 - e^{-\frac{8T_h}{F}} \tag{5-37}$$

$$F = \frac{n^2}{n^2-1}\ln(n) - \frac{3n^2-1}{4n^2} \tag{5-38}$$

式中　T_h——径向固结的时间因数，无量纲，$T_h = \dfrac{C_h t}{d_e^2}$；

F——与 n 有关的系数；

　n——井径比，$n=d_e/d_w$；

d_w——砂井直径。

③ 总平均固结度 $\overline{U}_{rz}$。

将式（5-36）和式（5-37）代入式（5-34）后，可得 $\overline{U}_{rz} > 30\%$ 时的砂井平均固结度 $\overline{U}_{rz}$ 为

$$\overline{U}_{rz}=1-\frac{8}{\alpha}\cdot e^{-\beta t} \tag{5-39}$$

$$\alpha=\frac{8}{\pi^2} \tag{5-40}$$

$$\beta=\frac{8C_h}{Fd_e^2}+\frac{\pi^2 C_v}{4H^2} \tag{5-41}$$

$$t=\frac{1}{\beta}\ln\frac{8}{\pi^2(1-\overline{U}_t)} \tag{5-42}$$

当砂井间距较密或软弱土层很厚或 $C_h > C_v$ 时，竖向平均固结度 $\overline{U}_z$ 的影响很小，常可忽略不计，平均固结度仅按径向固结度计算。

随着砂井、袋装砂井及塑料排水板的广泛使用，人们逐渐意识到井阻和涂抹作用对固结效果的影响是不可忽视的。考虑涂抹和井阻作用时，式（5-41）中的 F 采用下式计算。

$$F=F_n+F_s+F_r \tag{5-43}$$

$$F_n=\ln(n)-\frac{3}{4}\quad(n\geqslant 15) \tag{5-44}$$

$$F_s=\left[\frac{k_h}{k_s}-1\right]\ln s \tag{5-45}$$

$$F_r=\frac{\pi^2 L^2}{4}\cdot\frac{k_h}{q_w} \tag{5-46}$$

$$q_w=\frac{1}{4}\pi d_w^2 k_w \tag{5-47}$$

式中　　q_w——砂井的纵向通水量（cm^3/s）；

k_w、k_h、k_s——分别为排水砂井砂、地基土和砂井涂抹土层的渗透系数（cm/s）；

　　　s——涂抹比，即砂井涂抹后的直径 d_s 与砂井直径 d_w 之比；

　　　n——井径比，$n=\dfrac{d_e}{d_w}$；

　　　L——砂井的长度。

（2）地基固结度计算修正。

① 多级等速加荷时地基固结度的计算。

在上述地基固结度计算中，假设荷载是一次骤然施加的，而实际上荷载是分级逐渐施加的，以保证地基的稳定性，因此需根据加荷进度对固结度计算进行修正。对多级等速加荷，如图 5-13 所示，其修正公式如下。

$$\overline{U}_t'=\sum_{i=1}^n\overline{U}_{rz\left(t-\frac{T_{i-1}+T_i}{2}\right)}\frac{\Delta p_i}{\sum\Delta p} \tag{5-48}$$

式中 $\overline{U}'_t$——多级等速加荷下，t 时刻修正后的平均固结度（%）；

$\overline{U}_{rz}$——瞬时加荷的总平均固结度（%）；

T_{i-1}，T_i——分别为每级等速加荷的起点和终点时间（从时间 0 点起算），当计算某一级荷载加荷期间 t 时刻的固结度时，则 T_i 改为 t；

Δp_i——第 i 级荷载增量，如计算加载过程中某一刻 t 的固结度时，则用该时刻相对应的荷载增量。

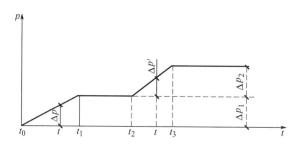

图 5-13　分级加荷条件下地基平均固结度计算

② 砂井未打穿受压软弱土层时的地基固结度计算。

在实际工程中，遇到的软弱土层往往较厚，而砂井又没有穿过整个受压土层，如图 5-14 所示。

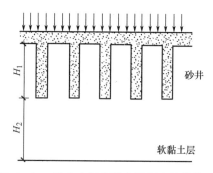

图 5-14　砂井未打穿整个受压土层的情况

在这种情况下，地基固结度计算可分两部分，砂井深度范围内地基的平均固结度按式（5-39）计算，为简化起见，砂井以下部分的受压土层可按竖向固结式（5-35）计算，而整个受压土层的平均固结度 $\overline{U}$ 可按下式计算。

$$\overline{U} = \lambda \overline{U}_{rz} + (1-\lambda)\overline{U}_z \tag{5-49}$$

式中 $\overline{U}_{rz}$——砂井部分土层的平均固结度；

$\overline{U}_z$——砂井以下部分土层的平均固结度；

λ——砂井打入深度与整个受压层厚度之比，即 $\lambda = \dfrac{H_1}{H_1 + H_2}$；

H_1、H_2——分别为砂井深度及砂井以下受压土层的厚度。

（3）地基固结度计算通式。

对于在一级或多级等速加荷条件下，t 时刻所对应总荷载的地基平均固结度，《建筑地基处理技术规范》推荐用下式作通用计算。

$$\overline{U}_t = \sum_{i=1}^{n} \frac{\overline{q_i}}{\sum \Delta p}\left[(T_i - T_{i-1}) - \frac{\alpha}{\beta}e^{-\beta t}(e^{\beta T_i} - e^{\beta T_{i-1}})\right] \qquad (5-50)$$

式中　$\overline{U}_t$——t 时刻地基的平均固结度（％）；

　　　$\sum \Delta p$——各级荷载的累计值；

　　　$\overline{q_i}$——第 i 级荷载的平均加荷速率（kPa/d）；

T_i、T_{i-1}——分别为各级等速加荷的起点和终点时间（从零点起算），当计算某一级等速加荷过程中时间 t 的固结度时，则 T_i 改为 t。

表 5-9 所列为不同条件下的地基固结度计算公式，计算时应根据排水固结方法和条件，选择不同条件下的 α、β 参数。

表 5-9　不同条件下的地基固结度计算公式

序号	条件	平均固结度计算公式	α	β	备注
1	竖向排水固结（$\overline{U}_z > 30\%$）	$\overline{U}_z = 1 - \frac{8}{\pi^2}e^{-\frac{\pi^2 C_v}{4H^2}t}$	$\frac{8}{\pi^2}$	$\frac{\pi^2 C_v}{4H^2}$	太沙基解
2	向内径向排水固结	$\overline{U}_r = 1 - e^{-\frac{8C_h}{F(n)d_e^2}t}$	1	$\frac{8C_h}{F(n)d_e^2}$	
3	竖向和径向排水固结（砂井地基平均固结度）	$\overline{U}_{rz} = 1 - (1-\overline{U}_z)(1-\overline{U}_r)$ $= 1 - \frac{8}{\pi^2}e^{-\left[\frac{8C_h}{F(n)d_e^2} + \frac{\pi^2 C_v}{4H^2}\right]t}$	$\frac{8}{\pi^2}$	$\frac{8}{F(n)}\frac{C_h}{d_e^2} + \frac{\pi^2 C_v}{4H^2}$	巴伦解
4	砂井未贯穿受压土层的平均固结度	$\overline{U} = \lambda\overline{U}_{rz} + (1-\lambda)\overline{U}_z$ $\approx 1 - \frac{8\lambda}{\pi^2}e^{\frac{-8C_h}{F(n)d_e^2}t}$	$\frac{8\lambda}{\pi^2}$	$\frac{8C_h}{F(n)d_e^2}$	$\lambda = \frac{H_1}{H_1+H_2}$；$H_1$ 为砂井长度；H_2 为砂井以下压缩土层厚度
5	普通表达式	$\overline{U} = 1 - \alpha e^{-\beta t}$			

2. 地基承载力计算

（1）地基承载力半经验公式。

利用地基土的抗剪强度 c_u 计算处理前和处理后的地基承载力，斯肯普顿极限荷载半经验公式为

$$p_1 = \frac{5}{K} \cdot c_u\left(1 + \frac{0.2B}{A}\right)\left(1 + \frac{0.2d}{B}\right) + \gamma d \qquad (5-51)$$

式中　p_1——第一级允许施加的荷载（kPa）；

　　　K——安全系数，一般取 1.1～1.5；

　　　c_u——天然地基土的不排水抗剪强度（kPa）；

　　　d——地基埋深（m）；

A、B——分别为基础的长与宽（m）；

γ——基础底面标高以上土的加权平均重度（kN/m³）。

对于饱和软黏土，也可采用下式估算。

$$p_1 = \frac{5.52c_u}{K} + \gamma d \tag{5-52}$$

对条形填土，可根据以下费伦纽斯（Fellenius）公式估算地基承载力。

$$p_1 = \frac{5.52C_u}{K} \tag{5-53}$$

（2）土体固结抗剪强度增长计算。

在预压荷载作用下，随着土体中超孔隙水压力消散，有效应力增长，土体抗剪强度提高。但不容忽视的是，地基土体产生蠕变可能导致土体强度衰减。为了综合考虑在荷载作用下地基土体抗剪强度的以上两种变化趋势，地基土体某时刻的抗剪强度 τ_f 可用下式表达。

$$\tau_f = \tau_{f0} + \Delta\tau_{fc} - \Delta\tau_{ft} \tag{5-54}$$

式中　τ_{f0}——地基中某点初始抗剪强度（kPa）；

　　　$\Delta\tau_{fc}$——由于固结引起的抗剪强度增量（kPa）；

　　　$\Delta\tau_{ft}$——由于土体蠕变引起的抗剪强度衰减量（kPa）。

考虑因蠕变引起的抗剪强度衰减量 $\Delta\tau_{ft}$ 难以计算，曾国熙（1975）建议将式（5-54）改写为

$$\tau_f = \eta(\tau_{f0} + \Delta\tau_{fc}) \tag{5-55}$$

式中　η——考虑土体蠕变强度折减系数，可取 0.75～0.9，剪应力大取低值，反之则取高值。

正常固结饱和黏土，采用有效应力指标的抗剪强度表达式为

$$\tau_f = \sigma_1' \tan\varphi' \tag{5-56}$$

式中　c'——土体有效黏聚力（kPa）；

　　　φ'——土体有效内摩擦角（°）；

　　　σ_1'——剪切面上法向有效正应力（kPa）。

式（5-56）可化为

$$\tau_f = \frac{\sin\varphi'\cos\varphi'}{1+\sin\varphi'}\sigma_1' = k\sigma_1' \tag{5-57}$$

因此，由于地基固结而增长的强度为

$$\Delta\tau_{fc} = k\Delta\sigma_1' = k(\Delta\sigma_1 - \Delta u) = k\left(1 - \frac{\Delta u}{\Delta\sigma_1}\right)\Delta\sigma_1 = kU\Delta\sigma_1 \tag{5-58}$$

由此可得

$$\tau_f = \eta(\tau_{f0} + kU\Delta\sigma_1) \tag{5-59}$$

式中　k——有效内摩擦角的函数，$k = \dfrac{\sin\varphi'\cos\varphi'}{1+\sin\varphi'}$；

　　　Δu——荷载所引起的地基中某一点的孔隙水压力增量（kPa），由现场测定；

　　　U——地基中某点的固结度，可用地基平均固结度代替；

　　　$\Delta\sigma_1$——荷载所引起的地基中某点的最大主应力增量（kPa），按弹性理论公式计算。

3. 沉降量计算

沉降量计算的目的有以下两点。

① 对于以稳定控制的工程，如堤坝等，通过沉降量计算可预估施工期间由于基础底面沉降而需要增加的土方量，还可估计工程竣工后还未完成的沉降量，作为堤坝预留沉降高度及路堤顶面加宽依据。

② 对于以沉降控制的建筑物，沉降量计算的目的在于估算所需预压时间和各时期沉降量的发展情况，以调整排水系统和预压系统间的关系，提出施工阶段的设计。

根据国内外建筑物实测沉降资料的分析结果，在不考虑次固结沉降的条件下，最终沉降量 S_∞ 可按下式计算。

$$S_\infty = \psi_s S_c \qquad (5-60)$$

式中 S_c——固结沉降量（mm）；

       ψ_s——考虑地基剪切变形及其他影响因素的综合性经验系数，与地基变形特性、荷载条件、加荷速率等因素有关，对于正常固结或稍超固结取 $1.1\sim1.4$，对荷载较大的砂井地基可取 $1.3\sim1.4$；

固结沉降量 S_c 通常采用单向压缩分层总和法计算，即

$$S_c = \sum_{i=1}^{n} s_i = \sum_{i=1}^{n} \left(\frac{e_{0i} - e_{1i}}{1 + e_{0i}}\right)\Delta h_i \qquad (5-61)$$

式中 e_{0i}——第 i 层中点的土自重应力所对应的孔隙比；

       e_{1i}——第 i 层中点的土自重应力和附加应力值之和所对应的孔隙比；

       Δh_i——第 i 层的厚度。

e_{0i} 和 e_{1i} 由室内固结试验所得的 $e-\sigma_c'$ 曲线上查得（σ_c' 为有效固结应力）。

4. 稳定性分析

稳定性分析是路堤、土坝及岸坡等以稳定为控制点的工程设计的一项重要内容，其目的在于校核在拟定的加荷作用下地基的稳定性，如果结果不符合要求（地基不稳定或安全系数太大），则应调整加荷计划，甚至改变地基处理方案，以保证工程的安全稳定和经济合理。通过稳定性分析可以解决如下问题。

（1）地基在天然抗剪强度条件下的最大堆载。

（2）预压过程中各级荷载下地基的稳定性。

（3）最大许可预压荷载。

（4）理想的堆载计划。

限于篇幅，关于稳定性分析请参考相关书籍。

5.4.4 堆载预压法设计

堆载预压法的设计应包括以下内容：①选择竖向排水体，确定其尺寸、间距、排列方式和深度；②确定预压荷载的大小、范围、速率和预压时间；③计算地基的固结度、强度增长；④进行稳定性和变形计算。下面以砂井地基为例进行说明。

1. 排水系统设计（砂井）

竖向排水体可采用普通砂井、袋装砂井和塑料排水板。砂井设计内容，包括确定砂井直径、间距、深度、排列方式、布置范围，以及砂垫层的布置范围、铺设厚度等。

（1）砂井直径和间距。

砂井的直径和间距，主要取决于黏性土层的固结特性和施工期限的要求。根据砂井设计理论，当不考虑砂井的井阻和涂抹作用时，缩小井距要比增大砂井直径的效果好得多，因此，应根据"细而密"的原则把握井径和砂井间距的关系。另外，砂井的直径与间距还与砂井的类型和施工方法有关。如果砂井直径太小，当采用套管法施工时，容易造成灌砂量不足、缩颈或砂井不连续等质量问题。工程上常用的砂井直径，一般为 300～500mm；袋装砂井直径可小到 70～120mm。

砂井间距的选择不仅与土的固结特性有关，还与黏性土的灵敏度、上部荷载的大小及施工工期等因素有关。工程上常用的井距，一般为砂井直径的 6～8 倍，袋装砂井的井距一般为砂井直径的 15～30 倍。设计时，可以先假定井距，再计算地基的固结度。若不能满足要求，可缩小井距或延长施工期。

（2）砂井排列。

砂井在平面上可布置成等边三角形（梅花形）或正方形，其中以等边三角形排列的砂井较为紧凑和有效。

等边三角形排列的砂井，其影响范围为一个正六边形；正方形排列的砂井，其影响范围为一个正方形。在实际进行固结度计算时，由于多边形作为边界条件求解很困难，为简化起见，巴伦建议将每个砂井的影响范围用一个等面积的圆来代替，如图 5-15 所示。等效圆的直径 d_e 与砂井间距 l 的关系，当为等边三角形排列时，计算公式为

$$d_e = \sqrt{\frac{2\sqrt{3}}{\pi}} \times l = 1.05l \tag{5-62}$$

当为正方形排列时，计算公式为

$$d_e = \sqrt{\frac{4}{\pi}} \times l = 1.13l \tag{5-63}$$

式中　d_e——等效圆的直径（m）；

　　　l——砂井间距（m）。

塑料排水板的效能换算成等效砂井直径 d_w 的数值为

$$D_p = \frac{2(b+\delta)}{\pi} \tag{5-64}$$

式中　D_p——塑料排水板的当量换算直径（mm）；

　　　b——塑料排水板宽度，常用 100mm；

　　　δ——塑料排水板厚度，取 2.5～5mm（常用 3～4mm）。

（3）砂井长度。

砂井的作用是加速地基土排水固结，而排水固结的效果与固结压力的大小成正比。砂井长度的选择应根据软土层的分布、厚度、荷载大小、工程要求（如施工工期）及地基的稳定性等因素确定，一般为 10～25m。

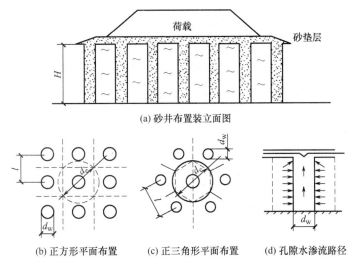

(a) 砂井布置装立面图

(b) 正方形平面布置　　　　(c) 正三角形平面布置　　　　(d) 孔隙水渗流路径

图 5 – 15　砂井布置示意图

（4）砂井布置范围。

砂井的布置范围一般稍大于建筑物的基础范围，扩大的范围一般可由基础的轮廓线向外增大约 2～4m。

（5）水平排水砂垫层设计。

在砂井顶面应铺设水平排水砂垫层，使砂垫层与竖向砂井连通，引出从土层中排入砂井中的渗流水，并将水排到工程场地以外。

砂垫层应该形成一个连续且厚度一定的排水层，其厚度一般为 0.5m 左右（水下砂垫层厚度约为 1.0m）；如砂料缺乏，可采用连通砂井的纵横砂沟代替整片砂垫层。砂垫层的宽度应大于堆载宽度或建筑物的基础底面宽度，并伸出砂井区外边线 2 倍砂井直径。

砂垫层的用砂粒度应与砂井的用砂粒度相同。宜选用中粗砂，黏粒含量不宜大于 3%，砂料中可混有少量粒径小于 50mm 的砾石。垫层的干密度应大于 1.5g/cm³，其渗透系数宜大于 1×10^{-2} cm/s。

在预压区边缘应设置排水沟，在预压区内宜设置与砂垫层相连的排水盲沟。

2. 加压系统设计

堆载预压，根据土质情况分为单级加荷和多级加荷，根据堆载材料分为自重预压、加荷预压和加水预压。预压荷载的大小应根据设计要求确定，通常取建筑物的基础底面压力值。对于沉降要求严格的建筑地基，应采用超载预压法，即预压荷载大于建筑物的基础底面压力值。

由于软黏土地基抗剪强度低，不能快速加载，必须分级施加，待上一级荷载作用下地基强度提高到可承受下一级荷载时，才能施加下一级荷载。在进行具体计算时，可先拟定一个初步加载计划，然后校核这一加荷计划下地基的稳定性和沉降，具体计算与设计步骤如下。

（1）利用天然地基土的抗剪强度，计算第一级允许施加的荷载 p_1，一般可采用斯肯普顿极限荷载半经验公式 $\left[p_1 = \dfrac{5}{K} \cdot c_\text{u} \left(1 + \dfrac{0.2B}{A} \right) \left(1 + \dfrac{0.2d}{B} \right) + \gamma d \right]$ 计算。

（2）计算第一级荷载作用下地基强度增长值 $\tau_{f1}=\eta\left(\tau_{f0}+\Delta\tau_{fc}\right)$。

（3）计算在该级荷载作用下达到设计要求的固结度所需时间，该值可根据固结度与时间的关系求得。时间求出来后，就可确定第二级荷载开始施加的时间。

（4）根据第一级荷载作用下得到的地基强度，计算第二级所能施加的荷载 p_2 $\left(p_2=\dfrac{5.52\tau_{f1}}{k}\right)$；然后求出 p_2 作用下，地基固结度达 70% 时的强度及所需时间。以此类推，依次计算出各级荷载的开始施加时间及荷载大小。

（5）以上步骤就形成了一个初步加荷计划。应对每一级荷载下地基的稳定性进行验算，若不满足要求，应调整加荷计划。

（6）计算预压荷载作用下地基的最终沉降量和预压期间的沉降量，这样就可确定预压荷载的卸除时间。经预压后剩余的沉降量，应在建筑物的允许沉降量范围内。

3. 现场监测设计

堆载预压法现场监测项目，一般包括地面沉降观测、地表水平位移观测、地基中孔隙水压力观测，如有必要，也可进行地基中深层沉降和水平位移观测。

在堆载预压过程中，如果地基沉降速率突然增大，说明地基中可能产生较大的塑性变形区，若塑性区持续发展，有可能发生地基整体破坏。一般情况下，沉降速率宜控制在 10～20mm/d。

通过水平位移观测可限制加荷速率，监视地基的稳定性。当堆载接近地基极限荷载时，坡脚及观测点水平位移会迅速增大。

通过地基中孔隙水压力观测资料可以反算土的固结系数，推算地基固结度，计算地基土体强度增长值，控制加荷速率。

通过测量在不同深度的水平位移，可得到地基土体的水平位移沿深度的变化情况。通过深层侧向位移观测可更有效地控制加荷速率，保证地基稳定。

5.4.5　真空预压法设计

真空预压法地埋设施如图 5-16 所示。

图 5-16　真空预压法地埋设施

真空预压法的设计内容，主要包括密封膜内的真空度、加固土层要求达到的平均固结度、竖向排水体的尺寸、加固后的沉降和工艺设计等。

（1）膜内真空度。

真空预压效果与密封膜内所能达到的真空度大小关系极大。膜内真空度应稳定维持在650mmHg以上，且应分布均匀。

（2）平均固结度。

竖井范围内土层的平均固结度要求大于90%。

（3）竖向排水体。

真空预压处理地基时，必须设置竖向排水体，一般采用袋装砂井或塑料排水板。砂井（袋装砂井和塑料排水板）能将真空度从砂层中传递至土体，并将土体中的水抽至砂垫层然后排出，若不设置砂井，就起不到上述作用和达到加固目的。竖向排水体的尺寸、排列方式、间距和深度的确定与堆载预压法相同。

抽真空的时间与土质条件和竖向排水体的间距密切相关。达到相同的固结度，间距越小，则所需的时间越短，见表5-10所列。

表5-10 袋装砂井间距与所需时间关系

袋装砂井间距/m	固结度/（%）	所需时间/d
1.3	80	40～50
	90	60～70
1.5	80	60～70
	90	85～100
1.8	80	90～105
	90	120～130

（4）监测项目设计。

真空预压法的现场测试设计与堆载预压法相同。

对承载力要求高、沉降限制严的建筑，可采用真空-堆载联合预压法，工程实践量测证明，两者的效果是可叠加的。

真空预压法的面积不得小于基础外缘所包围的面积，真空预压区边缘比建筑基础外缘每边增加量不得小于3m；另外，每块预压面积应尽可能大，根据加固要求彼此间可搭接或有一定间距。加固面积越大，加固面积与周边长度之比也越大，气密性就越好，真空度就越高，见表5-11。

表5-11 真空度与加固面积的关系

加固面积 F/m^2	264	900	1250	2500	3000	4000	10000	20000
周边长度 S/m	70	120	143	205	230	260	500	900
F/S	3.77	7.5	8.74	12.2	13.04	15.38	20	22.2
真空度/mmHg	515	530	600	610	630	650	680	730

注：1mmHg=133.322Pa。

真空预压的关键在于良好的气密性，使预压范围与大气隔绝。当在加固区发现有透气层和透水层时，一般可在塑料薄膜周边采用另加水泥搅拌桩壁式密封措施。

5.5 动力固结法

动力固结法的概念早期对应我国的强夯法。它是利用各种动荷载或反复振动荷载使土体原有结构破坏，土粒重新排列，最后达到一个较为密实的、稳定的新结构，这样可提高地基土的强度、降低土的压缩性、改善砂土的抗液化条件、消除湿陷性黄土的湿陷性等不良特性。动力固结法一般包括动力密实法、强夯法和强夯置换法。

5.5.1 动力密实法

动力密实法包括重锤夯实法、分层碾压法、振动压实法。

1. 重锤夯实法

重锤夯实法是利用起重机械将重锤（＞2t）吊至一定的高度（＞4m），使其自由下落，利用重锤下落的冲击能来夯实浅层土体，并在地表形成均匀的硬壳层，从而提高表层地基的承载力。该法适用于处理离地下水位 0.8m 以上稍湿的杂填土、黏性土、湿陷性黄土和分层填土等地基，但在有效夯实深度内存在软黏土时不宜采用。对湿陷性黄土，重锤夯实可减少表层土的湿陷性；对杂填土，则可减少其不均匀性。

夯实的影响深度与锤重、锤底直径、落距及土质条件等因素有关。对湿和稍湿、密度为稍密至中密状态的建筑垃圾杂填土，夯实时如采用 15kN 重锤，底面直径 1.15m，落距 3～4m，其有效夯实深度为 1.1～1.2m（相当于锤径），其地基承载力特征值一般达 100～150kPa。

停夯标准：随着夯击遍数增加，每一遍土的夯沉量逐渐减小，一般要求最后两遍平均夯沉量对于黏性土及湿陷性黄土不大于 1.0～2.0cm，对于砂性土不大于 0.5～1.0cm。

2. 分层碾压法

分层碾压法是一种采用平碾、羊足碾、压路机、推土机或其他压实机械压实松散土的方法，是一种介于静态与动态的方法，其设备如图 5-17 所示。该法常用于大面积填土的

图 5-17 分层碾压法设备

压实和杂填土地基的处理，碾压的效果主要取决于压实土的含水率是否符合最优含水率和压实机械的压实能量。

黏性土的碾压，通常用 8～10t 的平碾或 12t 的羊足碾，每层铺土厚度为 20～30cm，碾压 8～12 遍；杂填土常用 8～12t 压路机碾压，由于杂填土性质复杂，碾压后承载力相差较大，通常为 80～120kPa。

3. 振动压实法

振动压实法是用振动机振动松散地基，使土颗粒受振动移动至稳固位置，减少土的孔隙而压密的地基处理方法。该法用于处理无黏性土地基或黏性土地基、透水性较好的松散杂填土地基。振动压实的效果与填土成分、振动时间等因素有关。振实范围应从基础边缘放出 0.6m 左右，先振边槽，再振中间。振实标准是以振动机原地振实不再继续下沉为合格。一般杂填土地基经振实处理后，地基承载力可达 100～200kN/m²。

5.5.2　强夯法

强夯法（Dynamic Consolidation Method，简称 D. C 法）是一种快速加固软土地基的深层地基加固方法，是法国工程师路易斯·梅纳（Louis Menard）于 1969 年首创的一种地基加固方法，也称动力固结法。该法是用起重机将一个很重的锤（10～40t）吊到十几米甚至几十米高度，利用自动脱钩法使锤自由落下，如图 5-18 所示，对地基土施加很大的冲击能，在地基土中产生冲击波和动应力，可提高地基土的强度、降低土的压缩性、改善砂土的抗液化条件、消除湿陷性黄土的湿陷性等。同时，夯击能还可以提高土层的均匀程度，减小将来可能出现的差异沉降，从而使软土地基得到有效地加固。根据工程设计要求和地基土质情况，采用不同的夯点间距、夯击遍数、间歇时间和每点夯击数等施工参数，以满足工程的设计要求。

图 5-18　强夯法施工

1. 加固机理

强夯法是利用强大的夯击能对地基产冲击力，并在地基中产生冲击波。在冲击力作用下，土体结构破坏，形成夯坑，并对周围土进行动力挤压。强夯法虽然在实践中已被证实是一种良好的地基处理方法，但到目前为止，还没有一套成熟、完善的理论和设计方法。强夯法加固地基有三种不同的加固机理：动力密实、动力固结和动力置换，具体取决于地基土的类别和强夯的施工工艺等。

（1）动力密实。

对于多孔隙、粗颗粒、非饱和土，采用强夯法加固是基于动力密实的机理，即用冲击型动力荷载使土体中的孔隙减小，土体变得密实，从而提高地基土的强度。非饱和土的夯实过程就是土中的气相（空气）被挤出的过程，其夯实变形主要是由于土颗粒的相对位移引起的。实际工程表明，在冲击动能的作用下，地面会立即产生沉降。一般夯击一遍后，其夯坑深度可达 0.6～1.0m，夯坑底部形成一层超压密硬壳层，承载力可比夯前提高 2～3 倍。非饱和土在中等夯击能量 1000～2000kN/m 的作用下，主要产生冲切变形，在加固深度范围内气相体积大大减小，最大可减小 60%。

（2）动力固结。

强夯的动力固结过程可以从下述几个方面进行分析说明。

① 强夯的力学模型。

对于饱和的黏性土和软黏土，法国梅纳公司为了解释强夯的效应，提出了一个气缸加活塞的动力固结模型，如图 5-19 所示，该理论模型主要可从下面四个方面进行解释。

a. 由于微气泡的存在，认为充满气缸的水部分是可压缩的，即孔隙水具有压缩性。传统固结理论的基本假定之一就是孔隙水的排出是沉降的必要和充分条件。但对于软土，由于其渗透性低，在瞬间荷载作用下，孔隙水不能迅速排出，这样就无法解释在强夯时会立即引起很大沉降的现象。

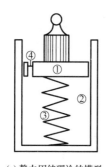

(a) 静力固结理论的模型
（太沙基模型）

① 无摩擦活塞；② 不可压缩的液体；
③ 定比弹簧；④ 液体排出的孔径不变

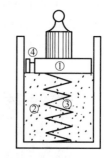

(b) 动力固结理论的模型

① 有摩擦活塞；② 含有少量气泡，液体可压缩；
③ 不定比弹簧；④ 变孔

图 5-19　静力固结理论与动力固结理论的模型比较

梅纳公司认为，由于土中有机物的分解，第四纪土中大多都含有以微气泡形式存在的气体，其含气量在 1%～4% 范围内。进行强夯时，气体体积压缩，孔隙水压力增大，气体有所膨胀，孔隙水排出的同时，孔隙水压力减小。这样每夯一遍，液相和气相体积都有所减小。根据试验，每夯击一遍，气体体积可减小 40%。

b. 对夯击前后土的渗透性的变化，可用一个孔径可变的排水孔进行模拟。强夯的巨大能量，使土体中气体逐渐受到压缩。当气体按体积百分比接近零时，相当于孔隙水压力上升到覆盖压力相等的能量级，土体即产生液化，致使土颗粒间出现裂隙，形成排水通道。此时，土的渗透系数骤增，孔隙水得以顺利排出。当有规则网格布置夯点时，通过积聚的夯击能量，在夯坑四周会形成有规则的垂直裂缝，夯坑附近出现涌水现象。还应注意的是，强夯时所出现的液化，不同于地震时的液化，它只是土体局部液化。试验资料显示，夯击时出现的冲击波，将土颗粒间的吸附水转化为自由水，因而促进了毛细管通道横断面增大。

c. 弹簧刚度模拟土体的压缩模量，过去传统固结理论的观点认为压缩模量是常数。实际上强夯法施工时，在反复荷载的影响下，会使压缩模量有很大改变，在这个过程中，吸附水起了重要的作用。

d. 加载后传递力的活塞和汽缸间存在摩阻力。因此，液化中压力减少，不能自动导致活塞的位移和弹簧的变化。

静力固结理论与动力固结理论的区别见表5-12。

表5-12 静力固结理论与动力固结理论的区别

静力固结理论	动力固结理论
①不可压缩的液体	①含有少量气泡的可压缩液体
②固结时液体排出所通过的小孔，其孔径是不变的	②固结时液体排出所通过的小孔，其孔径是变化的
③弹簧刚度为常数	③弹簧刚度为变数
④活塞无摩阻力	④活塞有摩阻力

② 土强度的增长过程。

如图5-20所示，地基土强度的增长规律与土体中的孔隙水压力状态有关。在液化阶段，土的强度降低到零；孔隙水压力消散阶段，为土的强度增长阶段；最后为土的触变恢复阶段。经验证明，如果以孔隙水压力消散后测得的数值作为新的强度基值（一般在夯击后一个月），则6个月以后，强度平均增加20%～30%，变形摸量增加30%～80%。

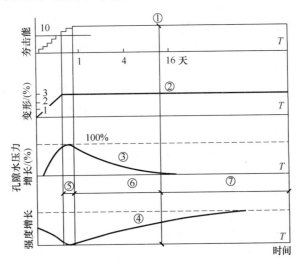

图5-20 强夯阶段土的强度增长过程

2. 设计与计算

（1）有效加固深度。

强夯影响深度（也称强夯有效加固深度）直接影响采用强夯法加固地基的效果。工程实践表明，有效加固深度主要取决于单击夯击能和土的工程性质。该值一般应通过试验确定，在无经验或试验资料时，可采用修正的梅纳经验公式计算，表达式为

$$H = a \sqrt{Wh/10} \tag{5-65}$$

式中　H——强夯影响深度（m）；

　　　W——锤重（kN）；

　　　h——落距（m）；

　　　a——折减系数（梅纳系数），黏性土取 0.5，砂性土取 0.5～0.7，黄土取 0.3～0.5。

（2）夯锤及落距的选用。

单击夯击能为夯锤重 W 与落距 h 的乘积，一般来说，夯击时最好锤重和落距大，则单击能量大，夯击击数少，夯击遍数也相应减少，加固效果和技术经济性较好。整个加固场地的总夯击能量（即锤重×落距×总夯击数）除以加固面积称为单位夯击能。强夯的单位夯击能应根据地基土类别、结构类型、荷载大小和要求处理的深度等综合考虑，并可通过试验确定。在一般情况下，对粗颗粒土可取 1000～3000kN·m/m²，对细颗粒土可取 1500～4000kN·m/m²。国内一般夯锤质量可取 10～40t，夯锤的平面一般为圆形和方形，其中有气孔式和密封式两种。实践证明，圆形和带有气孔的锤较好，它可克服方形锤由于上下两次夯击着地并不完全重合，而造成夯击能量损失和着地时倾斜的缺点。夯锤中宜设置若干个上下贯通的气孔，孔径可取 250～300mm，它可减小起吊夯锤时的吸力，又可减小夯锤着地前瞬间气垫的上托力，从而减少能量的损失。

锤底面积宜按土的性质确定。锤底静压力值可取 25～40kPa，对细颗粒土宜取小值。一般锤底面积对砂性土取 2～4m²，对黏性土取 3～6m²。夯锤质量确定后，根据地基所要加固的深度，就能确定夯锤的落距。国内通常采用的落距为 8～20m。

（3）夯击点间距。

夯击点间距（夯距），一般根据地基土的性质和要求处理的深度而定，通常为 5～9m。为了使深层土得以加固，第一遍夯击点的间距要大，这样才能使夯击能量传递到深处，下一遍夯点往往布置在上一遍夯点的中间，最后一遍是以较低的夯击能进行夯击，彼此重叠搭接，俗称"普夯"（或称满夯），用以确保地表下一定范围内土的均匀性和较高的密实度。如果夯距太近，相邻夯击点的加固效果将在浅处叠加而形成硬壳层，会影响夯击能向深部的传递。夯击黏性土时，一般在夯坑周围会产生辐射向裂隙，这些裂隙是动力固结的主要因素，如夯距太小，等于使产生的裂隙重新闭合。对处理深度较大或单击能较大的工程，第一遍夯击点间距宜适当增大。

（4）夯击能和夯击遍数。

单点夯击次数一般按最后两击沉降量之和（或最后两击沉降量之差）规定。单点总夯击能（或夯击次数）的确定应取决于地基土的特征、加固深度、上部结构的荷载及上部结构对变形的要求等因素。

夯击遍数以不出现"翻浆"或"橡皮土"为宜。对连续夯击，一般为 2～3 遍；对跳

打夯击，一般为 3～5 遍。

（5）间歇时间。

对于需要分两遍或多遍夯击的工程，夯击间应有一定的时间间歇。各遍间的间歇时间取决于加固土层中孔隙水压力消散所需要的时间。对黏性土，由于孔隙水压力消散较慢，故当夯击能逐渐增加时，孔隙水压力也相应地叠加，其间歇时间取决于孔隙水压力的消散情况，一般为 2～4 周。目前国内有的工程中，在黏性土地基的现场埋设了袋装砂井（或塑料排水板），以加速孔隙水压力的消散，缩短间歇时间。

（6）垫层设计。

强夯施工前一般需要铺设垫层，使地基具有一层较硬的表层能支承较重的强夯设备，并便于强夯夯击能的扩散，同时也可加大地下水位与地表的距离，有利于强夯施工。对场地地下水位在−2m 以下的砂砾石层，无须铺设垫层，可直接进行强夯；对地下水位较高的饱和黏性土地基与易液化流动的饱和砂土地基，都需要铺设垫层才能进行强夯施工，否则会发生流动。铺设垫层的厚度可根据场地的土质条件、夯锤的质量和夯锤的形状等条件确定，一般为 0.5～1.5m。垫层材料宜采用粗粒的碎石、矿渣、砂砾石，粗颗粒粒径宜小于 10cm。

（7）地基承载力的确定和地基变形计算。

强夯地基承载力的特征值应通过现场载荷试验确定，初步设计也可根据夯后原位测试和土工试验指标，按照《建筑地基基础设计规范》的有关规定确定。地基变形计算应该符合《建筑地基基础设计规范》的有关规定。夯后有效加固深度内的压缩模量，应该通过原位测试或土工试验确定。

5.5.3　强夯置换法

1. 加固原理

强夯置换法是近年来从强夯加固法发展起来的一种新的地基处理方法（图 5-21）。对于高饱和度的分土与软塑−流塑的黏性土等地基或对变形控制要求不严格的工程，可采用强夯置换法，其可分为整体置换和桩式置换。

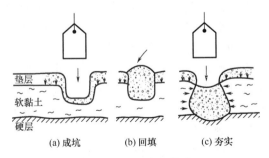

图 5-21　强夯置换法

（1）整体置换法。

整体置换法是近年发展起来的，用于淤泥、淤泥质土地基的一种整体式强夯置换法如图 5-22（a）所示。整体置换法以密集的点置换形成线置换和面置换，通过强夯的冲击能将含水量高、抗剪强度低、具有触变性的淤泥挤开，置换抗剪强度高、级配良好、透水不透淤泥的块石或石碴，以形成密实度高、应力扩散性能好、承载力较高的垫层。强夯整体置换的作用机理与换土垫层的相类似。

（2）桩式置换法。

桩式置换是通过强夯将碎石填筑于土体中，部分碎石桩（或墩）间隔地夯入软土中，形成桩式（或墩式）的碎石墩（或桩）。其作用机理类似于振冲法等形式的碎石桩，主要是靠碎石的内摩擦角和墩间土的侧限来维持桩体的平衡，并与墩间土起复合地基的作用。桩式置换后，被夯击置换地基自上而下出现三个区域。第一区域为桩式置换区，这个区域由散体材料与土体共同组成复合地基，由于散体材料桩的直径一般比较大，面积置换率较高，因此，它能大幅度提高地基承载力，这是桩式置换的主要加固区域，如图 5 - 21（b）所示。第二区域为强夯压密区，由于强夯作用，上部土体压入该区域，形成一个冠形挤压区。该区域内的土体孔隙显著压缩，密度大为提高，成为置换体的坚实持力层。这一区域内的土体主要是压密，与普通强夯法相似，由于部分散体材料的挤入和散体材料形成的排水通道加速了土体的排水固结，其加固效果比普通强夯效果要好，这一区域的加固深度可用一般强夯加固深度理论来估算。第三区域是强夯压密区域下的强夯加固影响区，这一区域内的土体受到强夯振密的影响，随着时间的推移，土体强度将不断增长。

(a) 整体置换   (b) 桩式置换

图 5 - 22   强夯置换法分类

2. 强夯置换法的设计

强夯置换法分为桩式置换和整体置换两种不同的形式。强夯置换法的设计内容与强夯法基本相同，也包括起重设备和夯锤的确定、夯击范围和夯击点布置、夯击击数和夯击遍数、间歇时间和现场测试等。

桩式置换的施工参数，主要是单击夯击能（与锤重、锤底面积、落高等有关）、置换次数、夯点布置（一般为三角形或长方形）和施工顺序等。桩式置换形成的桩体，主要依靠自身骨料的内摩擦角和桩间土的侧限来维持桩体的平衡。桩体材料宜选用具有较高抗剪强度、级配良好的石碴等粗骨料，以保证桩体的整体性、密实性和透水性。桩式置换后的地基承载力，目前还无可靠的计算方法，必须通过现场载荷试验确定。

桩式置换中，置换墩的深度由土质条件决定。除厚层饱和粉土外，在其他土质条件下置换墩应穿透软土层，到达较硬土层上，深度不宜超过 7m。置换墩的间距可以取约 3 倍墩直径。墩体材料可采用级配良好的块石、碎石、矿渣、建筑垃圾等坚硬粗颗粒材料，粒径大于 300mm 的颗粒含量不宜超过全重的 30%。

强夯置换法的锤底静接地压力值可取 100～200kPa。夯点的夯击次数应通过现场试夯确定，且应同时满足下列条件。

（1）墩底穿透软弱土层，且达到设计墩长。

（2）累计夯沉量为设计墩长的 1.5～2.0 倍。

（3）最后两击的平均夯沉量应满足强夯法的规定。

墩间距应根据荷载大小和原土的承载力选定，当满堂布置时，可取夯锤直径的 2～3 倍；对独立基础或条形基础，可取夯锤直径的 1.5～2.0 倍；墩的计算直径，可取夯锤直径的 1.1～1.2 倍。墩顶应铺设一层厚度不小于 500mm 的压实垫层，垫层材料可与墩体相同，粒径不宜大于 100mm。

在确定软黏性土中强夯置换墩地基承载力特征值时，可只考虑墩体，而不考虑墩间土的作用，其承载力应通过现场单墩载荷试验确定；对饱和粉土地基可按复合地基考虑，其承载力可通过现场单墩复合地基载荷试验确定。

整体置换适用于深度为 4～10m 的淤泥或淤泥质土，应用在路堤、堤坝、防波堤等工程的地基处理中。整体置换一般宜将石料挤至淤泥层底较硬的土层中，以形成稳定的承重骨架。宜选用最大粒径不超过 1m、不透水淤泥、级配良好、结构密实、抗剪强度高的块石或石碴作填筑材料。整体置换的施工参数主要是单击夯击能、单位面积的单击能、夯击次数、夯点间距、加固深度和施工顺序等。

5.5.4　质量控制

夯击前后应对地基土进行检测，包括室内土工试验、野外标准贯入试验、静力（动力）触探试验、静载荷试验（或旁压试验）等，以检验地基的实际加固深度。有条件时应尽量选用上述两项以上的测试项目，加以比较。检验点数通常每个建筑物的地基不应少于3 点，检测深度和位置按设计要求确定，同时测定夯击后地基的平均变形值，以检验处理效果。因强夯后土体强度随夯击后间歇时间的增加而增加，故检测工作应在强夯施工结束后间隔一定时间方能进行，对于碎石土和砂土地基，该时间可取 1～2 周，粉土和黏性土地基可取 2～4 周；强夯置换地基的检测间隔时间可取 4 周。

5.6　挤密砂（碎）石桩法

砂桩和碎石桩总称砂（碎）石桩。它通过振动、冲击沉管或振冲等方法在软弱地基中成孔后，再将碎石或砂挤压入已形成的孔中，形成大直径的砂（碎）石密实的桩体，与原软土地基构成复合地基，共同承担上部荷载。图 5-23 所示为砂（碎）石桩实物图。挤密砂（碎）石桩法适用于处理松散砂土、粉土、黏性土、素填土等地基，以达到提高地基承载力、减小沉降量、提高地基的抗震和抗液化性能的目的。

5.6.1　加固机理

砂（碎）石桩的加固作用，主要有挤密作用、置换作用、排水作用、垫层作用和加筋作用五种。

图 5 - 23　砂（碎）石桩实物图

1. 对松散砂土地基的加固机理

砂（碎）石桩加固松散砂土地基的加固机理主要包括以下三方面。

（1）挤密作用。采用振动沉管法时，在成桩过程中桩管对周围砂层产生很大的横向挤压力，沉管时采用边拔边振的方法，将沉管中的砂砾挤向桩管周围的砂层，使桩管周围的砂层孔隙比减小，密实度增大，这就是挤密作用。其有效挤密范围可达 3～4 倍桩直径。

对于振冲法，砂土在强烈的高频振动下产生液化并重新排列密实，桩孔中填入的大量粗骨料被强大的水平振动力挤入周围土中，这种强制挤密可使砂土的孔隙比减小，密实度增大，干密度和内摩擦角增大，地基承载力大幅度提高，一般可提高 2～5 倍。由于地基的密实度提高，因此抗液化的性能得到改善。

（2）排水作用。砂（碎）石桩加固砂土时，桩孔内充填碎石（卵石、砾石）等反滤性好的粗颗粒料，在地基中形成渗透性能良好的人工竖向排水减压通道，使产生的超孔隙水压力得以快速消散，防止超孔隙水压力的增高而产生砂土液化，并可加速地基的排水固结。

（3）预振效应。美国希德（H. B. Seed）等人（1975）的试验表明，相对密实度 D_r 为 0.54 但受过预振影响的砂样，其抗液化能力相当于相对密实度 D_r 为 0.80 的未受过预振的砂样。在振冲法施工时，振冲器施以频率为 1450 次/min、水平加速度为 $98m/s^2$ 的激振力是极为有利的，可有效提高砂土的抗液化能力。

2. 对黏性土地基加固的机理

用该法加固黏性土地基时，砂（碎）石桩主要起置换作用。振冲法即以性能良好的碎石来替换不良的软弱地基土。振动沉管法则是一种强制置换，它是通过成桩机械沉管将不良地基土强制排开并置换，而对桩周土的挤密效果并不明显，它的作用主要是在地基中形成具有密实度较高的桩体，并与桩间土构成复合地基。

砂（碎）石桩体作为复合地基的加固作用，除了可用来提高地基承载力、减小地基的沉降量外，还可用来提高土体的抗剪强度、增大地基的抗滑稳定性。

5.6.2　设计与计算

各类砂（碎）石桩复合设计主要包括下述方面：确定砂（碎）石桩桩体尺寸、桩位布置和布桩范围。桩体尺寸包括桩径和桩长；桩位布置包括布桩形式和桩距的确定，其中布桩形式主要有等边三角形、等腰三角形、正方形和矩形布置等。

砂（碎）石桩桩长主要根据复合地基变形控制，按建筑物地基允许变形值确定。在可液化地基中，桩长应按要求的抗震处理深度确定。

各类砂（碎）石桩复合地基的承载力和沉降量可按散体材料桩复合地基理论计算。复合地基承载力理论计算值一般供初步设计参考，通常需要根据复合地基载荷试验确定。在沉降量计算中，加固区压缩量采用复合模量法计算，加固区下卧层压缩量采用分层总和法计算，下卧层上荷载可采用压力扩散法计算。有关这方面的详细介绍，请参阅相关复合地基理论。

1. 一般设计原则

（1）加固范围。

加固范围应根据建筑物的重要性、场地条件及基础形式而定，通常都大于基础底面面积。对一般地基，在基础外缘应扩大 1～3 排。对可液化地基，在基础外缘应适当扩大，宽度不应小于可液化土层厚度的 1/2，并不应小于 5m；当可液化土层上覆盖有厚度大于 3m 的非液化土层时，每边扩大宽度不宜小于液化层厚度的 1/2，且不小于 3m。

（2）桩位布置及桩径。

桩位宜用等边三角形或正方形布置，砂（碎）石桩的直径应根据地基土质情况和成桩设备等因素确定。砂（碎）石桩直径可采用 300～800mm，对饱和黏性土地基宜选用较大的直径。

（3）砂（碎）石桩的桩长。

桩长应根据软弱土层的性能、厚度或工程要求按下列原则确定。

① 当相对硬土层的埋藏深度不大时，砂（碎）石桩宜穿过松软土层。

② 当相对硬土层的埋藏深度较大时，对按变形控制的工程，砂（碎）石桩的桩长应满足处理后复合地基变形不超过建筑物地基允许变形值，并满足软弱下卧土层承载力的要求；对按稳定性控制的工程，砂（碎）石桩的桩长不应小于最危险滑动面以下 2m 的深度。

③ 在可液化地基中，砂（碎）石桩的桩长应该穿透可液化土层，或按现行《建筑抗震设计规范》规定的抗震处理深度确定。应该采用标准贯入试验判别法，在地面以下 15m 深度范围内的液化土应符合下式要求，当有成熟经验时，还可采用其他判别方法。

$$N_{63.5} < N_{cr} \tag{5-66}$$

$$N_{cr} = N_0 [0.9 + 0.1(d_s - d_w)] \sqrt{(3/\rho_e)} \tag{5-67}$$

式中　$N_{53.5}$——饱和土标准贯入锤击数实测值（未经杆长修正）；

　　　N_{cr}——液化判别标准贯入锤击数临界值；

　　　N_0——液化判别标准贯入锤击数基准值，按表 5-13 采用；

d_s——饱和土标准贯入点深度（m）；

d_w——地下水位深度（m），宜按建筑使用期内年平均最高水位采用，也可按照近期内年最高水位采用；

ρ_e——黏粒含量百分率，当小于 3 或者为砂土时，均应采用 3。

表 5 - 13　标准贯入锤击数基准值 N_0

类别	设防烈度		
	7	8	9
近震	6	10	16
远震	8	12	

④ 桩长不宜小于 4m。

（4）桩体材料。

一般使用中粗混合砂、碎石、卵石、砂砾石等桩体材料，含泥量不大于 5%。砂（碎）石桩桩体材料的容许最大粒径不宜大于 50mm。

（5）垫层。

挤密砂石桩法加固地基宜在桩顶铺设一砂石垫层，厚度一般为 300～500mm。

（6）复合地基承载力和沉降计算。

参见 5.2 节的相应内容和计算公式。

桩土应力比 n 在无实测资料时，对黏性土可取 2～4，对粉土可取 1.5～3.0，天然地基土体强度较高时取低值，强度较低时取高值。

2. 砂性土地基的计算要点

砂性土地基中，砂（碎）石桩主要起挤密作用。因此在设计时，首先根据工程对地基加固的要求，如提高地基承载力、减小沉降量或提高地基抗液化性能等因素，确定要求达到的密实度，并考虑布桩形式和桩径 d 大小，计算桩距 s。

砂（碎）石桩的桩距 s 应通过现场试验确定。对粉土和砂土地基，不宜大于砂（碎）石桩直径 d 的 4.5 倍；初步设计时，桩距也可按下列公式计算，即对松散粉土和砂土地基，可根据挤密后要求达到的孔隙比 e_1 来确定。

正方形布置时，计算公式为

$$s = 0.9d \sqrt{\frac{(1+e_0)}{(e_0 - e_1)}} \qquad (5-68)$$

等边三角形布置时，计算公式为

$$s = 0.95d \sqrt{\frac{(1+e_0)}{(e_0 - e_1)}} \qquad (5-69)$$

$$e_1 = e_{max} - D_{r1}(e_{max} - e_{min}) \qquad (5-70)$$

式中　　s——砂石桩的桩距（m）；

d——砂石桩的桩径（m）；

e_0——地基处理前砂土的孔隙比，可按原状土样试验确定，也可根据动力触探或静力触探等对比试验确定；

　　e_1——地基挤密后要求达到的孔隙比；

e_{max}、e_{min}——分别为砂土的最大、最小孔隙比，可按现行《土工试验方法标准》（GB/T 50123—2019）的有关规定确定；

　　D_{r1}——地基挤密后要求砂土达到的相对密实度，可取 0.70～0.85。

3. 黏性土地基的计算要点

黏性土地基中砂（碎）石桩的作用主要是置换，在地基中形成密实度较高的桩体，砂（碎）石桩与原黏性土构成复合地基，复合地基的受力状态如图 5-24 所示。

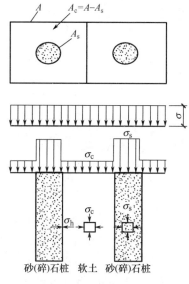

图 5-24　复合地基的受力状态

复合地基的承载力和变形特征一方面取决于被加固土的特性，另一方面取决于面积置换率的大小。面积置换率是桩的截面积 A_s 与其分担的处理地基面积 A 之比，应根据工程对地基加固处理的要求来确定，表达式为

$$m=\frac{A_s}{A}=\frac{A_s}{(A_s+A_c)} \tag{5-71}$$

式中　m——桩土面积置换率；

　　　A_s——砂（碎）石桩置换软土的截面积（m^2）；

　　　A_c——被加固范围内的土体所占的截面积（m^2）；

　　　A——被加固的面积，$A=A_s+A_c$。

习惯上把桩的影响面积换算为与桩同轴的等效影响圆，其直径为 d_e，则面积置换率也可表示为

$$m=\frac{d^2}{d_e^2} \tag{5-72}$$

式中　d——桩身平均直径（m）；

　　　d_e——一根桩分担的处理地基面积的等效圆直径，计算方法如下。

等边三角形布桩时，计算公式为

$$d_e = 1.05s \tag{5-73}$$

正方形布桩时，计算公式为

$$d_e = 1.13s \tag{5-74}$$

矩形布桩时，计算公式为

$$d_e = 1.13\sqrt{s_1 s_2} \tag{5-75}$$

式中 s，s_1，s_2——分别为桩距、纵向桩距和横向桩距。

桩距应通过现场试验确定，不宜大于砂（碎）石桩直径的 3 倍。初步设计时，桩距也可按下列公式估算。

等边三角形布置时，计算公式为

$$s = 1.08\sqrt{A} \tag{5-76}$$

正方形布置时，计算公式为

$$s = 1.13\sqrt{A} \tag{5-77}$$

式中 A 的含义同前。

5.6.3　施工与质量检验

1. 振冲法

砂（碎）石桩法常采用振冲成桩法（简称振冲法）或锤击成桩法（简称锤击法）两种施工方法。采用振冲法在地基中以设置碎石桩加固地基的方法，称为振冲碎石桩法，其适用于处理不排水抗剪强度不小于 20kPa 的黏土、粉土、砂土、饱和黄土和人工填土地基。利用振冲器的高频振动和高压水流，边振边冲将振冲器沉到土中预定深度。经过清孔后，从地面向孔内逐段填入碎石，每段填料在振冲器振动作用下振挤密实，然后提升振冲器，通过重复填料和振密，在地基中形成碎石桩桩体，施工顺序如图 5-25 所示。具体如下：①在地面上把套管的位置确定好；②开动振动机，把套管沉入土中，如遇到坚硬难沉的土层，可辅以喷气或射水沉入；③把套管沉到设计深度；④套管入土后，挤密了套管周围土体，然后将料斗插入桩管，向管内灌一定量的砂石；⑤再将套管提升到规定的高度，套管内的砂石被压缩空气从套管内压出；⑥随后又将套管沉入规定的深度，并加以振动，使排

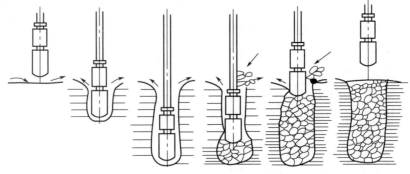

图 5-25　振冲法施工顺序示意图

出的砂石振密，于是砂石再一次挤压周围的土；⑦再一次灌砂石于套管内，把套管提升到规定的高度；⑧将以上④～⑦工序重复多次，直到地面为止，就成为砂石桩。

振冲碎石桩桩体质量可通过密实电流、填料量和留振时间的合理设计来保证。振冲法施工可根据工程地质条件、设计桩长、桩径等情况选用不同功率的振冲器，常用型号有 30kW、55kW、75kW 等。桩体填料粒径视选用振冲器不同而异，常用填料粒径选用范围如下：30kW 振冲器施工时，填料粒径为 20～80mm；55kW 振冲器施工时，填料粒径为 30～100mm；75kW 振冲器施工时，填料粒径为 40～150mm。

振冲法施工质量检验，可采用单桩载荷试验和复合地基载荷试验确定地基承载力。对于碎石桩桩体，可用重型动力触探试验进行随机检验；对桩间土的检验，可采用标准贯入试验、静力触探试验等进行。

2. 振动沉管法

采用振动沉管法在地基中设置挤密砂石桩步骤如下：首先利用振动桩锤将桩管振动沉入到地基中的设计深度，在沉管过程中对桩间土体产生挤压；然后向管内投入砂石料，边振动边提升桩管，直至拔出地面；通过沉管使填入砂石密实，在地基中形成砂石桩，并挤密振密桩间土。采用振动沉管法在地基中设置砂石桩的施工顺序如图 5-26 所示。

振动沉管法的主要施工设备有振动沉管桩机、下端装有活瓣桩靴的桩管和加料设备。桩直径可根据桩径选择，一般规格为 325mm、375mm、425mm、525mm 等。桩管长度一般大于设计桩长 1～2m。

振动沉管挤密砂石桩施工质量检验同振冲法施工质量检验方法。

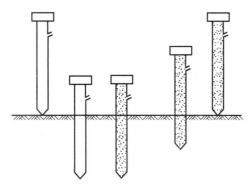

图 5-26　振动沉管法施工顺序示意图

5.7　水泥土搅拌法

水泥土搅拌法是利用水泥、石灰等材料作为固化剂的主剂，通过专门的深层搅拌机械在地基深部就地将软土和固化剂强制拌和，使固化剂和软土之间产生一系列物理-化学作用，从而形成抗压强度高并具有整体性、水稳定性的水泥加固土桩体，由加固体和桩间土构成复合地基，共同承担建筑物的荷载，图 5-27 所示为水泥土搅拌桩。

图 5 - 27　水泥土搅拌桩

目前国内水泥土搅拌法主要用于加固正常固结的淤泥与淤泥质土、粉土、饱和黄土、素填土、黏性土及无流动地下水的饱和松散砂土等地基。当地基天然含水率小于 30%（黄土含水率小于 25%）、大于 70% 或地下水的 pH 小于 4 时，不宜采用此法。当用于处理泥炭土、有机质土、塑性指数 I_P 大于 25 的黏土，地下水具有侵蚀性时，应通过试验确定其适用性。加固深度一般在 18m 以内。

水泥土搅拌法按固化剂材料种类及形态的不同可分为不同的种类，见表 5 - 14。

表 5 - 14　水泥土搅拌法分类

分类依据	类别	主要特点
固化剂	水泥土搅拌法	喷射水泥浆或雾状粉体
材料种类	石灰粉体搅拌法	喷射雾状石灰粉体
固化剂	浆液喷射搅拌法	喷射水泥浆
材料形态	粉体喷射搅拌法	喷射雾状石灰粉体或水泥粉体、石灰水泥混合粉体

5.7.1　加固机理

水泥与土样拌和后产生一系列的物理、化学反应。目前一般认为水泥加固软土的机理包含下列几种作用。

1. 水泥的水解和水化反应

用水泥加固软土时，水泥颗粒表面的矿物很快与软土中的水发生水解和水化反应，生成氢氧化钙、含水硅酸钙、含水铝酸钙及含水铁酸钙等化合物。

2. 黏土颗粒与水泥水化物的作用

（1）离子交换和团粒化作用。

黏土和水结合时就表现出一种胶体特征，如土中含量最多的二氧化硅遇水后，形成硅酸胶体微粒，其表面带有钠离子或钾离子，能和水泥水化生成的氢氧化钙中的钙离子进行当量吸附交换，使较小的土颗粒形成较大的土团粒，从而使土体强度提高。

水泥水化生成的凝胶粒子的比表面积约比原水泥颗粒大 1000 倍，因而可产生很大的表面能，有强烈的吸附活性，能使较大的土团粒进一步结合起来，形成水泥土的团粒结构，并封闭各土团粒的空隙，形成坚固的联结，从宏观上看也就使水泥土的强度大大提高。

（2）硬凝反应。

随着水泥水化反应的深入，溶液中析出大量的钙离子，当其数量超过离子交换的需要量时，在碱性环境中，能使组成黏土矿物的二氧化硅及三氧化二铝的一部分或大部分与钙离子发生化学反应，逐渐生成不溶于水的稳定结晶化合物，增大了水泥土的强度。其反应如下。

$$SiO_2 + Ca(OH)_2 + nH_2O \longrightarrow CaO \cdot SiO_2 \cdot (n+1)H_2O$$
$$Al_2O_3 + Ca(OH)_2 + nH_2O \longrightarrow CaO \cdot Al_2O_3 \cdot (n+1)H_2O$$

3. 碳酸化作用

水泥水化物中游离的氢氧化钙能吸收水中和空气中的二氧化碳，发生碳酸化反应，生成不溶于水的碳酸钙，其反应如下。

$$Ca(OH)_2 + CO_2 \longrightarrow CaCO_3 + H_2O$$

这种反应也能使水泥土强度增加，但增长的速度较慢，幅度也较小。

5.7.2　水泥土的特性

1. 水泥土的物理性质

（1）含水率。

水泥土在凝结硬化过程中，由于水泥的水化等反应，使得部分自由水以结晶水的形式固定下来。故水泥土的含水率略低于原土的含水率，通常减少 $0.5\% \sim 7.0\%$，且随着水泥掺入比的增加而减小。

（2）重度。

因拌入软土中的水泥浆的重度与软土的重度相近，所以水泥土的重度与天然软土的重度相差不大，仅比天然软土重度增加 $0.5\% \sim 3.0\%$。因此采用水泥土搅拌法加固厚层软土地基时，其加固部分对于下部未加固部分不致产生过大的附加荷重，也不会产生较大的附加沉降。

（3）相对密度。

水泥的相对密度为 3.1，比一般软土的相对密度稍大，故水泥土的相对密度比天然软土的相对密度稍大，一般增加 $0.7\% \sim 2.5\%$。

（4）渗透系数。

水泥土的渗透系数随水泥掺入比的增大和养护龄期的增长而减小，一般可达 $10^{-8} \sim 10^{-5}$ cm/s 数量级。尤其是水泥加固淤泥质黏土时，能明显减小原天然土层的水平向渗透系数，这对深基坑施工非常有利，因此可用于防渗帷幕。水泥土对竖向渗透性的改善效果不显著。

2. 水泥土的力学性质

（1）无侧限抗压强度及其影响因素。

水泥土的无侧限抗压强度一般为 $300 \sim 4000 \mathrm{kPa}$，是天然软土的几十倍至数百倍。其变形特征随强度不同而介于脆性体与弹塑体之间，如图 5－28 所示。水泥土受力开始阶段，应力与应变关系基本上符合胡克定律；当外力达到极限强度的 $70\% \sim 80\%$ 时，试块的应力和应变不再继续保持直线关系；当外力达到极限强度时，强度大于 $2000 \mathrm{kPa}$ 的水泥土很快出现脆性破坏，破坏后残余强度很小。

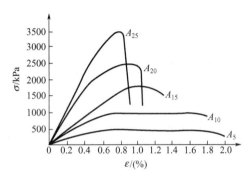

图 5－28　水泥土的应力-应变曲线

A_5、A_{10}、A_{15}、A_{20}、A_{25}—分别表示水泥掺入比 α_w 为 5%、10%、15%、20%、25%

影响无侧限抗压特性的因素，有水泥掺入比、龄期、水泥强度等级、含水率、有机质含量、养护条件、外掺剂等。

水泥掺入比定义为

$$\alpha_w = \frac{掺入的水泥质量}{被加固软土的湿质量} \times 100\% \tag{5-78}$$

水泥掺入量为

$$\alpha = \frac{掺入的水泥质量}{被加固土的体积}(\mathrm{kg/m^3}) \tag{5-79}$$

① 水泥掺入比 α_w 的影响。

当 $\alpha_w < 5\%$ 时，由于水泥与土的反应过弱，水泥土固化程度低，强度离散性也较大。但当 $\alpha_w > 5\%$ 时，水泥土的强度随着水泥掺入比 α_w 的增加而提高，如图 5－29 所示。故在水泥土搅拌法的实际施工中，选用的水泥掺入比要求大于 10%。

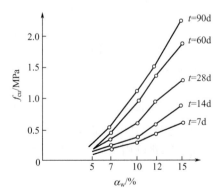

图 5－29　水泥土强度 f_{cu} 与 α_w 和 t 的关系曲线

② 龄期的影响。

如图5-30所示,水泥土的强度随着龄期的增长而提高。一般在龄期超过28d后仍有明显增长,龄期超过3个月后,水泥土的强度增长趋缓。因此,水泥土一般选用3个月的龄期强度作为其标准强度。

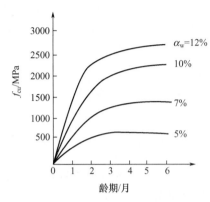

图5-30 水泥土掺入比、龄期与强度的关系曲线

③ 水泥强度等级的影响。

水泥土的强度随水泥强度等级的提高而提高。水泥强度等级提高一级,水泥土的强度f_{cu}约提高50%～90%。如要求达到相同强度,水泥强度等级提高一级,可降低水泥掺入比2%～3%。

④ 土样含水率的影响。

水泥土的无侧限抗压强度f_{cu}随着土样含水率的降低而提高,当土的含水率从57%降低至47%时,无侧限抗压强度即从260kPa增加到2320kPa。一般情况下,土样含水率每降低10%,则强度可提高10%～50%。

⑤ 有机质含量的影响。

水泥土强度随有机质含量的减少而明显提高。这是由于有机质使土体具有较大的水溶性和塑性、较大的膨胀性和低渗透性,并使土具有酸性。这些因素都阻碍水泥水化反应的进行。因此,有机质含量高的软土,单纯用水泥加固的效果较差。

⑥ 养护方法的影响。

养护方法对水泥土的强度影响主要表现在养护环境的湿度和温度。养护方法对短龄期水泥土强度的影响很大,但随着时间的增长,不同养护方法下的水泥土无侧限抗压强度趋于一致,说明养护方法对水泥土后期强度的影响较小。

⑦ 外掺剂的影响。

不同的外掺剂对水泥土强度的影响不同。例如木质素磺酸钙主要起减水作用,基本不影响水泥土强度的增长;石膏、三乙醇胺对水泥土强度有增强作用,而其增强效果与原土样在不同水泥掺入比时的影响不同。所以合适的外掺剂可提高水泥土强度和节约水泥用量。

一般早强剂可选用三乙醇胺、氯化钙、碳酸钠或水玻璃等材料,其掺入量宜分别取水泥质量的0.05%、2%、0.5%和2%;减水剂可选用木质素磺酸钙,其掺入量宜取水泥质量的0.2%;石膏兼有缓凝和早强的双重作用,其掺入量宜取水泥质量的2%。

（2）抗剪强度。

水泥土的抗剪强度随抗压强度的增加而提高。当 f_{cu} 在 300～4000kPa 时，其黏聚力 c 对应为 100～1000kPa，一般约为 f_{cu} 的 20%～30%，其内摩擦角变化在 20°～30°之间。

（3）变形特性。

当垂直应力达无侧限抗压强度的 50% 时，水泥土的应力与应变的比值称为水泥土的变形模量 E_{50}。当 $f_{cu}=0.1～3.5MPa$ 时，$E_{50}=10～550MPa$，即 $E_{50}=（80～150）f_{cu}$。水泥土的压缩系数约为 $（2.0～3.5）\times10^{-2}MPa^{-1}$，其相应的压缩模量 $E_s=60～100MPa$。

5.7.3 设计计算

1. 水泥土搅拌桩单桩竖向承载力的设计计算

水泥土搅拌桩单桩竖向承载力标准值应通过现场单桩载荷试验确定，也可按式（5-80）和式（5-81）进行计算，取其中较小值。

$$R_a=\eta f_{cu}A_p \tag{5-80}$$

$$R_a=u_p\sum_{i=1}^{n}q_{si}l_i+\alpha q_p A_p \tag{5-81}$$

式中　R_a——单桩竖向承载力特征值（kN）；

η——强度折减系数，干法可取 0.2～0.30，湿法可取 0.25～0.33；

f_{cu}——与搅拌桩桩身加固土相同的室内加固试块（边长为 >0.7mm 的立方体）的 90d 龄期的无侧限抗压强度平均值（kPa）；

A_p——桩的平均截面积（m²）；

q_{si}——第 i 层土侧摩阻力特征值（kPa）；

u_p——桩周长（m）；

l_i——第 i 层桩长（m）；

q_p——桩端天然地基土的承载力标准值（kPa），可按《建筑地基基础设计规范》的有关规定确定；

α——桩端天然地基土的承载力折减系数，可取 0.4～0.6，对承载力高者取低值。

2. 水泥土搅拌桩复合地基的设计计算

加固后水泥土搅拌桩复合地基承载力标准值应通过现场复合地基承载力试验确定，也可按下式计算。

$$f_{spk}=m\frac{R_a}{A_p}+\beta(1-m)f_{sk} \tag{5-82}$$

式中　f_{spk}——复合地基承载力特征值（kPa）；

m——面积置换率；

R_a——单桩竖向承载力特征值（kN）；

A_p——桩的截面积（m²）；

f_{sk}——处理后的桩间土承载力特征值（kPa），宜按当地经验取值，无经验时可取天然地基承载力特征值；

β——桩间土承载力折减系数。当桩端土未经修正的承载力特征值大于桩周土承载力特征值平均值时，可取 $0.1 \sim 0.4$，差值大时取低值；当桩端土未经修正的承载力特征值小于桩周土承载力特征值平均值时，可取 $0.5 \sim 0.9$，差值大或没有设褥垫层时取大值。

根据设计要求的单桩竖向承载力和复合地基承载力特征值 f_{spk} 计算水泥土搅拌桩的面积置换率 m 和总桩数 n，公式如下。

$$m = \frac{f_{spk} - \beta f_{sk}}{(R_a / A_p) - \beta f_{sk}} \qquad (5-83)$$

$$n = \frac{mA}{A_p} \qquad (5-84)$$

式中　A——地基加固的面积（m^2）。

3. 软弱下卧层验算

当水泥土搅拌桩加固区以下存在软弱下卧层时，应对其按下式进行强度验算。

$$\sigma_{cz} + \sigma_z \leqslant f_z \qquad (5-85)$$

式中　σ_{cz}——软弱下卧层顶面处的自重应力（kPa）；

f_z——软弱下卧层顶面处经深度修正后的地基承载力特征值（kPa）；

σ_z——软弱下卧层顶面处的附加应力设计值，可按双层地基中附加应力分布进行计算，其中对条形基础为

$$\sigma_z = \frac{b(p - \gamma_0 d)}{b + 2z\tan\theta} \qquad (5-86)$$

对独立基础为

$$\sigma_z = \frac{bl(p - \gamma_0 d)}{(b + 2z\tan\theta)(l + 2z\tan\theta)} \qquad (5-87)$$

式中　b——矩形基础和条形基础底的宽度（m）；

l——矩形基础的长度（m）；

p——基础底面压力（kPa）；

γ_0——基础底面以上土的加权平均重度（kN/m³）；

z——基础底面至软弱下卧层顶面的距离（m）；

d——基础的埋置深度（m）；

θ——地基压力扩散角（°），可按表 5-15 取值。

表 5-15　地基压力扩散角

E_{s1}/E_{s2}	z/b	
	0.25	**0.5**
3	6°	23°
5	10°	25°
10	20°	30°

4. 水泥土搅拌桩沉降验算

水泥土搅拌桩的沉降量常用双层地基法计算，即将水泥土搅拌桩复合地基的沉降量 s 分解为搅拌桩群体的压缩变形 s_1 和桩端下未加固土层的压缩变形 s_2 之和，又可进一步分为复合模量法、应力修正法、桩身压缩量法、应变修正法和经验值法等，参考 5.2 节。

【例 5-3】 某软土地基处理后的桩间土承载力特征值 $f_{sk} = 70\text{kPa}$，采用水泥土搅拌桩处理地基，桩径 0.5m，桩长 10m，等边三角形布桩，桩距 1.5m，桩周摩阻力特征值 $q_s = 15\text{kPa}$，桩端阻力特征值 $q_p = 60\text{kPa}$，水泥土无侧限抗压强度 $f_{cu} = 1.5\text{MPa}$。试求复合地基承载力特征值（取 $\eta = 0.3$，$\beta = 0.85$，$\alpha = 0.5$）。

【解】 桩土面积置换率为

$$m = \frac{d^2}{d_e^2} = \frac{0.5^2}{(1.05 \times 1.5)^2} = 0.1$$

单桩竖向承载力特征值为

$$R_a = u_p \sum_{i=1}^{n} q_{si} l_i + \alpha q_p A_p = 3.14 \times 0.5 \times 15 \times 10 + 0.5 \times \frac{3.14 \times 0.5^2}{4} \times 60$$
$$\approx 241.4 (\text{kN})$$

或

$$R_a = \eta f_{cu} A_p = 0.3 \times 1500 \times \frac{3.14 \times 0.5^2}{4} \approx 88.2 (\text{kN})$$

两者取小值，即 88.2kN。

故复合地基承载力特征值为

$$f_{spk} = m \frac{R_a}{A_p} + \beta (1-m) f_{sk}$$
$$= 0.1 \times \frac{88.2}{0.196} + 0.85 \times (1-0.1) \times 70$$
$$\approx 98.6 (\text{kPa})$$

5.8　水泥粉煤灰碎石桩（CFG 桩）法

5.8.1　CFG 桩的特点及适用性

CFG 桩是水泥粉煤灰碎石桩（Cement Flyash Gravel Pile）的简称，是由水泥、粉煤灰、碎石、石屑或砂加水拌和形成的一种具有一定黏结强度的桩，和桩间土、褥垫层一起形成复合地基，如图 5-31 所示。

CFG 桩是在碎石桩的基础上发展起来的，属复合地基刚性桩，它与一般碎石桩的差异见表 5-16。

图 5 - 31　CFG 桩

表 5 - 16　碎石桩与 CFG 桩的性能对比

对比值	桩型	
	碎石桩	CFG 桩
单桩承载力	桩的承载力主要靠桩顶以下有限场地范围内桩周土的侧向约束，当桩长大于有效桩长时，增加桩长对承载力的提高作用不大。以面积置换率 10% 计，桩承担荷载占总荷载的百分比为 15%～20%	桩的承载力主要来自全桩长的侧摩阻力及端阻力，桩越长则承载力越高。以面积置换率 10% 计，桩承担荷载占总荷载的百分比为 40%～75%
复合地基承载力	加固黏性土复合地基承载力的提高幅度较小，一般为 0.5～1 倍	承载力提高幅度有较大的可调性，可提高 4 倍或更高
变形	减少地基变形的幅度较小，总的变形量较大	增加桩长可有效减少变形，总的变形量小，大量工程实践表明，建筑物沉降量一般可控制在 2～4cm
三轴应力-应变曲线	应力-应变曲线不呈直线关系，增加围压，破坏主应力差增大	应力-应变曲线呈直线关系，围压对应力-应变曲线没有多大影响
适用范围	多层建筑物地基	多层和高层建筑物地基

CFG 桩优点：具有较高的承载力，承载力提高幅度在 250%～300%；沉降量小，变形稳定；施工快速，灌注方便，且施工质量易于控制；可节约大量水泥、钢材而消耗大量粉煤灰，与钢筋混凝土桩加固相比，可减少投资 30%～40%。

CFG 桩适用于条形基础、独立基础、筏板基础和箱形基础，适用于处理黏性土、粉土、砂土和已自重固结的素填土等地基。对淤泥质土，应按地区经验或通过现场试验确定其适用性。但以消除液化为主要目的时，CFG 桩不经济。

5.8.2　作用机理

CFG 桩加固软弱地基时，桩和桩间土一起通过褥垫层形成复合地基，如图 5 - 32 所示。其加固的作用机理主要有三种：桩体作用、挤密作用和褥垫层作用。

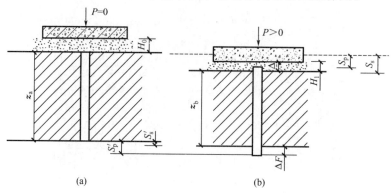

图 5 - 32 CFG 桩复合地基构造示意图

1. 桩体作用

CFG 桩不同于碎石桩，它是具有一定黏结强度的材料。在荷载作用下 CFG 桩的压缩性明显比其周围软土小，因此基础传给复合地基的附加应力随地基变形逐渐集中到桩体上，出现应力集中现象，复合地基的 CFG 桩起到了桩体作用。复合地基载荷试验结果表明，CFG 桩复合地基的桩土应力比大，而且有很大的可调性，一般为 10～40，在软土中可达到 100 左右；而碎石桩复合地基的桩土应力比仅为 1.5～4.0。可见 CFG 桩复合地基的桩体作用十分显著。

2. 挤密作用

CFG 桩采用振动沉管法施工，由于振动和挤压作用使桩间土得到挤密。当 CFG 桩作用于挤密效果差的土层时，相当于置换相应部分的软土，故主要为桩体作用。某地基采用 CFG 桩加固，加固前后土的物理力学指标对比见表 5 - 17。经加固后，地基土的含水率、孔隙比、压缩系数均有所减小，而重度、压缩模量均有所增加，说明加固后桩间土已明显挤密。

表 5 - 17 加固前后土的物理力学指标对比

类别	土层名称	含水率 / （%）	重度 / （kN/m³）	干密度 / （×10³kg/m³）	孔隙比	压缩系数 /MPa⁻¹	压缩模量 /MPa
加固前	淤泥质粉质黏土	41.8	17.8	1.25	1.178	0.80	3.00
	淤泥质粉土	37.8	18.1	1.32	1.069	0.37	4.00
加固后	淤泥质粉质黏土	36.0	18.4	1.35	1.010	0.60	3.11
	淤泥质粉土	25.0	19.8	1.58	0.710	0.18	9.27

3. 褥垫层作用

由级配砂石、粗砂、碎石等散体材料组成的褥垫层，在复合地基中有如下几种作用。

（1）保证桩、土共同承担荷载。

若基础下面不设褥垫层，基础直接与桩和桩间土接触，则在垂直荷载作用下地基的承载特性和桩基础差不多。在基础下设置一定厚度的褥垫层，为 CFG 桩复合地基在承受荷载后提供了桩上、下部刺入的条件，即使桩端落在土层上，也至少可以提供上部刺入条件，保证桩间土始终参与工作。

（2）减少基础底面的应力集中。

在基础底面处对应 σ_p 与对应桩间土应力 σ_s 之比随褥垫层厚度的变化如图 5-33 所示。当褥垫层厚度大于 10cm 时，桩对基础产生的应力集中已显著降低。当褥垫层的厚度为 30cm 时，σ_p/σ_s 只有 1.23。

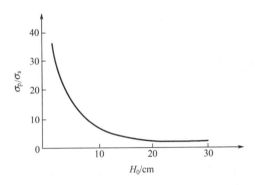

图 5-33 σ_p/σ_s 与褥垫层厚度之间的关系

（3）调整桩、土荷载分担比。

复合地基桩、土荷载分担状况可用桩土应力比 n 表示，也可用桩、土荷载分担比 σ_p/σ_s 表示。表 5-18 给出了不同荷载水平、不同褥垫层厚度下桩承担荷载占总荷载的百分比。由表可见，荷载一定时，褥垫层越厚，土承担的荷载越多；荷载水平越高，桩承担的荷载占总荷载的百分比越大。

表 5-18　桩承担荷载占总荷载的百分比　　　　　　单位：%

荷载/kPa	褥垫层厚度/cm			
	2	10	30	备注
20	65	27	14	桩长 2.25m
60	72	32	26	桩径 16cm
100	75	39	38	荷载板尺寸 1.05m×1.05m

（4）调整桩、土水平荷载分担比。图 5-33 所示为基础承受水平荷载时，不同褥垫层厚度下桩顶水平位移 U_p 和水平荷载 Q 的关系曲线。图示表明，褥垫层厚度越大，桩顶水平位移越小，即桩顶承受的水平荷载越小。

综合以上分析，结合大量的工程实践的总结及考虑到技术上可靠、经济上合理，褥垫层厚度取 10~30cm 为宜。

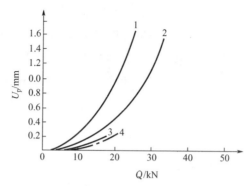

1—褥垫层厚 2cm；2—褥垫层厚 10cm；3—褥垫层厚 20cm；4—褥垫层厚 30cm

图 5-34　不同褥垫层厚度下的 Q-U_p 曲线

5.8.3　设计与计算要点

1. 设计思路

当 CFG 桩桩体强度等级较高时，具有刚性桩的性状，但在承担水平荷载方面与传统的桩基有明显的区别。普通桩在桩基中可承受垂直荷载，也可以承受水平荷载，它传递水平荷载的能力远远小于传递垂直荷载的能力。而 CFG 桩复合地基通过褥垫层把桩和承台（基础）断开，改变了过分依赖桩承担垂直荷载和水平荷载的传统设计思想。

传统桩基中，只提供了桩可能向下刺入变形的条件，而 CFG 桩复合地基通过褥垫层与基础连接，并有上、下双向刺入变形模式，保证桩间土始终参与工作，因此，其垂直承载力设计首先是将土的承载能力充分发挥，不足部分由 CFG 桩来承担。显然，与传统的桩基设计思想相比，桩的数量可以大大减少。需要特别指出的是：CFG 桩不只是用于加固软弱的地基，对于较好的地基土，若建筑物荷载较大，天然地基承载力不够，也可以用 CFG 桩来补足。

由于 CFG 桩是由水泥、粉煤灰、碎石、石屑加水拌和形成，故设计时除考虑 CFG 桩复合地基的六个设计参数外，还须考虑各种材料之间的配合比对混合料的强度及和易性的影响。

2. 材料要求及配合比

CFG 桩一般采用强度等级为 42.5 级的普通硅酸盐水泥，碎石粒径 20~50mm，石屑粒径 2.5~10mm，混合料密度为 $(2.1~2.2) \times 10^3 \text{kg/m}^3$。

在混合料中掺入一定量的中等粒径石屑后，可使级配良好，增大接触比表面积，提高桩体的抗剪强度。在混合料中，石屑与碎石的组成比例用石屑率表示为

$$\lambda = \frac{G_1}{G_1 + G_2} \tag{5-88}$$

式中　G_1、G_2——分别为单位立方米混合料中石屑和碎石的质量（kg）；

　　　　λ——一般取 0.25~0.33。

混合料坍落度按 3cm 控制，水灰比 W/C 和二灰比 F/C（F 为单位立方混合料中粉煤灰的质量）有如下关系。

$$W/C=0.187+0.791F/C \qquad (5-89)$$

混合料密度一般为 $(2.2\sim2.3)\times10^3\,\mathrm{kg/m^3}$。

利用以上的关系，参考混凝土配合比的用水量并加大 $2\%\sim5\%$ 就可进行配合比设计。

3. 设计参数

CFG 桩复合地基有六个设计参数，分别为桩径、桩距、桩长、承载力、沉降量、褥垫层厚度及其材料。下面做简单介绍。

（1）桩径 d。

CFG 桩常采用振动沉管法施工，其桩径根据桩管大小而定，一般为 $350\sim600\mathrm{cm}$，可只在基础范围内布置。

（2）桩距 s。

桩距的选用需要考虑承载力提高幅度能满足设计要求，及施工方便、桩作用的发挥、场地地质条件和造价等因素。

对挤密性好的土，如砂土、粉土和松散填土等，桩距可取得较小。对单、双排布桩的条形基础和面积不大的独立基础等，桩距可取得较小；反之，满堂布桩的筏形基础、箱形基础及多排布桩的条形基础、设备基础等，桩距应适当放大。地下水位高、地下水丰富的建筑场地，桩距也应适当放大，一般取 $s=(3\sim5)d$。

（3）承载力。

CFG 桩复合地基承载力特征值，应通过现场复合地基载荷试验确定，初步设计也可以按下式估算。

$$f_{\mathrm{spk}}=m\frac{R_{\mathrm{a}}}{A_{\mathrm{p}}}+\beta(1-m)f_{\mathrm{sk}} \qquad (5-90)$$

式中符号同前。其中单桩竖向承载力特征值 R_{a} 的取值，当采用单桩载荷试验时，应将单桩竖向极限承载力除以安全系数 2；当无单桩载荷试验资料时，可按下式估算。

$$R_{\mathrm{a}}=u_{\mathrm{p}}\sum_{i=1}^{n}q_{\mathrm{si}}l_i+\alpha q_{\mathrm{p}}A_{\mathrm{p}} \qquad (5-91)$$

式中　u_{p}——桩的周长（m）；

　　　n——桩长范围内所划分的土层数；

　　　q_{si}、q_{p}——分别为桩周第 i 层土的侧摩阻力、端阻力标准值（kPa），可按《建筑地基基础设计规范》的有关规定确定；

　　　l_i——第 i 层土的厚度（m）。

（4）褥垫层厚度。

褥垫层厚度一般取 $150\sim300\mathrm{mm}$ 为宜。当桩径和桩距过大时，褥垫层厚度宜取高值。褥垫层材料可用中砂、粗砂、级配砂石或碎石等，最大粒径不宜大于 $300\mathrm{mm}$。

【例 5-4】　某建筑物地上 28 层，地下 2 层，结构形式为框架-剪力墙结构，基础形式为箱形基础，基础底面尺寸为面积为 $35\mathrm{m}\times30\mathrm{m}$，基础底面压力为 $515\mathrm{kN/m^2}$，基础埋深 7m，地下水埋深为 2.6m。拟采用 CFG 桩进行处理，桩径 400mm，桩体承载力特征值

600kN，桩间土承载力 $f_{sk}=200kPa$，地基勘察资料如下。

0～10m，粉土，$\gamma=18.9kN/m^3$，$f_{sk}=140kPa$，$q_{sk}=40kPa$，$q_{pk}=640kPa$；

10～18m，黏土，$\gamma=19kN/m^3$，$f_{sk}=170kPa$，$q_{sk}=65kPa$，$q_{pk}=900kPa$；

18m 以下，粉砂，$\gamma=20.6kN/m^3$，$f_{sk}=240kPa$，$q_{sk}=70kPa$，$q_{pk}=1200kPa$。

（1）箱形基础底面下设 0.3m 褥垫层，桩长为 11m（进入粉砂层 0.3 m），CFG 桩单桩竖向承载力特征值为多少？

（2）复合地基承载力特征值不宜小于多少？

（3）如桩间土承载力折减系数取 0.1，面积置换率不宜小于多少？

（4）桩数 n 宜为多少？

【解】（1）单桩竖向承载力特征值为

$$R_a = u_p \sum_{i=1}^{n} q_{si} l_i + \alpha q_p A_p$$

$$= 3.14 \times 0.4 \times (2.7 \times 40 + 8 \times 65 + 0.3 \times 70) + \frac{3.14 \times 0.4^2}{4} \times 1200 = 965.9 (kN)$$

（2）经深度修正后复合地基承载力特征值应小于基础底面压力，即 $f_a \geqslant p_k = 515kPa$，计算时 γ_m 取 $\eta_d = 1.0$，基础底面以上土层的加权平均重度，故有

$$\gamma_0 = [2.6 \times 18.9 + (18.9 - 10) \times 4.4]/7 \approx 12.61 (kN/m^3)$$

所以，$f_a = f_{spk} + \eta_d \gamma_m (d - 0.5) \geqslant 515kPa$

即

$$f_a = f_{spk} + 1.0 \times 12.61 \times (7 - 0.5) \geqslant 515kPa$$

解得 $f_{spk} \geqslant 433kPa$。

（3）由 $f_{spk} = m \dfrac{R_a}{A_p} + \beta (1-m) f_{sk}$，解得面积置换率为

$$m \geqslant \frac{433 - 1.0 \times 200}{600/0.1256 - 1.0 \times 200} \approx 5.1\%$$

（4）一根桩等效圆直径为

$$d_e = \frac{d}{\sqrt{m}} = \frac{0.4}{\sqrt{0.051}} \approx 1.771 (m)$$

故桩数宜为

$$n = \frac{A}{d_e} \approx \frac{35 \times 30}{1.771} \approx 593 (根)$$

5.9　高压喷射注浆法

高压喷射注浆法是利用钻机把带有喷嘴的注浆管钻至土层的预定位置后，以高压设备使浆液或水以 20～50MPa 的高压流从喷嘴中喷射出来，冲击破坏土体，与此同时，钻杆以一定速度向上提升，将浆液与土粒强制搅拌混合，浆液凝固后即在土中形成一个固结体，以达到改良土体的目的。固结体的形态和喷射流移动方向有关，后者一般分为旋转喷射（旋喷）、定向喷射（定喷）和摆动喷射（摆喷）三种，如图 5-35 所示。

(a) 设备

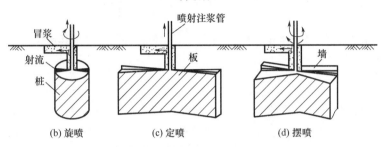

(b) 旋喷　　　　(c) 定喷　　　　(d) 摆喷

图 5-35　高压喷射注浆的设备和三种方式

旋喷法施工时，喷嘴一面喷射一面旋转并提升，固结体呈圆柱状，主要用于加固地基，提高地基的抗剪强度，改善土的变形性质；也可组成闭合的帷幕，用于截阻地下水流和治理流砂。旋喷法施工后，在地基中形成的圆柱体称为旋喷桩。

5.9.1　分类及形式

高压喷射注浆法的基本工艺类型有单管法、二重管法、三重管法和多重管法四种。

1. 单管法

单管法是利用钻机把安装在注浆管（单管）底部侧面的特殊喷嘴，置入土层预定深度后，用高压泥浆泵等装置以 20MPa 左右的压力，把浆液从喷嘴中喷射出去，冲击破坏土体，同时借助注浆管的旋转和提升运动，使浆液与从土体上崩落下来的土搅拌混合，经过一定时间凝固，便在土中形成圆柱状的固结体，如图 5-36 所示。

2. 二重管法

二重管法是使用双通道的二重注浆管钻至土层的预定深度后，在管底部侧面的一个同轴双重喷嘴中，同时喷射出高压浆液和空气两种介质的喷射流冲击破坏土体，即以高压泥浆泵等高压发生装置从内喷嘴中喷射出 20MPa 左右压力的浆液，并用 0.7MPa 左右压力把压缩空气从外喷嘴中喷出，在高压浆液和外圈环绕气流的共同作用下，破坏土体的能量显著增大，喷嘴边喷射边旋转和提升，最后在土中形成圆柱状固结体，且固结体的直径明显增加，如图 5-36 所示。

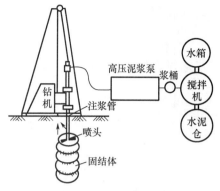

图 5-36　单管法高压喷射注浆示意图

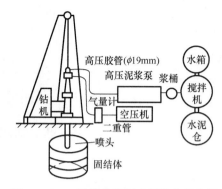

图 5-37　二重管法高压喷射注浆示意图

3. 三重管法

使用分别输送水、空气、水泥浆三种介质的三重管，在以高压泵等高压发生装置产生 20MPa 左右的高压水喷射流的周围，环绕一股 0.7MPa 左右的圆筒状气流，两者同轴喷射冲切土体，形成较大的空隙，另由泥浆泵注入压力 2～5MPa 的水泥浆填充空隙，同时喷嘴做旋转和提升运动。最后便在土中凝固为直径较大的圆柱状固结体，如图 5-37 所示。

4. 多重管法

这种方法首先需要在地面钻一个导孔，然后置入多重管，用逐渐向下运动的旋转超高压水射流（压力约 40MPa）切削破坏四周的土体，经高压水冲击下来的土和石成为泥浆后，立即用真空泵从多重管中抽出；如此反复地冲和抽，便在地层中形成一个较大的空间，装在喷嘴附近的超声波传感器及时测出空间的直径和形状，最后根据工程要求选用浆液、砂浆、砾石等材料进行填充。由此在地层中形成一个大直径的圆柱状固结体，在砂性土中最大直径可达 4m，如图 5-39 所示。

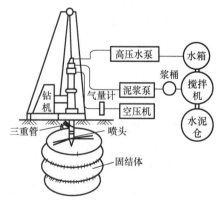

图 5-38　三重管法高压喷射注浆示意图

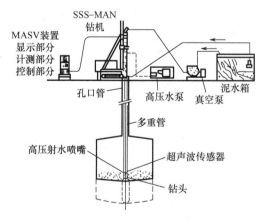

图 5-39　多重管旋喷示意图

5.9.2　特点及适用范围

1. 高压喷射注浆法的特点

（1）适用范围较广。

由于固结体的质量明显提高，它既可用于工程新建之前，又可用于竣工后的托换工程，且能使已有建筑物在施工时使用功能正常。

（2）施工简便。

施工时只需在土层中钻一个孔径为 50mm 或 300mm 的小孔，便可在土中喷射成直径为 0.4～4.0m 的固结体，因而施工时能贴近已有建筑物，且成型灵活，既可在钻孔的全长形成圆柱形固结体，也可仅做其中一段。

（3）可控制固结体形状。

在施工中可调整旋喷速度和提升速度、增减喷射压力或更换喷嘴孔径改变流量，使固结体形成工程设计所需要的形状。

（4）可垂直、倾斜和水平喷射。

通常是在地面上进行垂直喷射注浆，但在隧道、矿山井巷工程、地下铁道等建设中，也可采用倾斜和水平喷射注浆。

（5）耐久性较好。

由于能得到稳定的加固效果并有较好的耐久性，所以可用于永久性工程。

（6）料源广阔。

浆液以水泥为主体，在地下水流速快或含有腐蚀性元素、土的含水率大或固结体强度要求高的情况下，还可在水泥中掺入适量的外掺剂，以达到速凝、高强、抗冻、耐蚀和浆液不沉淀等效果。

（7）设备简单。

高压喷射注浆全套设备结构紧凑、体积小、机动性强、占地少，能在狭窄和低矮的空间施工。

2. 高压喷射注浆法的适用范围

（1）土质适用范围。

该法主要适用于处理淤泥、淤泥质土、黏性土、粉土、黄土、砂土、素填土等地基。当土中含较多的大粒径块石、植物根茎或过多的有机质时，应根据现场试验确定其适用范围，而地下水流速度大、浆液无法凝固、永久冻土及对水泥有严重腐蚀的地基不宜采用。

（2）工程使用范围。

高压喷射注浆主要应用于已有建筑和新建工程的地基处理，深基坑、地铁等工程的土层加固或防水，坝基加固及路基加固应用也较广泛。

① 形成复合地基，提高地基承载力，减少建筑物沉降。对于整治既有建筑物沉降和不均匀沉降的托换工程有一定的效果。

② 用于挡土围堰及地下工程建设。基坑开挖时保护邻近建（构）筑物或路基，如

图5-40所示；可防止基坑底部隆起，以及形成地下管道、涵洞坑道、隧道的护拱，如图5-41所示。

③ 增大土的摩擦力和黏聚力，锚固基础，防止小型滑坡，如图5-42所示。

④ 防止路基冻胀，整治路基翻浆。

⑤ 减少设备基础振动，防止饱和砂土液化。

⑥ 形成防渗帷幕。如基坑防渗帷幕，防止涌砂冒水；又如地下井巷防渗帷幕、地下连续墙防渗帷幕、支护排桩间防渗帷幕、坝基防渗帷幕，如图5-43所示。

⑦ 用于河堤、桥涵及水工构筑物基础以防水冲刷。

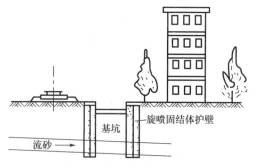

图5-40 保护邻近建筑物

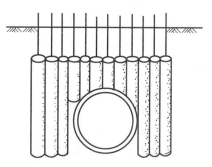

图5-41 做地下管道或涵洞护拱

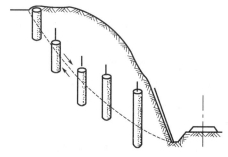

图5-42 防止小型滑坡

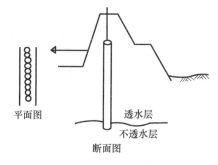

图5-43 坝基防渗帷幕

5.9.3 加固机理

1. 高压喷射流对土体的破坏作用

破坏土体结构强度的最主要因素是喷射动压。根据动量定律，在空气中喷射时的破坏力为

$$P = \rho Q v_{\mathrm{m}} \tag{5-92}$$

式中　P——破坏力（kg·m/s^2）；

　　　ρ——喷射流的密度（kg/m^3）；

　　　Q——喷射流流量（m^3/s），$Q = v_{\mathrm{m}}A$；

　　　v_{m}——喷射流的平均速度（m/s）。

也可写为

$$P = \rho A v_{\mathrm{m}}^2 \tag{5-93}$$

式中　A——喷嘴面积（m^2）。

因此，在喷嘴面积 A 一定的条件下，为了取得更大的破坏力，需要增加平均流速，也就是需要增加旋喷压力。一般要求高压脉冲泵的工作压力达 20MPa 以上，这样就可使喷射流像刚体一样冲击破坏土体，使土与浆液搅拌混合，凝固成圆柱状的固结体。

喷射流在终期区域能量衰减很大，不能直接冲击土体使土粒剥落，但能对有效射程的边界土产生挤压力，对四周土有压密作用，并使部分浆液进入土粒之间的空隙里，使固结体与四周土紧密相依，不产生脱离现象。

2. 水（浆）、气同轴喷射流对土的破坏作用

高压喷射流单独喷射虽然具有巨大的能量，但由于压力在土中急剧衰减，因此其破坏土的有效射程较短，致使旋喷固结体的直径较小。如果在喷嘴出口的高压水喷射流的周围加上圆筒状空气喷射流，进行水、气同轴喷射，则空气气流能使水或浆的高压喷射流从破坏的土体上将土粒迅速吹散，使高压喷射流的喷射破坏条件得到改善，阻力大大减小，能量消耗降低，因而增大了高压喷射流的破坏能力，形成的旋喷固结体的直径较大。图 5-44 所示为不同类喷射流中动水压力与距离的关系，可以看出，高速空气具有防止高速水射流动压急剧衰减的作用。

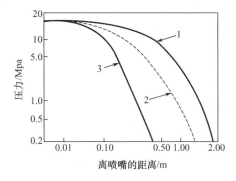

1—高压喷射流在空中单独喷射；2—水、气同轴喷射流在水中喷射；
3—高压喷射流在水中单独喷射

图 5-44　喷射流轴上动水压力与距离的关系

旋喷时，高压喷射流在地基中把土体切削破坏，其加固范围就是以喷射距离加上渗透部分或压缩部分的长度为半径的圆柱体。一部分细小的土粒被喷射的浆液所置换，随着液流被带到地面上（俗称冒浆），其余的土粒与浆液搅拌混合。在喷射动压力、离心力和重力的共同作用下，在横断面上土粒按质量大小有规律地排列起来，小颗粒在中部居多，大颗粒多数在外侧或边缘部分，形成了浆液主体搅拌混合、压缩和渗透等部分，经过一定时间，便凝固成强度较高、渗透系数较小的固结体。

定喷时，高压喷射注浆的喷嘴不旋转，只按水平的固定方向喷射，并逐渐向上提升，便在土中冲成一条沟槽，并把浆液灌进槽中，形成一个板状固结体。

3. 水泥与土的固结机理

水泥与水拌和后，首先产生铝酸三钙水化物和氢氧化钙，它们可溶于水中，但溶解度不高，很快就达到饱和。这种化学反应连续不断地进行，就析出一种胶质物体。这种胶质物体有一部分混在水中悬浮，后来就包围在水泥微粒的表面，形成一层胶凝薄膜，由此生成的硅酸二钙水化物几乎不溶于水，只能以无定形体的胶质包围在水泥微粒的表层，另一部分则渗入水中。由水泥各种成分所生成的胶凝薄膜，逐渐发展起来成为胶凝体，此时表现为水泥的初凝状态，开始有胶黏的性质。此后，水泥各成分在不缺水、不干涸的情况下，继续不断地按上述水化程序发展、增强和扩大，从而产生下列现象：①胶凝体增大并吸收水分，使凝固加速，结合更密；②由于微晶（结晶核）的产生而生出结晶体，结晶体与胶凝体相互包围渗透并达到一种稳定状态，这就是硬化的开始；③水化作用继续深入到水泥微粒内部，使未水化部分再参加以上的化学反应，直到完全没有水分及胶质凝固和结晶充盈为止。水泥水化过程通常会持续较长时间。

5.9.4　设计要点

1. 旋喷桩的估计直径

通常应根据估计直径来选用喷射注浆的种类和喷射方式。对于大型的或重要的工程，估计直径应在现场通过试验确定。在无资料的情况下，对小型的或不太重要的工程，可根据经验选用，采用矩形或梅花形布桩形式。

2. 旋喷桩复合地基承载力计算

用旋喷桩处理的地基应按复合地基设计，旋喷桩复合地基承载力标准值应通过现场复合地基载荷试验确定，也可按下式计算，或结合当地情况按与其土质相似工程的经验确定。

$$f_{spk} = \frac{1}{A_0}[R_{ak} + \beta f_{sk}(A_0 - A_p)] \tag{5-94}$$

式中　f_{spk}——复合地基承载力标准值（kPa）；

　　　A_0——一根桩承担的处理面积（m^2）；

　　　A_p——单桩的平均截面积（m^2）；

　　　β——桩间天然地基土承载力折减系数，可根据试验确定。在无试验资料时，可取 0.2～0.6；当不考虑桩间软土的作用时，可取零；

　　　f_{sk}——桩间天然地基土承载力特征值；

　　　R_{ak}——单桩竖向承载力特征值（kN），可通过现场载荷试验确定；也可按桩身材料强度和土对桩的支承力经验公式计算，并取其中较小值。

3. 旋喷桩复合地基沉降计算

旋喷桩复合地基的沉降计算值应为桩长范围内复合土层及下卧层地基变形值之和，计算时应按《建筑地基基础设计规范》的有关规定执行，其中复合地基的压缩模量可按下式确定。

$$E_{sp} = \frac{E_s(A_0 - A_p) + E_p A_p}{A_0} \qquad (5-95)$$

式中　E_{sp}——旋喷桩复合地基的压缩模量（MPa）；

　　　　E_s——桩间土的压缩模量（MPa），可用天然地基土的压缩模量代替；

　　　　E_p——桩体的压缩模量（MPa），可用测定混凝土割线模量的方法确定。

由于旋喷桩的强度远远高于土的强度，因此确定旋喷桩压缩模量时采用混凝土确定割线弹性模量的方法，即在试块的应力-应变曲线中，连接 O 点至某一应力 σ_h 处割线的正切值，如图 5-45 所示。

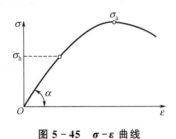

图 5-45　$\sigma - \varepsilon$ 曲线

$$E_p = \tan\alpha \qquad (5-96)$$

σ_h 值取 0.4 倍破坏强度 σ_a，做割线模量的试块为边长 100mm 的立方体。

由于旋喷桩的性质接近混凝土的性质，同时采用 0.4 的折减系数与旋喷桩强度折减值也相近，故在《建筑地基处理技术规范》推荐采用该方法计算。

4. 防渗堵水设计

(1) 旋喷防渗堵水设计。

防渗堵水工程设计时，最好按双排或三排布孔形成帷幕，如图 5-46 所示。孔距为 $1.73R_0$（R_0 为旋喷设计半径）、排距为 $1.5R_0$ 时最为经济。

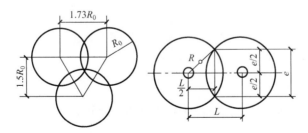

图 5-46　布孔孔距和旋喷注浆固结体搭接示意图

若想增加每一排旋喷桩的交圈厚度，可适当缩小孔距，按下式计算孔距。

$$e = 2\sqrt{R_0^2 - \left(\frac{L}{2}\right)^2} \qquad (5-97)$$

式中　e——旋喷桩的交圈厚度（m）；

　　　　R_0——旋喷桩的半径（m）；

　　　　L——旋喷桩孔位的间距（m）。

（2）定喷和摆喷防渗堵水设计。

定喷和摆喷是一种常用的防渗堵水的方法，由于喷射出的板墙薄而长，不但降低了成本，而且提高了固结体的连续性。定喷防渗帷幕形式如图 5-47 所示。

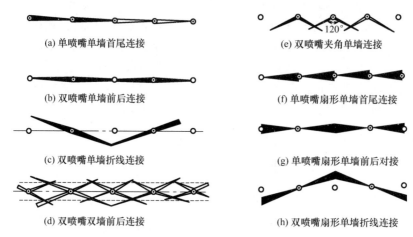

(a) 单喷嘴单墙首尾连接

(e) 双喷嘴夹角单墙连接

(b) 双喷嘴单墙前后连接

(f) 单喷嘴扇形单墙首尾连接

(c) 双喷嘴单墙折线连接

(g) 单喷嘴扇形单墙前后对接

(d) 双喷嘴双墙前后连接

(h) 双喷嘴扇形单墙折线连接

图 5-47　定喷防渗帷幕形式

摆喷防渗帷幕形式如图 5-48 所示。

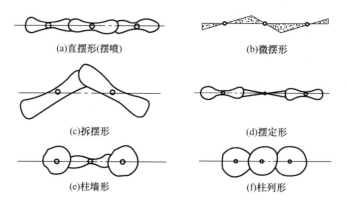

(a)直摆形(摆喷)

(b)微摆形

(c)拆摆形

(d)摆定形

(e)柱墙形

(f)柱列形

图 5-48　摆喷防渗帷幕形式

5. 喷射浆量计算

喷射浆量计算有两种方法，即体积法和喷量法，取其大者作为设计喷射浆量。

（1）体积法。

计算公式为

$$Q=\frac{\pi}{4}D_e^2 K_1 h_1(1+\beta)+\frac{\pi}{4}D_0^2 K_2 h_2 \tag{5-98}$$

式中　Q——需要用的浆量（m^3）；

D_e——旋喷团结体直径（m）；

D_0——注浆管直径（m）；

K_1——填充率，取 $0.75\sim0.9$；

h_1——旋喷长度（m）；

K_2——未旋喷范围内土的填充率，取 0.5～0.75；

h_2——未旋喷长度（m）；

β——损失系数，通常取 0.1～0.2。

（2）喷量法。

按单位时间喷射的浆量及喷射持续时间计算出浆量时，其计算公式为

$$Q=\frac{qH}{v}(1+\beta) \tag{5-99}$$

式中　Q——需要用的浆量（m³）；

　　　v——提升速度（m/min）；

　　　H——喷射长度（m）；

　　　q——单位时间的喷浆量（m³/min）；

　　　β——损失系数，通常取 0.1～0.2。

根据计算所需的喷浆量和设计水灰比，即可确定水泥用量。

5.10　岩溶地基处理

岩溶又称喀斯特（Karst），是指可溶性岩石（如石灰岩、白云岩、石膏、岩盐等）受水的长期溶蚀作用而形成的溶洞、溶沟、裂隙、暗河、石芽、漏斗、钟乳石等奇特的地上及地下形态的总称，如图 5-49 和图 5-50 所示。我国岩溶分布较广，尤其碳酸盐类岩溶在西南、东南地区均有分布，其中贵州、云南、广西等最为广泛。

1—石林；2—溶沟；3—漏斗；4—落水洞；5—溶洞；6—暗河；7—钟乳石；8—石笋

图 5-49　岩溶形态示意图

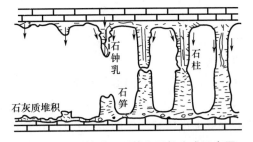

图 5-50　石钟乳、石笋和石柱生成示意图

5.10.1 岩溶地基类型

在岩溶发育区域，岩溶表面石芽、溶沟丛生，参差不齐。地下溶洞又破坏了岩体的完整性。岩溶水动力条件变化又会使其上部覆盖土层产生开裂、沉陷。这些都不同程度地影响着建筑物地基的稳定。

根据碳酸盐岩出露条件及其对地基稳定性的影响，可将岩溶地基划分为裸露型岩溶地基、覆盖型岩溶地基、掩埋型岩溶地基三种，而最为重要的是前两种。

1. 裸露型岩溶地基

裸露型岩溶地基缺少植被和土层覆盖，碳酸盐岩裸露于地表或其上仅有很薄的覆土。其又可分为石芽地基和溶洞地基两种。

（1）石芽地基：由大气降水和地表水沿裸露的碳酸盐岩节理、裂隙溶蚀扩展而形成，溶沟间残存的石芽高度一般不超过3m。如被土覆盖，则称为埋藏石芽。石芽多数分布在山岭斜坡上、河流谷坡及岩溶洼地的边坡上，芽面极陡，芽间的溶沟、溶槽有的可深达10余米，而且往往与下部溶洞和溶蚀裂隙相连，基岩面起伏极大。因此，此类地基会造成地基滑动及不均匀沉陷和施工上的困难。

（2）溶洞地基：浅层溶洞顶板的稳定性问题是该类地基安全的关键。溶洞顶板的稳定性与岩石性质、结构面的分布及其组合关系、顶板厚度、溶洞形态和大小、洞内充填情况和水文地质条件等有关。

2. 覆盖型岩溶地基

覆盖型岩溶地基通常在碳酸盐岩之上覆盖层厚数米至数十米（一般小于30m）。这类土体可以是各种成因类型的松软土，如风成黄土、冲洪积砂卵石类土及我国南方岩溶地区普遍发育的残坡积红黏土。覆盖型岩溶地基存在的主要岩土工程问题是地面塌陷。对这类地基进行稳定性的评价时，需要同时考虑上部建筑荷载与土洞的共同作用。

5.10.2 岩溶地基的主要问题

对岩溶地基的评价与处理，是山区工程建设经常遇到的问题，应先查明其发育、分布等情况，做出准确评价，然后进行预防与处理。由于岩溶作用，岩石遭受溶蚀后，岩石有孔洞，结构松散，从而降低了岩石强度并增大了透水性能。岩溶地基可能发生的岩土工程问题有如下几个方面。

（1）地基主要受压层范围内，若有溶洞、暗河等存在时，在附加荷载或振动作用下，溶洞顶板坍塌引起地基突然陷落。

（2）地基主要受压层范围内，下部基岩面起伏较大，当上部又有软弱土体分布时，可引起地基不均匀沉陷。

（3）覆盖型岩溶地基由于地下水活动产生的土洞，逐渐发展导致地表塌陷，造成对场地和地基稳定的影响。

（4）在岩溶岩体中开挖地下洞室时，突然发生大量涌水及洞穴泥石流灾害。从更广泛的意义上说，还包括有其特殊性的水库诱发地震、水库渗漏、矿坑突水，以及工程中遇到的溶洞失稳、旱涝灾害、石漠化等一系列工程地质和环境地质问题。

5.10.3　岩溶地基的处理原则

岩溶地基处理的一般原则如下。

（1）重要建筑物宜避开岩溶强烈发育区。

（2）当地基含石膏、岩盐等易溶岩时，应考虑溶蚀继续作用的不利影响。

（3）不稳定的岩溶洞隙应以地基处理为主，并可根据其形态、大小及埋深，采用清爆换填、浅层楔状填塞、洞底支撑、梁板跨越、调整柱距等方法处理。

（4）岩溶水的处理宜采取疏导的原则。

（5）在未经有效处理的隐伏土洞或地表塌陷影响范围内不应采用天然地基。对土洞和塌陷，宜采用地表截流、防渗堵漏、挖填灌填岩溶通道、通气降压等方法进行处理，同时采用梁板跨越。对重要建筑物应采用桩基或墩基。

（6）应采取防止地下水排泄通道堵截造成动水压力对基坑底板、地坪及道路等不良影响，以及防止泄水、涌水等对环境造成污染的措施。

（7）当采用桩（墩）基时，宜优先采用大直径墩基或嵌岩桩，并应符合下列要求。

①桩（墩）以下相当于桩（墩）径3倍的范围内，无倾斜或水平状岩溶洞隙的浅层洞隙时，可按冲剪条件验算顶板稳定性。

②桩（墩）底应力扩散范围内，无临空面或倾向临空面的不利角度的裂隙面时，可按滑移条件验算其稳定性。

③应清除桩（墩）底面不稳定石芽及其间的充填物。嵌岩深度应确保桩（墩）的稳定及其底部与岩体的良好接触。

5.10.4　岩溶地基的处理方法

一般情况下，应尽量避免在上述不稳定的岩溶地区进行工程建设，若一定要利用这些地段作为建筑场地，应结合岩溶的发育情况、工程要求、施工条件、经济与安全的原则，采取必要的防护和处理措施。

（1）清除填堵法：适用于处理顶板不稳定的浅埋溶洞地基。即清除覆土，爆开顶板，挖去松软填充物，回填块石、碎石、黏土或毛石混凝土等，并分层密实。对地基岩体内的裂隙，可灌注水泥浆、沥青或黏土浆等，如图5-51和图5-52所示。

（2）梁、板跨越：对于洞壁完整、强度较高而顶板破碎的岩溶地基，宜采用钢筋混凝土梁、板跨越，但支承点必须落在较完整的岩面上，如图5-53和图5-54所示。

（3）洞顶、底支撑：适用于处理跨度较大、顶板具有一定厚度但稳定条件差的岩溶，若能进入洞内，可用石砌柱、拱或钢筋混凝土柱支撑洞顶，如图5-55所示。入洞之前应查明洞底的稳定性。

（4）水流排导：地下水宜疏不宜堵，一般宜采用排水隧洞、排水管道等进行疏导，以防止水流通道堵塞，造成动水压力对基坑底板、地坪及道路等的不良影响，如图 5 - 56 所示。

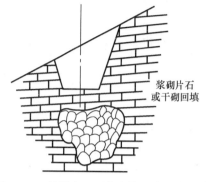

图 5 - 51　挖填之一（浆砌片石或干砌回填）

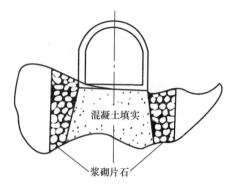

图 5 - 52　挖填之二（浆砌片石，混凝土填实）

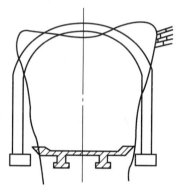

图 5 - 53　架梁跨越之一

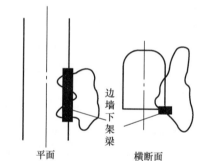

（隧道工程中用边墙下架梁通过岩溶发育地段）

图 5 - 54　架梁跨越之二

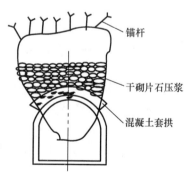

图 5 - 55　喷锚加固与浆砌护拱

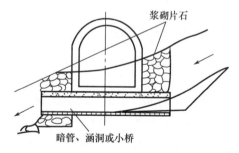

（隧道工程中用暗管、涵洞、小桥等排地下水）

图 5 - 56　水流排导

5.11　土的加筋技术

土的加筋（Soil Reinforcement）是指在人工填土的路堤或挡土墙内铺设土工聚合物（合成纤维、合成橡胶、合成树脂、塑料等）、钢带、钢条，或在边坡内打入锚杆、土钉作为加筋，形成复合地基。当受外力作用时，将会产生形变，引起筋材与其周围土之间产生位移趋势，但两种材料的界面上有摩阻力和咬合力，等效于给土体施加一个侧压力增量，使土的强度和承载力有所提高，限制土的侧向位移。这种人工复合土体类似钢筋混凝土，可承受抗拉、抗压、抗剪、抗弯作用，提高地基承载力和稳定性。土体中起加筋作用的人工材料称为筋体，由土和筋体所组成的复合土体称为加筋土。

随着土工合成材料技术的发展，加筋土得到了广泛的工程应用，目前主要应用于支挡结构、陡坡和软土地基的加固等方面，如图 5 - 57 所示。本节主要介绍土工合成材料和加筋土挡土墙。

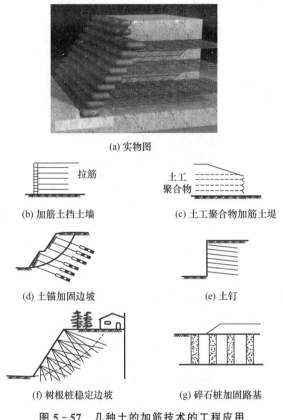

(a) 实物图

(b) 加筋土挡土墙

(c) 土工聚合物加筋土堤

(d) 土锚加固边坡

(e) 土钉

(f) 树根桩稳定边坡

(g) 碎石桩加固路基

图 5 - 57　几种土的加筋技术的工程应用

5.11.1　土工合成材料

土工合成材料（Geosynthetics）是岩土工程领域中的一种新型建筑材料，是对以人工合成的聚合物（如塑料、化纤、合成橡胶等）为原料的起加强或保护土体作用的产品的总称。其已广泛应用于水利、公路、铁路、港口、建筑等工程的各个领域。

在软土地基上修筑路堤或结构物时，往往由于地基抗剪强度不足而引起路堤侧向整体滑动，边坡外侧土体隆起。路基础底面面沿横向产生盆形沉降，导致路面横坡变缓，影响排水。若将土工织物、土工网、土工格栅铺设于软土地基和路堤之间，对软土地基路堤加筋，可以保证路堤的稳定性，利用土工合成材料抗压性能好的优点，达到提高地基承载力的目的。

1. 土工合成材料的种类

《公路土工合成材料应用技术规范》（JTG/T D32—2012）将土工合成材料分为土工织物、土工膜、土工特种材料和土工复合材料等类型，如图 5-58 所示。

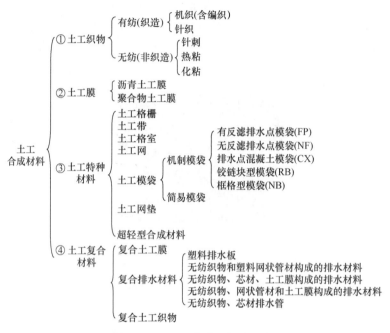

图 5-58　土工合成材料的分类

（1）土工织物。

土工织物的制造过程是：首先把聚合物原料加工成丝、短纤维、纱或条带，然后再制成平面结构的土工织物。按制造方法，其可分为有纺（织造）土工织物和无纺（非织造）土工织物。有纺土工织物由两组平行的呈正交或斜交的经线和纬线交织而成；无纺土工织物是把纤维做定向的或随意的排列，再经过加工而成。按照联结纤维的方法不同，其又可分为化学（黏结剂）联结、热力联结和机械联结三种联结方式。

土工织物突出的优点是质量轻，整体连续性好（可做成较大面积的整体），施工方便，抗拉强度较高，耐腐蚀和抗微生物侵蚀性好；缺点是若未经特殊处理，其抗紫外线能力低，如暴露在外，受紫外线直接照射容易老化，但如不直接暴露，则抗老化及耐久性能仍较高。

（2）土工膜。

土工膜一般可分为沥青土工膜和聚合物（合成高聚物）土工膜两大类。沥青土工膜目前主要为复合型的（含编织型或无纺型的）土工织物，沥青作为浸润黏结剂。根据不同的主材料，聚合物土工膜又分为塑性土工膜、弹性土工膜和组合型土工膜。

土工膜具有突出的防渗和防水性能。大量工程实践表明，土工膜的不透水性很好，弹性和适应变形能力很强，能适用于不同的施工条件和工作应力，具有良好的耐老化性能，处于水下和土中的土工膜的耐久性尤为突出。

（3）土工特种材料。

土工特种材料，包括土工格栅、土工带、土工格室、土工网、土工膜袋、土工网垫、超轻型合成材料［如聚苯乙烯泡沫塑料（EPS）］等。

① 土工格栅：是一种主要的土工合成材料，与其他土工合成材料相比，具有独特性能与功效。土工格栅常用作加筋土结构的筋材或复合材料的筋材等，可分为玻璃纤维类和聚酯纤维类两种类型。

② 土工膜袋：是一种由双层聚合化纤织物制成的连续（或单独）袋状材料，利用高压泵把混凝土或砂浆灌入膜袋中，形成板状或其他形状的结构，常用于护坡或其他地基处理工程。膜袋根据其材质和加工工艺的不同，分为机制膜袋和简易膜袋两大类。机制膜袋按其有无反滤排水点和充胀后的形状，又可分为有反滤排水点膜袋、无反滤排水点膜袋、排水点混凝土膜袋、铰链块型膜袋、框格型膜袋等。

③ 土工网：是由平行的聚合物肋（合成材料条带、粗股条编织或合成树脂）按一定角度交叉并压制形成的具有较大孔眼、刚度较大的平面网状结构，用于作软土地基加固垫层、坡面防护、植草及用作制造组合土工材料的基材。

④ 土工网垫和土工格室：都是用合成材料特制的三维结构，前者多为长丝结合而成的三维透水聚合物网垫，后者是由土工织物、土工格栅或土工膜、条带聚合物构成的蜂窝状或网格状三维结构。常用于防冲蚀和保土的工程，刚度大、侧限能力高的土工格室多用于地基加筋垫层、路基基床或道床中。

⑤ 聚苯乙烯泡沫塑料（EPS）：是近年来发展起来的超轻型土工合成材料，是在聚苯乙烯中添加发泡剂，用所规定的密度预先进行发泡，再把发泡的颗粒放在筒仓中干燥后填充到模具内加热形成的。EPS 具有质量轻、耐热、抗压性能好、吸水率低等优点，常用作铁路路基的填料。

（4）土工复合材料。

土工复合材料是由上述各种材料复合构成，如复合土工膜、复合土工织物、复合土工布、复合防排水材料（排水带、排水管）等。土工复合材料可将不同材料的性质结合起来，更好地满足具体工程的需要，能起到多种功能作用。如复合土工膜，就是将土工膜和土工织物按一定要求制成的一种土工织物组合物，其中土工膜主要用来防渗，土工织物起加筋、排水和增加土工膜与土面之间摩擦力的作用；又如土工复合排水材料，是以无纺土工织物和土工网、土工膜或不同形状的土工合成材料芯材组成的排水材料，用于软土基排水固结处理、路基纵横排水、建筑物地下排水管道、集水井、支挡建筑物的墙后排水、隧道排水、堤坝排水设施等。路基工程中常用的塑料排水板就是一种土工复合排水材料。

2. 土工合成材料的功能

土工合成材料的功能主要可归纳为六类，即反滤功能、排水功能、隔离功能、防护功能、加筋功能及防渗功能。

（1）反滤功能。

当土中水流过土工织物时，水可以顺畅穿过，而土粒却被阻留的现象称为反滤（过滤）。土工织物可以代替水利工程中传统采用的砂砾等天然反滤材料作为反滤层（或称滤层）。

（2）排水功能。

土工合成材料可作为土体中竖向和水平向排水体，既可作为排水通道，又能防止淤堵。在工程上可作为地基加固竖向排水体代替砂井，或作为坝体内的排水棱体、公路的水平排水层、边坡中的排水块等，如图 5－59 所示。

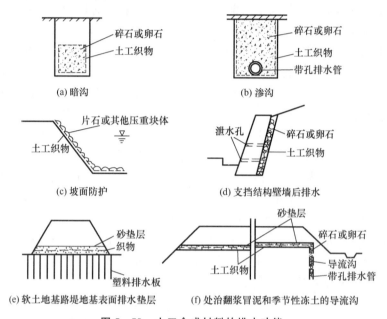

图 5－59 土工合成材料的排水功能

（3）隔离功能。

将土工织物置于土、砂石料与地基之间，可把不同粒径的土粒分隔开，以免相互混杂或发生土粒流失，继而失去各种材料和结构的完整性。

（4）防护功能。

当比较集中的应力或应变从一种物体传递到另一种物体时，土工织物可以在中间起到减轻或分散的作用。如厚的无纺织物和复合土工膜可保温，防冻害，减轻车辆的集中荷载对地基土的影响，防止路面反射裂缝等。

（5）加筋功能。

土工合成材料有较高的抗拉强度，埋于土中，可以承受一部分拉应力，限制土体侧向位移，增加稳定性，具有加筋功能。其应用范围有土坡、地基、挡土墙等。

（6）防渗功能。

把土工膜覆于土体之上，起着防水、隔水和封闭作用，防止透水和透气。该功能主要应用于堤坝防渗、地下室防水、水池底和边坡的隔水、垃圾场的隔离层，防止污渗水和完成土层覆盖封闭等。

必须指出，上述土工合成材料的六项功能并不是绝对独立的，当一种土工合成材料用于某一项工程中时，往往同时具备上述几项功能，但有主次之分。如公路的碎石基层与地基之间铺放土工织物时，其中"隔离"和"加筋"是主要功能，"滤层"和"排水"是次要功能。

5.11.2　加筋土挡土墙

加筋土挡土墙（Reinforced Fill Wall）是由填土、填土中布置的带状筋体（拉筋）及直立的墙面板三部分组成的复合结构。这种结构内部存在着墙面土压力、拉筋的拉力，以及填土与拉筋的摩擦力等相互作用的内力平衡，保证了这种复合结构的内部稳定性；同时，加筋土挡土墙这一复合结构还要求能抵抗拉筋尾部后面填土所产生的侧压力，即保持加筋土挡土墙的外部稳定性，从而使整个复合结构稳定。加筋土挡土墙具有结构轻巧、体积小，便于现场预制与拼装，施工方法简便快速，抗寒和抗震性好，造价低廉等特点，因此自 20 世纪 60 年代初问世以来，便以其显著的技术经济效益，广泛应用于路基、桥梁、码头、贮仓、堆料场等工程中。

1. 加筋土基本原理

加筋土是通过在土体中加入拉筋而形成复合土，它利用拉筋与土体的摩擦作用，提高填土的抗剪强度，改善土体的变形条件，提高土体的工程性能，从而达到稳定土体的目的。其性能通常用摩擦加筋原理、准黏聚力原理和摩尔-库仑强度理论加以解释。

（1）摩擦加筋原理和准黏聚力原理。

摩擦加筋原理认为，加筋土墙面板由拉筋拉住，墙面板承受的土压力企图将拉筋拉出，而拉筋又被填土压住，土与拉筋之间的摩擦力将阻止拉筋拉出，因此，只要拉筋具有足够的强度并与土产生足够的摩擦力，则加筋土体就不会被破坏，复合土体结构就处于稳定状态；反之，若填土中的拉筋被拉断或被拔出，则加筋土体即被破坏。

准黏聚力理论认为，加筋土体可以看作各向异性的复合材料，拉筋的弹性模量远远大于填土的模量，两者共同作用。加筋土体工作时，土和拉筋一起承受外部和内部的荷载，由于土与拉筋之间的摩擦作用，将土中的应力传递给拉筋，而拉筋所产生的拉应力抵抗了土体的水平位移，就好像在土体中增加了一个内聚力，从而改进了土体的力学特性。

如图 5-60 和图 5-61 所示，设土的水平推力在拉筋中引起的拉力沿拉筋长度呈非均匀分布，则分析长为 $\mathrm{d}l$、宽为 b 的微分段，可以得到所传递的拉力 $\mathrm{d}T$ 为

$$\mathrm{d}T = T_2 - T_1 \tag{5-100}$$

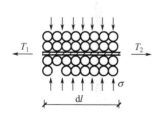

图 5-60　摩擦加筋原理

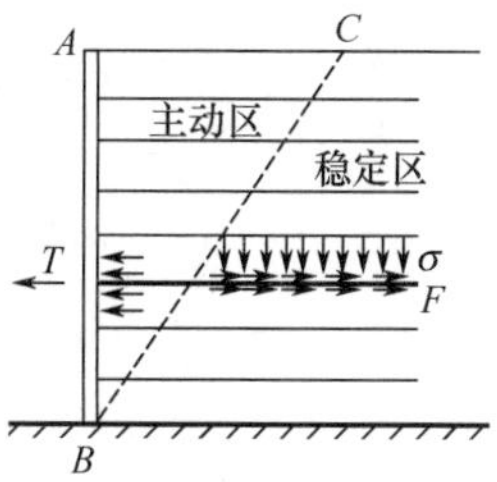

图 5-61　加筋挡土墙的受力分析

拉筋与土体之间的摩阻力 $\mathrm{d}F$ 为

$$\mathrm{d}F = 2b\sigma f \mathrm{d}l \tag{5-101}$$

式中　σ——垂直作用于拉筋的法向力（kPa）；

f——拉筋与土体之间的摩擦系数；

T_1、T_2——分别为左右截面拉筋受力（kN）。

当 $dT \leqslant 2b\sigma f dl$ 时，拉筋与土体之间就不会产生相互滑动，这时拉筋与土体之间好像直接相连似地发挥着作用，相当于拉筋改良和提高了土的力学特性。

在加筋土挡土墙中，墙体由于受土体的推力产生破坏时（暂将加筋土体看成无筋土体），依据朗肯理论，沿主动破裂面 BC 将墙体分为主动区和稳定区（图 5-61）。下滑土楔体 ABC 自重产生的水平推力对每一层拉筋形成拉力，欲将拉筋从土体中拔出，而稳定区土体与筋带的摩擦阻力阻止拉筋被拔出。如果每一层拉筋与土体的摩擦阻力均能抵抗相应的土推力，则整个墙体就不会出现 BC 滑动面，加筋土体的内部稳定就有保证。

（2）摩尔-库仑强度理论。

下面用摩尔-库仑强度理论解释加筋土抗剪强度提高的原因。如图 5-62 所示，加筋前，单元体在 σ_1 和 $\sigma 3$ 作用下产生横向变形，当处于破坏的临界状态时，应力圆（σ_3，σ_1）与强度包线相切；当沿着拉伸主应变方向（与 σ_3 同方向）布置有拉筋后，因土体变形受拉筋约束，使拉筋处于拉力状态，相当于给单元体一个应力增量 $\Delta\sigma_3$。如图 5-63 所示，加筋后，原应力圆（σ_3，σ_1）位于加筋土抗剪强度线的下方，没有达到破坏状态；在 σ_3 作用下，破坏时可承担更大的 σ_1，即（$\sigma_1 - \sigma_3$）＞（$\sigma_1 - \sigma_3$），复合土体结构强度明显提高。

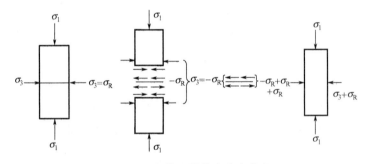

图 5-62　加筋土的基本应力状态

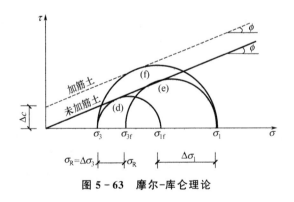

图 5-63　摩尔-库仑理论

2. 加筋土挡土墙的构造设计

加筋土挡土墙的设计，主要包括确定挡土墙的结构类型、内部稳定性分析及整体稳定性分析等内容。

（1）加筋体的断面形式。

加筋体墙面的平面线形可采用直线、折线和曲线。加筋体的断面形式有三种，分别是矩形、倒梯形和正梯形，如图 5-64 所示。一般应采用矩形，当地形、地质条件限制时，也可采用上宽下窄或上窄下宽的阶梯形。断面尺寸由计算确定，底部筋带长度不应小于 3m，同时不小于 $0.4H$。

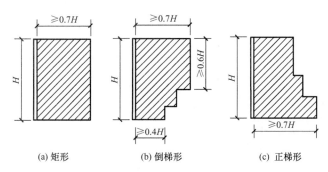

(a) 矩形　　　　(b) 倒梯形　　　　(c) 正梯形

图 5-64　加筋体的断面形式

（2）加筋土填料。

为了满足拉筋与土体相互作用可靠，对填料的一般要求如下：易填筑与易压实；能与拉筋产生足够的摩擦力；满足化学和电化学标准；水稳定性好（浸水工程）。

有一定级配的砾类土、砂类土，与拉筋之间的摩擦力大，透水性能好，应优先选用；碎石土、黏土、中低液限黏质土和稳定土也可采用，腐殖土、冻结土等影响拉筋和面板使用寿命的应禁止采用。填筑时填料的含水率应接近最佳含水率，压实度应达到 90％以上。

（3）拉筋。

拉筋的主要作用是与填料产生摩擦力，并承受结构内部的拉力，因此必须具有以下特性：具有较高的强度，受力后变形小；较好的柔性与韧性；表面粗糙，能与填料产生足够的摩擦力；抗腐蚀性和耐久性好；加工、接长和与面板的连接简单。

拉筋可以分为钢带、钢筋混凝土带和聚丙烯土工带三种。高速公路和一级公路上的加筋土工程应采用钢带或钢筋混凝土带。

（4）面板。

面板的主要作用是防止端部土体从拉筋间挤出，以及传递土压力、保护加筋体免受外界不利因素影响，并保证拉筋、填料和墙面板构成具有一定形状的整体。混凝土面板的外形可选用十字形、槽形、六角形、L 形和矩形等，一般尺寸见表 5-19。墙顶和角隅处可采用异形面板和角隅面板。

表 5-19　面板尺寸表　　　　　　　单位：cm

类型	简图	高度	长度	厚度
十字形		50～150	50～150	8～22
槽形		30～75	100～120	14～20

（单位：cm）　续表

类型	简图	高度	长度	厚度
六角形	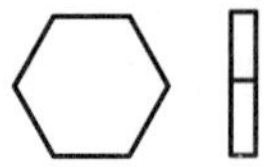	60～120	70～180	8～22
L形		30～50	100～200	8～12
矩形		50～100	100～200	8～22

注：① L形面板下缘宽度一般采用20～25cm，厚度8～12cm。

② 槽形面板的底板和翼板厚度不小于5cm。

（5）基础。

加筋土挡土墙的基础采用现浇混凝土或片（块）石砌筑。加筋体墙面下部应设置宽度不小于0.3m、厚度不小于0.2m的混凝土基础，但当面板筑于石砌圬工或混凝土之上或地基为基岩时，可不设基础。

一般情况下，只在墙面板下设置矩形的条形基础，宽度为0.3～0.5m，厚度为0.25～0.4m。当地基为土质时，应铺设一层0.1～0.5m厚的砂砾石垫层。基础底面的埋置深度，对于一般土质地基不应小于0.6m，当设置在岩石上时应清除表面风化层，当风化层很厚难以全部清除时，可采用土质地基的埋深。浸水地区和冰冻地区的基础埋深要求同重力式挡土墙。软弱地基上的加筋土挡土墙，当地基承载力不能满足要求时，应进行地基处理。加筋土挡土墙的基础底面可做成水平或结合地形做成台阶形。

（6）沉降缝与伸缩缝。

由于加筋土挡土墙地基的沉陷和面板的收缩膨胀引起的结构变形，如基础下沉、面板开裂，会影响复合结构体的正常使用和美观。工程中，在地基变化处或墙高变化处，通常每隔10～20m设置一道沉降缝。沉降缝和伸缩缝可统一考虑，宽度一般为2～3cm，可采用沥青板、软木板或沥青麻絮等填塞。

3. 加筋土挡土墙的稳定性计算

（1）加筋土挡土墙的破坏形式。

加筋土挡土墙的整体稳定性取决于其内部和外部的稳定性，可能产生的破坏形式如图5-65和图5-66所示。

从加筋土挡土墙内部结构分析可知，由于土压力的作用，土体中将产生破裂面，破裂的滑动楔体处于极限状态。在土中埋设拉筋后，趋于滑动的楔体，通过面板和土体与拉筋间的摩擦作用产生将拉筋拔出的倾向，因此，这部分的水平分力τ指向墙外；滑动楔体后面的土体由于拉筋和土体间的摩擦作用把拉筋锚固在土中，从而阻止拉筋拔出，这部分的水平力指向土体。两个方向分力的交点就是拉筋的最大应力点。将每根拉筋的最大应力点连成一曲线，该曲线把加筋土挡土墙分成两个区域，将各拉筋最大应力点线以左的土体称

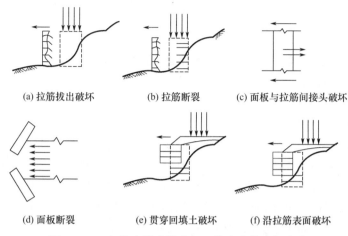

(a) 拉筋拔出破坏 　　(b) 拉筋断裂 　　(c) 面板与拉筋间接头破坏

(d) 面板断裂 　　(e) 贯穿回填土破坏 　　(f) 沿拉筋表面破坏

图 5 - 65　加筋土挡土墙内部可能产生的破坏形式

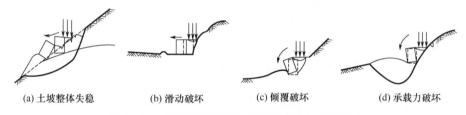

(a) 土坡整体失稳 　　(b) 滑动破坏 　　(c) 倾覆破坏 　　(d) 承载力破坏

图 5 - 66　加筋土挡土墙外部可能产生的破坏形式

为主动区（或活动区），以右的土体称为被动区（或锚固区），如图 5 - 67 所示。通过大量室内模型试验和野外实测资料分析，各层拉筋最大拉力点的连线通过墙面板脚，其形状近似对数螺旋线。在挡土墙的上部，最大拉力线与墙面间距离不超出 $0.3H$（H 为墙高），为了简化计算，近似地认为破裂面是一条通过墙面板脚、在挡土墙的上部距面板背向距离为 $0.3H$ 的折线，如图 5 - 68 所示。

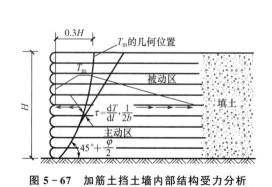

图 5 - 67　加筋土挡土墙内部结构受力分析

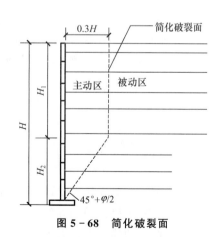

图 5 - 68　简化破裂面

简化破裂面倾斜部分与水平面的夹角为 $45° + \dfrac{\varphi}{2}$，上、下部分高度 H_1、H_2 按以下公式计算。

$$H_2 = b\tan\left(45° + \frac{\varphi}{2}\right) \tag{5-102}$$

$$H_1 = H - H_2 \tag{5-103}$$

式中 b——简化破裂面的垂直部分与墙面板背面的距离，$b=0.3H$；

    φ——土的内摩擦角；

    H——挡土墙墙高。

（2）加筋土挡土墙的稳定性计算。

加筋土挡土墙的稳定性分析，包括内部稳定性分析及整体稳定性分析。整体稳定性问题是指由于外部原因导致加筋土结构破坏，其计算包括基础底面地基承载力验算，基础底面抗滑稳定性验算、抗倾覆稳定性验算和整体抗滑动稳定性验算。验算时，可将拉筋末端的连线与墙面板之间视为整体结构，计算方法同重力式挡土墙，可参阅土力学教材，限于篇幅，此处不赘述。下面主要介绍加筋土挡土墙的内部稳定性计算。

加筋土挡土墙的内部稳定性问题，是指由于拉筋强度不足而断裂，或填料与拉筋间的摩擦力不足（即在被动区内拉筋的锚固长度不够而使土体发生滑动），导致加筋土挡土墙的整体破坏，因此，其设计必须考虑拉筋的强度和锚固长度（拉筋的有效长度）。国内外关于拉筋的应力计算，比较有代表性的理论可归纳成两大类，即整体结构理论（复合材料理论）和锚固理论。下面介绍《公路加筋土工程设计规范》（JTJ 015—1991）的计算方法。

① 加筋土挡土墙土压力系数计算。

加筋土挡土墙土压力系数计算如图 5-69 所示。

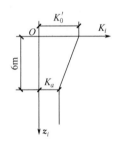

图 5-69　加筋土挡土墙土压力系数计算

当 $z_i \leqslant 6\text{m}$ 时，计算公式为

$$K_i = K_0'\left(1 - \frac{z_i}{6}\right) + K_a\frac{z_i}{6} \tag{5-104}$$

当 $z_i > 6\text{m}$ 时，计算公式为

$$K_i = K_a \tag{5-105}$$

式中　z_i——第 i 单元结点至加筋体顶面的垂直距离（m）；

    K_i——加筋土挡土墙内深度 z_i 处的土压力系数；

    K_0'——填土的静止土压力系数，$K_0' = 1 - \sin\varphi$；

    K_a——填土的主动土压力系数，$K_a = \tan\left(45° - \frac{\varphi}{2}\right)$；

    φ——填土的内摩擦角（°）。

② 土压力计算。

图 5-69 为路堤式挡土墙的计算简图，路堤式挡土墙在车辆荷载作用下，深度 z_i 处的垂直应力为

$$\sigma_{ai} = \gamma_1 h \frac{L_c}{L_{ci}} \qquad (5-106)$$

式中　σ_{ai}——车辆荷载作用下，加筋体内深度 z_i 处的垂直应力（kPa）。当图 5-70 中应力扩散点 D 未进入活动区时，$\sigma_{ai} = 0$；

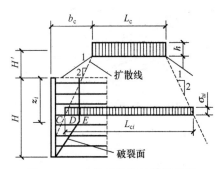

图 5-70　路堤式挡墙的计算简图

γ_1——加筋体填料的重度（kN/m^3）；

h——车辆荷载换算的等代均布土层厚度（m）；

L_c——结构计算时采用的荷载布置宽度（m）；

H'——挡土墙上路堤的高度（m）；

L_{ci}——深度 z_i 处应力扩散宽度（m）。当 $z_i + H' \leqslant 2b_c$ 时，$L_{ci} = L_c + H' + z_i$；当 $z_i + H' > 2b_c$ 时，$L_{ci} = L_c + b_c + \dfrac{H' + z_i}{2}$；

b_c——面板背面至路基边缘的距离（m）。

当抗震验算时，加筋体深度 z_i 处土压力增量为

$$\Delta\sigma_{wi} = 3\gamma_1 K_a c_i c_z k_h \tan\varphi (h_1 + z_i) \qquad (5-107)$$

作用在挡土墙上的主动土压力 E_i，对路肩式挡土墙为

$$E_i = K_i \sigma_i = K_i (\gamma_1 z_i + \gamma_1 h) \qquad (5-108)$$

对路堤式挡土墙为

$$E_i = K_i \sigma_i = K_i (\gamma_1 z_i + \gamma_2 h_1 + \sigma_{ai}) \qquad (5-109)$$

考虑抗震时为

$$E_i' = E_i + \Delta\sigma_{wi} \qquad (5-110)$$

式中　h_1——挡土墙上填土换算的等代均布土层厚度（m）；

c_i——重要性修正系数；

c_z——综合影响系数；

k_h——水平地震系数；

γ_1、γ_2——分别为加筋体填料的重度和加筋体上填土的重度（kN/m^3），地下水位以下取浮重度；

c_i、c_z、k_h 参数可参照《公路工程抗震设计规范》（JTG B02—2013）的有关规定取值。

③ 筋带受力计算。

当填土的主动土压力充分作用时，每根拉筋除了通过摩擦阻止部分填土水平移动外，还能使一定范围内的面板拉紧，从而使土体中的拉筋与主动土压力保持平衡，如图 5 - 71 所示。每根拉筋所受的拉力 T_i 随所处深度的增加而增加。

图 5 - 71　加筋土挡土墙的剖面示意图

对路肩式挡土墙，该拉力为

$$T_i = K_i (\gamma_1 z_i + \gamma_1 h) S_x S_y \tag{5 - 111}$$

对路堤式挡土墙，该拉力为

$$T_i = K_i (\gamma_1 z_i + \gamma_2 h_1 + \sigma_{ai}) S_x S_y \tag{5 - 112}$$

考虑抗震时，该拉力为

$$T'_i = T_i + \Delta \sigma_{wi} S_x S_y \tag{5 - 113}$$

式中　S_x、S_y——分别为拉筋的水平和垂直间距（m）。

④ 拉筋断面和长度。

拉筋的抗拉强度应大于拉筋承受的拉力，据此得拉筋断面积为

$$A_i = \frac{T_i \times 10^3}{K [\sigma_L]} \tag{5 - 114}$$

式中　A_i——第 i 单元拉筋设计断面积（mm²）；

$[\sigma_L]$——拉筋的容许应力，对于扁钢（Q235）和 Ⅰ 级钢取 135MPa；

K——拉筋的容许应力提高系数。当用钢带、钢筋和混凝土作拉筋时，K 取 1.0 ~ 1.5；当用聚丙烯土工聚合物时，K 取 1.0 ~ 2.0。

在实际工程中计算拉筋断面尺寸时，还应考虑防腐蚀所需要增加的尺寸。

拉筋有效锚固区的摩擦力应大于拉筋拉力，据此可得拉筋的锚固长度 L_{1i} 如下。

对路肩式挡土墙为

$$L_{1i} = \frac{[K_f] T_i}{2 f' b_i \gamma_1 z_i} \tag{5 - 115}$$

对路堤式挡土墙为

$$L_{1i} = \frac{[K_f] T_i}{2 f' b_i (\gamma_1 z_i + \gamma_2 h_1)} \tag{5 - 116}$$

式中　$[K_f]$——筋带要求抗拔稳定系数，一般取 1.2 ~ 2.0；

f'——筋带与填土间的似摩擦系数，见表 5 - 20；

b_i——第 i 单元拉筋宽度总和（m）；

b_i——拉筋的锚固长度。

表 5 – 20 基础底面似摩擦系数值

地基土分类	摩擦系数 f'
软塑黏土	0.25
硬塑黏土	0.30
粉土、粉质黏土、半干硬黏土	0.30～0.40
砂类土、碎石类土、软质岩石、硬质岩石	0.40

于是可计算出筋带的总长度为

$$L_i = L_{1i} + L_{2i} \qquad (5-117)$$

当 $0 < z_i \leqslant H$ 时有

$$L_{2i} = 0.3H \qquad (5-118)$$

当 $H_1 < z_i \leqslant H$ 时有

$$L_{2i} = \frac{H - z_i}{\tan\beta} \qquad (5-119)$$

式中 L_{2i}——主动区拉筋长度；

β——简化破裂面的倾斜部分与水平面的夹角（°），$\beta = 45° + \dfrac{\varphi}{2}$。

本 章 小 结

本章主要讲述了地基处理原理和处理方法分类，地基处理方案的选择原则和规划程序，及复合地基理论。介绍了换土垫层法、排水固结法、动力固结法、砂（碎）石桩法、水泥土搅拌法、CFG桩法、高压喷射注浆法、岩溶地基处理、土的加筋技术等几种地基处理方法的加固机理、适用条件、设计与计算内容。

本章的重点，为几种常用地基处理方法的加固机理、适用条件、设计与计算方法。

习 题

一、选择题

1. 换填法不适用于（ ）。

A. 淤泥质土

B. 湿陷性黄土

C. 杂填土

D. 深层松砂地基

2. 为了消除在永久荷载使用期的主固结变形，现采用砂井堆载预压法处理地基，下述设计方案中比较有效的是（ ）。

A. 超载预压

B. 真空预压

C. 预压荷载等于 80％永久荷载，加密砂井间距

D. 等荷预压，延长预压时间

3. 采用强夯法和强夯置换法加固地基，下列说法正确的是（　　）。

A. 两者都是以挤密为主加固地基

B. 前者使地基土体夯实加固，后者在夯坑内回填粗颗粒材料进行置换

C. 两者都是利用夯击能，使土体排水固结

D. 两者的适用范围是相同的

4. 下面的几种桩中，属于柔性材料桩的是（　　）。

A. 砂石桩

B. 碎石桩

C. 石灰桩

D. 树根桩

5. 采用水泥土搅拌法处理地基时，下述不正确的是（　　）。

A. 正常固结的淤泥质土适用于采用该法处理

B. 泥炭土一般不宜采用该法处理

C. 当地基土天然含水率小于 30％时不宜采用干法

D. 当含水率大于 70％时不宜采用湿法

二、简答题

1. 土木工程中的地基问题主要包括哪些方面？

2. 试述地基处理的规划程序。

3. 简述复合地基的加固机理。

4. 简述砂（石）垫层的主要作用。

5. 简述堆载预压法处理地基设计的主要内容。

6. 强夯法的加固机理和适用的土质条件是什么？

7. 试述排水固结法的加固原理、组成系统及适用的土质条件。

8. 试述水泥土搅拌法的加固机理和适用的土质条件。

9. 试述高压喷射注浆法的加固机理和适用的土质条件。

10. 土工聚合物的作用是什么？

三、计算题

1. 某独立基础尺寸为 1.5m×1.2m，基础底面埋深为 1.0m，荷载效应标准组合时，上部结构传至基础顶面的荷载为 252kN，其他地质资料如下：①0～1m 为粉土，$\gamma_1 = 18kN/m^3$；②1～3m 为淤泥质土，$\gamma_2 = 19.8kN/m^3$，$f_{ak} = 80kPa$；③地下水位在 4m 处。现拟用 1.0m 厚的灰土垫层进行处理，灰土重度 $\gamma = 19.8kN/m^3$。试完成以下计算。

（1）垫层底面处自重应力。

（2）基础底面平均附加压力。

（3）垫层底面处附加应力值。

（5）验算下卧层强度。

（6）垫层底面尺寸宜为多少？

2. 某建筑场地为黏性土场地，采用强夯密实法进行加固，夯锤质量 20t，落距 20m，该方法的有效加固深度为多少？

3. 振冲法复合地基处理，填料为砂土，桩径 0.8m，采用等边三角形布桩，桩距 2.0m，现场平板载荷试验复合地基承载力特征值为 200kPa，桩间土承载力特征值为 150kPa。试估算桩土应力比。

4. 某饱和软黏土地基厚度 $H=10m$，其下为粉土层。软黏土层顶铺设 1.0m 砂垫层，$\gamma=19kN/m^3$；然后采用 80kPa 大面积真空预压 6 个月，固结度达 80%；在深度 5m 处取土样进行三轴固结不排水压缩试验，得到土的内摩擦角 $\varphi_{cu}=5°$。假设沿深度各点附加压力同预压荷载，试求经预压固结后深度 5m 处土强度的增长值。

5. 某软土地基，$f_{sk}=90kPa$，采用 CFG 桩地基处理方法，桩径 0.36m，单桩承载力特征值 $R_a=340kN$，采用正方形布桩，复合地基承载力特征值为 140kPa。试计算桩距（$\beta=0.8$）。

6. 已知 CFG 桩复合地基桩间土承载力特征值为 120kPa，折减系数取 0.85，采用正方形布桩，桩径为 0.40m，桩距为 1.67m，单桩承载力为 1100kN，则复合地基承载力为多少？

第6章
基坑支护工程

 教学目标

　　本章主要讲述基坑支护概述、支护结构上的荷载、支护结构设计与分析、地下水控制、基坑工程的施工与监测技术等。通过学习应达到以下目标。

　　(1) 了解基坑工程的特点，熟悉支护结构形式及适用性。

　　(2) 掌握支护结构上的荷载计算方法。

　　(3) 掌握支护结构设计与分析方法。

　　(4) 熟悉地下水对基坑工程的影响，了解地下水的控制方法。

　　(5) 了解基坑工程的施工方法和基坑监测技术的有关内容。

　 教学要求

知识要点	能力要求	相关知识
基坑工程的特点，支护结构的形式及适用性	(1) 熟悉基坑工程的特点 (2) 熟悉支护结构的形式及适用性	(1) 基坑工程的概念 (2) 基坑支护结构的形式及适用性
支护结构上的荷载计算	(1) 熟悉支护结构上水平荷载的特点 (2) 掌握支护结构上水平荷载的计算方法 (3) 掌握支护结构上水平抗力的计算方法	(1) 土压力的概念及其特点 (2) 支护结构的水平荷载 (3) 支护结构的水平抗力
支护结构设计与分析方法	(1) 掌握支护结构的设计与分析方法 (2) 熟悉锚杆的设计计算 (3) 熟悉基坑稳定性分析方法	(1) 悬臂式支护结构 (2) 单层支点支护结构 (3) 多层支点支护结构 (4) 锚杆的概念 (5) 基坑稳定性
地下水控制	(1) 熟悉地下水对基坑工程的影响 (2) 了解地下水控制方法	(1) 地下水对基坑工程的影响 (2) 基坑地下水的控制方法

基本概念

基坑工程、基坑支护、支护结构、组合支护、排桩、地下连续墙、水泥土墙、土钉墙、内支撑、锚杆、冠梁、腰梁、支点、嵌固深度、地下水控制、止水帷幕、降水、施工监测、信息化施工。

引例

金汇大厦位于广州市解放南路西侧与大新路北侧交界处，西、北两面紧邻高层建筑及多层民居。其占地面积约 4000m²，包括地面以上 28 层，地下室 5 层，建筑物高度为 100m；主体结构采用外框架内筒体结构体系，基础采用人工挖孔灌注桩，桩基础坐落在微风化岩层上。

地下室基坑南北向长 65.8m，东西向宽 52.0m，裙楼基坑开挖深 19.0m，塔楼部分挖深 22m。根据地质条件、基坑深度和环境保护要求，基坑支护采用 24m 深、800mm 厚的地下连续墙，坑内采用三道 φ600mm、14mm 厚水平钢管做支撑梁。另外，考虑本工程位于繁华地段，施工场地相当狭小，基坑开挖周边至工地围墙仅 1m（南面约 3m），故施工设计考虑在地下室基坑面东西向架设一面积为 695m² 的施工钢平台，一方面解决了施工场地狭小的矛盾，另一方面也提高了支护结构支撑体系的整体刚度。该支护及支撑结构体系布置如图 6-1 所示。

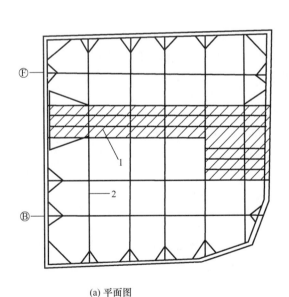

(a) 平面图

1—施工钢平台；2—水平钢支撑；

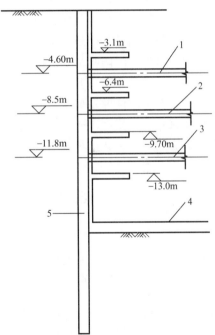

(b) 剖面图

1—第一道钢支撑；2—第二道钢支撑；

3—第三道钢支撑；4—地下室底板；

5—地下连续墙

图 6-1　金江大厦基坑支护体系示意图

6.1 基坑工程的概念及特点

建筑基坑是指为进行建筑物（包括构筑物）基础与地下室的施工所开挖的地面以下空间。为保证基坑施工、主体地下结构的安全与周围环境不受损害，都要进行基坑支护、降水和开挖，并进行相应的勘察、设计、施工和监测等，这项综合性的工程就称为基坑工程。

基坑工程是一个古老的传统课题，同时又是基础施工中一个内容丰富而富于变化的领域。工程界已越来越认识到基坑工程是一项风险工程，是一门综合性很强的新型学科，既涉及土力学中典型的强度、稳定与变形问题，也涉及土与支护结构的共同作用问题。基坑工程的服务工作面几乎涉及所有土木工程领域。

基坑工程具有以下特点。

（1）支护结构通常都是临时性结构，一般情况下安全储备相对较小，风险性较大。

（2）由于场地的工程地质条件、水文地质条件、岩土的工程性质及周边环境条件的差异性，基坑工程往往具有很强的地域性特征，因此，它的设计和施工必须因地制宜。

（3）基坑工程是一项综合性很强的系统工程，不仅涉及结构、岩土、工程地质及环境等多门学科，而且与勘察、设计、施工、监测等工作环环相扣，紧密相连。

（4）具有很强的时空效应。支护结构所受荷载（如土压力）及其产生的应力和变形在时间和空间上具有较强的变异性，在软黏土和复杂体形基坑工程中尤为突出。

（5）对周边环境影响较大。基坑开挖、降水势必将引起周边场地土的应力和地下水位发生变化，使土体产生变形，对相邻建筑（构）物、地下管线及道路等产生影响，严重时将危及它们的安全和正常使用。大量土方运输也将对交通和环境卫生产生影响。

6.2 支护结构形式及适用条件

6.2.1 放坡开挖

放坡开挖是指选择合理的坡比进行开挖，适用于土质较好、开挖深度不大及施工现场有足够放坡场所的工程。放坡开挖施工简单、费用低，但开挖及回填土方量大。

1. 边坡高度和坡度控制

放坡应控制边坡高度和坡度。当土（岩）质比较均匀且坡底无地下水时，可根据经验或参照同类土（岩）体的稳定坡高和坡度确定；无当地经验时，可参照表 6-1 确定。

表 6-1　边坡容许坡高和坡度值

岩土类别	状态或风化程度	允许坡高/m	允许坡度
硬质岩石	微风化	12	1∶0.10～1∶0.20
	中等风化	10	1∶0.20～1∶0.35
	强风化	8	1∶0.35～1∶0.50
软质岩石	微风化	8	1∶0.35～1∶0.50
	中等风化	8	1∶0.50～1∶0.75
	强风化	8	1∶0.75～1∶1.00
砂土	中密以上	5	1∶1.00 基坑顶面无载重
			1∶1.25 基坑顶面有静载
			1∶1.50 基坑顶面有动载
粉土	稍湿	5	1∶0.75 基坑顶面无载重
			1∶1.00 基坑顶面有静载
			1∶1.25 基坑顶面有动载
粉质黏土	坚硬	5	1∶0.33 基坑顶面无载重
			1∶0.50 基坑顶面有静载
			1∶0.75 基坑顶面有动载
	硬塑	5	1∶1.00～1∶1.25 基坑顶面无载重
	可塑	4	1∶1.25～1∶1.50 基坑顶面无载重
黏土	坚硬	5	1∶0.33～1∶0.75
	硬塑	5	1∶1.00～1∶1.25
	可塑	4	1∶1.25～1∶1.50
杂填土	中密、密实的建筑垃圾	5	1∶0.75～1∶1.00

当放坡高度大于表 6-1 中的容许值时，应分级放坡并设置过渡平台。

2. 边坡稳定性验算

需进行边坡稳定性验算的情况有下述几种。

（1）坡顶有堆积荷载。

（2）边坡高度和坡度超过表 6-1 的容许值。

（3）有软弱结构面的倾斜地层。

（4）岩层和主要结构层面的倾斜方向与边坡的开挖面倾斜方向一致，且两者走向夹角小于 45°。

土质边坡的稳定性可按圆弧滑动法进行分析；岩质边坡宜按由软弱夹层或结构面控制的可能滑动面进行验算。

6.2.2 悬臂式支护结构

悬臂式支护结构依靠足够的入土深度和结构的抗弯刚度来挡土和控制墙后土体及结构的变形，其结构形式如图 6-2 所示，一般适用于土质较好、开挖深度较小的基坑。

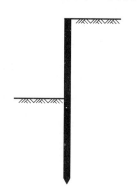

图 6-2 悬臂式支护结构

6.2.3 土钉墙支护结构

土钉墙支护结构是通过在开挖边坡中设置土钉，形成如图 6-3 所示的土钉墙支护结构。土钉墙支护结构适用于允许土体有较大位移、开挖深度不大于 12m 的基坑工程，一般用于地下水位以上或人工降水后的黏土、粉土、杂填土，以及松散砂土、碎石土等。

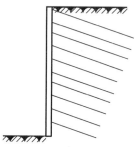

图 6-3 土钉墙支护结构

6.2.4 水泥土重力式支护结构

水泥土重力式支护结构如图 6-4 所示，通常由水泥土搅拌桩组成，有时也采用高压喷射注浆法形成。其特点是宽度较大，适用于墙顶超载不大于 20kPa、开挖深度较浅（不宜大于 7m）、基坑周边场地较宽且允许坑边土体有较大位移的基坑工程，一般用于填土、可塑至流塑黏性土、粉土、粉细砂及松散的中粗砂。

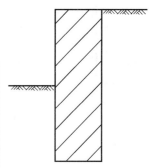

图 6-4 水泥土重力式支护结构

6.2.5 桩锚式支护结构

桩锚式支护结构由挡土结构和锚固部分组成，锚固结构有锚杆和地面拉锚两种，如图 6-5 所示。根据不同的开挖深度，可设置单层锚杆或多层锚杆 [图 6-5 (a)]；当有足够的场地设置锚桩或其他锚固物时，可采用地面拉锚 [图 6-5 (b)]。

桩锚式支护结构一般用于场地狭小且需深开挖，周边环境对基坑土体的水平位移控制要求很严的基坑工程，另外，这种支护结构需要地基土提供较大的锚固力，因而多用于砂土地基或黏土地基。

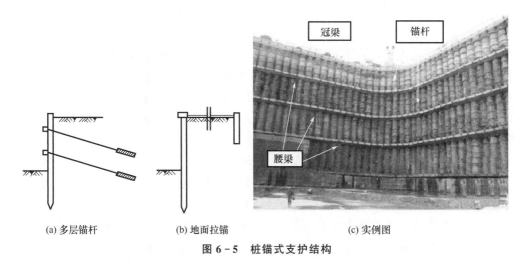

(a) 多层锚杆　　　　(b) 地面拉锚　　　　(c) 实例图

图 6-5 桩锚式支护结构

6.2.6 内撑式支护结构

内撑式支护结构由挡土结构和支撑结构两部分组成：挡土结构常采用密排钢筋混凝土桩和地下连续墙。支撑结构可采用单层或多层水平支撑，如图 6-6 (a) ～ (c) 所示。当基坑面积大而开挖深度不大时，也可采用单层斜撑，如图 6-6 (d) 所示。内撑式支护结构适用于场地狭小且需深开挖，周边环境对基坑土体的水平位移控制要求更严格，以及基坑周边不允许锚杆施工的基坑工程，如图 6-6 (e) 所示。

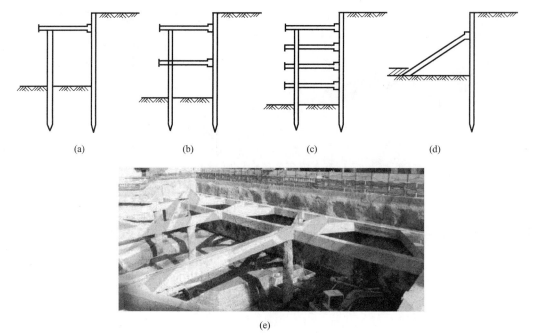

图 6 - 6　内撑式支护结构

6.3　支护结构上的荷载计算

在一般地基基础工程计算中，建筑物的自重及作用于建筑物上的各种荷载通过基础传递给地基，无论是建筑物的自重或是其他竖向荷载都具有由其自重导出的特点，荷载大小明确，计算与实测结果基本接近。而支护结构的主要荷载是地层中水土的水平压力，是由定值的竖向水土压力按照一定规律转化为水平压力作用于支护结构上。支护结构荷载与上部结构荷载的根本区别在于它不仅与土的重力有关，还与土的强度、变形特性和渗透性有关，具有很大的不确定性。由于作用在支护结构上的荷载主要是水平荷载，而这种水平荷载具有间接得出的特点，因此，由水土竖向压力转化为水平压力的计算方法合理与否直接影响到水平荷载的确定，水平荷载的精确度又直接影响到支护结构内力与变形的计算结果。

目前，工程上采用的土压力计算方法大致有两类：一类是建立在极限平衡理论上的经典土压力理论，包括朗肯土压力理论和库仑土压力理论；另一类是根据实测结果而提出的太沙基-佩克土压力模式。

6.3.1　按经典土压力理论计算

1. 地下水位以上土压力计算

地下水位以上土层及地面超载作用于支护结构上的主动土压力标准值可采用土层的抗剪强度指标按朗肯理论分层计算如下。

$$p_{aik} = (q + \sum \gamma_i h_i)K_a - 2c\sqrt{K_a} \tag{6-1}$$

式中　q——地面超载；

K_a——主动土压力系数，$K_a = \tan^2\left(45° - \dfrac{\varphi}{2}\right)$；

c——计算点所在土层的内聚力；

φ——计算点所在土层的内摩擦角；

γ_i——计算点以上第 i 层土的重度；

h_i——计算点以上第 i 层土的厚度。

当挡土结构在推向土体方向产生较大位移，在土体内形成被动破裂体（或破裂面）时，作用在支护结构上的被动土压力（水平抗力）标准值为：

$$p_{pik} = (q + \sum \gamma_i h_i)K_p + 2c\sqrt{K_p} \tag{6-2}$$

式中　K_p——被动土压力系数，$K_p = \tan^2\left(45° + \dfrac{\varphi}{2}\right)$；

其余符号含义同前。

当支护结构变形极其微小或不变形时，静止土压力标准值为

$$p_{0ik} = (q + \sum \gamma_i h_i)k_0 \tag{6-3}$$

式中　k_0——静止土压力系数，宜由试验确定；当无试验条件时，对砂土可取 0.34～0.45，对黏性土可取 0.5～0.7，也可按下述经验公式计算。

$$k_0 = 1 - \sin\varphi' \tag{6-4}$$

式中　φ'——土的有效内摩擦角。

上述计算中，判断墙背土体是否达到计算公式所描述的主动或被动极限平衡状态，可通过墙顶位移与墙高的比值估计，研究表明的砂土和黏土中产生主动和被动土压力所需的墙顶位移见表 6-2。

表 6-2　产生主动和被动土压力所需的墙顶位移

土类	应力状态	运动形式	所需位移
砂土	主动	平行移动	$0.001H$
	主动	绕下端转动	$0.001H$
	被动	平行移动	$0.05H$
	被动	绕下端转动	$>0.1H$
黏土	主动	平行移动	$0.004H$
	主动	绕下端转动	$0.004H$

注：H 为墙高。

2. 地下水位以下水、土压力计算

当土层位于地下水位以下时，支护结构承受的水压力和土压力有分算和合算两种算法。

（1）水土分算。

水土分算时，主动和被动土压力采用有效重度 γ' 和有效应力抗剪强度指标 c'、φ' 计算，另加上静水压力，计算公式如下。

$$p_{ak} = (q + \gamma'h)K'_a - 2c'\sqrt{K'_a} + \gamma_w h \tag{6-5}$$

$$p_{pk} = (q + \gamma'h)K'_p + 2c'\sqrt{K'_p} + \gamma_w h \tag{6-6}$$

需提及的是，计算静水压力时应考虑根据止水方案确定的坑内外的水头差。

（2）水土合算。

水土合算时，土压力采用饱和重度 γ_{sat} 和总应力抗剪强度指标 c、φ 计算，其结果包括了水压力，计算公式如下

$$p_{ak} = (q + \gamma_{sat}h)K_a - 2c\sqrt{K_a} \tag{6-7}$$

$$p_{pk} = (q + \gamma_{sat}h)K_p + 2c\sqrt{K_p} \tag{6-8}$$

现行规范规定：对砂土和粉土，按水土分算原则计算；对黏性土，宜根据工程经验按水土分算或水土合算原则计算。

【例 6-1】 某一长条形基坑，开挖深度 8.0m，支护结构采用 600mm 厚钢筋混凝土地下连续墙，墙体深度为 18.0m，设一道 $\phi500mm \times 11mm$ 钢管支撑，支撑平面间距为 3m，支撑轴线位于地面以下 2.0m。地质条件如下：地层为黏性土，土的天然重度 $\gamma = 18kN/m^3$，内摩擦角 $\varphi = 10°$，$c = 10kPa$；地下水位在地面以下 1m；不考虑地面荷载。试按朗肯土压力理论（水土合算方法）计算主动土压力和被动土压力。

【解】 对于水土合算问题，一般采用总应力强度指标。主动土压力系数为

$$K_a = \tan^2\left(45° - \frac{\varphi}{2}\right) = \tan^2\left(45° - \frac{10°}{2}\right) \approx 0.704$$

被动土压力系数为

$$K_p = \tan^2\left(45° + \frac{\varphi}{2}\right) = \tan^2\left(45° + \frac{10}{2}\right) \approx 1.420$$

（1）主动土压力计算。

基坑外侧对支护结构的土压力为主动土压力。土层为黏性土（$c \neq 0$），设距墙顶 z_0 深度范围内土压力为 0，已知土的天然重度 $\gamma = 18kN/m^3$（视为饱和重度），则可得

$$z_0 = \frac{2c}{\gamma\sqrt{K_a}} = \frac{2 \times 10}{18 \times \sqrt{0.704}} \approx 1.324(m)$$

墙底处的主动土压力强度为

$$p_{ak} = (q + \gamma_{sat}h)K_a - 2c\sqrt{K_a} = (0 + 18 \times 18) \times 0.704 - 2 \times 10 \times \sqrt{0.704} \approx 211.32(kPa)$$

则主动土压力 E_a 为

$$E_a = \frac{1}{2} \times 211.32 \times (18 - 1.324) \approx 1762(kN/m)$$

（2）被动土压力计算。

基坑内侧对支护结构的土压力为被动土压力。由式（6-8），代入 $z = 0$，得基坑底处的被动土压力强度为

$$p_{pk} = \gamma_{sat}zK_p + 2c\sqrt{K_p} = 0 + 2 \times 10 \times \sqrt{1.420} \approx 23.8(kPa)$$

代入 $z = 10m$，得地下连续墙底处的被动土压力强度为

$$p_{pk} = \gamma_{sat}zK_p + 2c\sqrt{K_p} = 18 \times 10 \times 1.420 + 2 \times 10 \times \sqrt{1.420} \approx 279.4(kPa)$$

被动土压力的合力为土压力强度分布梯形的面积，如图 6-7 所示，则其值为

$$E_p = \frac{1}{2}(23.8 + 279.4) \times 10 = 1516(kN/m)$$

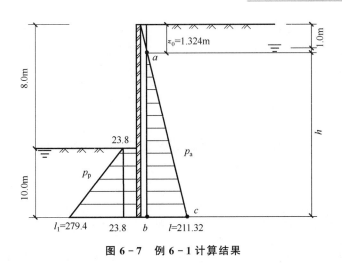

图 6 - 7　例 6 - 1 计算结果

6.3.2　按太沙基-佩克模式计算

　　土压力的分布模式是一个复杂的问题，工程经验表明，支护结构的刚度、支撑的刚度、施工的时空效应、土体性质对土压力的分布和变化起着控制作用。一些实测资料表明，按经典土压力理论计算的基坑支护结构的土压力与真实结果有较大误差，特别是采用多层支撑（或锚固）的支护结构时。既然土压力的数据无法由精确的理论来保证其正确可靠，则应以现场测试和室内模型试验为基础，提出简单实用而尽可能合理的计算模式。太沙基和佩克（Peck）根据经验提出了一种土压力计算模式，即太沙基-佩克模式，在国外的应用比较普遍，国内一般用于黏性土基础底面标高以上带支撑（或锚固）的主动土压力计算，其分布模式如图 6-8 所示。

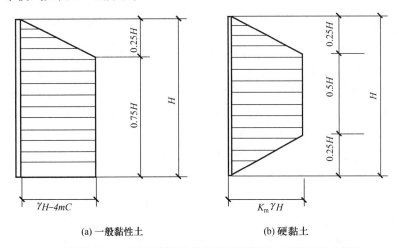

(a) 一般黏性土　　　　　　　　(b) 硬黏土

H—开挖深度；c—开挖范围及基础底面下相邻土层的不排水强度；

m—修正系数，当基础底面下存在较厚软黏土时取 0.4，当基础底面下存在坚硬土层时取 1.0；

K_m—平均土压力系数，排水及防护条件良好时取 0.2～0.3，反之取 0.3～0.4

图 6 - 8　主动区土压力分布包络线

正确计算作用于支护结构上的侧压力，是合理设计支护结构的关键，也是目前基坑支护工程中还未很好解决的问题之一，其中有关计算模式、土性质参数取值等均需进一步研究。因而对于安全等级为一、二级的建筑基坑，确定侧压力时宜分别按上述方法进行计算比较，取其中偏于安全的结果。

6.4 支护结构设计与分析

6.4.1 静力平衡法

极限平衡法在支护结构设计中是技术人员熟悉的一种计算方法，在我国基坑支护设计发展初期一直被广泛应用，由于它在支点结构设计中采用等值梁法或静力平衡法时的计算假定比较简单，难以表达支护结构体系各参数变化的要求，因此在多层支点结构设计中逐渐被弹性支点法所取代。然而它计算方法简单，可以手算，故至今还在相当范围内得到应用，可用于悬臂式支护结构及单支点的内力计算。

1. 悬臂式支护结构

悬臂式支护结构主要依靠嵌入土内深度来平衡上部地面荷载、水压力及主动土压力形成的侧压力，因此插入深度至关重要；其次应计算桩（墙）所承受的最大弯矩，以便核算桩（墙）的截面尺寸和配筋。

悬臂式支护结构的计算方法采用传统的桩（墙）计算方法。如图 6-9（a）所示，悬臂式桩（墙）在基坑底面以上外侧主动土压力作用下，桩（墙）将向基坑内侧倾移，而下部则反方向变位，即桩（墙）将绕基坑底以下某点（图中点 b）旋转。点 b 处桩（墙）体无变位，故受到大小相等、方向相反的二力（静止土压力）作用，其净压力为零；点 b 以上桩（墙）体向左移动，其左侧作用被动土压力，右侧作用主动土压力；点 b 以下则相反，其右侧作用被动土压力，左侧作用主动土压力。因此，作用在桩（墙）体上各点的净土压力为各点两侧的被动土压力和主动土压力之差，其沿桩（墙）身的分布情况如图 6-9（b）所示，化成线性分布后的悬臂式桩（墙）计算图示如图 6-9（c）所示，即可对其根据静力平衡条件计算桩（墙）的入土深度和内力。布鲁姆（H. Blum）建议可以图 6-9（d）代替来计算入土深度及内力。下面分别介绍这两种方法。

（1）悬臂式支护结构静力平衡法。

对于悬臂式支护结构，可采用沿深度线性分布的土压力模式，计算简图如图 6-10 所示。随着悬臂式桩（墙）入土深度的不同，作用在不同深度上各点的净土压力的分布也不同。当单位宽度桩（墙）两侧所受的净土压力相平衡时，桩（墙）即处于稳定，相应的桩（墙）入土深度即为桩（墙）保证其稳定性所需的最小入土深度，可根据静力平衡条件求得。具体计算步骤如下。

① 分别计算桩（墙）底端 C 处和基坑底 B 处后侧主动土压力强度 p_{a2}、p_{a1} 及前侧被动土压力 p_{p2}、p_{p1}，然后叠加得出净土压力线 b_1d，并依次求出第一个土压力为零的点 O

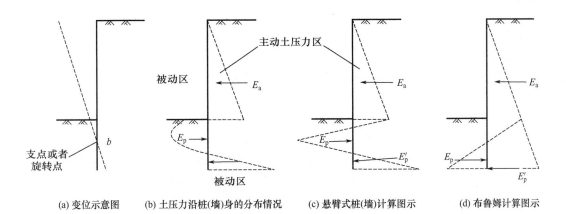

| (a) 变位示意图 | (b) 土压力沿桩(墙)身的分布情况 | (c) 悬臂式桩(墙)计算图示 | (d) 布鲁姆计算图示 |

图 6-9　悬臂式桩（墙）变位及土压力分布

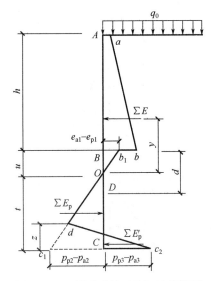

图 6-10　悬臂式桩（墙）计算简图

距基坑底面的距离 u。

② 计算点 O 以上土压力合力 $\sum E$，求出其作用点至点 O 的距离 y。

③ 计算桩（墙）底端 C 处前侧主动土压力强度 e_{a3} 和后侧被动土压力强度 e_{p3}，然后叠加得出净土压力线 dc_2。

④ 根据作用在桩（墙）上的全部水平作用力平衡条件（$\sum F_x = 0$）和绕桩（墙）底端力矩平衡条件（$\sum M_C = 0$）可得

$$\sum E + \left[(p_{p3} - p_{a3}) + (p_{p2} - p_{a2}) \right] \frac{z}{2} - (p_{p3} - p_{a3}) \frac{t}{2} = 0 \qquad (6-9)$$

$$\sum E(t + y) + \left[(p_{p3} - p_{a3}) + (p_{p2} - p_{a2}) \right] \frac{z}{2} \cdot \frac{z}{3} - (p_{p3} - p_{a3}) \frac{t}{2} \cdot \frac{z}{3} = 0$$

$$(6-10)$$

以上两式中，只有 z 和 t 两个未知数，将 p_{a2}、p_{p2}、p_{a3}、p_{p3} 的计算公式代入并消去 z，可得到一个关于 t 的三次方程式，即可求出点 O 以下桩（墙）的入土深度（即有效嵌固深度）t。

为安全起见，实际嵌入基坑底面以下的入土深度可为

$$t_C = u + 1.1t \tag{6-11}$$

⑤ 计算桩（墙）最大弯矩 $M_{\max}$。根据最大弯矩点剪力为零的条件，求出最大弯矩点 D 离基坑底的距离 d，再根据点 D 以上所有力对点 D 取矩，可求得最大弯矩 $M_{\max}$。

上述方法求解三次方程时，往往需通过试算，计算量较大。因此还可根据布鲁姆理论采用简化方法，将旋转点以下的被动土压力近似地在其重心处用一个集中力代替。

（2）布鲁姆法。

布鲁姆建议原来桩（墙）脚出现的被动土压力以一个集中力 E'_p 代替，计算简图如图 6-11 所示。由桩（墙）底部点 C 的力矩平衡条件 $\sum M_C = 0$ 可得

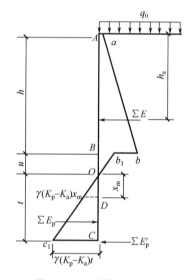

图 6-11　计算布鲁姆法

$$\sum E(h + u + t - h_a) - \sum E_p \frac{t}{3} = 0 \tag{6-12}$$

式中

$$\sum E_p = \gamma(K_p - K_a)t \frac{t}{2} = \frac{\gamma}{2}(K_p - K_a)t^2 \tag{6-13}$$

代入上式得

$$\sum E(h + u + t - h_a) - \frac{\gamma}{6}(K_p - K_a)t^3 = 0 \tag{6-14}$$

化简后得

$$t^3 - \frac{6\sum E}{\gamma(K_p - K_a)}t - \frac{6\sum E(h + u - h_a)}{\gamma(K_p - K_a)} = 0 \tag{6-15}$$

式中　t——桩（墙）的有效嵌固深度（m）；

$\sum E$——桩(墙)后侧 AO 段作用于桩(墙)上的净土压力及水压力(kN/m);

K_a——主动土压力系数;

K_p——被动土压力系数;

γ——土体重度(kN/m³);

h——基坑开挖深度(m);

h_a——$\sum E$ 作用点距地面距离(m);

u——土压力零点 O 距基坑底面距离(m)。

土压力零点距坑底的距离 u,可根据静土压力零点处墙前被动土压力强度与墙后主动土压力强度相等的关系 $\gamma K_p u = \gamma K_a (h+u)$ 求得。

$$u = \frac{K_a h}{(K_p - K_a)} \tag{6-16}$$

解三次方程式(6-15)可得 t。显然,满足式(6-15)的 t 是使桩(墙)处于临界状态的嵌固深度。为保证悬臂式桩(墙)有足够的稳定,需将 t 值增大,实践中取最小嵌入深度为

$$t_C = u + K'_t t \tag{6-17}$$

式中 K'_t——嵌固深度增大系数,通常取 1.1~1.4。

最大弯矩应在剪力为零(总的主动土压力等于总的被动土压力)处。设从点 O 往下 x_m 处 $Q=0$,则被动土压力应与 $\sum E$ 相等,即

$$\sum E - \gamma (K_p - K_a) x_m \frac{x_m}{2} = 0$$

解得

$$x_m = \sqrt{\frac{2 \sum E}{\gamma (K_p - K_a)}} \tag{6-18}$$

则最大弯矩为

$$M_{max} = \sum E (h + u + x_m - h_a) - \frac{\gamma (K_p - K_a) x_m^3}{6} \tag{6-19}$$

求出最大弯矩后,就可以核对桩(墙)直径(厚度)及进行配筋计算了。

【例 6-2】 某基坑开挖深度 $h=5.0$m;土层内摩擦角 $\varphi=20°$,黏聚力 $c=10$kPa,重度 $\gamma=20$kN/m³,地面超载 $q_0=10$kPa。现拟采用悬臂式排桩支护,试确定桩的最小长度和最大弯矩。

【解】 如图 6-12 所示,沿支护桩长度方向取 1 延米进行计算,则可得主动土压力系数为

$$K_a = \tan^2 \left(45° - \frac{\varphi}{2} \right) = \tan^2 \left(45° - \frac{20°}{2} \right) \approx 0.49$$

被动土压力系数为

$$K_p = \tan^2 \left(45° + \frac{\varphi}{2} \right) = \tan^2 \left(45° + \frac{20°}{2} \right) \approx 2.04$$

基坑开挖底面处土压力强度为

$$p_a = (q_0 + \gamma h) K_a - 2c \sqrt{K_a}$$

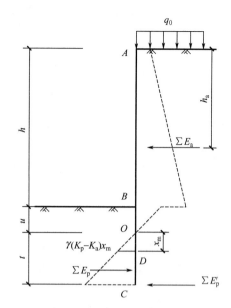

图 6-12 例 6-2 计算简图

$$= (10 + 20 \times 5) \times 0.49 - 2 \times 10 \times \sqrt{0.49}$$
$$= 39.9 (\text{kN/m}^2)$$

土压力零点距开挖面的距离 u 可根据桩前被动土压力强度与桩后主动土压力强度相等的关系求得。

$$\gamma u K_p + 2c \sqrt{K_p} = [q_0 + \gamma(h+u)] K_a - 2c \sqrt{K_a}$$

解得

$$u = \frac{(q_0 + \gamma h) K_a - 2c(\sqrt{K_a} + \sqrt{K_p})}{\gamma(K_p - K_a)} \approx \frac{11.33}{31.00} = 0.37 (\text{m})$$

开挖面以上桩后侧地面超载引起的侧压力 E_{a1} 为

$$E_{a1} = q_0 K_a h = 10 \times 0.49 \times 5 = 24.5 (\text{kN/m})$$

其作用点距地面的距离 h_{a1} 为

$$h_{a1} = \frac{1}{2} h = \frac{1}{2} \times 5 = 2.5 (\text{m})$$

开挖面以上桩后侧主动土压力 E_{a2} 为

$$E_{a2} = \frac{1}{2} \gamma h^2 K_a - 2ch \sqrt{K_a} + \frac{2c^2}{\gamma} = \frac{1}{2} \times 20 \times 5^2 \times 0.49 - 2 \times 10 \times 5 \times \sqrt{0.49} + \frac{2 \times 10^2}{20}$$
$$\approx 62.5 (\text{kN/m})$$

其作用点距地面的距离 h_{a2} 为

$$h_{a2} = \frac{2}{3} \left(h - \frac{2c}{\gamma \sqrt{K_a}} \right) = \frac{2}{3} \left(5 - \frac{2 \times 10}{20 \times \sqrt{0.49}} \right) \approx 2.38 (\text{m})$$

桩后侧开挖面至土压力零点净土压力 E_{a3} 为

$$E_{a3} = \frac{1}{2} p_a u = \frac{1}{2} \times 39.9 \times 0.37 \approx 7.38 (\text{kN/m})$$

其作用点距地面的距离 h_{a3} 为

$$h_{a3} = h + \frac{1}{3}u = 5 + \frac{1}{3} \times 0.37 \approx 5.12 \text{(m)}$$

作用于桩后的土压力合力 $\sum E$ 为

$$\sum E = E_{a1} + E_{a2} + E_{a3} = 24.5 + 62.5 + 7.38 = 94.38 \text{(kN/m)}$$

其作用点距地面的距离 h_e 为

$$h_a = \frac{E_{a1}h_{a1} + E_{a2}h_{a2} + E_{a3}h_{a3}}{E_a}$$

$$= \frac{24.5 \times 2.5 + 62.5 \times 2.38 + 7.38 \times 5.12}{94.38} \approx 2.63 \text{(m)}$$

将上述计算得到的 K_a, K_p, u, $\sum E$, h_a 值代入式（6-15）得

$$t^3 - \frac{6 \times 94.38}{20 \times (2.04 - 0.49)}t - \frac{6 \times 94.38 \times (5 + 0.37 - 2.63)}{20 \times (2.04 - 0.49)} = 0$$

即

$$t^3 - 18.27t - 50.05 = 0$$

解得

$$t = 5.27 \text{m}$$

取增大系数 $K_t' = 1.3$，则桩的最小长度为

$$l_c = h + u + 1.3t = 5 + 0.37 + 1.3 \times 5.27 \approx 12.22 \text{(m)}$$

最大弯矩点距土压力零点的距离 x_m 为

$$x_m = \sqrt{\frac{2\sum E}{(K_p - K_a)\gamma}} = \sqrt{\frac{2 \times 94.38}{(2.04 - 0.49) \times 20}} \approx 2.47 \text{(m)}$$

最大弯矩为

$$M_{max} = 94.38 \times (5 + 0.37 + 2.47 - 2.63) - \frac{20 \times (2.04 - 0.49) \times 2.47^3 \times 1}{6} \approx 413.86 \text{(kN} \cdot \text{m)}$$

2. 单层支点支护结构

尽管悬臂式支护结构具有施工方便、受力简单等优点，但对于土质较差、基坑埋深较大的工程，悬臂式支护结构断面设计往往可能无法满足强度与变形的要求，即使设计上可以做到满足强度与变形的要求，但在经济上可能会造成比采用支点（锚杆或支撑）更浪费的现象。因此，当一般悬臂式支护结构难以满足设计要求或造价太高时，往往采用单层支点支护结构。

顶端支撑（或拉锚）的排桩支护结构与顶端自由（悬臂）的排桩，两者是有区别的。顶端支撑的支护结构，由于顶端有支撑不致移动，而形成一铰接的简支点；至于桩埋入土内部分，入土浅时为简支，深时则为嵌固。下面介绍的就是桩因入土深度不同而产生的几种情况。

（1）支护桩入土深度较浅，支护桩前的被动土压力全部发挥，对支撑点的主动土压力的力矩和被动土压力的力矩相等，如图6-13（a）所示。此时桩体处于极限平衡状态，由此得出的跨间正弯矩 M_{max} 的值最大，但入土深度最浅，为 t_{min}。这时其桩前的被动土压力

全部被利用，桩底端可能有少许向左位移的现象发生。

（2）支护桩入土深度增加，大于 t_{min} 时，如图 6-13（b）所示。此时桩前的被动土压力得不到充分发挥与利用，桩底端仅在原位置转动一角度而不致有位移现象发生，桩底的土压力便等于零。未发挥的被动土压力可作为安全储备。

（3）支护桩入土深度继续增加，桩前桩后都出现被动土压力，支护桩在土中处于嵌固状态，相当于上端简支、下端嵌固的超静定梁。它的弯矩已大大减小，而出现正负两个方向的弯矩；其底端的嵌固弯矩 M_2 的绝对值略小于跨间弯矩 M_1 的数值，压力零点与弯矩零点约相吻合，如图 6-13（c）所示。

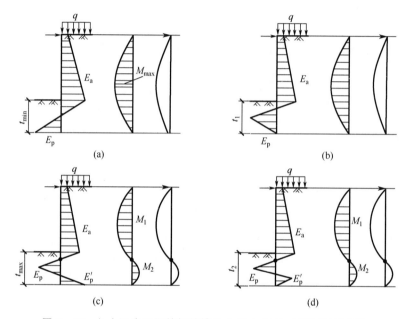

图 6-13　入土深度不同的板桩墙的土压力分布、弯矩及变形图

（4）支护桩的入土深度进一步增加，如图 6-13（d）所示。这时桩的入土深度已嫌过深，桩前桩后的被动土压力都得不到充分发挥和利用，其对跨间弯矩的减小不起太大的作用，因此支护桩入土深度过深是不经济的。

以上四种情况中，第四种情况的支护桩入土深度已嫌过深而不经济，所以设计时都不采用。第三种情况是目前常采用的工作状态，一般以使正弯矩为负弯矩的 $110\%\sim115\%$ 作为设计依据，但也有采用正负弯矩相等作为依据的。由该种情况得出的桩虽然较长，但因弯矩较小，可以选择较小的截面，同时因入土较深，比较安全可靠。若按第一、第二种情况设计，可得较小的入土深度和较大的弯矩，对于这种情况，桩底可能有少许位移。自由支承比嵌固支承受力情况明确，造价经济合理。

如图 6-14 所示为单层支点桩支护结构的断面，桩的右侧为主动土压力，左侧为被动土压力。可采用下列方法确定桩的最小入土深度 t_{min} 和水平向每延米所需主动力（或锚固力）R_a。

取支护结构单位长度，根据对支点 A 的力矩平衡条件求得

$$M_{E_{a1}} + M_{E_{a2}} - M_{E_p} = 0 \qquad (6-20)$$

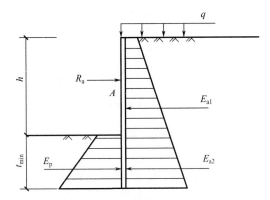

图 6-14　单层支点桩支护结构的静力平衡计算简图

由上式试算，可求出桩的最小入土深度 t_{min}。

支点 A 处的水平力 R_a 根据水平力平衡条件求出为

$$R_a = E_{a1} + E_{a2} - E_p \qquad (6-21)$$

根据剪力和弯矩的关系，弯矩的极值出现在剪力为 0 的位置。因此，先求出桩上剪力为 0 的位置，即可求出最大弯矩。

【例 6-3】　试按静力平衡法对例 6-1 的条件计算单根支撑的轴力和地下连续墙的最大弯矩。

【解】　由于例 6-1 已计算出主动土压力和被动土压力。由静力平衡条件 $\sum F_x = 0$ 得

$$R_a + E_p = E_a$$

因为每一根支撑需承担 3m 宽度地下连续墙的土压力荷载，所以每一根支撑的轴力 N 为

$$N = 3(E_a - E_p) = 3 \times (1762 - 1516.0) = 738 (kN)$$

根据剪力和弯矩的关系，弯矩的极值出现在剪力为 0 的位置，因此，先求出地下连续墙上剪力为 0 的位置 A，再求该处的弯矩即可。设点 A 在基坑底面以上 y 处，如图 6-15 所示。

每根支撑所受的支撑力为 $N = 738kN$，则每延米地下连续墙上的支撑力 N_1 为

$$N_1 = N/3 = 738/3 = 246 (kN)$$

由水平方向合力为 0 的条件得

$$Q = N_1 - E_{ay}$$

式中 Q 为点 A 的剪力，E_{ay} 为点 A 以上主动土压力的合力。设基坑底面以上主动土压力的分布高度为 h_1，由图 6-15 可以得到

$$Q = N_1 - E_{ay} = 246 - 0.5 \times 18 \times (6.676 - y)^2 \times 0.704$$
$$= 246 - 6.336 \times (6.676 - y)^2$$

令 $Q = 0$，由上式解得 $y = 0.42m$，故该点的弯矩即最大弯矩 M_{max} 为

$$M_{max} = 246 \times (6 - 0.42) - 6.336 \times (6.676 - 0.42)^2 \times \frac{1}{3}(6.676 - 0.42) = 867.9 (kN \cdot m)$$

基坑内侧受拉。

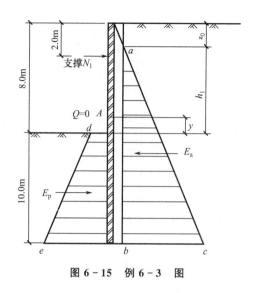

图 6-15 例 6-3 图

6.4.2 弹性支点法

滨海软土地区深大基坑变形控制问题

支护结构内力分析是基坑工程设计中的重要内容。随着基坑工程的发展以及计算技术的进步，其分析方法从早期的古典方法到解析方法，发展到了如今的数值分析方法。

早期的古典方法主要包括基于挡土墙设计理论的静力平衡法，以及等值梁法和塑性铰法。静力平衡法是以静力平衡条件进行挡土墙的抗倾覆、抗滑移计算，进而求解结构内力；等值梁法是先假定支护结构上的反弯点即假想铰的位置，反弯点的弯矩为零，从而把支护结构分为上下两段，上段为简支梁，下段为一次超静定梁，这样就可按弹性结构连续梁来求解支护结构的弯矩、剪力及支撑轴力；塑性铰法是假定支点和开挖面处形成塑性铰，以此求解结构内力。

解析方法是将支护结构分为有限个区间，建立弹性微分方程，根据边界条件和连续条件来求解支护结构的内力和支撑轴力。

古典方法和解析方法由于在理论上存在各自的局限性，没有考虑支护结构与周围环境的相互影响、墙体变形对侧压力的影响、支锚结构设置过程中墙体结构内力和位移的变化、内侧坑底土加固或坑内外降水对支护结构内力和位移的影响，以及无法考虑到复合式结构的共同受力状态，因而无法从理论上反映支护结构的真实工作状态，在使用上受到了较大的限制，目前已经很少应用。

基坑支护是一个由基坑竖向支护结构（桩、墙等）、支撑（或锚杆）、坑内外土体组成的一个系统，基坑的变形是由竖向支护结构（桩、墙等）、支撑（或锚杆）、土体三者之间的相互作用决定的，并较大地受基坑开挖过程中的时空效应影响；且由于地下水的存在及土体的固结和流变，基坑的变形还与时间有关。因此，进行基坑支护结构计算时，应结合实际情况选择合理的计算方法，对基坑各个阶段可能产生的变形进行考虑和计算。

经过多年的工程实践，我国已积累了基坑变形计算的一些经验，在此基础上提出了基坑变形计算的若干方法。目前支护结构的内力和变形分析方法主要采用的是平面杆系结构弹性支点法（简称弹性支点法，也称平面竖向弹性地基梁法）和考虑土与结构共同作用的平面连续介质有限元法，其中弹性支点法是《建筑基坑支护技术规程》（JGJ 120－2012）的推荐方法。对于有明显时空效应的基坑，这两种方法均不能反映基坑的三维性状，分析结果可能偏于保守；而对于基坑平面形状不规则的，平面方法无法反映所有支撑结构的受力和变形性状，特别是对于阳角部位，其分析结果可能偏于不安全。因此，对于有明显时空效应的基坑和平面形状不规则的基坑，有必要采用三维分析方法进行分析。本节主要介绍弹性支点法。

弹性支点法是在弹性地基梁分析方法基础上形成的一种方法，弹性地基梁的分析是考虑地基与基础共同作用，假定地基模型后对基础梁的内力与变形进行的分析计算，利用水平荷载作用下弹性桩的分析理论，将支护结构简化为竖直放在土中的弹性地基梁，将土体简化为竖向的温克尔弹性地基，计算因基坑开挖造成基坑支护结构内外的压力差而引起的支护结构内力和变形。基坑支护结构与前述的水平荷载作用下弹性桩的区别在于，前者在基坑开挖面以上作用有水平荷载，而后者没有，其水平荷载土压力强度按 6.3 节计算。

弹性支点法的结构分析模型如图 6－16 所示，假定支点力为不同水平刚度系数的弹簧，同时视基坑开挖面以下地基为弹性地基。参照水平荷载作用下的弹性桩，考虑开挖的不同工况，可以建立开挖面以上及开挖面以下的挠曲微分方程。其计算方法如下。

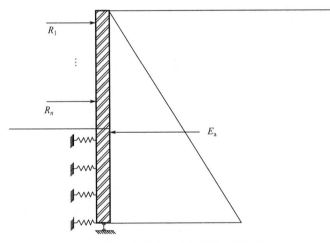

图 6－16　弹性支点法的结构分析模型

（1）墙后的荷载可直接按朗肯土压力计算。

（2）基坑开挖面以下的支护结构受到的土体抗力用弹簧模拟为

$$\sigma_x = k_s y \tag{6-22}$$

式中　k_s——地基土的水平基床系数（kN/m³）；

　　　y——土体的水平变形（m）。

（3）支锚点按刚度系数为 k_z 的弹簧进行模拟。以"m 法"为例，基坑支护结构的基本挠曲微分方程为

$$EI\frac{\mathrm{d}^4 y}{\mathrm{d}z^4}+mzby-p_a b_s=0 \qquad (6-23)$$

式中 EI——支护结构的抗弯刚度（kN·m²）；

　　　y——支护结构的水平挠曲变形（m）；

　　　z——竖向坐标（m）；

　　　b——支护结构的计算宽度（m）；

　　　p_a——主动土压力强度（kPa）；

　　　m——地基土的水平抗力系数 k_s 的比例系数（kN/m⁴）；

　　　b_s——主动侧荷载作用宽度（m）。

求解式（6-23）即可得到支护结构的内力和变形，但该式无法得出解析解，通常可用杆系有限元法求解。首先将支护结构进行离散，支护结构采用梁单元，支撑（或锚杆）用弹性支撑单元，外荷载为支护结构后侧的主动土压力和水压力，其中水压力既可单独计算（即采用水土分算模式），也可与土压力合并计算（即采用水土合算模式），但需注意的是水土分算和水土合算时所采用的土体抗剪强度指标不同。然后以节点的位移作为未知量，单元所受荷载（节点力）[F]ᵉ 和节点位移的关系可用下式表达。

$$[F]^e=[K]^e\{\delta\}^e \qquad (6-24)$$

式中 $[K]^e$——单元的刚度矩阵；

　　　$[F]^e$——单元节点力；

　　　$\{\delta\}^e$——单元节点位移。

通过矩阵变换可以得到结构的总刚度矩阵，考虑到节点处应满足变形协调条件及静力平衡条件，这样就可以求得结构的位移，从而求得结构内力。

计算中的具体要求可按《建筑基坑支护技术规程》的有关规定确定。

弹性支点法以其计算参数少、模型简单、能模拟分步开挖、能反映被动区土压力与位移的关系等优点而被广泛应用于基坑开挖支护结构受力计算分析中。随着计算机技术的进步，在一些商业计算软件中，平面竖向弹性地基梁有限元计算方法已经得到大量应用并取得了较好的效果。

6.5　基坑稳定性分析

在基坑开挖时，由于坑内土体挖出后，使地基的应力场和变形场发生变化，可能导致地基的失稳，如地基的滑坡、坑底隆起及涌砂等。所以基坑稳定性分析的目的在于对给定的支护结构形式设计出合理的嵌固深度，或验算已拟定支护结构的设计是否稳定和合理。分析的内容包括验算基坑整体稳定性、支护结构踢脚稳定性、基坑底抗隆起稳定性和基坑抗渗流稳定性等。

6.5.1　基坑整体稳定性分析

基坑整体稳定性分析实际上是对支护结构的直立土坡进行稳定性分析，通过分析确定支护结构的嵌固深度，如水泥土桩墙、多支点排桩和地下连续墙的嵌固深度。

基坑整体稳定性分析，一般采用圆弧滑动面简单条分法，按总应力法计算。取单位墙宽分析，如图 6-17 所示，基坑支护结构整体稳定性安全系数应满足下式要求。

$$K_s = \frac{\sum c_i l_i + \sum (q b_i + W_i) \cos\theta_i \tan\varphi_i}{\sum (q b_i + W_i) \sin\theta_i} \geqslant 1.3 \qquad (6-25)$$

式中 c_i——第 i 土条底面上的黏聚力（kPa）；

φ_i——第 i 土条底面上的内摩擦角（°）；

l_i——第 i 土条底面上的长度（m）；

W_i——第 i 土条重力（kN），按上覆土层的饱和重度计算；

θ_i——第 i 土条底面倾角（°）；

q——支护结构上覆荷载强度（kPa）；

b_i——第 i 土条的宽度（m）。

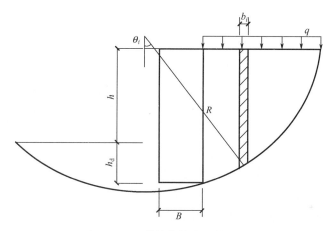

图 6-17   基坑整体稳定性分析

式（6-25）中安全系数 K_s 应通过若干滑动面试算后取最小者，也可通过计算机编程计算求得。

当有软弱土夹层、倾斜基岩面等情况时，宜采用非圆弧滑动面进行计算。当嵌固深度下部存在软弱土层时，还应继续验算软弱下卧层的整体稳定性。

6.5.2   支护结构踢脚稳定性分析

对于内支撑或锚杆支护体系，在水平荷载作用下，基坑土体有可能在支护结构底部因产生踢脚破坏而出现不稳定现象。对于单层支点支护结构，踢脚破坏产生于以支点处为转动点的失稳，多层支点支护结构则可能绕最下层支点转动而产生踢脚失稳。踢脚计算简图如图 6-18 所示。

踢脚安全系数 K_T 应满足下式要求。

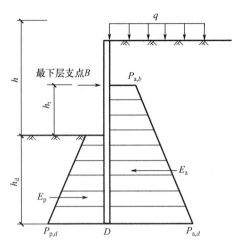

图 6-18　踢脚计算简图

$$K_T = \frac{M_p}{M_a} = \frac{E_p\left(h_t + \frac{2}{3}h_d\right)}{\left(\frac{1}{6}p_{a,b} + \frac{1}{3}p_{a,d}\right)(h_t + h_d)^2} \geqslant 1.0 \sim 1.5 \tag{6-26}$$

式中　M_p——基坑内侧被动土压力对点 B（最下层支点处）的力矩；

$\qquad M_a$——基坑外侧 BD 段主动土压力对点 B 的力矩；

$\qquad E_p$——基坑内侧被动土压力；

$\qquad p_{a,b}$——基坑外侧点 B 处主动土压力强度；

$\qquad p_{a,d}$——基坑外侧点 D 处主动土压力强度；

$\qquad h_t$——支护结构最下层支点离基坑底的距离；

$\qquad h_d$——支护结构的嵌固深度。

6.5.3　基坑底抗隆起稳定性分析

在软黏土地基中开挖基坑时，由于基坑内外地基土体存在压力差，当这一压力差超过基坑底面以下地基的承载力时，地基的平衡状态就被破坏，从而发生支护结构背侧的土体塑性流动，产生坑顶下陷或坑底隆起。因此，为防止上述现象，需对基坑底进行抗隆起稳定性验算。

当基坑底有较厚软黏土（$\varphi = 0$）和坑底为砂土（$c = 0$）时，可采用太沙基-佩克法确定抗隆起安全系数。

当坑底为一般黏性土时，可参照普朗特尔和太沙基的地基承载力公式，并将支护桩底面的平面作为求极限承载力的基准面，其滑动线形状如图 6-19 所示。

假设支护结构入土深度为 d，可按下式计算抗隆起安全系数。

$$K_s = \frac{\gamma_2 d N_q + c N_c}{\gamma_1 (h + d) + q} \tag{6-27}$$

式中　d——墙体入土深度；

$\qquad h$——基坑开挖深度；

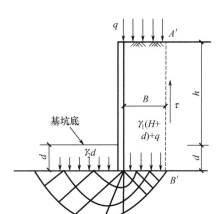

图 6 - 19　抗隆起验算示意图

γ_1、γ_2——分别为墙体外侧及坑底土体重度；

q——地面超载；

N_c、N_q——地基承载力系数。

采用普朗特尔公式计算时，N_c、N_q 分别为

$$N_q = \tan^2(45° + \varphi/2) e^{\pi \tan \varphi}, \quad N_c = (N_q - 1)/\tan \varphi \tag{6-28}$$

采用太沙基公式计算时，N_c、N_q 分别为

$$N_q = \frac{1}{2}\left[\frac{e^{\left(\frac{3}{4}\pi - \frac{\varphi}{2}\right)\tan\varphi}}{\cos(45° + \varphi/2)} \right]^2, \quad N_c = (N_q - 1)/\tan\varphi \tag{6-29}$$

用该方法验算抗隆起安全系数时，由于没有考虑图 6 - 19 中 $A'B'$ 面上土的抗剪强度对抵抗隆起的作用，故安全系数 K_s 可取得低一些。当采用普朗特尔公式时，要求 $K_s \geqslant 1.10 \sim 1.20$；当采用太沙基公式时，要求 $K_s \geqslant 1.15 \sim 1.25$。

式（6 - 27）所示的验算方法将墙底面作为求极限承载力的基准面有一定近似性，但实际工程表明是偏于安全的。

6.5.4　基坑抗渗流稳定性分析

基坑抗渗流稳定性分析，包括坑底抗流砂稳定性验算和坑底抗突涌稳定性验算。

1. 坑底抗流砂稳定性验算

如图 6 - 20 所示，地下水由高处向低处渗流，在基坑底部，当向上的动水压力（渗透力）$j \geqslant \gamma'$（γ' 为土的有效重度）时，将会产生流砂现象。若按紧贴墙体的最短路线近似最大渗透力 j，则抗流砂稳定安全系数应满足下式要求：

$$K_{LS} = \frac{\gamma'}{j} = \frac{(h - h_w + 2h_d)\gamma'}{(h - h_w)\gamma_w} \geqslant 1.5 \sim 2.0 \tag{6-30}$$

式中　h_w——墙后地下水位埋深（m）；

γ_w——地下水的重度（KN/m³）。

其他符号意义同前。

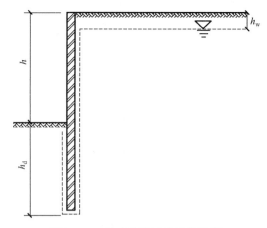

图 6-20 坑底抗流砂稳定性验算

由上述方法可见，控制渗流的最主要因素是支护结构的入土深度。因此，增加支护结构的入土深度会增加基坑底部抗隆起和抗渗透破坏的稳定性。

另外，基坑稳定性分析还应考虑土体内的孔隙水压力变化对基坑稳定性的影响。基坑开挖时，土体处于卸载状态，土体内会产生负的孔隙水压力；随着时间的延续，负孔隙水压力将逐渐消散，对应的有效应力就会逐渐降低，使得土体抗剪强度逐渐降低。所以基坑竣工时的稳定性高于它的长期稳定性，稳定安全度会随时间延长而降低。因此基坑开挖后，应尽量在最短时间内铺设垫层和浇筑底板。

2. 坑底抗突涌稳定性验算

如果在基坑底下的不透水层较薄，而且在不透水层下面存在有较大水压的滞水层或承压水层，当上覆土层不足以抵挡下部的水压时，基坑底土体将会发生突涌破坏。因此，在设计坑底下有承压水的基坑时，应进行抗突涌稳定性验算。如图 6-21 所示，根据压力平衡概念，坑底抗突涌稳定安全系数应满足下式要求。

$$K_{TY} = \frac{\gamma h_s}{\gamma_w H} \geqslant 1.1 \sim 1.3 \tag{6-31}$$

式中　h_s——基坑下不透水层厚度（m）；

　　　H——承压水头高于含水层顶板的高度（m）。

若坑底抗突涌稳定性不满足要求，可采用设隔水挡墙隔断滞水层、加固基坑底部地基等处理措施。

6.6　地下水控制

6.6.1　地下水对基坑工程的影响

在地下水位较高的地区开挖基坑时，土的含水层被切断，地下水会不断地渗入基坑，

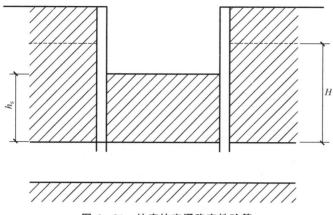

图 6-21　坑底抗突涌稳定性验算

容易造成流砂、边坡失稳和使地基承载力下降，造成周围地下管线和建筑物不同程度的破坏。有时基坑下面会遇到承压含水层，基坑开挖后，由于上部荷载的卸除，坑底有被承压水顶破而发生涌砂、隆起的危险。因此，如何控制好地下水，减小其对基坑开挖和周围环境的负面影响，是基坑工程设计与施工的重要组成部分。另外，通过控制地下水，还可以改善施工作业条件，使基坑工程的土方开挖在较干燥的土层中进行，提高挖土效率，并有利于施工作业安全。

1. 地下水的作用

地下水作为岩土体的组成部分直接影响岩土的性状和行为，同时也影响建筑物的稳定性和耐久性。在进行岩土工程勘察时，应着眼于设计和施工的需要，提供地下水的完整、准确、详尽的资料并评价地下水的作用和影响，包括地下水对岩土体和建筑物的作用。按作用机理，地下水的作用可分为两大类，即力学作用和物理-化学作用。其中力学作用又可分为浮托作用、动水压力作用、静水压力作用。

（1）浮托作用。

由于抽水、集水和回灌引起地下水或水压的变化，从而产生大面积地面沉降或上浮。

（2）动水压力作用。

动水压力作用表现为渗流，并可能产生潜蚀、流砂和涌土等渗流变形。从力的平衡来看，当渗流产生的向上的渗流力等于土的浮重度时，土体处于临界状态。

（3）静水压力作用。

在地下水位以下的全部水压力作用在支护结构上。当坑内外水位差较大时，可能会产生渗流作用，这将使主动土压力增加，而被动土压力显著降低。

物理-化学作用：一方面，含水率的减少会导致一些黏土层变弱及一些弱胶结岩石崩溃；另一方面，水能导致一些黏土层膨胀，黄土层被水浸泡后，原有的稳定结构会变弱，水还能使石膏等物质溶解，并可能发生水合作用，腐蚀混凝土体。

2. 流砂、管涌和临界水头梯度

由于动水压力的方向与水流方向一致，因此当水的渗流自上向下时［图 6-22（a）中容器内的土样，或图 6-23 中挡墙底的点 b]，动水压力方向与土体重力方向一致，这样将增加土粒间的压力；当水的渗流方向自下而上时 [图 6-22（b）容器内的土样，或图 6-23 中的点 d]，动水压力的方向与土体重力方向相反，这样将减小土粒间的压力。

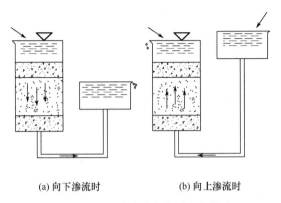

(a) 向下渗流时　　　　　　(b) 向上渗流时

图 6-22　不同渗流方向对土的影响

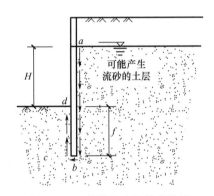

图 6-23　沿基坑支护的水渗流

若水的渗流方向自下而上，在土体表面 [图 6-22（b）容器内的土样，或图 6-23 基坑底的点 d] 取一单位体积土体进行分析。已知土在水下的浮重度为 γ'，当向上的动水压力 J_D 与土的浮重度相等时，则有

$$J_D = \gamma_w i_{cr} = \gamma' = \gamma_{sat} - \gamma_w \tag{6-32}$$

式中　γ_{sat}——土的饱和重度。

这时土粒的压力就等于零，土粒将处于悬浮状态而失去稳定，此种现象即称为流砂现象。这时的水头梯度称为临界水头梯度 i_{cr}，其计算公式为

$$i_{cr} = \frac{\gamma'}{\gamma_w} = \frac{\gamma_{sat}}{\gamma_w} - 1 = \frac{J-1}{1+e} \tag{6-33}$$

式中　J——土粒的相对密度；

　　　e——土的孔隙比。

流砂的危害为：轻微的流砂现象，使一小部分细砂随着地下水一起穿过挡土墙缝隙而流入基坑，增加基坑的泥泞程度；中等程度的流砂现象，在基坑底部靠近挡土墙处会发现有一堆细砂缓缓涌起，形成许多小小的涌水孔，涌出的水夹带着一些细砂颗粒在慢慢地流动，此时挡土墙内被动土压力减小，慢慢地会增大墙底位移；严重的流砂现象，涌砂速度

很快，有时会像开水初沸时的翻泡，此时基坑底部成为流动状态，工人无法立足，作业条件恶化，其发展结果是基坑坍塌、基础发生滑移或不均匀下沉或悬浮，还会危及邻近已有建（构）筑物的安全。因此，在粉、细砂中开挖基坑，必须采取有效措施防止流砂现象的发生。

如果围护墙自身不透水，由于基坑内外水位差，导致基坑外的地下水绕过围护墙下端向基坑内渗流，这种渗流产生的动水压力在墙后向下作用，而在墙前则向上作用，当动水压力大于土的有效重度时，土粒就会随水流向上喷涌。在砂性土中，开始时土中细粒通过粗粒的间隙被水流带出，产生管涌现象；随着渗流通道变大，土粒对水流阻力减小，动水压力增加，使大量砂粒随水流涌出，形成流砂，加剧危害。在软黏土地基中，渗流力往往使地基产生突发性的泥流涌出。以上现象发生后，会使基坑内土体向上推移，基坑外地面产生下沉，墙前被动土压力减少甚至丧失，危及支护结构的稳定及周边环境的安全。

6.6.2　地下水控制应满足的要求

防止出现流砂、基础底面涌砂隆起的有效措施之一是降低地下水位，即将地下水位降低到坑底以下。但降水还要考虑对周围环境的影响，降水形成的盆式降水曲线，在使坑内水位下降的同时，也使坑外一定区域内的地下水位有所下降，从而使基坑周围的土体固结下沉，如沉降较大，将影响周围建筑物和地下管线的安全与使用。因此，在城市建设密集区开挖深基坑，往往不能采用降水的方法，而是采用截水的方法来保障基坑的安全，即通过设置隔水帷幕，阻止地下水向坑内渗流；或者是在降水的同时，在靠近被保护对象的附近设置回灌井点，从而阻止回灌井点外侧地下水的流失，以保证周围建筑物和设施的安全。所以，控制地下水不仅仅包括降水，还包括截水和回灌。控制地下水，不仅要保障基坑的安全，还要保证基坑周围建筑物和地下设施的安全与正常使用。

6.6.3　地下水控制方法

流砂现象是水在土中渗流产生的动水压力（渗透力）造成的结果，属于一种渗流破坏。分析其产生的条件，要防止流砂现象的发生，有以下三种途径。

（1）改变动水压力的方向，使其方向朝下。

（2）在基坑周围截断水流。

（3）平衡或消减动水压力的大小。

浅基坑开挖时，可以采取枯水期施工、水下挖土和抛石分段抢挖等较简便且经济的措施。但是这些措施在深基坑工程中一般都不再适宜，深基坑工程施工中控制地下水位的措施主要是两类，即降低地下水位和隔离地下水。

1. 降低地下水位

在基坑外设置井点，将地下水位降至坑底可能产生流砂的地层以下，然后再开挖。此法可减小水力梯度，且使动水压力的方向改变，也是防止流砂发生的最有效的方法之一。不同形式的降水方法的选择，视工程性质、开挖深度、土质特征、经济等因素而定，浅基坑以轻型井点最为经济，深基坑则常用喷射井点或深井井点。

基坑降水期间，在基坑四周一定范围内，由于水位降落而引起地面沉降，相应形成以水位漏斗中心为中心的地面沉降变形区，导致其范围内建筑物、道路、管网等设施因不均匀沉降而发生断裂倾斜，影响正常使用和安全。问题严重时，常引起部门纠纷和主管部门的干涉，导致基坑工程无法继续施工。为此可采用回灌技术，即在需要采取沉降防治措施的建筑物靠近基坑一侧设置回灌系统，尽量保持其原有地下水位。回灌系统适用于粉土、砂土层，对于黏性土，一般无须降水。砂、砾等土因透水性高，回灌量与抽水量均很大，一般不适用。

2. 隔离地下水

隔离地下水的作用主要是阻止地下水渗流到基坑中去，此类方法包括：在基坑四周打设封闭的钢板桩，沿基坑周边构筑水泥土墙，或化学灌浆帷幕、地下连续墙、坑底水平封底隔水等。也可以用冻结基坑周围土的方法来防止流砂，但其造价昂贵，一般工程中不采用。

6.7 基坑工程的施工与监测技术

6.7.1 基坑工程的施工

基坑工程的成功与否，不仅与设计计算有关，而且与施工方案正确与否、是否严格按设计计算所采用的施工工况进行施工及施工质量的好坏密不可分。

基坑工程的施工组织设计或施工方案，应根据支护结构形式、地下结构、开挖深度、地质条件、周围环境、工期、气候和地面荷载等有关资料编制，内容应包括工程概况、地质资料、降水设计、挖土方案、施工组织、支护结构变形控制、监测方案和环境保护措施等。对于有支护结构的基坑土方开挖，其开挖的顺序、方法等必须与设计工况一致，遵循"开槽支撑、先撑后挖、分层开挖、严禁超挖"的原则。

与上部结构相比，基坑工程的施工由于无法摆脱空间、时间、自然环境、人为等众多因素的影响，往往带有更大的风险性和随机性，而深基坑表现得尤为突出。这对深基坑工程的施工工艺、施工组织、施工管理、信息分析和特殊事件的处理等提出了更高的要求。

对水泥土支护结构，施工过程中搅拌是否均匀，搭接长度是否足够，水泥掺量是否符合设计要求，相邻桩的施工间歇时间是否超过规定，土方开挖前的养护时间是否达到设计要求，土方开挖是否分层开挖等一系列状况，都会影响水泥土支护结构的承载力、稳定和抗渗能力。该围护结构的成败，在很大程度上取决于施工质量。

板式支护体系由围护墙、围檩与支撑体系、防渗与止水结构等组成。围护墙常用形式，有桩排式围护墙和板墙式围护墙。对这类支护体系，施工质量同样会产生巨大的影响。如钢板桩的施工，垂直度如何、相互咬合是否严密、支撑是否顶紧等，都会影响板桩墙的变形和抗渗能力。

目前应用较多的钻孔灌注桩围护墙，其桩位偏差和桩身垂直度偏差，桩孔成孔的质量，钢筋笼的加工质量和下放位置，混凝土的强度等级，防渗帷幕水泥土搅拌桩的施工质量，围檩和支撑的施工质量和形成时间等，都影响这种支护体系的强度、稳定、变形和抗渗能力。一旦某个环节的施工质量得不到保证，土方开挖后就会带来一些麻烦，须及时补救，否则可能造成后果严重的事故。

地下连续墙支护结构是一种整体性较强、受力性能和抗渗性能较好的支护结构，但如果结构处理不好，墙身浇筑质量得不到保证，混凝土强度等级达不到等，也会削弱其受力性能和抗渗能力，给基坑工程带来不利影响。

因此，作为基坑工程的重要组成部分，基坑工程施工要严格遵照设计要求和有关的施工规范或规程。

深基坑工程的设计与施工是一项系统工程，必须具有结构力学、土力学、地基基础、地基处理、原位测试等多种学科知识，同时要有丰富的施工经验，结合拟建场地的土质和周围环境情况，才能制定出因地制宜的支护方案和实施办法。

6.7.2　基坑工程的监测

由于基坑工程的复杂性和不确定性、土层的多变性和离散性，支护结构设计计算还难以全面准确地反映工程进行中的实际变化情况，因此，在基坑工程与支护结构使用期间，有目的地进行工程监测十分必要。通过对支护结构和周围环境的监测，利用其反馈的信息和数据进行信息化施工，能随时掌握土层和支护结构内力的变化情况，以及邻近建（构）筑物、地下管线和道路的变化情况，将观测值与设计计算值进行对比和分析，随时采取必要的技术措施，防止发生重大工程事故，保证施工安全，同时还可为检验、完善计算理论提供依据。

1. 监测内容

基坑开挖与支护的监测，可根据具体情况，选择以下部分或全部内容。

（1）平面和高程监控点的测量。

（2）支护结构和被支护土体的侧向位移测量。

（3）监控坑底隆起的测量。

（4）支护结构内外土压力的测量。

（5）支护结构内外孔隙水压力的测量。

（6）支护结构内力的测量（包括锚杆内力）。

（7）地下水位变化的测量。

（8）监控邻近建筑物和管线的观测。

2. 监测基本要求

无论采用何种具体的监测方法，都要满足下列技术要求。

（1）观测工作必须是有计划的，应严格按照有关的技术文件（如监测任务书）执行。这类技术文件的内容，至少应该包括监测方法和使用的仪器、监测精度、测点的布置、观测周期等。计划性是观测数据完整性的保证。

（2）监测数据必须是可靠的。数据的可靠性由监测仪器的精度、可靠性及观测人员的素质来保证。

（3）观测必须是及时的。因为监控开挖是一个动态的施工过程，只有保证及时观测才有利于发现隐患，及时采取措施。

（4）对于观测的项目应按照工程具体情况预先设定预警值，预警值应包括变形值、内力值及其变化速率。当观测发现超过预警值的异常情况后，要立即考虑采取应急措施。

（5）每个工程的监控支护监测，应该有完整的观测记录，形象的图表、曲线和观测报告。报告内容应包括：工程概况；监测项目和各测点的平面和立面布置图；采用的仪器设备和监测方法；监测数据处理方法和监测结果过程曲线；监测结果评价等。

3. 监测方法

基坑监测应以获得定量数据的专门仪器测量或专用测试元件为主，以现场目测检查为辅。常用的监测仪器及精度要求见表 6-3。

表 6-3　常用的监测仪器及精度要求

监测项目	位置或监测对象	仪器	监测精度
边坡土体水平位移	靠近挡土结构的周边土体	测斜仪、测斜管	1.0mm
挡土支护结构水平位移	挡土结构上端部	经纬仪、全站仪	1.0mm
挡土结构变形	挡土结构内部	测斜仪、测斜管	1.0mm
支撑轴力	支撑中部或端部	轴力计、应变计	不低于 1/100（F·S）
锚杆拉力	锚杆位置或锚头	钢筋计、压力传感器	不低于 1/100（F·S）
地下水位	基坑周边	水位管、水位计	1.0mm
挡土结构土压力	挡土结构背后和入土段挡土结构前面	土压力计	不低于 1/100（F·S）
孔隙水压力	周围土体	孔隙水压力计	不低于 1.0kPa
立柱沉降	支撑立柱顶上	水准仪	不低于 1.0mm
邻近建（构）筑物沉降、倾斜	需保护的建（构）筑物	经纬仪、水准仪、全站仪	不低于 1.0mm
地下管线沉降和位移	管线接头	经纬仪、水准仪、全站仪	不低于 1.0mm
坑底隆起	不同土体深度	分层沉降仪	不低于 1.0mm

4. 监测点的布置

基坑工程的监测范围应符合国家、地区或部门规范（规程）的规定。当基坑的长度与宽度之比较大时，应在基坑长度方向选择不少于 2 个断面进行监测，其监测范围应根据位移影响范围的理论预测结果来确定；如果难以理论预测，监测范围可定为开挖深度的 2～4

倍。对于矩形基坑，应在两个方向上均匀布置监测断面，监测范围可根据工程性质、地质条件及周围环境具体确定。

在现场监测中，应合理地确定监测范围及布置监测点，埋设必要的量测仪器，以便获得相关数据，掌握地层和地下结构中的应力场、位移场的实际变化规律，及时采取工程措施。位移监测点应根据理论预测的分布规律来布置，变化越大的地方，测点应布置得越密；离基坑或地下结构越近，测点也应越密。土层中的水平位移、土压力、孔隙水压力测点，应在预测的基础上，结合实际工程需要来布置。应力场、位移场变化剧烈的地方，测点间距宜小些。

6.7.3 基坑信息化施工技术

在基坑开挖过程中，土体性状和支护结构的受力状态都在不断变化，恰当地模拟这种变化是工程实践所需要的。

因为地层条件的复杂性、环境影响的多样性和施工影响的不确定性，加之土力学发展水平所限，使得基坑工程设计结果与实际情况总会有一定的差别，仅依靠理论分析和经验估计还难以完成经济可靠的基坑设计与施工。为此，采用所谓信息化施工方法就显得十分重要。信息化施工的实质是以施工过程的信息为纽带，通过信息收集、分析、反馈等环节，不断地优化设计方案，确保基坑开挖安全可靠且经济合理。基本方法是：在施工过程中采集相关的信息，如位移、沉降、土压力、结构内力等，经及时处理后与预测结果进行比较，从而做出决策，修改原设计中不符合实际的部分，并利用所采集的信息量预测下一施工段支护结构及土体的性状，然后采集下一施工段的相应信息；如此反复循环，不断采集信息、不断修改设计并指导施工，将设计置于动态过程中，通过分析预测指导施工，通过施工信息反馈又修改设计，使设计与施工逐渐逼近实际，从而保证工程施工安全、经济地进行。其原理如图 6-24 所示。

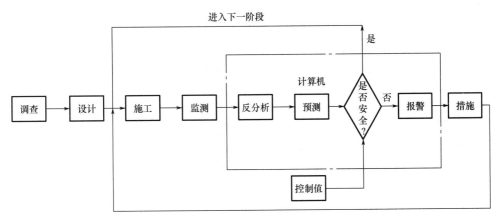

图 6-24 基坑信息化施工原理

本章主要讲述基坑工程的特点，支护结构形式及适用性，支护结构上的荷载计算，支护结构设计与分析方法，地下水控制方法，基坑监测等内容。

本章的重点是各种支护结构形式的适用性，各种支护结构的设计计算方法。

一、选择题

1. 其他条件不变，挡土墙后无黏性土的内摩擦角增大，则挡土墙后的土压力（　　）。

A. 主动土压力减小，被动土压力增大

B. 主动土压力增大，被动土压力减小

C. 主动土压力增大，被动土压力增大

D. 主动土压力减小，被动土压力减小

2. 在支护结构的支撑与开挖之间必须遵守的原则是（　　）。

A. 先开挖后支撑　　　　　　　　　　B. 先支撑后开挖

C. 支撑与开挖同时进行　　　　　　　D. 以上三者均可以

3. 基坑工程的险情预防的主要方法之一是（　　）。

A. 及时开挖，减少晾槽时间　　　　　B. 减缓开挖时间

C. 采用信息化施工　　　　　　　　　D. 减缓降水速度

二、简答题

1. 试简述支护结构的类型及各自的主要特点。

2. 基坑支护结构中土压力的计算模式有哪些？适用条件是什么？

3. 排桩和地下连续墙支护结构计算中的静力平衡法和弹性支点法有何区别？各有什么局限性？

4. 土钉墙支护结构与传统的重力式土钉墙及加筋土土钉墙有何异同？

5. 目前基坑工程设计与施工中还存在哪些问题？

6. 常用的地下水控制方法有哪些？各有什么特点？

7. 基坑工程为什么要进行现场监测和信息化施工？

三、计算题

1. 已知基坑开挖深度 $h=10\text{m}$，未见地下水，坑壁黏性土参数为：重度 $\gamma=18\text{kN/m}^3$，黏聚力 $c=10\text{kPa}$，内摩擦角 $\varphi=25°$。坑侧无地面超载。试计算作用于每延米支护结构上的主动土压力（算至基坑底面）。

2. 当基坑土层为软土时，应验算坑底土抗隆起稳定性。如图 6-25 所示，已知基坑开挖深度 $h=5\text{m}$，基坑宽度较大，深宽比略而不计，支护结构入土深度 $t=5\text{m}$；坑侧地面荷

载 $q=20$kPa；土的重度 $\gamma=18$kN/m³，内摩擦角 $\varphi=0°$，黏聚力 $c=10$kPa；不考虑地下水的影响。如果取承载力系数 $N_c=5.14$，$N_q=1.0$，则坑底抗隆起安全系数为多少？

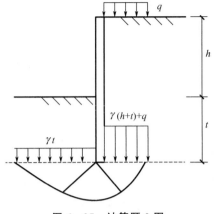

图 6 - 25　计算题 2 图

3. 基坑剖面如图 6 - 26 所示，已知黏土饱和重度 $\gamma_m=20$kN/m³，水的重度 $\gamma_w=10$ kN/m³，承压水层测压管中水头高度为 14m，如果要求坑底抗突涌稳定安全系数 K_{TY} 不小于 1.1，则该基坑在不采取降水措施的情况下，最大开挖深度 H 为多少？

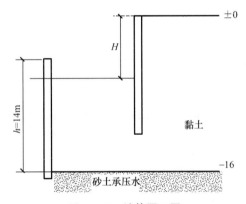

图 6 - 26　计算题 3 图

附录

阶梯形和锥形承台斜截面受剪的截面宽度计算方法

（1）对于阶梯形承台，应分别在变阶处（A_1—A_1，B_1—B_1）及柱边处（A_2—A_2，B_2—B_2）进行斜截面受剪计算，如附图-1所示，并应符合下列规定。

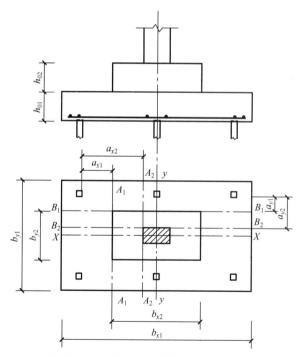

附图-1 阶梯形承台斜截面受剪计算图

① 计算变阶处截面 A_1—A_1、B_1—B_1 的斜截面受剪承载力时，其截面有效高度均为 h_{01}，截面计算宽度分别为 b_{y1} 和 b_{x1}。

② 计算柱边截面 A_2—A_2、B_2—B_2 处的斜截面受剪承载力时，其截面有效高度均为 $h_{01}+h_{02}$，截面计算宽度分别按以下公式进行计算，其中对 A_2—A_2 为

$$b_{y0} = \frac{b_{y1}h_{01} + b_{y2}h_{02}}{h_{01} + h_{02}} \tag{A-1}$$

对 B_2—B_2 为

$$b_{x0} = \frac{b_{x1}h_{01} + b_{x2}h_{02}}{h_{01} + h_{02}} \tag{A-2}$$

（2）对于锥形承台，应对 A—A 及 B—B 两个截面进行受剪承载力计算，如附图—2 所示，两者截面有效高度均为 h_0，截面的计算宽度分别按以下公式计算，其中对 A—A 为

$$b_{y0} = \left[1 - 0.5\frac{h_1}{h_0}\left(1 - \frac{b_{y2}}{b_{y1}} \right) \right]b_{y1} \tag{A-3}$$

对 B—B 为

$$b_{x0} = \left[1 - 0.5\frac{h_1}{h_0}\left(1 - \frac{b_{x2}}{b_{x1}} \right) \right]b_{x1} \tag{A-4}$$

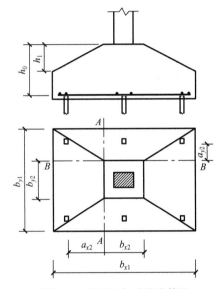

附图-2 锥形承台受剪计算图

参 考 文 献

陈凡，徐天平，陈久照，等，2014. 基桩质量检测技术［M］. 2版. 北京：中国建筑工业出版社.

龚晓南，2007. 复合地基理论及工程应用［M］. 2版. 北京：中国建筑工业出版社.

龚晓南，2008. 基础工程［M］. 北京：中国建筑工业出版社.

侯兆霞，2004. 基础工程［M］. 北京：中国建材工业出版社.

林鸣，徐伟，2006. 深基坑工程信息化施工技术［M］. 北京：中国建筑工业出版社.

李彰明，2011. 软土地基加固与质量监控［M］. 北京：中国建筑工业出版社.

李彰明，2013. 地基处理理论与工程技术［M］. 北京：中国电力出版社.

钱德玲，2009. 基础工程［M］. 北京：中国建筑工业出版社.

钱力航，2003. 高层建筑箱形与筏形基础的设计计算［M］. 北京：中国建筑工业出版社.

熊智彪，2013. 建筑基坑支护［M］. 2版. 北京：中国建筑工业出版社.

闫富有，2017. 基础工程［M］. 2版. 北京：中国电力出版社.

叶观宝，高彦斌，2009. 地基处理［M］. 3版. 北京：中国建筑工业出版社.

袁聚云，梁发云，曾朝杰，等，2011. 高层建筑基础分析与设计［M］. 北京：机械工业出版社.

曾朝杰，徐至钧，赵锡宏，等. 2010. 建筑桩基设计与计算：桩基变刚度调平设计［M］. 北京：机械工业出版社.

周景星，李广信，张建红，等. 2015. 基础工程［M］. 3版. 北京：清华大学出版社.

赵明华，2014. 土力学与基础工程［M］. 4版. 武汉：武汉理工大学出版社.